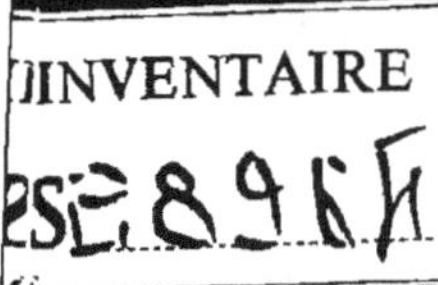

ESQUISSES

DES HARMONIES

DE

LA CRÉATION,

OU

LES SCIENCES NATURELLES
ÉTUDIÉES DU POINT DE VUE PHILOSOPHIQUE ET RELIGIEUX
ET DANS LEUR APPLICATION A L'INDUSTRIE ET AUX ARTS.

PAR L.-F. JÉHAN,
MEMBRE DE LA SOCIÉTÉ GÉOLOGIQUE DE FRANCE.

SCIENCES ZOOLOGIQUES :

HISTOIRE, MOEURS ET INSTINCT DES ANIMAUX INVERTÉBRÉS,
ZOOPHYTES, MOLLUSQUES ET ARTICULÉS.

AVEC PLANCHES GRAVÉES.

OEuvres de Dieu, bénissez le Créateur ;
louez-le, exaltez-le dans tous les siècles.
DANIEL, III, 57.
La science est, pour l'homme prudent, une
parure brillante, un bracelet d'or à son
bras droit.
L'ECCLÉSIASTIQUE, XXI, 24.

LIBRAIRIE CLASSIQUE DE PERISSE FRÈRES.

PARIS, | **LYON,**
8, RUE DU POT DE FER ST-SULPICE. | 33, GRANDE RUE MERCIÈRE.

ESQUISSES

DES HARMONIES

DE

LA CRÉATION.

I.

AU LECTEUR.

———

Nous nous proposons de publier successivement, sous le titre d'*Esquisses des Harmonies de la Création*, une série de Traités scientifiques, conçus dans le même esprit et sur le même plan que le présent volume (voyez page 4). Chaque volume, du format de celui-ci, renfermera le développement d'une science complète ou de l'une de ses grandes divisions formant un tout distinct, et se vendra toujours séparément. Pour mettre notre travail à la hauteur des découvertes les plus modernes, nous avons consulté les plus récentes publications faites en France, en Angleterre, etc., en sorte que chacun de nos Traités contiendra une foule d'aperçus nouveaux et de faits encore peu connus, qui conduisent à des inductions du plus haut intérêt.

Paris. — Typographie de Firmin Didot frères, rue Jacob, 56.

ESQUISSES
DES HARMONIES

DE

LA CRÉATION,

OU

LES SCIENCES NATURELLES
ÉTUDIÉES DU POINT DE VUE PHILOSOPHIQUE ET RELIGIEUX
ET DANS LEUR APPLICATION A L'INDUSTRIE ET AUX ARTS.

PAR L.-F. JÉHAN,
MEMBRE DE LA SOCIÉTÉ GÉOLOGIQUE DE FRANCE.

SCIENCES ZOOLOGIQUES :

HISTOIRE, MOEURS ET INSTINCT DES ANIMAUX INVERTÉBRÉS,
ZOOPHYTES, MOLLUSQUES ET ARTICULÉS.

AVEC PLANCHES GRAVÉES.

OEuvres de Dieu, bénissez le Créateur;
louez-le, exaltez-le dans tous les siècles.
DANIEL, III, 57.

La science est, pour l'homme prudent, une
parure brillante, un bracelet d'or à son
bras droit.
L'ECCLÉSIASTIQUE, XXI, 24.

LIBRAIRIE CLASSIQUE DE PERISSE FRÈRES.

PARIS,   LYON,
8, RUE DU POT DE FER ST-SULPICE.   33, GRANDE RUE MERCIÈRE.

1841.

A la voix du Seigneur, tout marche vers sa fin, et sa parole règle toutes choses.

Nous multiplierons les discours et nous épuiserons les paroles ; mais tout est dans ces mots : Il a fait toutes choses.

Que pouvons-nous pour sa gloire ? car il est le Tout-Puissant élevé au-dessus de toutes ses œuvres.

Glorifiez le Seigneur autant que vous pourrez ; sa gloire l'emportera encore, et sa magnificence sera au-dessus de toute votre admiration.

Vous qui bénissez le Seigneur, exaltez-le autant que vous pourrez ; car il est plus grand que toutes les louanges.

En l'exaltant, fortifiez-vous, ne vous lassez point ; car vous ne le comprendrez jamais.

Qui pourra le voir et le représenter ? qui le glorifiera selon ce qu'il est dès le commencement ?

Un grand nombre de ses œuvres, plus grandes que celles que nous voyons, nous sont cachées ; car nous ne voyons que le petit nombre.

Mais le Seigneur a fait toutes choses, et il a donné la sagesse à ceux qui vivent dans la piété.

L'Ecclésiastique, XLIII, 28, 29, etc.

INTRODUCTION.

L'homme vit distrait, indifférent, au milieu des merveilles
qui l'entourent; l'habitude éteint en lui le sentiment de l'admiration. En vain la nature déroule devant lui ses charmes et ses
trésors, en vain il est témoin chaque jour des plus étonnants
phénomènes, il n'y prend pas garde; ce ne sont plus à ses yeux
que des phénomènes vulgaires en présence desquels il reste in-
sensible, et le rayon du jour qui vient des cieux chaque matin
ouvrir sa paupière, n'attire pas plus son attention que le grain
de sable qui s'attache à sa chaussure.

Et pourtant elle est riche, elle est belle sous les splendeurs
de l'astre glorieux qui dore ses montagnes et féconde ses
plaines, cette terre qui vous porte, hommes insouciants et frivoles. L'or germe dans ses filons, la perle éclôt dans le cristal de
ses mers, la fleur embaume ses vallées, l'oiseau chante dans ses
bocages, et depuis le Ciron caché sous l'herbe jusqu'au Condor
planant dans la nue, depuis le Lichen microscopique qui tapisse
la pierre de votre seuil jusqu'au Cèdre de la montagne, depuis

A..

l'atome imperceptible jusqu'au plus grand des soleils, tout vit, tout fleurit, tout brille, tout s'harmonise, tout proclame dans un hymne incessant et solennel, la puissance et la grandeur du Dieu de l'univers..... et vous, vous restez à l'écart, dans je ne sais quelles froides ténèbres! Et vous n'avez point d'yeux pour voir, d'intelligence pour comprendre, de voix pour bénir!...

Après la contemplation des beautés ineffables et de la divine économie de la Religion, il n'est point d'étude plus remplie de charmes intellectuels, plus digne d'occuper les nobles facultés de notre âme que celle de notre globe et des innombrables et merveilleux phénomènes qu'il présente à sa surface ou dans ses entrailles*. Voyez comme elle se balance mollement au milieu de ses sœurs, dans l'orbite que le doigt du Créateur lui a tracée, notre belle planète, épanouie, sous son radieux pavillon d'azur, comme une fleur bien-aimée du soleil qui la vivifie et lui prodigue tous les trésors de la fécondité... Mais avant de considérer notre globe dans ses rapports avec les autres corps célestes et de prêter l'oreille à cette mélodie des sphères roulant sur leur essieu d'or, jetons un coup d'œil sur sa constitution intérieure et sur les divers systèmes de vie qui se déploient avec tant de profusion à sa surface.

Pénétrons d'abord dans les sombres domaines de la nature inorganique. Là, non moins qu'à la voûte étoilée du firmament, vous verrez briller la puissance et la sagesse du Créateur.

En quelque contrée que vous vous ouvriez un chemin à travers les roches antiques du globe, arrivé à une certaine profondeur, vous rencontrez le granit, masse immense, base fonda-

---

* « Quels plaisirs élèvent l'âme davantage et sont plus dignes de la jouissance d'une créature raisonnable, que de sentir que partout où nous entrons dans le sentier des recherches scientifiques, de nouvelles preuves se trouvent à chaque pas autour de nous, de nouvelles marques du pouvoir et de l'intelligence divine frappent partout nos regards? Nous ne sommes jamais seuls; du moins, de même que l'ancien Romain, nous ne sommes jamais moins seuls que dans la solitude. Nous marchons avec la Divinité; nous nous entretenons avec la Cause Première qui ne cesse de veiller sur ce que la puissance de sa parole a créé. Le charme se renouvelle à chaque pas que nous faisons; et bien que, quant à l'évidence, nous ayons, depuis longtemps, des preuves suffisantes, ce n'en est pas plus une raison pour cesser de contempler le sujet sous ces formes si variées qui se renouvellent perpétuellement, que ce n'en serait une pour ne regarder qu'une fois un ami retrouvé après un long éloignement, parce que ce seul coup d'œil suffirait pour nous donner la preuve de son existence. Au lieu donc de nous borner aux preuves qui nous suffisent pour réfuter l'athéisme ou bannir le scepticisme, nous devrions rechercher avec ardeur une multiplicité infinie de preuves d'intention et d'habileté dans l'univers, parce que sous trois points de vue, elles sont utiles et agréables. D'abord elles fortifient les bases sur lesquelles le système s'appuie; secondement, elles tendent à entretenir cette satisfaction scientifique; puisque chaque preuve renouvelle cette espèce de jouissance; troisièmement, elles nous offrent de nouveaux motifs d'une adoration pieuse, agréable et salutaire envers la grande Cause Première, qui a créé la nature et qui la régit. » LORD BROUGHAM, Membre de la Société royale de Londres et de l'Institut de France, *Discours sur la Théologie naturelle*, page 240.

mentale de la vaste ossature de notre planète. Sur ces fondements de la terre, s'élève une longue série de couches ou stratifications superposées suivant un ordre jamais interverti, horizontales dans les plaines, plus ou moins verticales au voisinage des montagnes. Les matières qui les composent sont les détritus des masses granitiques désagrégées par l'action énergiquement dissolvante des mers primitives et par les agents atmosphériques : puis, ces dépôts sédimentaires consolidés sous l'influence de diverses causes, telles qu'une pression énorme, la chaleur interne, la précipitation de divers ciments calcaires, siliceux, etc., sont devenus des schistes, des marbres, des grès, des roches de toute nature, présentant, dans leur composition, les plus nombreuses variétés de texture et de consistance.

Deux principes antagonistes, deux agents d'une énergie immense, le feu et l'eau, ont été mis en jeu par le Créateur pour former les terrains stratifiés qui constituent l'enveloppe de notre planète. Des fleuves, des rivières, des torrents dont nos courants actuels ne peuvent nous donner qu'une faible idée, ont, durant le cours de périodes incalculables, déposé en couches plus ou moins puissantes, plus ou moins régulières, dans les bassins et les vallées, dans les lacs, dans les golfes et le lit des mers, les matériaux de toute espèce charriés par leurs ondes. Les feux internes, secondant les eaux dans leur incessante opération, ont soulevé, à toutes les époques, d'énormes masses intérieures qui ont imprimé aux courants des directions nouvelles, des mouvements plus énergiques, d'où sont résultés de nouvelles accumulations de détritus et des strates nouveaux, jusqu'à ce qu'enfin la double action de ces puissantes causes instrumentales eût déterminé la formation de nos continents et leur élévation au-dessus du niveau des mers, et donné à leur surface ce relief remarquable produit par les vallées, les plaines et les montagnes, et qui est l'origine de tant de relations harmonieuses.

Soit qu'on admette l'existence d'un feu central, soit qu'on préfère la théorie qui explique l'expansion des roches éruptives par une vaste oxydation que les eaux auraient opérée par leur contact avec les bases métalloïdes des terres et des alcalis, il est incontestable que des masses en fusion se sont élancées des profondeurs du globe à toutes les périodes de son existence, et ces forces perturbatrices, agents de désordre et de ruine aux yeux du vulgaire, ont été, entre les mains de la Toute-Puissance créatrice, des instruments soumis à des lois générales et pleines de sagesse, qui ont produit dans l'économie inorganique de notre planète, les plus importants résultats, les arrangements les mieux ordonnés, les dispositions les plus parfaitement en harmonie avec les besoins et les exigences des créations animales et végétales qui devaient embellir et peupler sa surface.

Vous frappez un caillou avec le briquet, il en jaillit une étincelle..... Avez-vous jamais pris garde à ce phénomène? Eh

bien ! selon toutes les apparences, selon les plus plausibles inductions, le fluide lumineux a été le principe générateur de
tous les corps, le premier élément dont Dieu s'est servi pour
créer la matière, et le globe tout entier n'a dû être à son
origine qu'un volume immense de gaz et de vapeurs qui,
sous l'action régulatrice des lois que pressait la main fécon-
dante du Créateur, se sont condensés, solidifiés, à la suite de
réactions, d'oscillations sans nombre et d'explosions d'un éclat
et d'une force dont nous ne pouvons concevoir aujourd'hui la
violence et l'énormité.

Et ces roches, et ces strates, et ces granits, et cette terre, et
le moindre des éléments qui entrent dans leur constitution, avez-
vous jamais réfléchi à la grande loi qui tient toutes ces masses
diverses unies et liées ensemble, à cette force de tendance récipro-
que d'une molécule vers une autre molécule et d'un corps vers un
autre corps, à ce principe qui régit et domine toute la nature,
qui va choisir, entre mille, l'atome qu'il faut pour produire ici
un marbre, ailleurs un métal, plus loin des cristaux, des rubis,
des diamants, et qui, étendant son pouvoir jusque dans les
hauteurs infinies des cieux, préside aux mouvements des astres
et guide chacun des mondes dans sa sphère et tous les mondes
ensemble dans l'incommensurable espace? En présence de ces
sublimes relations, de cette magnifique unité qui enchaîne si
harmonieusement toutes les parties de ce grand tout, de cette
universalité des choses, à qui vous comparerai-je si vous
n'éprouvez pas l'impérieux besoin de proclamer, de concert avec
les cent mille voix de la terre et du ciel, qu'il y a de l'ordre et de
l'intelligence dans cet univers, et qu'un doigt qui n'est point
d'ici-bas, en règle avec une suprême sagesse, en modère avec
une irrésistible et mystérieuse énergie tous les innombrables
systèmes?

Mais redescendons dans les royaumes souterrains ; je ne vous
ai pas dit tous leurs secrets, révélé toutes leurs merveilles. Explorez donc de nouveau, à partir des roches primordiales, cette
échelle de zones stratifiées dont la formation nous occupait tout
à l'heure..... Quel nouveau spectacle vient vous frapper de surprise et d'admiration ! A tous les degrés de la série des terrains,
vous découvrez d'innombrables débris des deux règnes organiques, des madrépores, des coquillages, des squelettes, des osse-
ments épars, appartenant à des animaux de formes étranges,
de dimensions prodigieuses; puis des accumulations énormes
de plantes non moins extraordinaires, constituant aujourd'hui
de grands bancs de houille, situés tantôt à plus de 2000 mètres
au-dessus du niveau de la mer, tantôt à 600 mètres au-dessous.
Chaque étage a ses fossiles caractéristiques, dont les espèces
n'existent plus, dont les genres même souvent sont éteints, et,
chose remarquable, depuis les stratifications les plus profondes
jusqu'aux plus superficielles, il se manifeste, en général, dans

les êtres vivants qui ont existé aux diverses périodes géologiques, une progression ascendante, non de grandeur et de taille, mais de perfection organique; et ce qui étonne davantage encore, c'est de rencontrer ensevelis à 500 mètres de profondeur, dans les froides régions du Nord et jusque sous le pôle, les animaux et les plantes qui ne se retrouvent plus aujourd'hui vivants que dans les contrées les plus chaudes entre les tropiques.

Ne craignez pas d'interroger ces antiques débris, ces restes d'une première et prodigieuse création; parlez, ces ruines ont une voix, ces vastes tombeaux de la végétation et de la vie primitives rendent des oracles divins; ils vous répondront, ils vous diront la magnifique harmonie qui relie dans un grand et unique système, tous les innombrables mécanismes que la vie a revêtus, depuis la première plante, depuis le premier animal, placés à la surface consolidée du globe, jusqu'à la création actuelle, jusqu'à l'homme, couronnement de cette œuvre sublime, mis en possession de ses domaines seulement au jour où la terre, préparée par tant de révolutions successives, fut arrivée enfin à un état de stabilité, d'équilibre et de repos, et eut été parée, embellie de tous les dons, comme un roi est introduit à son avénement dans un palais resplendissant de richesses.

Oui, du fond de ces catacombes immenses et triplement funèbres s'élève un concert unanime d'éclatants témoignages qui proclament, pour tous les âges de notre globe, un plan unique et merveilleux, suivi constamment, uniformément, dans les arrangements, les combinaisons, les modifications sans nombre, des formes animales et végétales. Partout et toujours les mêmes relations finales, une même main qui prépare et dirige tous les événements, une même volonté qu'exécutent des lois identiques, basées sur les mêmes principes fondamentaux. Là aussi, philosophes aux spéculations si téméraires, tristes jouets de toutes les visions de votre esprit, là, dans ces feuillets de pierres où sont écrites en caractères non équivoques les annales d'un ancien monde naufragé, il vous est donné de lire aujourd'hui ce que valent vos superbes théories sur l'origine des êtres et sur celle de l'homme en particulier. Les uns disaient qu'il y avait eu sur la terre une succession indéfinie, éternelle, des mêmes espèces; et voilà que, passé une certaine limite déterminée dans la série des terrains, tout vestige d'existence organique disparaît, à raison sans doute de l'incompatibilité des éléments, dans ces âges primitifs, avec toute manifestation de la vie. Les autres prétendaient qu'il y avait eu transmutation successive d'une espèce moins élevée en une autre plus parfaite, et que l'homme lui-même avait ainsi traversé tous les degrés de l'échelle animale; et voilà qu'au sein des couches les plus profondes on rencontre un nombre considérable d'espèces beaucoup plus développées, plus complexes, plus parfaites que leurs représentants dans la création actuelle. Osez donc encore après cela vous livrer à vos sublimes conceptions, bâtissez, à grands frais d'esprit et d'imagination, de magnifiques systèmes, puis, au moment où vous serez prêt à jouir du fruit de vos veilles et à prendre possession de votre gloire, une voix sortira des profondeurs de la terre ou du sein de la nue pour donner un éclatant démenti à vos savantes théories conçues loin de Dieu, loin de la vérité éternelle et immuable*.

Mais hâtons-nous; du fond du Tartare terrestre, du sein de l'empire de la mort, élançons-nous aux portes du jour, vers le règne du mouvement et de la fécondité.

Salut! océan de verdure! océan de vie! océan de lumière! maintenant je vous contemple. Oh! comment raconter vos merveilles! comment peindre tant de beautés et d'harmonies, tant de grâces et de splendeurs! Il faudrait des hymnes, des chants, des poëmes, il faudrait la lyre des anges, remplissant de l'Hosanna sans fin les cieux et le ciel des cieux, pour célébrer tant de magnificences et tant de grandeurs.

Voyez d'abord le règne végétal avec ses verdoyants tapis de mousses et de gazons étendus sous vos pieds, avec ses arbrisseaux et ses fleurs, ses grands arbres, ses forêts majestueuses et leurs mystérieux ombrages; voyez et l'Anémone qui se balance au souffle de la brise des collines, et la Pervenche qui tapisse de ses guirlandes bleues le roc sauvage, la douce Violette qui réfléchit l'azur du ciel dans sa corolle odorante, et le Saule argenté qui se plaît au bord des eaux, les Renoncules de la fontaine et le Narcisse embaumé qui se mire dans le cristal de la source; voyez les bruyères stériles, les steppes de l'Asie, les pampas et les llanos de l'Amérique, les moissons dorées des plaines, le riche émail des prairies et les grappes pourprées de la Vigne sur les coteaux; voyez l'Olivier fertile et le Chêne séculaire, le Cèdre des hauts lieux et le Peuplier des vallons, le Pin sylvestre du Nord et le Palmier des tropiques.

Après avoir passé en revue les cent mille espèces végétales connues aujourd'hui, depuis la Mousse imperceptible jusqu'au gigantesque Baobab, depuis le plus obscur Cryptogame jusqu'au Lys virginal et à la Rose vermeille, rendez-vous compte de la prodigieuse variété de leurs formes et de leurs tailles, de leurs feuilles et de leurs fleurs, de leurs parfums et de leurs fruits.

Songez que le végétal est le lien qui unit le monde des corps bruts à celui des êtres animés; que si, d'un côté, il plonge dans la matière inorganique qui lui sert de support et d'aliment, de l'autre, il porte sa tête dans les rangs du règne animal; qu'il y a vie aussi dans la plante, croissance, succession d'âge, génération, naissance et mort, et que, nourrie par le sol et l'atmos-

---

* Sur toutes ces questions scientifiques du plus haut intérêt, mais que nous ne pouvons qu'effleurer ici, voyez notre *Nouveau Traité des Sciences Géologiques considérées dans leurs rapports avec la Religion*, etc.

phère, elle devient à son tour la nourriture de l'animal, qui en transforme les éléments en autant de parties de lui-même, et les fait passer ainsi à une sphère de vie plus élevée et plus pure.

Mais pénétrons plus avant dans les admirables secrets de la création végétale.

Avez-vous jamais pensé à toutes les conditions dont la réunion est nécessaire pour l'existence de cette fleur qui vous charme, de cette céréale qui vous nourrit, de cet arbre dont vous savourez les fruits délicieux? Comprenez comment tout se lie, s'enchaîne, se combine et s'engendre dans l'univers. Pour l'existence d'un seul brin d'herbe, il faut, dans les cieux un soleil, sur la terre un Océan, autour du globe une atmosphère puisant à la surface des mers, par les procédés de l'évaporation, une immense quantité de vapeurs qui vont se condenser là-haut en une zone de nuages, que les vents promènent sur toutes les régions du globe, à la surface duquel ils retombent en pluies fécondantes. Le fluide aqueux épanché pénètre alors dans le sol, il s'y charge de diverses substances, mais principalement d'acide carbonique; pompée dans cet état par les spongioles des racines, cette eau, par un phénomène que les lois de la physique et de la mécanique n'ont pu jusqu'ici expliquer, monte à travers les couches ligneuses de la plante jusqu'aux feuilles; parvenue à ces appendices foliacés qui sont les poumons des végétaux, la sève subit, sous l'influence des fluides impondérables, de la chaleur et de la lumière du soleil, une élaboration essentielle; elle perd par l'exhalaison une grande partie de l'eau qu'elle contenait, et par la décomposition du gaz acide carbonique, elle se dépouille d'une quantité surabondante d'oxygène, qui est rejeté dans l'atmosphère. Cette seconde sève ainsi préparée, plus riche en principes nutritifs que la première, descend du sommet vers la racine, à travers les couches corticales, et concourt essentiellement alors à l'accroissement et au développement du végétal.

Ainsi donc, tout ce monde verdoyant et fleuri tire son origine de trois principes élémentaires seulement, le carbone, l'oxygène et l'hydrogène, auxquels vient s'ajouter, dans quelques circonstances, un quatrième principe, l'azote. C'est avec ces quatre éléments que la nature façonne les feuilles, les fleurs, les parfums, les fruits, les graines, l'écorce, le bois, les gommes, les fécules, le sucre, les résines, les huiles fixes et volatiles, tous les produits immédiats du règne végétal. L'étonnement redouble quand on pense qu'au milieu de ces transformations, de ces assimilations, de ces combinaisons chimiques intimes, merveilleuses, inimitables, chaque plante conserve invariablement ses qualités et sa forme distinctive, tous ses traits caractéristiques, depuis l'aspect de son ensemble jusqu'au nombre des dentelures, jusqu'à la disposition des nervures dans chacune de ses feuilles, en sorte qu'on peut dire que qui a vu un individu a vu l'espèce entière.

Tout est rapport, liaison, enchaînement, dans le vaste plan de la création. Le dernier des Lichens, la plus humble des Mousses, y remplissent une fonction importante; ils minent, amollissent insensiblement les rochers les plus réfractaires, et, de leurs débris, ils composent un humus dans lequel des plantes plus élevées, plus nobles, plus parfaites, prendront racine un jour; et celles-ci, en se décomposant à leur tour, augmenteront la masse du sol et l'enrichiront de principes nourriciers. C'est de cette manière que s'est formée cette couche de terreau qui recouvre nos continents, et qui reproduit au centuple les plantes qui l'ont déposée. Ainsi, la végétation, par l'accumulation de ses détritus, est, dans la nature, l'agent infatigable de l'organisation, l'auxiliaire le plus énergique de la fécondité et de la culture de la terre.

C'est encore à la végétation qu'a été confié un rôle d'une haute importance, celui de purifier l'atmosphère, et de maintenir dans une proportion constante les deux gaz aériens qui la composent, en versant continuellement dans son sein une quantité considérable d'oxygène, destiné à compenser l'absorption qui s'en fait par la combustion, la respiration animale, la putréfaction des végétaux désorganisés, etc. Les vents sont chargés de mêler sans cesse toutes les parties de l'atmosphère, de manière à en former un tout homogène. Tel est le mécanisme admirable qui maintient fixe la proportion de l'oxygène dans l'air atmosphérique, et c'est ainsi que les humbles fonctions de la vie végétale nous élèvent jusqu'à ces grandes idées de l'ordre universel du monde.

Douces tribus des fleurs, vous composez l'écharpe vivante et merveilleuse que la main du Créateur a brodée de couleurs si magnifiques, pour ceindre les flancs du globe et parer sa nudité; vous êtes toujours, comme aux premiers jours du monde, jeunes et belles, suaves et parfumées, toujours la source des plus ravissantes harmonies; et pendant que le temps ensevelit dans la poussière les cités des hommes, pendant que les royaumes se brisent, que les peuples les plus puissants disparaissent de la scène du monde, au milieu de cette éternelle instabilité des choses humaines, vous ne cessez d'accomplir vos paisibles et touchantes destinées; vous renaissez chaque printemps, pour épanouir au soleil, qui les colore et les féconde sous le souffle caressant des zéphyrs, vos corolles embaumées, chef-d'œuvre de beauté, de délicatesse et de grâce *.

---

* Tout se dissout, tout change, tout est éphémère dans les institutions et les œuvres de l'homme; tout est stable, au contraire, et permanent dans les créations de la nature. « Le moindre grain de sable battu des vents a en lui plus d'éléments de durée que la fortune de Rome ou de Sparte. Dans tel réduit solitaire, je connais tel petit ruisseau dont le doux murmure, le cours sinueux et les vivantes harmonies surpassent en antiquité les souvenirs de Nestor et les annales de Babylone. Aujourd'hui, comme aux jours

Mais des merveilles d'un autre ordre et non moins étonnantes nous appellent.

Montons un nouveau degré dans l'échelle de la nature, suivons le développement progressif de la vie, promenons un moment nos regards sur une nouvelle scène de la création, et contemplons l'animal, complément de la plante, agent chimique beaucoup plus puissant qu'elle, et destiné, dans l'enchaînement du système universel des êtres, à prendre le rôle de la végétation au terme où il s'arrête, pour transformer de nouveau, vitaliser les substances matérielles, et les élever jusqu'à l'homme.

Voyez comme tout est subordonné selon une loi de perfection ascendante dans le plan de la nature : l'affinité chimique unit et fixe les molécules élémentaires de la matière inorganique ; la végétation se les assimile, leur fait subir une première transformation, et en compose de nouvelles substances plus parfaites ; l'animal s'en empare à ce premier degré d'élaboration, il les modifie par un nouveau travail chimique, il les subtilise et leur donne enfin la forme la plus épurée de la vitalité. Cette série de métamorphoses de plus en plus élevées pour perfectionner la matière brute, et la mettre au service de l'homme sous des formes sans nombre, ne vous semble-t-elle pas bien admirable?

Que de ressorts, que de force, que de machines et de mouvements sont renfermés dans cette petite partie de matière qui compose le corps d'un animal! Que de rapports, que d'harmonie, que de correspondances entre les parties! Combien de combinaisons, d'arrangements, de causes, d'effets, de principes, qui tous concourent au même but, et que nous ne connaissons que par des résultats si difficiles à comprendre, dit Buffon, qu'il n'ont cessé d'être des merveilles que par l'habitude que nous avons prise de n'y point réfléchir !

Pour le règne animal encore comme pour le règne végétal, la nature n'a travaillé qu'avec quatre substances élémentaires, et les mêmes absolument que celles qui entrent dans la composition des plantes. Quel pouvoir suprême, souverainement intelligent et sage, que celui qui a créé, et qui renouvelle perpétuellement, avec quatre principes primitifs, combinés suivant des lois invariables, tous ces innombrables mécanismes, toute cette variété infinie de formes que présente à notre contemplation ce monde des êtres organisés!

Si vous êtes parvenu à vous former une idée de l'immense quantité de végétaux qui fleurissent à la surface de la terre,

---

de Pline et de Columelle, la jacinthe se plaît dans les Gaules, la pervenche en Illyrie, la marguerite sur les ruines de Numance, et pendant qu'autour d'elles les villes ont changé de maîtres et de nom, que plusieurs sont rentrées dans le néant, que les civilisations se sont choquées et brisées, leurs paisibles générations ont traversé les âges et se sont succédé l'une à l'autre jusqu'à nous, fraîches et riantes comme au jour des batailles. »—EDGAR QUINET.

essayez à présent d'embrasser d'une seule vue de l'esprit, la multitude des êtres animés qui s'y meuvent, et dont les espèces sont incomparablement plus nombreuses, depuis l'Infusoire, dont le volume n'égale pas le sixième de l'épaisseur d'un cheveu, jusqu'à l'énorme Baleine, depuis la Mite jusqu'à la masse de l'Éléphant, depuis l'Oiseau-Mouche, ce bijou de la nature, qui vit du suc odorant des fleurs, jusqu'à l'Aigle altier, qui fend la nue et dresse son aire dans l'escarpement de la montagne.

Visitez le lac et la fontaine, le ruisseau et le fleuve; explorez les abîmes des mers; parcourez les continents et les îles; pénétrez au fond des forêts et des déserts, élevez-vous au sommet des monts ou descendez au sein des vallées, vous trouverez la vie partout, partout des animaux aussi différents de formes que d'habitudes et d'instincts. La goutte d'eau a ses habitants comme l'Océan, cette arche immense, chargée de tant de légions émaillées, qui glissent comme des traits d'or dans le cristal des ondes. Quelle étonnante perspective se déroule ici à nos regards! Quel vaste tableau! Essayons toutefois d'en retracer quelques linéaments.

Voyez d'abord, au plus bas de l'échelle de la vie, ces Zoophytes aux formes rayonnées et si singulières; ces Actinies, qui s'épanouissent comme une fleur d'Anémone; ces Stellerides, qui brillent comme des étoiles d'argent ou de vermillon, ou qui étalent au sommet d'une tige flexible leurs bras si finement découpés; et ces Madrépores tout chargés de cellules étoilées, radiées, disposées par séries et le plus gracieusement diversifiées; et ces Polypiers, semblables à de petits arbustes roses, aux ramifications si délicates, et toutes couvertes de fleurs animées; et ces Physsophores si anomales, qui ressemblent à des guirlandes flottantes; et tant d'autres petits animaux étranges, qui couvrent de leurs productions si curieuses le fond des vallées sous-marines ou scintillent à la surface des mers, et y produisent le magnifique phénomène de la phosphorescence.

Montez un degré, et considérez les nombreuses tribus des Mollusques, fixées aux rochers des mers ou nageant librement dans les eaux; la Seiche, qui donne à la peinture une matière colorante; le Poulpe Argonaute, qui vogue en dressant au vent deux bras terminés par une membrane élargie qui lui sert de voile; et ces milliers de coquillages si richement nacrés, aux figures si agréablement variées; ces Huîtres et ces Moules comestibles; ces Pèlerines, ces Avicules, qui produisent les perles; ces Buccins, qui fournissaient la pourpre de Tyr; ces Porcelaines, ces Mitres, ces Volutes, ces Cônes qui brillent au soleil des tropiques des plus charmantes, des plus vives couleurs.

Mais c'est surtout dans l'embranchement des Articulés, élevés au troisième rang dans la série animale, qu'éclate la sublime sagesse de l'arbitre de la nature. Tout ce que l'habileté humaine a de plus étonnant, tout ce que le génie le plus profond est capable d'inventer, tout ce que l'art peut opérer de plus merveilleux, ne présente qu'une faible image des actions et de l'industrie de ces petits animaux. La nature semble avoir pris plaisir à ensevelir ses trésors de science et de perfection dans les êtres les plus obscurs, dans ses plus imperceptibles productions. Ici ce sont des Crustacés qui s'emparent, comme le Crabe Diogène, d'une coquille turbinée vide pour s'y mettre en sûreté, ou qui se cantonnent, comme les Pinnothères, dans des coquilles bilvalves, dont l'habitant leur donne l'hospitalité; ceux-ci, saisis par leur pince, s'enfuient, et vous la laissent dans la main; ceux-là, pour se garantir de la dent d'un ennemi, se couvrent le dos de la dépouille spongieuse d'un Alcyon comme d'un bouclier protecteur; d'autres montent aux cocotiers pour en manger les fruits, etc. Plus loin, ce sont les Arachnides, si justement vantées pour leur admirable industrie : les unes ont l'art de dresser des toiles dans la construction desquelles se révèle une haute géométrie; les autres savent creuser des galeries qu'elles garnissent d'un satin brillant, et auxquelles elles adaptent une porte qui tourne sur une charnière.

Que dirons-nous de ces myriades d'Insectes, dont les essaims bourdonnent partout où le soleil fait germer une plante, éclore une fleur? Qui racontera leurs métamorphoses si curieuses, leurs mœurs si prodigieusement variées, leurs ruses, leurs piéges pour s'emparer de leur proie, leurs combats, leurs travaux, leurs soins prévoyants, leur tendresse si dévouée pour leur postérité? Où prendre des termes pour décrire toutes les pièces qui entrent dans le mécanisme de leur organisation, ainsi que le jeu et les fonctions de toutes ces pièces si délicates? Où puiser des couleurs pour peindre la richesse des ornements et la beauté des nuances qui parent si splendidement ces favoris de la nature?

Toutefois, ne vous découragez pas; parcourez cette innombrable série d'organisations et d'instincts si divers, depuis la Cicindèle, qui creuse dans la terre un trou cylindrique dans lequel elle entraîne sa proie par un mouvement de bascule de sa tête, placée à l'entrée du piége, jusqu'au Papillon, qui porte des ailes brodées de pierreries, et qui boit le nectar des fleurs dans leur coupe d'or; depuis le Copris, qui place ses œufs dans un petit crottin de Mouton, qu'il roule ensuite au fond d'un trou creusé pour le recevoir, jusqu'à l'Osmie, qui dépose les siens dans une cellule toute tapissée des pétales vermeilles du coquelicot; depuis l'Ichneumon, qui introduit ses œufs dans les œufs mêmes des autres Insectes, jusqu'à la Mégachile, qui, pour loger les siens, construit avec des feuilles de rosier un nid en forme de dé à coudre, qu'elle remplit du pollen sucré des fleurs; depuis la Mouche, dont l'œuf est pourvu de deux oreillettes qui l'empêchent de descendre trop avant dans la matière molle où il est placé, jusqu'au Pentatome, dont l'œuf renferme une arbalète, destinée à en faire sauter l'extrémité, quand l'Insecte est sur le point d'éclore. Voyez la Luciole et le Fulgore allumer leur flambeau nocturne, le Gyrin décrire ses cercles à la surface des eaux, la Cigale célébrer ses noces en faisant vibrer ses timbales sonores. Voyez et le Cynips, auquel je dois l'encre qui me sert à tracer ces lignes, et la Cochenille qui fournit la couleur écarlate, et le Bombyx à la chenille duquel nous devons nos plus superbes vêtements.

Après avoir étudié les espèces qui vivent solitaires, passez aux tribus qui se réunissent en société : voyez les Termites et leurs vastes labyrinthes ; les Fourmis, leurs dômes et leurs galeries, si légèrement construites en terre, ou si délicatement sculptées dans le tronc des arbres ; les Guêpes et leurs ingénieux édifices de carton ; l'Abeille, géomètre et chimiste, qui vous fournira, dans les merveilles de son architecture, dans les doux produits de son inimitable industrie, dans la police de son gouvernement, dans la structure de son corps et de ses membres, les plus éclatants témoignages en faveur d'une intelligence créatrice infiniment puissante et sage... Je m'arrête, car le cercle de l'horizon s'élargit à mesure qu'on avance dans cette carrière.

Arrivé maintenant au sommet de l'échelle zoologique, à la grande division des animaux Vertébrés, considérez d'abord ces vastes et profonds abîmes de l'Océan, où cent peuples divers ont établi leur demeure. Voyez et le Requin féroce, qui ensanglante les ondes, et la Torpille, qui frappe sa victime d'une décharge foudroyante, et l'Espadon, qui perce sa proie de son bec pointu comme une épée, et la Baudroie, qui présente à la sienne un appât trompeur, et l'attend la gueule béante, et les Poissons-Scies, dont le museau armé de piquants robustes, déchire les flancs de la Baleine, et le Loup marin, qui broie sous ses dents les troupeaux de Crustacés, et l'Archer, qui projette des gouttes d'eau à la hauteur de plus d'un mètre, pour faire tomber les Insectes qui se tiennent sur les herbes aquatiques. Voyez les Chétodons, rayés de banderoles brillantes ; les Labres si splendidement décorés ; les Coryphènes, étincelants du feu des pierreries ; les Dorades, parées d'or et d'azur ; les Rougets, vêtus de pourpre, et tant d'autres rois pompeux des mers équatoriales, qui portent des cuirasses resplendissantes des reflets de l'émeraude, de la topaze et du saphir, ou de l'éclat des plus riches métaux, sur lesquels toutes les couleurs de l'iris se brisent, se reflètent en bandes, en taches, en lignes onduleuses, anguleuses, et toujours régulières, et toujours de nuances admirablement assorties. Puis, contemplez leurs combats, leurs mouvements et leurs jeux au sein de l'onde transparente : voyez les uns voguer en tournant comme un rouet, les autres remonter perpendiculairement du fond des eaux comme une légère bulle d'air, d'autres se balancer mollement sur les vagues ; ceux-ci s'élancer dans l'air avec la rapidité d'une flèche, et retomber en faisant retentir au loin les solitudes azurées ; ceux-là dormir dans un rayon de soleil qui pénètre la gaze argentée des flots...

Parmi les innombrables cohortes qui sillonnent l'empire des

eaux, vous n'oublierez point ces races voyageuses, les Morues, les Sardines, les Harengs, les Maquereaux, les Saumons, les Esturgeons, qui viennent offrir chaque année de nouveaux tributs aux peuples maritimes. La Sagesse éternelle est la boussole qui les dirige dans leurs transmigrations lointaines; et la même main providentielle et bienfaisante qui fait fleurir au printemps la Rose dans nos jardins et les épis dans nos plaines, qui ramène l'Hirondelle sous nos créneaux et le Rossignol dans nos bosquets, conduit aussi, à la même époque, des profondeurs de leurs retraites océaniques sur les rivages des continents, d'immenses armées de Poissons, qui nourrissent comme une manne précieuse des peuples entiers, et dont la pêche constitue une branche de commerce si importante, que plusieurs États lui doivent leur prospérité matérielle.

Plus loin, sur les limites de la terre et des eaux, se traînent les froids Reptiles. Couvert de l'égide de la science, avancez sans crainte au milieu de ces races étranges; la fange des marais a aussi ses merveilles. Les Tortues avec leur pesante carapace, les voraces Crocodiles, les Caïmans, les Alligators, les Iguanes, qui font vibrer leur longue queue comme un fouet, pour flageller leurs ennemis, les Caméléons aux changeantes couleurs, les Chalcides avec leur brillante cotte de mailles, les Dragons volants, les Crotales, faisant résonner les grelots de leur queue, les immenses Boas, les Batraciens et leurs singulières métamorphoses; toutes ces créatures bizarres ou formidables vous offriront des habitudes extraordinaires, et formeront comme une ombre pour rehausser l'éclat du grand tableau des êtres vivants.

Quittons les domaines de la vie aquatique et les marécages de l'immonde amphibie. Sur la terre solide, de nouveaux spectacles nous attendent, plus intéressants et plus merveilleux encore.

Si le liquide cristal des mers est peuplé d'habitants dont l'organisation et les fonctions sont dans la plus parfaite harmonie avec la nature de l'élément où ils étaient appelés à vivre, le fluide de l'air, cet autre Océan aux ondes invisibles, a reçu aussi des hôtes non moins admirablement formés pour se mouvoir et pour vivre dans son sein. Considérez à présent ces agiles populations des régions aériennes : Dieu les créa surtout pour chanter. Prêtez donc l'oreille à ces voix, à ces accents, à ces concerts, qui s'échappent de tous les buissons, qui partent de toutes les cimes, qui retentissent sur tous les rivages. Écoutez la complainte matinale de l'Alouette, qui chante aux portes du ciel, et les notes joyeuses que le Merle siffle à l'écho des vallées vers le déclin du jour; les roucoulements onduleux du Ramier au fond des bois, et les sonores éclats de voix du Loriot sous le dôme des futaies, l'aimable gazouillement de la Fauvette dans les taillis, et les intonations monotones du Coucou, messager du printemps; la vive chansonnette du petit Troglodyte au timbre argentin, et les doux refrains de l'innocent Rouge-Gorge, tous deux amis des chaumières; le ramage confus de l'Hirondelle, qui fréquente les palais, et les soupirs mélodieux du Rossignol, qui hante la solitude, et qui choisit de préférence, pour se faire entendre, les heures silencieuses et calmes du soir.

Ces habitants de l'air ont des parures d'une beauté incomparable : vous avez vu l'Oiseau de Paradis orner la tête des riches fiancées, le Paon resplendir au soleil de l'éclat de toutes les pierreries de l'Orient, le Colibri scintiller sous ses broderies de rubis, d'améthystes, d'émeraudes et de saphirs, le Cygne, emblème de noblesse et de grâce, voguer sur la surface azurée des lacs, en relevant comme un manteau royal ses ailes éblouissantes de blancheur.

Ils préparent sous la feuillée, avec une prévoyance et un art admirables, de moelleuses couches pour leur tendre postérité. L'un tisse la mousse, l'autre entrelace de longues pailles, un autre pétrit l'argile. Ces petits édifices sont ouatés à l'intérieur des flocons de laine que la brebis a laissés suspendus aux buissons du chemin, du coton soyeux recueilli sur le chardon, ou du duvet tombé de l'aile d'un oiseau. Ceux-ci sont cachés dans des touffes verdoyantes de gazon, ceux-là sont suspendus aux branches fleuries de l'aubépine, d'autres se balancent au souffle des brises dans le sommet des grands arbres. Ces berceaux n'ont pas tous la même forme : le Bouvreuil creuse son nid en coupe, le Remiz façonne le sien en poire, avec une ouverture sur le côté, celui de la Penduline ressemble à un œuf d'Autruche; tantôt c'est une bourse ouverte aux deux bouts (les Baltimores), tantôt c'est un tube enroulé sur lui-même, comme la coquille du Nautile (les Gros-Becs'); d'autres fois, c'est une petite hotte, formée avec une feuille sèche cousue par les bords à une autre feuille pendante à l'extrémité d'un rameau (le petit Couturier).

A ces espèces douces et charmantes, la nature oppose des races sauvages, comme les sites où elle les a placées. L'Aigle et le Vautour habitent les rocs inaccessibles; la Chevêche et l'Effraie se tiennent cachées dans les ruines, et troublent le silence des nuits par leurs plaintes funèbres; l'Autruche parcourt les sables brûlants du désert; le Kamichi élève sa grande voix du milieu des savanes marécageuses, et l'Oiseau des mers fait retentir au loin les rivages de ses perçantes clameurs.

Mais j'entends les mugissements des troupeaux dans les fertiles vallées : ce sont les animaux nourriciers de l'homme et ses puissants auxiliaires dans ses travaux; le Bœuf, qui trace le sillon de vos champs, et qui vous nourrit de sa chair; la Génisse, qui vous abandonne son lait; le Cheval rapide, qui traîne votre char ou qui vous porte sur son dos; la Brebis, qui donne sa toison pour vos vêtements ou pour les matelas de votre couche. Parcourez cette classe, la plus élevée du règne animal et la plus importante pour l'espèce humaine. Voyez le Renne, au milieu des neiges polaires, le Renne, providence du Lapon

et du Samoïède; voyez le Chameau, patient et sobre, ce vais·
seau du désert; l'Éléphant au pied sûr, qui porte des tours
pleines de soldats; la Civette, qui exhale un agréable parfum;
la Marte, la Zibeline et l'Hermine, dont les fourrures sont si
recherchées. Voyez le Singe pétulant et folâtre, le Lion noble et
intrépide, et le Tigre sanguinaire; le Renard rusé, le Loup ra-
pace, et l'Hyène féroce, le Castor industrieux, et le Pangolin,
qui se nourrit de Fourmis, la douce Gazelle, rivale des zéphyrs,
et le Sanglier farouche; le Buffle brutal, et le Cerf léger, qui
brame au sein des forêts; voyez le Lièvre et le Lapin, qui s'engraissent dans vos garennes pour votre table, le Chat égoïste,
qui pourtant exerce à votre profit son instinct carnassier, et le
Chien fidèle et intelligent, actif et courageux, le Chien, com-
mensal reconnaissant et docile compagnon de l'homme, le seul
ami qu'on retrouve auprès de lui, quand il est tombé dans l'in-
fortune et le malheur.

Ici nous touchons au dernier anneau de cette chaîne immense,
qui commence à l'atome inerte, et va se déroulant par mille
nuances imperceptibles de grandeurs et de formes, de mouvements, de fonctions et de générations, à travers le monde des
minéraux, le monde des végétaux, le monde des animaux, jusqu'à la créature centrale, jusqu'à l'homme, qui résume au plus
haut degré, dans l'individualité de sa destinée, toutes les perfections de ce vaste système d'organisation; l'homme, ce petit
monde dans le grand monde, comme disait avec un sens profond l'antiquité; l'homme, cet enfant bien-aimé du Créateur,
animé par lui d'un souffle immortel, et couronné roi de cette
terre, sur laquelle il a été placé pour la cultiver, la polir, l'en-
richir, pour en élaguer le chardon et la ronce, pour y multiplier
les fruits et les fleurs.

Nous avons interrogé les antiques fondements de notre globe
et les débris étranges des générations ensevelies dans ses assises
de pierres; nous avons jeté un rapide coup d'œil sur l'ensemble
des êtres qui ornent et qui peuplent aujourd'hui sa surface :
pour compléter ces aperçus généraux sur le plan du Créateur
dans l'organisation de notre planète, considérons un moment
l'atmosphère, ce grand laboratoire de la nature, cet arsenal
formidable, où la suprême sagesse a placé ces fluides domina-
teurs de la matière, l'électricité, le magnétisme, le calorique,
la lumière, ces agents tout-puissants, qui jouent le premier
rôle dans l'évolution des êtres, dont l'action incessante, dont
les influences secrètes et merveilleuses, ici combinent les molécules de la matière suivant des proportions définies et invariables, là, appliquent les principes de la géométrie des solides
dans la composition d'un cristal, partout éveillent, animent,
font éclore les germes de la vie, stimulent, déroulent les principes de la fécondité, et donnent à tout organisme l'accroissement et l'expansion dans les limites qui furent originairement
assignées à chaque créature.

L'eau sert de véhicule ou de base aux fluides qui circulent dans les plantes et dans les animaux; elle entre dans la composition d'une foule de substances solides et liquides, et vous connaissez les nombreux usages auxquels nous l'employons. Sans eau, toute vie serait donc impossible sur la terre, et l'homme n'existerait pas. Eh bien! l'atmosphère, par son pouvoir évaporateur, puisera à la surface de l'Océan une prodigieuse quantité d'eau, pour la répandre ensuite sur la terre. Cette opération merveilleuse sera continue, parce que le besoin d'eau est incessant; elle sera de plus invisible et silencieuse, et vous en devinez la raison. L'eau de la mer est intimement combinée avec le sel; l'atmosphère évaporera l'eau et n'emportera pas un seul atome de sel, parce que celui-ci, nécessaire pour conserver les eaux à l'état de pureté dans l'Océan, les rendrait impropres au soutien de la vie dans les animaux et les végétaux terrestres. L'eau ainsi transportée à l'état de vapeur dans les régions atmosphériques, se condensera en nuages à une certaine hauteur, et cette condensation déterminera sa chute à la surface de la terre. Mais sera-ce en masses, en colonnes, qu'elle retombera? Non; elle s'épanchera en rosée, en pluie douce, elle tombera divisée en une infinité de gouttes, comme si elle passait à travers un crible ou un tamis.

Arrivées sur le sol, les eaux pluviales s'infiltrent à travers les couches perméables, et vont se réunir dans des réservoirs souterrains qui, perpétuellement alimentés, viennent perpétuellement rejaillir en sources nombreuses à la surface de la terre. Par une autre disposition admirable, cette surface est partout entrecoupée de montagnes et de collines qui forment des bassins, des vallées, au fond desquels les eaux se rassemblent. D'abord faibles ruisseaux, bientôt rivières importantes ou fleuves majestueux, ces eaux, après un cours plus ou moins long, après avoir répandu sur leur passage la fertilité et l'abondance, rentrent dans leur Océan natal, pour remonter encore dans l'atmosphère, et parcourir de nouveau le même cercle de phénomènes merveilleux *.

Si, chaque jour, une douce et brillante lumière remplit l'espace et dévoile à vos regards le spectacle du monde; si, chaque jour, des bruits, des voix, des chants, la parole d'un être bien-aimé, arrivent à votre ouïe, c'est à l'atmosphère que vous devez ces bienfaits : elle est le miroir réflecteur qui transmet le rayon lumineux à votre œil; elle est le véhicule rapide qui porte le son jusqu'à votre oreille. C'est aussi dans son sein que

---

* C'est parce que l'eau n'a point de goût qu'elle peut servir de véhicule à toutes les saveurs; si elle avait eu une saveur propre, elle l'aurait communiquée à toutes les substances qui nous servent d'aliments, et l'on comprend quelle uniformité fatigante il en serait résulté.

s'élaborent et détonent les foudres, que se forment les neiges
et les grêles et grondent les orages ; elle est l'écho qui fait
rebondir dans l'étendue les sourds roulements du tonnerre,
comme elle redit le murmure du petit ruisseau, le bourdonnement de l'aile d'une mouche, le soupir d'un enfant qui som-
meille. C'est dans l'atmosphère que mugissent les vents de la
tempête et que soufflent les brises parfumées de l'été ; là que
siége le Génie qui fait éclore les fleurs du printemps et mûrir les
fruits de l'automne ; là que brillent les beaux phénomènes de
l'arc-en-ciel et de l'aurore boréale ; là que se promènent ces
nuages, tantôt légères et flottantes draperies dans les roses du
matin ou dans la pourpre du soir ; tantôt, urnes fécondes, versant la douce ondée sur le feuillage des bois qui résonnent, et
au sein des fleurs qui sourient de fraîcheur et de grâce. L'atmosphère est le grand Océan vital où tous les êtres vivants
puisent l'existence et la respiration : supprimez l'atmosphère
seulement quelques instants, et soudain tous les animaux
expirent, les plantes se flétrissent et meurent, toute vie disparaît, la terre devient une solitude désolée, où règnent de toute
part l'immobilité et le silence de la mort.

Et maintenant donc levez les yeux, et voyez cette terre avec
ses monts et ses plaines, ses forêts et ses prairies, avec ses vastes
mers, ses lacs bleuâtres et ses fleuves majestueux qui ondulent et
se déroulent comme des zones d'argent sur le fond verdoyant des
vallées ; avec ses minéraux qui brillent, ses végétaux qui fleurissent, ses animaux qui nagent, rampent, marchent, cour-
rent, volent, à sa surface, dans les eaux, dans les airs : voyez,
dis-je, cette terre privilégiée entre toutes les planètes que l'as-
tre-roi guide, éclaire, échauffe dans les cieux, voyez-la tourner
d'un mouvement uniforme et constant sur ses pôles et se balancer dans son orbite, toute chargée de fleurs et de fruits, de parfums et d'harmonies, présentant alternativement tous ses flancs
au soleil qui, de l'Orient à l'Occident, les inonde des flots d'une
lumière pure, les pénètre d'une chaleur douce et féconde, y fait
descendre tous les trésors de la rosée et des pluies fertilisantes.
Elle s'en va ainsi cheminant dans l'espace et mesurant les
heures, les nuits et les jours, docile aux lois qui règlent tous
ses mouvements, et par sa révolution annuelle autour du soleil
et l'inclinaison de son axe, ramenant tour à tour, avec une régularité parfaite, les chaleurs et les frimas, les printemps et les
automnes, les étés et les hivers.

Oh ! s'il m'était donné à présent de vous conduire là-haut,
parmi ces astres innombrables qui si magnifiquement diaprent
le manteau des nuits et qui, le jour, s'effacent dans les splendeurs
du soleil ! Muni de l'œil géant du télescope, un jour peut-être
nous essayerons d'explorer ces champs de la lumière ; mais ici,
dans les étroites limites qui nous sont imposées, nous n'oserions
aborder un sujet si plein de grandeur.

« Ce sont là tes glorieux ouvrages, Père du bien, ô Tout-Puissant ! Elle est tienne cette structure de l'univers, si merveilleusement belle ! Quelle merveille es-tu donc toi-même, Être inénarrable, toi qui, assis au-dessus des cieux, es pour nous ou invisible ou obscurément entrevu dans les ouvrages les plus inférieurs, lesquels pourtant font éclater au delà de toute pensée, la bonté et ton pouvoir divin?

« Parlez, vous qui pouvez mieux dire, vous fils de la lumière, Anges ! car vous le contemplez, et avec des cantiques et des chœurs de symphonie, dans un jour sans nuit, pleins de joie, vous entourez son trône, vous dans le ciel ! Sur la terre, que toutes les créatures le glorifient, lui le premier, lui le dernier, lui le milieu, lui sans fin * ! »

CONCLUSION.

Terminons ces considérations générales sur l'œuvre de la création par une dernière réflexion qui est la conclusion naturelle de l'esquisse rapide que nous venons de tracer.

Parmi les signes précurseurs du grand mouvement intellectuel ou renouvellement philosophique qui se prépare, et dont on peut déjà signaler les remarquables tendances, on doit placer ce besoin universellement senti de ramener toutes les sciences à un point central commun, à une radieuse et féconde unité, de relier dans un glorieux faisceau toutes ces vastes recherches, toute cette immense masse de faits jusqu'ici recueillis, qui constituent chaque science ; et cette union des sciences, cette magnifique coordination des innombrables phénomènes qui en sont l'objet, ne peut s'accomplir manifestement que dans l'élément divin, dans l'idée de l'infini, de Dieu, raison suprême de toute existence, principe de tout ordre, source de toute harmonie, qui résume en lui les rapports de tous les êtres, et sans lequel le monde est une énigme, la nature un je ne sais quoi qui épouvante **.

---

* These are thy glorious works, parent of good,
   Almighty ! etc.
            MILTON, *Paradis perdu*. l. V, v. 155 et suiv.

** Constatons ici brièvement les éléments à l'aide desquels l'intelligence humaine rattache au grand principe de l'unité l'ensemble des êtres, l'immense série des phénomènes, la vaste hiérarchie des essences créées comme des modes qu'elles revêtent.

En présence du plus simple, du plus vulgaire des phénomènes de la nature, comme du plus élevé et du plus compliqué, trois questions se présentent instinctivement à l'esprit : quelle est son origine, sa *cause?* quelle est sa forme radicale, son type, sa *nature?* quel est son but ou sa *fin?* Tel est le triple objet de toute investigation scientifique au sujet des êtres contingents, depuis l'atome jusqu'à l'étoile, depuis la monade jusqu'au séraphin : telle est la condition nécessaire de toute explication.

On l'a dit, le monde, pour qui saurait l'envisager d'assez haut, ne serait qu'un grand fait, une vaste pensée. Mais la rai-

Cette triple notion repose sur trois principes correspondants dans notre esprit : le principe de causalité, le principe d'universalité et le principe de finalité ; et ces trois principes sont tellement inhérents à la raison humaine qu'on ne pourrait l'en dépouiller sans anéantir toute foi à l'ordre, et, par conséquent, toute science, puisque celle-ci ne peut être conçue que comme l'expression, la reproduction idéale de l'ordre substantiel réalisé dans le plan de l'univers.

Par la notion de causalité, l'esprit humain, dans l'ordre des sciences de faits, remonte la chaine des phénomènes, dont chaque anneau suppose l'anneau qui le précède ; dans l'ordre des sciences de raison, il remonte la série des idées ou des principes dont chacun est une conséquence de celui qui le précède. Dans ce grand travail de coordination de nos connaissances, sous le point de vue de la relation de la cause à l'effet, nous rapportons à une idée ou à un fait central un ensemble d'idées ou de faits subordonnés, et ces centres particuliers, nous les rattachons eux-mêmes à des centres supérieurs, plus généraux encore, jusqu'à ce que nous ayons atteint le centre des centres, la Cause première, absolue, de toutes les causes secondaires, l'infini, en un mot, l'Être divin, principe primordial, racine de tous les principes, fait initial, générateur de tous les phénomènes, agent suprême, origine et modérateur de toute puissance et de toute activité.

De plus, nos recherches sur la nature des êtres nous conduisent à reconnaître en chacun d'eux, une forme propre caractéristique, qui distingue radicalement chaque espèce, et dont l'individu est la réalisation variée. La connaissance de ce type dans chaque espèce d'êtres, objet spécial d'immenses travaux scientifiques et base de toute classification, ne se fixe dans notre esprit qu'à l'aide du principe d'universalité qui nous fait saisir la relation de l'unité à la variété, ou l'ensemble des rapports de ressemblance et de différence des créatures comparées entre elles. Les efforts de la science tendent donc à ordonner chaque type à un type plus général et de plus en plus élevé, jusqu'à ce qu'elle soit arrivée au type primitif et absolu, renfermant les éternelles raisons des choses, au modèle infini, à l'archétype de la vérité, de la bonté, de la beauté, dont la nature des êtres est, à tant de degrés divers, la visible expression.

Enfin, notre esprit adhère irrésistiblement à la croyance d'un but final auquel chaque chose est coordonnée, et qui est comme la consommation de chaque existence. Tout être, dans son développement, tend vers un terme particulier ; et comme il existe une gradation harmonique de natures, depuis les plus inférieures jusqu'aux plus élevées, depuis l'inanimé jusqu'à l'organisé, depuis l'instinctif jusqu'à l'être intelligent, depuis l'homme jusqu'à l'ange, il en résulte une série correspondante de fins spéciales, subordonnées les unes aux autres, qui constituent d'autres buts généraux, d'un ordre de plus en plus élevé ; et ceux-ci se résument à leur tour en un but définitif, universel, absolu, fin dernière des êtres, qui est l'infini, qui est Dieu. Toutes les créatures sorties de l'infini, leur cause productrice et leur type souverain, sont donc incessamment en marche pour remonter vers l'infini, lien suprême qui les unit, centre immuable et glorieux vers lequel convergent toutes les évolutions des êtres.

De ces considérations, il résulte que l'idée de Dieu ou de l'infini peut seule constituer l'unité des sciences, puisque c'est dans cette idée, et dans elle seule, que la science existe, se meut et vit ; puisque c'est par elle, et par elle seule, que nous pouvons obtenir d'une manière absolue, pour l'ensemble de nos connaissances, ce que le mouvement philosophique cherche à établir d'une manière relative dans chaque ordre particulier de ces mêmes connaissances, en résumant en quelques points dominants les résultats de chaque science spéciale. Ainsi les centres les plus généraux, les plus hautes inductions des sciences particulières, opèrent leur jonction définitive, leur union radicale, la transformation dernière de leur élément terrestre et borné, au sein de la vérité des vérités, de la lumière des lumières, du principe universel d'explication et d'unité, en un mot, au sein de Dieu, sans la notion duquel toute intelligence s'éteint, toute science s'évanouit, et l'univers entier nous échappe, enveloppé d'invincibles ténèbres.

son de ce fait immense, le centre de cette merveilleuse unité réalisée dans le plan de l'univers, où les placerons-nous, sinon dans l'Être un, éternel, infini? Sans la notion de Dieu, sans ce resplendissant flambeau, apparaissant aux deux termes de la révolution des siècles et de la chaîne des êtres contingents pour en éclairer l'origine et la fin, il est impossible de rien comprendre aux choses bornées et passagères de ce monde : leur notion est sans consistance, sans fondement; elles se trouvent pour ainsi dire suspendues en l'air, sans lien, sans raison d'existence, vagues apparences, insaisissables ombres, chimères indéfinissables, qui flottent comme les images confuses d'un triste songe, balancées un moment au-dessus d'un abîme inconnu pour s'évanouir aussitôt au fond d'une nuit impénétrable.

Pendant que l'homme d'orgueil, dans sa misère infinie, épaissit la nuit dans son entendement, y accumule les ombres et les ruines, loin de la vérité, loin de la vie, loin de Dieu, le vrai savant, s'élevant à la source de toute réalité, de toute vérité, de tout ordre, voit s'abaisser soudain ce voile lugubre qui enveloppait comme un suaire l'univers tout entier. A la clarté de cette splendide lumière que projette jusque dans les profondeurs les plus reculées de la création, cette notion fondamentale d'une suprême Cause première, il contemple avec un sentiment d'inexprimable joie le magnifique ensemble des existences qui se succèdent dans le temps et dans l'espace, pour attester la puissance et célébrer la gloire d'un Dieu créateur et conservateur, renfermant en soi la plénitude de l'être et toutes les perfections. C'est alors que cette sublime unité, forme de tout ce qui est beau, caractère de tout ce qui est vrai, et que notre intelligence aspire à constituer dans l'ordre général de nos connaissances, se révèle à lui dans la volonté efficace, immuable, perpétuellement une de l'Être nécessaire et tout-puissant, de qui tout descend, vers qui tout remonte, centre unique de ce vaste flux et reflux de créatures émanées de sa pensée, qui accomplissent dans chaque point de l'espace et du temps leur destinée propre, suivant les lois constantes et pleines d'harmonie que leur ont assignées sa sagesse et sa providence.

FIN DE L'INTRODUCTION.

ESQUISSES

DES HARMONIES

DE

LA CREATION.

HISTOIRE, MŒURS ET INSTINCT DES ANIMAUX.

PRÉLIMINAIRES.

Nous voulons essayer de redire quelques-unes des grâces, quelques-unes des merveilles et des harmonies de l'œuvre du Créateur, et glorifier, autant qu'il est en nous, sa Puissance, sa Sagesse et sa Bonté, en étudiant les lois du monde matériel et les phénomènes de la nature organique et vivante.

Lorsque, abordant un sujet si sublime, nous venons à considérer la beauté, la magnificence du spectacle dont nous nous proposons de retracer quelques scènes, et que, portant nos regards sur l'incommensurable horizon qui se déploie devant nous, nous cherchons à embrasser le vaste ensemble des êtres, à saisir leurs innombrables mécanismes et leurs merveilleuses relations, alors, en présence d'une si infinie variété d'existences, de formes et de fonctions, devant tant de fécondité, de convenances et de splendeurs, nous ne savons plus qu'admirer, adorer et bénir ; nous n'avons plus de mots pour décrire, plus de couleurs pour peindre, notre courage chancelle, et nous sommes près de renoncer à une tâche dont la grandeur désespère notre faiblesse.

Nous le dirons, une seule pensée nous soutient : nous espérons trouver quelque sympathie auprès de cette saine partie de la jeunesse, qui se plaît aux méditations graves, dont le cœur est ouvert à toutes ces pures et douces émotions, à toutes ces saintes jouissances que font naître en nous la contemplation et l'étude des ouvrages de la Toute-Puissance créatrice. C'est à ces fraîches et vives intelligences, à ces jeunes âmes, sensibles, réfléchies, élevées, que nous nous adressons surtout. Nous avons peu de chances auprès de ces esprits mous, impuissants, misérablement frivoles, à la fois si nuls et si vains, qui ne comprennent rien à ce monde et ne se soucient pas d'y rien comprendre, qui depuis longtemps ont oublié Dieu et l'ont banni de leur pensée comme une chose dont il convient peu d'avoir souci; hommes de vie toute végétative, d'appétits et d'instincts tout matériels.... notre voix, si elle arrivait jusqu'à eux, ne pourrait que leur paraître importune..... Mais vous, jeune homme aux généreuses pensées, aux nobles sentiments; vous qui, fidèle aux pieuses et vivifiantes habitudes qui vous ont été transmises dans les enseignements et l'exemple du foyer domestique, savez prier et bénir Dieu chaque jour, venez observer, venez méditer et admirer avec nous. Le Dieu que vous aimez, le Dieu que vous servez, nous allons le retrouver ensemble et grand et puissant et bon et adorable aussi, dans le temple qu'il s'est élevé lui-même en créant ce splendide univers. Il a écrit son nom en traits éblouissants sur le front des astres, en caractères pleins de grâces dans la corolle de chaque fleur, en signes merveilleux dans l'organisation du moindre animal; nous les assemblerons, nous les lirons, ces glorieux caractères; nous en proclamerons la sublime signification, et de l'harmonie des sphères, et du langage de la fleur, et du chant de l'oiseau, et de la voix de toute créature, nous composerons un hymne solennel, un magnifique concert au Dieu qui créa, au Dieu qui conserve et féconde et bénit la terre immense et les cieux sans limites.

I.

Notre travail embrassera les quatre grandes divisions dans lesquelles on a coutume de renfermer toutes les branches des connaissances humaines. Ainsi, nous étudierons successivement, sous le point de vue des causes finales, chacun des quatre grands règnes de la nature :

1° Le *règne éthéré*, comprenant les agents impondérables, le calorique, la lumière, le magnétisme, l'électricité, fluides subtils et puissants qui jouent le premier rôle dans l'économie de l'univers. Nous y rattacherons la Physique générale, l'Astronomie, etc.

2° Le *règne minéral*, renfermant toutes les substances inorganiques, simples ou hétérogènes, qu'offre le globe à sa surface ou dans ses entrailles. Nous y rapporterons les Sciences Géologiques, Chimiques, etc.

3° Le *règne végétal*, auquel appartiennent toutes les plantes répandues avec une si somptueuse profusion sur la surface des îles et des continents. — Physiologie végétale, etc.

4° Enfin le *règne animal*, embrassant toute cette longue série de créatures vivantes, qui commence à la monade imperceptible, et s'élève, par une harmonieuse gradation, jusqu'à l'homme, seul être ici-bas intelligent, raisonnable et moral, noble représentant du Créateur sur la terre, chef-d'œuvre de sa puissance, le couronnement et probablement le centre de la création tout entière. — Anatomie. — Physiologie comparée. — Zootechnie, etc. *

Dans le développement du sujet dont nous venons d'exposer l'étendue, nous suivrons un ordre opposé à celui d'après lequel nous avons classé chacun des règnes de la nature, c'est-à-dire que nous commencerons par l'étude du règne le plus élevé, de celui qui présente l'intérêt le plus puissant, par le *règne animal*, auquel se rattachent toutes les sciences zoologiques, si belles, si fécondes en considérations pleines de charmes et en témoignages éclatants en faveur des attributs infinis du Créateur.

Une des premières harmonies que nous pouvons signaler dès notre début dans l'histoire des êtres vivants, c'est cette série systématique dans laquelle il est possible de les ranger tous en suivant les dégradations successives de complexité et de perfection que l'on remarque dans l'orga-

---

* On connaît les corrélations si remarquables qui existent entre ces quatre règnes de la nature : le règne animal s'appuie sur le règne végétal qui le nourrit ; ce dernier, sur le règne minéral, d'où les plantes tirent tous les matériaux de leur organisation ; et ces trois règnes à la fois se rattachent intimement au règne éthéré, dont les grandes lois président à l'évolution des êtres innombrables qui les composent. Il faudrait être d'une nature d'esprit bien étrange pour oser attribuer au hasard toutes ces belles harmonies.

nisation des divers groupes, depuis l'homme jusqu'au zoophyte ; dégradations organiques qui entraînent, pour ces mêmes groupes, un décroissement correspondant d'activité vitale ; de sorte qu'à mesure qu'on descend l'échelle zoologique, les fonctions deviennent moins nombreuses et la vie diminue d'intensité. C'est sur cette considération que sont établies les divisions et subdivisions qui constituent la distribution naturelle et méthodique des animaux en Classes, Ordres, Familles, Genres, Espèces, Races ou Variétés *.

* Essayons de fixer les idées sur ces diverses associations adoptées pour la classification des êtres organisés. Il n'y a évidemment dans la nature que des individus : que faut-il donc entendre par race, espèce, genre, famille, etc.? Il y a beaucoup d'arbitraire et peu de précision sur ce point parmi les naturalistes. Des exemples nous feront mieux comprendre que des définitions abstraites. Le cheval est une *espèce* animale ; l'âne, une autre *espèce ;* le zèbre, une troisième *espèce ;* mais ces trois espèces distinctes ont cependant des caractères communs bien saillants, par exemple, un seul doigt apparent et un seul sabot au pied, etc.: la réunion de ces caractères communs constitue un *genre,* le *genre cheval.* Les genres qui ont entre eux le plus d'analogie forment les *familles.* Les *ordres,* les *classes* sont également fondés sur l'observation de types ou traits de plus en plus élevés et communs aux familles et aux genres, jusqu'à ce qu'on soit ainsi remonté aux deux dernières grandes divisions du règne animal en *vertébrés,* ou munis d'un squelette intérieur et d'une colonne vertébrale, et en *invertébrés,* ou dépourvus d'un pareil squelette et de cette même colonne épinière.

On peut donc, avec Dugès, définir l'*espèce* un type idéal

La classification que nous suivrons ici est celle de notre immortel Cuvier *, parce qu'elle est encore la plus généralement adoptée et la plus connue. Toutefois, nous nous empressons de reconnaître qu'elle est inférieure sous plusieurs rapports à celle qui a été présentée par M. de Blainville, et que ce savant professeur a établie sur le seul caractère qui soit vraiment rationnel, celui qui se déduit des modifications du système nerveux dont on observe la dégradation successive à mesure qu'on descend la chaîne zoologique. C'est, en effet, le plus ou le moins de perfection ou de développement de ce système qui constitue tous ces degrés divers de facultés ou d'instincts que l'on remarque parmi les animaux.

Au lieu de parcourir la série des êtres animés en commençant par l'histoire des classes les plus

de forme, d'organisation, de mœurs, auquel on peut rapporter tous les individus qui se ressemblent beaucoup et se propagent avec les mêmes formes.

Les *variétés* ou *races* sont des nuances, de légères modifications, héréditaires ou accidentelles, qui s'ajoutent aux caractères de l'*espèce ;* ainsi le cheval *andalou,* le cheval *anglais,* le cheval *allemand,* etc., sont autant de *races* ou *variétés* du cheval.

* Nous nous sommes toutefois permis plusieurs modifications nécessitées par le progrès des sciences naturelles depuis la mort de ce grand homme.

élevées, suivant la méthode ordinaire, nous avons cru devoir adopter un ordre inverse, comme plus conforme au plan que le Créateur paraît avoir suivi dans la manifestation de sa puissance aux différentes périodes de l'évolution de notre planète. En effet, à partir des couches fossilifères les plus profondes du globe jusqu'aux plus superficielles, on a reconnu, dans les débris fossiles, une succession de formes organiques de plus en plus compliquées et parfaites. D'abord les zoophytes et les mollusques prédominent dans les terrains les plus anciens; puis apparaissent, dans les strates secondaires, les poissons et les reptiles; enfin, les terrains tertiaires et supérieurs renferment un nombre considérable de mammifères terrestres ayant les plus grands rapports avec les genres actuellement existants.

La même progression du simple au complexe s'observe dans la flore fossile, qui commence par des cryptogames gigantesques dans les terrains les plus inférieurs, et présente, dans les couches voisines de la surface, de nombreux restes de végétaux appartenant à la classe plus élevée des polycotylédonés, qui forment les deux tiers de la flore actuelle.

Cette série de formes organiques qui s'offrent avec des caractères de plus en plus élevés ou parfaits, à mesure qu'on remonte l'échelle des stratifications, conduit naturellement à admettre la création d'autant de systèmes particuliers de vie que l'on distingue de grandes périodes géologiques et d'importantes modifications dans les conditions des divers milieux ambiants au sein desquels les êtres organisés étaient appelés à se développer : telles que la proportion des gaz aériens, l'intensité ou l'activité plus ou moins grande du calorique, de la lumière, de l'électricité, ces premiers agents de la nature, qui ont nécessairement opéré les changements les plus considérables dans les conditions climatériques de notre planète aux diverses phases de son existence.

Telle est la considération qui nous a déterminé à nous écarter de la marche suivie jusqu'ici par la plupart des zoologistes, laquelle nous semble moins rationnelle, moins en harmonie avec celle de la nature, qui, dans ses œuvres, procède toujours du simple au composé.

On a divisé tous les animaux connus en deux grandes sections, celle des animaux *invertébrés* et celle des animaux *vertébrés*. Nous ne donnerons d'abord que la classification des animaux invertébrés, les seuls qui doivent nous occuper dans ce volume.

TABLEAU SYNOPTIQUE

DE LA CLASSIFICATION

DES ANIMAUX INVERTÉBRÉS.

I. *Embranchement des Zoophytes* (six classes).

SPONGIAIRES[7] : — Éponge commune, alcyon crible, etc.
INFUSOIRES : — Monade, volvoce, uvelle, vibrion, protée, etc.
POLYPES : — Sertulaire, corail, astrées, actinie, etc.
ACALÈPHES : — Diphye, physalie, béroé, velelle, ceste, etc.
ÉCHINODERMES : — Encrines, astéries, oursins, holothuries, etc.
ENTOZOAIRES : — Tænia, strongle, ascaride, hydatide, etc.

II. *Embranchement des Mollusques* (six classes).

ACÉPHALES TUNICIERS : — Pyrosomes, biphore, ascidie, etc.
BRACHIOPODES : — Térébratule, lingule, etc.
ACÉPHALES BIVALVES : — Pholade, arche, moule, huître, etc.
PTÉROPODES : Hyale, clio, cymbulie, limacine, etc.

	Hétéropodes :	— Carinaire, firole, etc.
	Nudibranches :	— Glaucus, thétie, éolide, etc.
	Inférobranches :	— Phyllidie, diphyllidie, etc.
	Cyclobranches :	— Oscabrion, patelle, etc.
GASTÉROPODES (9 ordres).	*Tectibranches :*	— Bulles, acères, aplysie, etc.
	Scutibranches :	— Fissurelle, ormier, dentale.
	Tubulibranches :	— Vermets, silicaires, etc.
	Pectinibranches :	— Buccin, porcelaine, etc.
	Pulmonés :	— Lymnées, planorbe, escargots, etc.

Céphalopodes : — Nautile, seiche, calmar, argonaute, poulpe.

III. *Embranchement des Articulés* (cinq classes).

Annélides : — Sangsues, lombrics, serpule, arénicole.
Cirripèdes : — Balane, anatife.
Crustacés : — Limules, lernées, daphnie, cypris, cloportes,
              cyames, branchipe, crevette, talitre, squille,
              palémon, écrevisse, etc.
Arachnides : — Rouget, faucheur, tarentule, scorpion, araignée,
              épéire, etc.

	Myriapodes :	— Scolopendre, gloméris, iules, etc.
	Gnataptères :	— Podurelle, lépisme, etc.
	Rhinaptères :	— Pou, ricin.
	Siphonaptères :	— Puce.
	Diptères :	— Mouche, cousin, hippobosque, œstre.
	Rhipiptères :	— Xénos.
	Hémiptères :	— Punaise, puceron, cigale, cochenille, etc.
INSECTES	*Lépidoptères :*	— Papillon, sphinx, phalène, teigne, etc.
(12 ordres et plus	*Hyménoptères :*	— abeille, guêpe, fourmi, chryside, etc.
de 80,000 espèces	*Névroptères :*	— Termite, phrygane, éphémère, libellule.
connues.)	*Orthoptères :*	— Mante, sauterelle, grillon, courtillière.
	Coléoptères :	— Charançons, cantharides, hannetons, escarbots, lampyres, carabe, etc. (Plus de 40,000 espèces.)

PREMIER EMBRANCHEMENT

DU RÈGNE ANIMAL.

—

LES ZOOPHYTES

(ζῶον, animal, φύτον, plante)

ou

ANIMAUX RAYONNÉS.

> La vie est partout, la nature est pleine :
> chaque élément, chaque substance nous
> offre des preuves vivantes et sans nombre
> d'une intelligence infinie dans le Créateur
> de cet univers.
>
> W. PALEY.

Aux limites indécises qui séparent le règne
végétal du domaine de la vie animale, il existe
quelques êtres équivoques qui semblent servir
comme de transition de l'un à l'autre. Les zoologistes disputent la végétabilité à certaines algues
ou conferves, les *diatomes*, les *oscillaires*, les
bacillaires, etc., dont ils forment un ordre par-

ticulier d'animaux *. La botanique, de son côté, réclame plusieurs genres de polypiers, tels que les *polyphyses*, les *corallines*, les *flabellaires*, les *acétabulaires*, etc. **

Linnée a dit, dans son style aphoristique : *Les minéraux croissent, les végétaux croissent et vivent, les animaux croissent, vivent et sentent.* La sensibilité est en effet le caractère essentiel de l'animal, celui qui le distingue radicalement de toute substance inorganique et de toute plante. Le système nerveux ***, mis en jeu par l'agent vital, est le principe de cette sensibilité ou faculté de recevoir des impressions des objets extérieurs et de les transmettre à l'organe (cer-

---

* Les *zoocarpées* de Bory de Saint-Vincent ; les *némazoaires* (νῆμα, fil, ζῶον, animal) de M. Gaillon.

** Schweigger et Link, *Mémoires de l'Académie de Berlin*, 1831 ; — M. de Blainville, *Manuel d'Actinologie*.

*** Ce système est composé d'une substance molle et pulpeuse appelée *tissu nerveux*, formant tantôt des cordons allongés et ramifiés (*nerfs* proprement dits), tantôt des masses plus ou moins considérables (*ganglions*), qui sont le centre de filaments nerveux. Les nerfs de la première sorte, au nombre de quarante-trois paires, sont contenus dans l'*encéphale* (ἐν, dans, κέφαλη, tête), composé du cerveau, du cervelet et de la moelle épinière : ils appartiennent spécialement aux organes de relation.

Le système nerveux *ganglionnaire* ou *nerf grand sympathique*, est répandu dans la tête, le cou, le thorax (θώραξ, poitrine), l'abdomen, et est particulièrement relatif aux organes de nutrition, cœur, estomac, intestins, etc.

veau) chargé de les percevoir. Mais si, dans les
classes élevées, l'organe de la sensibilité a reçu
un développement très-complexe, il subit, à
mesure qu'on descend l'échelle de la vie, un
abaissement considérable, et finit même par disparaître dans la plupart des animaux placés aux
degrés les plus inférieurs, ou du moins, au
terme extrême de l'animalité, il ne paraît plus
consister qu'en de simples molécules nerveuses,
disséminées et combinées avec le système musculaire *. Tel est le cas pour le plus grand nombre des Zoophytes **, et c'est à ce mode d'organisation, à cette diffusion égale, uniforme, de la
vie dans toutes les portions de leur corps,

* Le système musculaire, principe de la *contractilité* chez
les animaux, est composé d'organes particuliers, appelés *muscles,*
qui ont la propriété de se raccourcir et de s'étendre alternativement pour produire le mouvement. Chaque muscle est formé de
plusieurs faisceaux musculaires qui se divisent en d'autres
faisceaux plus petits, et ces derniers en fibres plus ténues encore,
elles-mêmes composées d'une série de petits globules qui n'ont
pas en diamètre plus d'un trois-centième de millimètre. Les
muscles constituent la masse principale de la chair des animaux.

Les notions physiologiques que nous nous bornons à rappeler
au commencement de cet article, trouveront ailleurs tout leur
développement.

** Chez quelques-uns de ces animaux, tels que les *Astéries,*
les *Holothuries,* les *Oursins,* et surtout les *Ascarides,* on a observé
des espèces de renflements gangliformes d'où partent des cordons
nerveux.

remplissant chacune à peu près les mêmes fonctions et possédant les mêmes propriétés, que l'on doit attribuer le singulier phénomène par lequel chaque partie de certains Zoophytes, réduits en morceaux, continue de vivre et devient en peu de temps un nouvel individu, pareil à celui dont il a été détaché. Il n'en est pas de même chez les animaux plus parfaits : chez ceux-ci la vie est centralisée, et les diverses fonctions qui la constituent, possèdent chacune un instrument propre, un organe particulier spécial : c'est ce qui fait qu'on ne peut enlever à un mammifère, par exemple, quelqu'une de ses parties centrales, sans qu'il en résulte dans l'économie une perturbation grave et presque toujours une mort immédiate.

Les organes des Zoophytes sont généralement disposés en rayons ou verticiles autour de l'axe du corps, ce qui donne à celui-ci l'aspect d'une fleur épanouie, d'où leur est venu aussi le nom de *radiaires*. La plupart de ces animaux sont privés d'organes spéciaux pour les sens, mais ils jouissent d'une sensibilité tactile fort délicate *. Leur appareil digestif varie extrême-

* Toutefois, un célèbre observateur (M. de Blainville) affirme que cette sensibilité est beaucoup moindre que ne le disent la plupart des physiologistes, et qu'elle est même fort obtuse dans la plus grande partie des espèces.

ment ; ils n'ont ni cœur ni circulation proprement dite. Quelques-uns ont un sac intestinal
avec une seule issue, d'autres avec deux issues,
beaucoup ne paraissent pas avoir de bouche, et
ne se nourrissent que par l'absorption de leurs
pores. Les uns se reproduisent par des germes
internes ressemblant à des œufs, les autres par
la division spontanée ou artificielle, etc.

CLASSE DES INFUSOIRES *.

Allez vous placer au sommet du gigantesque
Himalaya, ou, porté sur la nacelle de l'aéro-
naute, élevez-vous aux confins de l'atmosphère :
les continents sont vastes, contemplés de cette
hauteur, et vaste est l'Océan, immense la terre
avec ses dix mille lieues de circonférence. C'est
peu toutefois. Des limites de notre atmosphère
prenez votre course jusqu'à la planète d'Uranus,

* Ainsi nommés parce qu'ils se développent surtout dans
les infusions végétales et animales. — Nous pensons, avec plusieurs naturalistes, qu'il serait plus convenable de rapporter les
animaux Infusoires à chacun des grands embranchements auxquels ils semblent respectivement appartenir. Ils ne paraissent
être en effet pour la plupart que des mollusques, des annélides
ou des crustacés ; ils sont construits sur un plan analogue, et l'on
est assez fondé à croire qu'il n'y a d'autre différence qu'une plus
grande simplification d'organisation et un abaissement dans les
facultés.

quatre-vingts fois plus grosse * que la terre, et à plus de 660 millions de lieues du soleil; de là, gagnez les dernières limites de notre système solaire, et embrassez, si vous le pouvez, d'un même coup d'œil, cette orbite de plus de 2,700 millions de lieues de diamètre, glorieux domaine de notre beau soleil, qui, du centre de cette sphère énorme, illumine, échauffe, féconde incessamment les planètes qui se meuvent autour de lui et les maintient dans ces conditions d'équilibre, d'ordre et de stabilité qui constituent l'harmonie de notre monde... Mais la terre, à présent, où est-elle? que vous paraît-elle de là-haut avec ses larges fleuves, ses hautes montagnes, ses déserts, ses deux mondes et son grand Océan?... Perdue, dites-vous, évanouie, invisible!... Eh bien! ne vous arrêtez pas à la recherche de cet atome, montez, montez toujours, plongez dans les célestes immensités; abordez ces régions du firmament d'où l'épaisseur d'un fil d'araignée, placé devant l'œil, suffirait pour cacher notre système planétaire lui-même tout entier... De là, si vous avez encore de l'haleine, redoublez votre vol, élancez-vous d'étoiles en étoiles, de mondes en mondes, de

---

* Qu'est-ce que ce volume en comparaison de celui du soleil, qui est près d'un million de fois plus gros que notre planète!...

sphères en sphères ; pénétrez jusqu'à ces profondeurs où roulent, dans leurs orbites incon-
nues, ces astres innombrables dont le puissant
télescope d'Herschell nous a révélé l'existence :
l'atome lumineux qu'ils nous envoient, mû avec
une vitesse de 78,000 lieues par seconde, en est
parti il y a plus de mille ans... Votre imagination
s'épouvante, vos genoux fléchissent... montez
cependant, montez encore, montez sans fin...
Mais non, c'est assez ; que sert-il de vous perdre
ainsi dans les champs infinis de la création ? Au-
dessus de votre tête, à mesure que vous montez,
toujours de nouveaux cieux, toujours de nouveaux mondes, toujours de nouveaux soleils...
A l'effrayante distance où vous voilà placé, à
l'incommensurable hauteur que vous venez d'atteindre, vous n'êtes encore qu'au seuil de cet
incompréhensible univers *qui n'a pour confins
que lumière et amour* *. Redescendez donc de
ces profondeurs des cieux : aussi bien, c'est
trop de splendeurs pour vos yeux débiles, et
votre âme, malgré son énergique puissance,
saisie d'effroi au milieu de ces abîmes de l'immensité, se sent défaillir sous le poids de tant
de grandeur.

---

* Che solo amore e luce ha per confine. — Dante, *Para-
diso*, canto XXVIII.

Dites, maintenant que vous avez vu l'ombre de son doigt, est-il grand, est-il puissant, est-il admirable dans ses œuvres, le Dieu que nous adorons ?...

Vous ne concevez point de plus étonnantes merveilles....

Suivez-moi cependant. Venez vous asseoir au fond de cette vallée, sur le bord de cet étang couronné de roseaux et de butomes fleuris, et tout parsemé des roses d'or du nénuphar; puisez au pied de ces myosotis tout brodés de saphirs ou autour de ces cératophylla submergés, une petite goutte d'eau; examinez-la à un microscope qui ne grossisse pas moins de mille à douze cents fois... Voyez-vous le prodige!.. Cette gouttelette est devenue une sorte de lac au sein duquel flottent des animaux étranges, innombrables... Les uns sont nus, les autres sont pourvus de téguments divers, d'une cuirasse simple ou bivalve, d'une coquille siliceuse, cristalline, dentelée, mamelonnée, piquante, comprimée, cristée, prismatique, suivant les espèces; d'un écusson rond ou ovale, d'une coque en forme de cloche, d'un manteau gélatineux, etc. Celui-ci est sphérique, celui-là anguleux ou carré; d'autres sinueux, cylindriques, coniques, semi-lunaires, étoilés, en lance, en baguette, en bourse, en éventail, en tubercule, en couronne,

en chapelet, en grappe, en anneau, en urne,
en roue dentelée ou sans dentelures, en muguet,
en violon, en spirale, en fuseau, en toupie, en
sabre, en trompette, en guêtre, en ramifications
les plus variées, en agglomérations les plus bizarres, en mille formes les plus diverses, formes
sans nom, formes indescriptibles, les plus capricieuses, les plus fantastiques, les plus inouïes,
les plus incroyables.... *

Leurs couleurs ne sont pas moins diversifiées.
Le Créateur a paré ces infiniment petits êtres de
toutes les nuances du rouge, du rose, du vert, du
bleu, du jaune; il y en a aussi de bruns et de noirs;
un grand nombre sont de couleur d'eau ou sont
ponctués, striés, zébrés, bariolés de cent façons **.
Il en est qui par leur multiplication extraordinaire colorent la neige et l'eau des lacs en rouge
ou en vert, et ces couleurs apparaissent périodi-

* Il en est qui peuvent se métamorphoser de la manière la
plus curieuse ; tel est le *Protée*, qui tantôt est rond, ovale, tuberculeux ; tantôt divisé en lanières, radié comme une étoile,
épanoui comme une fleur, etc. Voyez pl. I, fig. 1, le Protée
ténace.

** Celui-ci est tout brodé d'or et porte un bandeau de
pourpre (Chilodon) ; celui-là a la forme et l'éclatante blancheur
d'un cygne à deux têtes (Trachélocerque) ; un autre a la forme
et la couleur d'une orange (Boursâire) ; un autre rappelle l'orbe
et les rayons d'or du soleil (Tricodisque) ; d'autres sont tous vêtus de vermillon ou du plus bel azur (Stentor), ou brillent la
nuit comme des topazes orientales (les Péridines, etc.).

quement dans la journée, selon que les Infusoires montent ou descendent dans l'eau. D'autres forment des couches bleues, orangées, ferrugineuses à la surface des objets submergés. On en connaît aussi une dixaine d'espèces qui développent de la lumière, et qui, recouvrant la mer en quantité innombrable, y produisent l'admirable phénomène de la phosphorescence.

Tous ont des organes pour le mouvement et sont plus ou moins agiles. Pour les mouvements de rotation, ce sont des *cils* ou très-petits appendices filiformes et d'une délicatesse extrême, disposés en une seule série ou formant plusieurs rangs de formes différentes *; pour les mouvements de progression, ce sont des soies roides, mobiles, filiformes; pour grimper et pour se fixer, ils sont pourvus de *crochets* ou soies courtes, épaisses et recourbées. Les individus de l'ordre des *rotatoires* se fixent à l'aide d'un faux pied, muni à son extrémité d'une fossette en forme de ventouse.

Les Infusoires ont une tête, une bouche, des yeux rouges ponctiformes depuis un jusqu'à quatre **, un tronc, une queue simple, double ou

---

* La Paramécie *aurélie*, dont la grosseur naturelle est de 1/5 à 1/4 de millimètre (pl. I, fig. 2), a jusqu'à 2,640 organes extérieurs pour le mouvement.

** Au moins chez deux cents espèces.

triple, quelquefois rétractile; des dents *, des muscles, des nerfs, des glandes chez un grand nombre, quelquefois trente estomacs et jusqu'à cent vingt, le plus souvent un seul, un canal alimentaire, des intestins, etc. Ils sont tous vésiculaires et semi-transparents, ce qui a permis d'étudier leur organisation intérieure.

Et remarquez par quelle merveilleuse diversité de mécanismes, le Créateur atteint un même but, celui de la nutrition, par exemple, dans les animaux. C'est en excitant dans l'eau, au moyen de leurs organes rotateurs de petits tourbillons dont la bouche est le centre, que les Infusoires entraînent vers cet orifice, les matières nutritives que l'eau tient en suspension **. Les uns sont herbivores, les autres carnivores; ces derniers

---

* Chez cinquante-deux genres.

** Voyez pl. I, fig. 3, le Rotifère *ancien* (*Rot. vulgaris*), dont la grosseur naturelle est d'un demi-millimètre à un millimètre. *a* jeune individu très-développé ; *b* les spirales des matières colorées qui se trouvent dans l'eau , remuées par l'action des organes rotatoires; *c* les organes rotatoires ou les *roues*. Chacun de ces derniers organes est pourvu de 5o à 6o cils très-fins, qui forment 12 à 14 groupes pendant la vibration ; chaque cil tourne sur sa base, de manière à décrire un cône dont le sommet se trouve à la base du cil et dont la base est déterminée par la rotation de l'extrémité du cil. Deux fils musculaires très-fins, horizontaux, suffisent pour produire un mouvement de rotation ressemblant à celui du bras.

avalent souvent leur proie vivante, on la voit s'agiter dans leur ventre et quelquefois elle parvient à s'échapper de sa prison. Il y en a qui se placent en embuscade dans les anfractuosités d'un *byssus* microscopique ou de quelques *mucor* qui sont pour eux des îles; c'est de là qu'ils guettent leur proie; fixés au rivage par un fil d'une ténuité extrême, aussitôt qu'ils aperçoivent l'objet qui leur convient, ils glissent sur ce fil qui se déroule comme un câble, et, ouvrant une bouche en entonnoir, ils engloutissent leur proie, puis se referment en boule et retournent en filant leur câble se blottir dans leur retraite *.

Les animalcules microscopiques sont pourvus

* La manière dont quelques Infusoires se meuvent est bien singulière : une petite Monade (*diplostomum volvens*), parasite de la perche, tourne d'abord quelque temps sur elle-même comme un sabot, puis s'élance avec la rapidité d'une flèche.

Le docteur Nordmann en a compté jusque 360 dans un seul œil de perche. M. Ehrenberg a trouvé dans la mer Rouge un Infusoire (*discocephalus rotator*), qui ressemble à une sorte d'arachnide à huit pattes. Ce petit animal exécute un double mouvement rotatoire, l'un au moyen de la paire de tentacules antérieurs, l'autre par la rotation des trois autres paires postérieures; et le mouvement de ces organes est si rapide qu'on croirait qu'il en a, non pas huit seulement, mais une centaine. —Le célèbre naturaliste prussien que nous venons de nommer, est allé étudier les Infusoires dans les contrées les plus éloignées et les plus diverses, à Dongola en Afrique, aux monts Altaï en Asie, au mont Sinaï, dans les puits de l'oasis de Jupiter Ammon, au fond des mines de la Sibérie, etc.

des appareils de reproduction mâle et femelle. Chez les uns, les petits naissent vivants; d'autres se reproduisent par des œufs; d'autres par une division spontanée de leur corps en deux ou plusieurs animaux distincts. Dans l'espace de peu de jours, il peut naître plusieurs millions d'individus. L'Hydatine *couronnée* * peut en produire seize millions en douze jours : onze heures après que les œufs ont été déposés, on voit se remuer dans leur intérieur le jeune individu, qui n'est pas plutôt sorti de l'œuf qu'il commence à former lui-même des germes... Une si rapide et si prodigieuse multiplication vous étonne... Essayez de vous faire une idée de la petitesse de ces œufs rouges, jaunes, verts, bleus, bruns, répandus par myriades dans les eaux et dans l'atmosphère où ils sont emportés par les vents ou par la simple évaporation ** : la plupart n'ont

---

* Pl. I, fig. 4. Sa grosseur naturelle n'excède pas un 1/2 millimètre.

** Tout le monde sait qu'il se développe en peu de jours, à l'air, une immense quantité d'animalcules microscopiques dans les infusions de différentes plantes, de fruits, de substances animales; on en trouve dans toutes les eaux, mais les plus beaux habitent les sources limpides, autour des plantes aquatiques, etc. Le Vibrion *ridé*, dont la grosseur naturelle est de 1/24 de millimètre, et que nous avons représenté pl. I, fig. 5, grossi 800 fois, se multiplie considérablement dans le vinaigre, sous la forme d'une anguille qui se nourrit des petits végétaux qui s'y développent en même temps pendant la fermentation. La fer-

I.   2

pas 1/1500 de millimètre; il en est même qui

mentation achevée, animaux et végétaux deviennent une sorte de magma qui contient les œufs des premiers et les seminules des seconds.

Des animalcules analogues se trouvent dans la pâte qui fermente, dans la colle de farine aigrie, etc., dans le sang des animaux, dans la sève des plantes, dans les grains de seigle cariés ou blé rachitique ; ils fourmillent dans le fromage sec ; ils pullulent dans le tartre que les aliments forment autour des dents, et, en général, dans toutes les substances organiques qui fermentent ou qui se gâtent. Il s'en trouve jusqu'au fond des mines.

Le froid est, en général, dangereux pour les Infusoires ; la lumière est favorable à leur propagation ; un courant électrique et la chaleur instantanée les tuent. Une goutte d'eau de mer fait périr les Infusoires d'eau douce. Le vin, le rhum, le sucre, tuent les Infusoires des eaux potables.

Nous ne devons pas passer sous silence un phénomène curieux relatif à certains Infusoires, et diversement expliqué. Quelques-uns de ces animaux, principalement ceux qui habitent le sable des gouttières, se contournent, se déforment, perdent tout mouvement lorsque ce sable vient à se dessécher ; si l'on verse alors sur eux un peu d'eau, ils semblent revenir à la vie et recommencent à se mouvoir avec vitesse. Ce fait, nié plusieurs fois, vient d'être mis hors de doute par M. de Blainville, qui a ressuscité jusqu'à dix fois des Rotifères qu'il avait exposés pendant deux jours au soleil sur le porte-objet du microscope. M. Ehrenberg pense que dans tous ces cas il n'y a pas dessèchement complet, ni évaporation des fluides internes, et par conséquent pas de mort véritable.

Les Infusoires forment deux tribus, les *polygastriques*, composés de 22 familles, et les *rotatoires*, qui en comprennent 8.

Plus de 700 espèces ont été décrites et figurées. On en connaît de fossiles.

n'ont pas 1/6000 de millimètre.... Il n'y a qu'un moment vous étiez frappé d'une admiration sans borne, en considérant l'énorme volume des corps célestes et l'immensité de l'univers : que produit à présent sur votre âme le spectacle bien différent d'une si excessive petitesse ?.. Ce n'est pas là toutefois le fond de cet autre abîme ouvert à votre contemplation. On connaît une Monade géographiquement très-répandue (Monade *terme*) qui n'a que 1/1000 à 1/2000 de millimètre en diamètre ; sur son corps on voit des taches colorées qui n'ont que 1/24,000 de millimètre ; l'épaisseur de la membrane qui forme son estomac est comprise entre 1/2,400,000 et 1/3,200,000 de millimètre. Tâchez de calculer la dimension des vaisseaux divers qui composent cette membrane elle-même et la ténuité des molécules du fluide qui y circule ; efforcez-vous ensuite de comprendre l'organisation de ces autres animalcules dont parle Leuwenhoeck, et dont dix millions n'atteignent pas la grosseur d'un grain de sable ; et de ces autres encore que Malesieu a étudiés, et qui sont vingt-sept millions de fois plus petits qu'une mite, et la mite est presque invisible à l'œil nu. Quelle doit être la petitesse de leurs œufs, l'exiguïté de leurs muscles, de leurs veines, des liqueurs qui parcourent leurs moindres vaisseaux !.. Poussez bien au delà

2.

de cette limite encore, si vous le pouvez, et vos inductions et vos calculs; perdez-vous d'intuitions en intuitions dans les insondables profondeurs de l'infiniment petit, comme tout à l'heure dans les abîmes de l'infiniment grand.... Présomptueuses et vaines tentatives! Sous cet autre point de vue aussi la création vous échappe, et toujours, au delà de ce que vous pouvez imaginer et supposer, vous trouvez l'infini avec ses mystères à jamais impénétrables à tous les efforts de l'esprit humain.

Ainsi donc, aussi loin qu'il est donné à l'homme, aidé du secours des meilleurs instruments, d'étendre ses investigations dans les domaines de l'organisation et de la vie, il rencontre des preuves sans nombre de la puissance et de la sagesse du Créateur, qui a, pour ainsi dire, marqué du sceau de son infinité le moindre atome comme le plus grand des soleils, et déployé au plus bas de l'échelle des dimensions, dans les formes organiques, comme au degré le plus élevé, une inconcevable variété de mécanismes et d'arrangements pleins d'ordre et d'harmonie. Le plus petit Rotifère présente, dans sa structure interne aussi bien que dans son organisation extérieure, une série de merveilles non moins propres à exciter notre admiration que celle qui nous est offerte dans la construction et la disposition des mêmes appareils chez l'éléphant ou chez le cachalot le plus gigantesque. Que ne pouvons-nous nous arrêter à décrire le jeu miraculeux de toutes les parties qui composent ces petits êtres, et qui concourent avec tant de précision à l'exécution de leurs mouvements si divers ! Nous admirerions le rôle de tous ces cils vibratiles, aux oscillations circulaires si gracieuses, de toutes ces soies si délicates, de tous ces crochets, de tous ces pieds, de toutes ces trompes, de toutes ces cuirasses, et les fonctions si variées qui résultent de chaque mécanisme particulier et de la combinaison de tous les mécanismes ensemble : prodigieuses petites créatures qui ont sans doute leurs sympathies, leurs amours, leurs haines, et des habitudes aussi diverses que leurs formes ! Qui dira les guerres de ces populations microscopiques, les combats livrés aux pacifiques herbivores par les légions carnassières, les innombrables colonies qu'un souffle de l'air emporte et dissipe comme une fumée légère, et la dissémination de leurs germes dans l'atmosphère, entraînés par la vapeur d'eau, par les vents, par les brouillards, puis restitués aux liquides et déposés par myriades dans toutes les substances de la nature, où ils reçoivent des circonstances favorables l'excitation nécessaire?... Mais il est temps de rentrer dans une sphère d'existence organique plus accessible à nos sens et non moins féconde en merveilleux phénomènes.

CLASSE DES POLYPES *.

Si nous vivions dans un siècle de foi, si la main glacée du matérialisme n'avait pas projeté son ombre sur les grâces et les plus doux enchantements de l'œuvre du Créateur; si son souffle délétère n'avait pas éteint, autant qu'il était en lui, tout rayon des cieux parmi nous, étouffé toute sainte poésie dans notre âme, flétri toute fleur dans notre intelligence; si l'on n'avait pas, dans le gouvernement du monde, substitué partout des fluides, des forces, des airs, des éthers, dont se plaignait déjà Socrate, à ces beaux anges qui présidaient pour nos pères à tous les districts de la nature, il eût été bien convenable d'invoquer le secours de l'Esprit glorieux auquel fut confiée la garde des mers, au moment où nous faisons le premier pas dans ses vastes domaines. Lui seul, en effet, pourrait nous guider à travers les plaines, les montagnes, les labyrinthes inconnus de son humide empire, dans la recherche des merveilles que le Créateur a renfermées au fond

* De πολὺς, beaucoup, ποῦς, pied, à cause de leurs nombreux tentacules analogues à ceux du poulpe, que les anciens appelaient *polype*.

de ces mystérieux abîmes. Lui seul sait le nombre, la beauté, la diversité infinie de formes et de mœurs des immenses troupeaux qu'il mène paître le long des vallées et des prairies sous-marines; lui seul pourrait nous tracer l'histoire de ce monde océanique, nous en révéler tous les secrets, toutes les lois, toutes les harmonies, et dérouler à nos yeux le tableau de tous les traits de puissance, de sagesse et de grandeur que Dieu y fait briller de toutes parts.

L'Océan, comme la terre ferme, a ses vergers et ses jardins, les Polypes en sont les arbustes et les fleurs, fleurs vivantes, non moins variées, non moins gracieuses que celles qui ornent au printemps nos campagnes.

La nombreuse classe des Polypes est composée de petits animaux qui sécrètent la plupart une matière calcaire, quelquefois cornée, avec laquelle ils construisent, les uns des tubes, les autres des cellules où ils se logent. Ces petites demeures sont ordinairement soudées entre elles de manière à former, tantôt des masses figurant des broderies, tantôt des ramifications soutenues par un axe ou tronc commun fixé aux rochers *.

* Les Polypes se multiplient de deux manières : les uns par des œufs, qui s'en vont former au loin des individus séparés ; les autres par des espèces de bourgeons qui deviennent de nouveaux Polypes sans quitter la masse qui les a produits.

Pour saisir dans les eaux les matières alimentaires dont ils se nourrissent, chaque Polype déploie à l'entrée de sa niche pierreuse, de petits bras ou tentacules simples ou pennés, disposés circulairement autour de sa bouche, et qu'il a la faculté d'étendre ou de contracter à son gré. Il existe d'ordinaire des communications entre tous les individus établis ainsi sur un même polypier, de sorte que les aliments digérés par les uns profitent à tous les autres.

Ces infatigables petits architectes élèvent quelquefois, surtout au fond des mers australes, des constructions d'une étendue considérable. Les générations qui s'éteignent sont remplacées dans ce travail incessant par des générations nouvelles ; de nouveaux polypiers se développent

Les Polypes forment deux divisions principales, les ANTHOZOAIRES (ἄνθος, fleur, ζῶον, animal), dont la cavité digestive se termine en cul-de-sac, et n'a qu'une seule ouverture ; et les BRYOZOAIRES (βρύον, mousse, etc., ressemblant aux mousses) dont la cavité digestive a deux ouvertures. — Les Anthozoaires se subdivisent en Zoantaires, dont les tentacules sont simples et très-nombreux, tels que les *Actinies* (pl. I, fig. 6), les *Méandrines*, etc. ; en Alcyoniens, dont les tentacules sont larges, foliacés, et garnis, sur les bords, de petits prolongements cylindriques, tels que *Tubipores* (pl. I, fig. 7), *Corail* (pl. I, fig. 8), *Pennatule* (pl. I, fig. 9), *Virgulaire* (pl. I, fig. 10), etc. ; et enfin, en Sertulariens, logés dans un tube ouvert seulement à l'extrémité supérieure qui porte une couronne de tentacules filiformes : *Hydres* (pl. I, fig. 11), *Sertulaires* (pl. I, fig. 12), etc.

successivement au-dessus de polypiers plus anciens, jusqu'à ce que, d'étages en étages, la
masse entière atteigne la surface des eaux, et
qu'ainsi tout accroissement ultérieur devienne
impossible. Telle est, dans l'océan Pacifique,
l'origine de ces récifs si redoutés des navigateurs,
de ces énormes bancs de Corail qui ont jusqu'à
dix lieues d'étendue, et qui finissent par former
de petites îles. Les vents entassent sur ces masses
calcaires une multitude d'algues marines qui
s'y décomposent en un terreau fertile; des fruits
de pandanées, des noix de cocos, des graines
diverses, les unes déposées par les vents, les
autres apportées par les courants ou par les
vagues, germent et prennent racine dans ce sol
vierge, qui est bientôt couvert d'une riche végétation. L'homme arrive alors, et prend possession
de ces îles nouvelles, sorties comme par enchan-
tement du sein des abîmes.

Transportons-nous un moment par la pensée
au fond des mers tropicales, sous ces latitudes
chaudes, favorables au développement de ces
petites créatures qui se groupent en une société
si fraternelle : là, pas une roche, pas une chaîne
volcanique sous-marine qui ne présente quelque
colonie de ces ouvriers actifs, telles que les
nombreuses tribus de Madrépores, de Méandrines, d'Astrées, de Caryophyllies, etc., tra-

vaillant sans cesse à leurs élégants édifices, au milieu d'un calme que ne trouble jamais la tempête *. Voyez-vous se dérouler, dans le cristal des eaux, sur le flanc des coteaux sous-marins, ces bocages étranges, tout chargés de rosettes aux pétales animés, sensibles, oscillant continuellement, et formant par leur agglomération de magnifiques bouquets, ornés des plus riches couleurs pendant le jour, brillant la nuit d'un éclat phosphorique? Les uns ressemblent à des tuyaux d'orgue, de diverses longueurs et du plus beau pourpre, rangés parallèlement côte à côte (Tubipore *musique*, pl. I, fig. 7); les autres figurent des séries symétriques d'étoiles lamelleuses, de pores, d'alvéoles pareils à ceux d'un gâteau de cire **, ou représentent des réseaux, des méandres, des vallons sillonnés, festonnés, etc. ***, et mille circonvolutions les plus capricieuses. Vous prendriez celui-ci pour une manchette de

---

* Les tempêtes ne se font guère sentir à une profondeur de plus de 30 mètres dans la mer.

** Flustres et tous les Polypes à cellules, comme la Pennatule *phosphorique;* la Virgulaire *à ailes lâches,* le Corail *rouge,* déjà cités; nous avons représenté de plus le Cricopore *élégant,* pl. I, fig. 13 (fragment grossi), l'Oculine *rose,* ibid., fig. 14 (portion grossie), la Campanulaire *volubile,* ibid., fig. 12 (portion grossie), Dédale de *Maurice,* ibid., fig. 15 (fragment grossi).

*** Les Méandrines, les Pavonies, etc.

la plus fine dentelle * , celui-là pour une tête
de chou-fleur, ou pour une laitue ou pour un
ananas, un autre pour un agaric, pour un ruban contourné sur lui-même, pour un disque
couronné de rayons, pour un éventail en treillis,
pour une anémone parée des couleurs les plus
vives ** ; d'autres ont des formes arborescentes,
et figurent des panaches, des aigrettes, des
expansions foliacées de la plus agréable variété.

Pouvez-vous imaginer quelque chose de plus
gracieux que ces petites anfractuosités de rochers
toutes tapissées de mousses purpurines, toutes
festonnées de fucus verdoyants, cachant à demi,
dans leurs guirlandes légères, une autre végétation toute vivante, quelquefois de la plus éclatante blancheur, plus souvent ornée aussi de
toutes les nuances du rouge ou du vert, et se
déployant en tissus de gaze, en mailles d'une
finesse extrême, en dentelles de la plus exquise
délicatesse? Quels charmants modèles pour les
broderies, pour les arabesques et autres orne-

---

* Les Rétépores ; le Millepore *celluleux* ou *manchette de
Neptune*, pl. I, fig. 16.

** Les Actinies ; elles appartiennent à l'ordre des Polypes
charnus, dont plusieurs peuvent ramper sur leur base et nager
dans les eaux. Les Actinies brillent au soleil de toutes les nuances du pourpre, du bleu, du violet, de l'aurore et du vert.
Voyez l'Actinie *verte*, pl. I, fig. 6 ; l'Actinète *olivâtre nageant*,
ibid., fig. 17 ; la Lucernaire *auricule*, ibid., fig. 18.

ments employés par les arts ! Quelle inépuisable source d'alliances gracieuses pour les compositions du peintre et du sculpteur, que toutes ces formes si harmonieuses, que toutes ces ramifications si variées!

Outre les Actinies, dont plusieurs peuvent se déplacer et se confier au mouvement des eaux, on connaît quelques autres Polypes nageurs; c'est à ces derniers qu'appartient la curieuse famille des Pennatules *. Ce sont de petits animaux de couleur rose, disposés sur deux files de chaque côté d'une tige calcaire, recouverte d'une membrane contractile ; ils sont pourvus de petits bras tout garnis de barbes, dont ils se servent comme d'avirons pour ramer de concert et se promener de tous côtés dans les eaux. Les

---

* Ces animaux ont été ainsi nommés à cause de leur ressemblance avec une plume. La Pennatule *phosphorique*, pl. I, fig. 9 ; la Virgulaire *à ailes lâches*, ibid., fig. 10.

La privation de la faculté locomotrice chez les Polypes, fixés par leur base, a été admirablement compensée par cette multitude de petites bouches qui viennent s'ouvrir à tous les points de la superficie du polypier, et qui ne cessent de mouvoir leurs légers tentacules pour entraîner vers cet orifice les matières nutritives flottantes dans les eaux, et par cet autre avantage encore non moins remarquable et déjà mentionné, qui fait participer la communauté à chaque bonne fortune qui peut échoir à l'un quelconque de ses membres. C'est ainsi que *la sagesse du Créateur se manifeste jusqu'au fond des abîmes.* — Prov. III, 20.

Pennatules répandent la nuit une lumière phosphorique éclatante.

Enfin, les *Hydres* ou *Polypes à bras* (pl. I, fig. 11), communes parmi les lentilles d'eau douce, etc., offrent plusieurs phénomènes physiologiques remarquables. Leur corps gélatineux, et de la grosseur d'un grain de blé, se termine en une sorte de godet garni de huit à dix longs filaments ou tentacules qui leur servent à saisir de petits insectes ou des débris de petites plantes aquatiques qu'elles dévorent avec avidité. Si une Hydre en avale une autre, elle ne peut parvenir à la digérer, et la rend intacte et vivante. Si l'on retourne l'estomac d'une Hydre, à la manière d'un doigt de gant, elle continue de manger et de digérer à l'ordinaire. Coupez-la en deux, la partie du corps qui porte la bouche, marche et mange le même jour, l'autre extrémité acquiert des tentacules en vingt-quatre heures; divisez-la en dix, en vingt morceaux, chaque fragment devient en peu de temps un individu complet. Nous avons donné plus haut l'explication de ce singulier phénomène qui se manifeste, bien qu'à des degrés divers, dans presque tous les Zoophytes.

Les Polypes, quoique gélatineux, sont doués d'une puissance digestive et assimilatrice extraordinaire. C'est à eux qu'a été confiée, dans l'économie actuelle de la nature, l'importante fonction de nettoyer les eaux de la mer en les purgeant de toutes les mucosités, de toutes les impuretés qui proviennent de la décomposition incessante de matières animales et végétales. Ainsi, la Providence a destiné ces petits êtres, placés au degré le plus inférieur du règne animal, à remplir, dans les profondeurs de l'Océan, le même office qu'elle a départi à plusieurs familles d'insectes qui se nourrissent des substances corrompues et putréfiées à la surface de la terre.

CLASSE DES ACALÈPHES *.

Les Acalèphes sont gélatineux et nagent dans les eaux de la mer. C'est à cette classe qu'appartiennent les Méduses **, dont le corps, convexe

* D'ἀκαλήφη, ortie; plusieurs produisent, quand on les touche, une sensation brûlante.

** Les Méduses doivent leur nom mythologique, et celui d'*orties de mer* qu'elles portent également, à la faculté qu'elles ont de produire une douleur cuisante dans la main qui les touche. Pour paralyser les petits poissons, il leur suffit de les toucher en passant. Les habitants des îles de l'archipel indien font infuser certaines Méduses dans de l'eau-de-vie, avec des aromates et du sucre, et composent ainsi une liqueur agréable au goût, mais qui est un poison subtil destiné à leurs ennemis.

Les œufs flottants des Méduses de nos mers se glissent quelquefois dans les Moules, et déterminent des convulsions et divers accidents chez les personnes qui en ont mangé.

en dessus, concave en dessous, a quelque analogie avec le chapeau d'un champignon (pl. I,
fig. 19). De la face inférieure de cette sorte d'ombrelle, pendent plusieurs bras ou tentacules de
formes qui varient selon l'âge et les espèces.
Cherchez à comprendre comment un animal
d'une conformation si singulière peut se diriger
dans les eaux. Je ne sais si vous trouverez; mais
voici l'expédient employé, dans cette circonstance, par la nature, toujours si féconde en ressources : elle a donné à l'animal la faculté de
contracter et de dilater alternativement les bords
de son ombrelle, et d'expulser, par ce moyen,
l'eau contenue dans sa concavité. C'est ainsi que
les Méduses exécutent leurs mouvements dans
les eaux *.

On range encore dans cette classe les Cestes
(κέστος, ceinture), qui ressemblent à un long ruban gélatineux, bordé d'un double rang de cils,
et les Béroés (pl. I, fig. 23), sur lesquels la nature semble avoir épuisé tout ce que l'élégance
des formes, la richesse des couleurs, la variété

* Nous avons représenté l'Évagore *chevelue* (pl. I, fig. 19),
la Lymnorée *trièdre* (ibid., fig. 20), l'Éphyre *huit lobes* (ibid.,
fig. 21), l'Obélie sphéruline (ibid., fig. 22).
C'est encore aux Méduses qu'on rapporte les Rhysostomes,
de ῥυσσός, ridé, στόμα, bouche; la bouche, qui est placée au
centre de la partie inférieure de l'ombrelle, est entourée des
tentacules; elles ressemblent aux Évagores.

des mouvements peuvent offrir de plus brillant et de plus gracieux. Leur substance, diaphane comme le cristal le plus pur, est d'une belle couleur de rose, d'azur ou d'opale ; leur forme est plus ou moins arrondie, avec huit bandes longitudinales disposées au pourtour, formées chacune d'un nombre prodigieux de petites folioles ou cils, excessivement amincies et d'une mobilité extrême. C'est à l'aide de ces milliers de petites rames que l'animal se dirige vers sa proie, fuit ses ennemis, exécute toutes les évolutions dont il a besoin. Ce qu'il y a de plus admirable encore dans ces mouvements des Béroés, c'est que, la lumière se décomposant par l'effet même de ces mouvements aussi rapides que variés, toutes ces côtes longitudinales deviennent autant de prismes vivants qui semblent envelopper l'animal de huit arcs-en-ciel animés, onduleux, dont la parole et le pinceau ne sauraient donner qu'une imparfaite idée. Les Béroés sont répandus en quantité prodigieuse à toutes les latitudes, et tourbillonnent comme des essaims enflammés au milieu des eaux. Ils servent de nourriture à un grand nombre de poissons, et les baleines ne peuvent ouvrir leur gueule sans en avaler des milliers.

Nous n'oublierons pas ces jolies espèces d'Acalèphes *hydrostatiques*, connues sous le nom de

Vélelles (pl. I, fig. 24), de Physalies (ibid., fig. 25), de Physsophores (ibid., fig. 26), etc. La Vélelle, d'une forme ovale, surmontée d'une membrane verticale et mobile, et entourée de nombreux tentacules, ressemble à une nacelle de verre bleu céleste, bordée de festons couleur de rose et de petites franges de soie et d'or. L'élégance de sa forme, la transparence de sa voile, les belles couleurs dont elle est revêtue, tout concourt à la rendre une des plus charmantes espèces de la classe à laquelle elle appartient.

Le corps de la Physalie, nommée *petite galère* par les navigateurs, consiste en une espèce de vessie oblongue, terminée, vers l'une de ses extrémités, par des filaments de pourpre et d'azur semés de perles, et portant une crête saillante, pareille à une voile d'argent. La Physalie gonfle à volonté son ballon, et sait, comme un pilote expérimenté, déployer sa voile brillante, s'orienter et se diriger suivant le rumb du vent. Rien n'est plus pittoresque que de voir, par un temps calme, des milliers de ces petits Zoophytes manœuvrant à la surface de la mer : on dirait autant de charmantes flottilles dirigées d'après les principes de notre tactique navale.

Les Physsophores (φύσα, vessie, φέρω, je porte), parées aussi des plus riches couleurs, ont le corps soutenu à la surface des flots par le moyen

de plusieurs séries de vésicules de la grosseur de
très-petites olives, gélatineuses et remplies d'air
à l'intérieur. Quand la Physsophore veut plonger
dans l'Océan, elle abaisse une soupape : l'air de
chaque vésicule s'échappe aussitôt, le poids spécifique de son corps augmente, elle s'enfonce.
Veut-elle au contraire remonter à la surface, elle
introduit l'air de nouveau dans ses petits réservoirs, ferme la soupape, et, redevenue plus légère, la Physsophore s'élève sur les eaux.

Les Stéphanomies ressemblent, le jour, à une
belle guirlande de cristal couleur d'azur et de
rose, se promenant à la surface des flots ; et
la nuit, à une guirlande de flammes et de phosphore *.

C'est ainsi que la Providence se plaît à manifester sa sagesse et sa bonté jusque dans la structure des plus obscurs et en apparence les plus
chétifs hôtes de l'Océan, en donnant à ces frêles
animalcules des nacelles, des ballons, des voiles,
des franges, des rames, des appareils divers,
pour se mouvoir et se guider au sein des eaux.
Elle en a même pourvu un grand nombre de

---

* D'autres Acalèphes sont composés de deux individus carrés, pyramidaux, de la forme d'un sabot, d'une cloche, etc.,
s'emboîtant l'un dans l'autre ; telles sont les Diphyes (διφυία,
double nature), etc. Tous ces zoophytes émaillent la surface des
mers intertropicales comme des fleurs éclatantes.

moyens de défense redoutables qui frappent comme de la foudre l'ennemi qui les attaque. A la grâce, à la délicatesse, à l'aptitude des formes, elle a souvent joint encore toute la richesse des couleurs de l'arc-en-ciel pendant le jour, et la nuit, elle les fait étinceler comme des gerbes de diamants à la surface des mers torridiennes *.

* « C'est dans les classes les plus inférieures qu'on rencontre le plus d'exemples de phosphorescence véritable. Des volvoces, des cyclides, des navicules microscopiques abondent dans les eaux d'une mer lumineuse; les animalcules que de Blainville y a particulièrement observés, avaient la forme de têtards pellucides. Des méduses, des béroés, des astéries, des pennatules et autres polypiers vagabonds, s'y promènent en forme de disques, d'étoiles ou de bouquets enflammés; les pyrosomes y brillent de loin comme une masse métallique rougie à blanc; les biphores y font de longues guirlandes comparables à celles des illuminations publiques. » Dugès.

Là où cesse la vie végétale, s'éteint en même temps la vie animale, mais seulement pour les espèces terrestres; car les espèces aquatiques sont indépendantes de la végétation, et nulle part peut-être l'Océan ne fourmille de plus d'animaux marins que dans les régions polaires. Les Acalèphes surtout sont aux autres animaux des mers du Nord ce que sont sur la terre les végétaux aux animaux terrestres. C'est leur innombrable multitude qui rend la vie possible dans les mers de ces tristes régions. M. Scoresby a calculé qu'une surface de deux milles carrés, contient 23,888,000,000,000,000 de ces animalcules, et on les rencontre dans la majeure partie des mers polaires. — Voy. Lacordaire, *Introd. à l'Entom.*, t. II.

CLASSE DES ÉCHINODERMES [*].

Nous avons vu qu'en général les infusoires étaient protégés par des cuirasses, les polypes logés dans des cellules, les acalèphes armés d'une sorte de pouvoir fulminant. Les Échinodermes ont aussi reçu des moyens de défense non moins remarquables : ils ont été revêtus d'une enveloppe ou croûte calcaire ayant une forme tantôt étoilée (pl. I, fig. 27), tantôt plus ou moins globuleuse (ibid., fig. 28), tantôt cylindrique.

Les Astéries ou *étoiles de mer* ont le corps divisé ordinairement en cinq rayons ou cinq angles plus ou moins ouverts. Un sillon longitudinal, partant d'une bouche centrale, est creusé à la surface inférieure de chaque rayon, et contient, dans des trous qui y aboutissent, un grand nombre de pieds ou tentacules ambulatoires et contractiles [**]. Les intervalles de ces sillons sont hérissés d'épines mobiles; le dessus du corps est percé de pores qui donnent passage à d'autres tentacules ou suçoirs très-petits. La progression

---

[*] D'ἐχῖνος, hérisson, δέρμα, peau; leur enveloppe crustacée est le plus souvent armée de pointes.

[**] Astérie *gentille*, pl. I, fig. 27. — Belon a compté jusqu'à 5,000 pieds dans une espèce d'Astérie. Suivant Tiedmann, il existe plus de 3,000 petits osselets dans l'étoile de mer.

de l'animal s'opère par l'allongement et le rac-
courcissement alternatif de ces pieds nombreux
qui se fixent au moyen des ventouses qui les
terminent.

Chez d'autres Astéries (les Ophiures, ὄφις, serpent, οὐρὰ, queue), il n'existe point de sillons, et
le nombre des tentacules est trop peu considérable pour servir aux mouvements de l'animal,
dont la locomotion ne s'exécute alors que par
les courbures et les ondulations des branches,
de cette manière : les deux branches les plus
voisines de l'endroit vers lequel ces sortes d'Astéries veulent se diriger, se courbent en crochets
à leur extrémité, et, en s'appliquant sur le sable,
tirent le corps en avant ; en même temps, le
rayon postérieur se recourbe verticalement, et
fait l'office d'un levier repoussoir.

Quelle inépuisable variété de moyens le Créateur a mise en usage pour atteindre un même
but !

C'est près des Étoiles de mer que les naturalistes ont rangé la curieuse famille des Encrinites.
Ces jolis Zoophytes, qui remplissent de leurs
débris pétrifiés de vastes couches dans les terrains que les géologues appellent transitaires et
secondaires, ne se trouvent aujourd'hui vivants
qu'à de grandes profondeurs dans la mer, et l'on
n'a pu en recueillir jusqu'ici que quelques échan-

tillons , trouvés dans les parages dès Antilles et dans l'océan Atlantique .*. Ces échantillons appartiennent à l'espèce nommée Pentacrinite *tête de méduse.* Une autre espèce très-petite, appelée Pentacrinite d'Europe **, est la seule que l'on connaisse dans nos mers; elle s'attache à divers polypiers.

Les Encrines, surtout les belles espèces fossiles, rappellent la forme d'un lis. Elles se composent d'une tige ou petite colonne vertébrale ronde ou angulaire, et d'un corps globuleux contenant les viscères et terminé par une bouche contractile autour de laquelle sont rangés cinq ou six bras divisés en mains et en doigts nombreux, subdivisés eux-mêmes en tentacules plus petits. La colonne est formée d'osselets calcaires qui s'engrènent, comme les dents de deux roues, par

* « Peut-être les espèces actuellement existantes sont-elles aussi nombreuses que celles de l'ancien monde, car on soupçonne qu'elles habitent toutes les profondeurs de l'Océan, lieu où elles peuvent rester éternellement ignorées des hommes. » — Bosc, *Nouv. Dict. d'Hist. nat.*

On se hâte trop quelquefois de regarder comme éteintes des espèces d'animaux ou de végétaux qui peuvent encore exister pleines d'éclat et de vigueur, mais dans des stations jusqu'ici inaccessibles à nos recherches.

** Pl. I, fig. 29; elle a été découverte par Thomson sur divers points des côtes de l'Irlande : plusieurs individus vivent réunis sur une tige commune. Notre figure représente un de ces individus épanoui et fortement grossi.

des séries alternatives de replis et de sillons; et
ces espèces de vertèbres varient de grandeur et
de forme de manière à offrir plus de solidité ou
de fixité à la base de la colonne, et plus de flexibilité vers son sommet, où une plus grande flexion
était nécessaire. « D'une extrémité à l'autre de
la colonne vertébrale, aussi bien que dans toute
la longueur des mains et des doigts, la surface
de chaque osselet, dans son articulation avec la
surface adjacente, montre une régularité et une
délicatesse d'ajustement parfaites. Telle est la
précision, telle est la perfection admirable des
arrangements qui s'observent jusque dans l'extrémité des tentacules les plus déliés, qu'il ne serait
pas plus absurde de supposer que ce sont les
métaux eux-mêmes qui ont calculé le nombre et
la forme des dents que devait avoir chacune des
roues d'un chronomètre, que ce sont ces roues qui
ont pris elles-mêmes la place précise qu'elles devaient avoir dans l'ensemble pour l'effet qui résulte
de leur action combinée, qu'il ne le serait de croire
que ces centaines et ces milliers d'osselets dont
se compose un Encrinite, ont pris d'eux-mêmes
ces dispositions calculées pour l'effet d'ensemble
de leurs mécanismes; dispositions dans lesquelles
chaque osselet a son rôle à part dans une subor-
dination harmonieuse avec le tout, et où le tout
produit des résultats que n'eût produits, peut-être,

aucune des séries en particulier livrée à son action isolée *. »

Les fluides nourriciers, partant de l'estomac, se distribuent dans l'intérieur de la colonne, traversée longitudinalement par une sorte de siphon, ainsi que dans les bras et dans tous les appendices tentaculiformes. Ces milliers de tentacules si finement découpés, et pourvus d'innombrables suçoirs, constituent un filet d'une grande délicatesse ; ils s'étalent au fond des eaux comme les pétales d'une fleur vivante balancée sur sa tige, et se replient avec une flexibilité preste pour envelopper la proie saisie au passage.

Les Oursins ** ont un corps sphéroïdal, renfermé dans une sorte de têt calcaire composé de pièces anguleuses exactement réunies entre elles. Cette enveloppe est hérissée d'épines articulées sur des tubercules mobiles, et présente, entre ces épines, de petites allées ou sillons garnis de trous par où sortent une multitude de pieds ou tentacules dont l'animal se sert ainsi que des aspérités de la coque, pour ramper sur les rivages. Les Oursins sont encore munis de petits tuyaux membraneux destinés à introduire l'eau dans la coquille et à l'en expulser à volonté.

---

* Buckland, *la Géol. et la Min.*, etc., t. I, p. 373. — Voy. le beau travail de Miller sur les *Crinoïdiens*. Bristol, 1821, in-4°.

** Pl. I, fig. 28, l'Oursin *pustuleux* dépouillé de ses épines.

Au centre de la face inférieure est la bouche pourvue de cinq dents en forme de longs rubans. Ils se nourrissent de petits coquillages qu'ils saisissent avec leurs pieds.

Enfin, les Holothuries * ont la figure d'un concombre et sont couvertes d'une peau coriace avec des séries de tubercules ou de mamelons servant d'organes locomoteurs. A l'extrémité antérieure du corps est la bouche, couronnée de tentacules rétractiles élégamment ramifiés. Elles établissent le passage des Oursins aux entozoaires.

Il y a des Oursins, des Astéries et des Holothuries qui ont des couleurs charmantes.

Tous ces animaux sont sujets à perdre, par divers accidents, des bras, des doigts, des pieds, etc.; mais, par une loi qui témoigne des soins attentifs d'une Providence infinie, ces membres perdus se reproduisent en peu de temps, et cette puissance de reproduction que nous avons déjà constatée et que nous retrouverons encore dans des animaux plus élevés, semble croître ou diminuer suivant que l'animal est plus ou moins exposé à ces sortes d'injures, ou qu'il appartient à un ordre plus inférieur.

* Pl. I, fig. 3o, l'Holothurie *à bandes* (partie antérieure du corps).

CLASSE DES ENTOZOAIRES *.

Les classes de Zoophytes, dont nous nous sommes occupés jusqu'ici, rappelaient à notre imagination des scènes pleines de grandeur, le spectacle des mers, l'immense Océan, peuplé, à toutes les profondeurs, par d'innombrables légions de créatures vivantes. Nous nous plaisions à contempler les élégantes constructions des polypes, à parcourir leurs merveilleuses galeries, le long des vallées sous-marines, à suivre, au sein des ondes ou sur les rivages, ces myriades d'acalèphes et d'échinodermes aux mouvements si curieux, aux formes si extraordinaires, aux nuances si riches et si variées. L'horizon vient de se rétrécir subitement devant nous. Ce n'est point dans les abîmes de l'Océan que les Entozoaires ont été placés, c'est dans les chairs, dans les viscères des autres animaux, c'est dans nos propres entrailles qu'ils habitent. C'est ainsi qu'ils peuvent nous fournir matière à de salutaires réflexions, en nous rappelant le limon dont nous avons été pétris.

Les Entozoaires ont, en général, un corps allongé, cylindrique ou aplati, avec des traces de

* De ἐντὸς, dedans, ζῶον, animal ; vivant dans l'intérieur du corps des autres animaux.

divisions annulaires. Les uns ont une tête munie d'une espèce de trompe ou d'alène comme instrument de perforation, ou armée de crochets et d'hameçons pour se cramponner aux viscères *(Tænia)*; les autres ont des ventouses pour pomper les humeurs *(Douves)*, quelquefois au nombre de plus de cent (l'*Hectocotyle* qui vit en parasite sur les molluques céphalopodes).

On n'en connaît que sept à huit cents espèces, mais on en doit supposer un nombre bien plus considérable, puisque aucune classe d'animaux n'en est exempte. Quatorze espèces se rencontrent dans le corps de l'homme. Ceux qui s'y multiplient le plus communément sont les Ascarides *, les Strongles, les Tænia (ταινία, ruban), les Hydatides (ὑδατίς, vessie), etc.

C'est aux premiers qu'appartiennent le Lombric *des intestins*, ver blanchâtre, quelquefois de deux à trois décimètres de long, et l'Ascaride *vermiculaire*, de dix à douze millimètres; l'un et l'autre pullulent souvent dans les intestins et y produisent quelquefois plusieurs milliers d'œufs.

Parmi les Strongles (στρογγύλος, rond), le Strongle *géant* (pl. 1, fig. 31, la tête) est quelquefois de la grosseur du petit doigt et d'un mètre

* De ἀσχαρίζω, sauter, danser; quelques espèces occasionnent de vives démangeaisons.

3.

de long ; il attaque surtout les reins. Il est souvent du plus beau rouge.

Les Tænia ou *vers solitaires* ont une tête carrée, un suçoir à chacun des quatre angles, une sorte de trompe au milieu et une couronne de crochets pour se fixer aux parois des intestins (pl. I, fig. 32, la tête vue de face) ; un long cou filiforme, un corps plat, composé d'articulations, ayant depuis un mètre jusqu'à trois, et quelquefois jusqu'à vingt et trente mètres de longueur. Le célèbre Boerrhaave a fait rendre à un Russe un Tænia qui n'avait pas moins de cent mètres. Ainsi l'homme nourrirait dans ses entrailles le plus long des animaux connus, et l'on ne pourrait lui comparer, dans le règne végétal, que le rotang flexible des Indes * (*calamus rudentum*) ou le fucus gigantesque de l'Océan. Beaucoup de naturalistes ont prétendu que le Tænia reproduisait de nouvelles articulations à mesure qu'elles se détachaient; Bremser combat cette opinion. Son existence est, dit-on, d'au moins huit années.

Les Hydatides ressemblent par la tête aux Tæ-

---

* C'est avec le rotang commun que l'on fait les cannes vulgairement appelées *joncs des Indes*. — De *rotang* sont dérivés *rotin* et *roter*, signifiant *lier*, parce qu'il y a une espèce de rotang (*calamus viminalis*) qui est employé dans les Indes aux mêmes usages que l'osier en Europe.

nia, mais elles ont le corps terminé en arrière par une vessie remplie d'eau. Il y en a qui n'ont pas moins de 24,000 crampons pour se fixer.

La maladie des cochons connue sous le nom de *ladrerie*, est causée par une multitude d'Hydatides qui se développent dans la substance du lard et des muscles. On les aperçoit surtout à la base inférieure de la langue.

La *pourriture* des moutons est aussi produite par des Hydatides qui attaquent le foie et les poumons de ces animaux quand ils ont été exposés à l'humidité dans des pâturages marécageux, etc.

Enfin, c'est encore une espèce d'Hydatide (pl. 1, fig. 33), logée dans le cerveau des moutons, qui détermine ces mouvements convulsifs qui les font tourner sur eux-mêmes, d'où est venu à cette maladie le nom de *tournis*.

Chez l'homme, les Hydatides donnent lieu quelquefois à la folie, à certaines hydropisies, etc *.

* Parmi ces parasites dangereux qui s'établissent dans les différentes parties du corps humain, nous ne devons pas oublier le Dragonneau (*filaria*) ou *ver de Médine, de Guinée*, etc. Il ressemble à un gros crin; il pénètre sous la peau, dans le tissu cellulaire ou entre les muscles, au cou, à la tête, etc. Pour l'extraire, on pratique une petite incision à l'endroit où l'on sent l'une de ses extrémités, puis on fixe cette extrémité dans la fente d'un morceau de bois autour duquel on essaye de rouler l'ani-

Tels sont les principaux parasites vermiformes qui s'engendrent et se développent dans notre chair ou dans nos entrailles. Ils sont là, au dedans de nous, comme une ironie amère pour notre vanité et notre orgueil *. Ils se

mal peu à peu chaque jour, comme on roule une corde sur un treuil. S'il vient à se rompre, il se retire en répandant dans la plaie une liqueur âcre qui cause des douleurs atroces. Alors, pour achever l'extirpation, on est obligé d'avoir recours au bistouri et à la dissection des chairs. Il a quelquefois plus de 3 mètres de longueur. On ne l'a pas trouvé en Europe, mais il n'est pas rare chez les habitants des côtes d'Afrique, aux grandes Indes et en Amérique. M. le docteur Nordmann rapporte à ce genre une espèce de vers qui a été récemment découvert avec une Hydatide dans les yeux de plusieurs personnes.

* On a trouvé des Tænia chez des enfants qui venaient de naître, et même chez des enfants nés avant terme. On en a découvert chez des poussins sortant de l'œuf!... Quelle est donc l'origine de ces êtres singuliers qui établissent leur demeure dans les parties les plus intimes, les plus impénétrables des animaux vivants, qui meurent aussitôt qu'ils en sont sortis, et que l'on n'a jamais rencontrés nulle part ailleurs dans la nature? Comment une Hydatide, par exemple, a-t-elle été introduite dans le cerveau à travers la boîte osseuse du crâne? Comment un papillon transmet-il à une chenille, par ses œufs, le ver que l'on trouve dans le jeune lépidoptère?... Ici se présente une question qui s'était déjà présentée à propos des infusoires, celle des générations prétendues *spontanées*. Cette question sera examinée dans la partie plus particulièrement physiologique de nos études sur le règne animal. Bornons-nous aujourd'hui à observer, avec notre grand naturaliste, que non-seulement la plupart des vers intestinaux produisent manifestement des œufs ou des petits vivants, mais que beaucoup ont des sexes séparés

nourrissent de notre substance, de notre sang : notre cerveau, notre cœur, nos organes les plus nobles, les plus délicats leur servent d'asiles.... Homme fastueux, homme aux superbes dédains, votre tête ne se courbe point, votre genou ne fléchit jamais devant le Dieu du ciel et de la terre, car vous êtes à vous-même votre dieu, votre culte, votre adoration ; à la bonne heure : mais j'ai compris toute votre misère, des vers sont logés dans ce front altier, des vers habitent au fond de cette poitrine gonflée d'orgueil, d'autres attendent, pour éclore dans les tissus de votre chair, l'heure que vous savez ; cette heure arrivera vite ; en tous cas, ils peuvent attendre, leur proie ne leur échappera point *.

et s'accouplent comme les animaux ordinaires. On doit donc croire qu'ils se propagent par des germes assez petits pour être transmis par les voies les plus étroites, ou que souvent aussi les animaux où ils vivent en apportent les germes en naissant. — Voy. Cuvier, le *Règne animal*, etc., t. III, p. 245.

M. de Blainville rejette aussi la génération spontanée des vers intestinaux. « Des germes aussi ténus que ceux qui donnent naissance aux animaux microscopiques, dit ce célèbre zoologiste, ne peuvent-ils pas, en effet, circuler avec nos fluides, traverser avec eux les pores du tissu des vaisseaux, et ne se développer que lorsqu'ils trouvent des circonstances convenables ? » — Manuel d'*Actinologie*, p. 161.

Linnée disait qu'il fallait avoir *une éponge dans la tête au lieu d'une cervelle* pour admettre les générations spontanées.

* « Chaque homme porte dans son corps des armées toutes

Quelque viles toutefois que nous paraissent ces races parasites qui nous obsèdent et nous tourmentent, quand nous considérons l'art avec lequel chacune de leurs parties est composée, quand nous nous rendons compte de ces crochets, de ces suçoirs, de ces trompes, de la forme et du jeu de tous ces instruments, nous les trouvons si parfaitement appropriés à l'habitation qui était destinée à ces vermisseaux, et nous découvrons, dans ces mécanismes divers, tant d'intelligence et de sagesse, qu'il nous est impossible de méconnaître, dans une pareille structure, l'action directe d'une puissance infinie qui a pourvu à la conservation de la plus infime des créatures avec le même soin qu'au bien-être de celles qui sont placées au premier rang.

Usage des Zoophytes dans l'économie domestique.

La division du règne animal, dont nous venons d'esquisser l'histoire, offre peu de substances

prêtes à exécuter contre lui les ordres de la vengeance de Dieu. La petitesse de ceux qui les composent semble devoir nous mettre à l'abri de leurs traits ; mais c'est précisément ce qui rend notre défaite plus honteuse, et ce qui fait voir le néant de l'homme, qui ne saurait résister à des créatures si petites et si faibles. » Lyonnet.

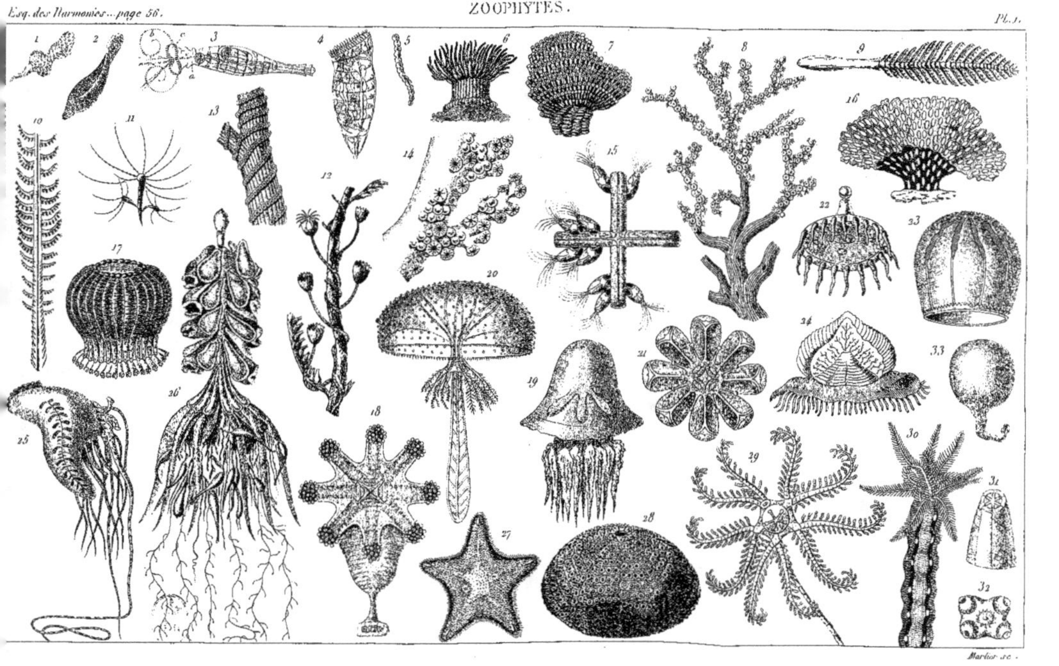

utilisées par l'industrie. L'*Éponge* et le *Corail* sont à peu près les seules matières employées.

Les Éponges se pêchent à la profondeur de dix à douze mètres dans la Méditerranée, autour des îles de l'Archipel grec, sur les côtes de la Syrie ou de la Barbarie. Pour toute préparation, on les lave et on les dépouille des matières étrangères qu'elles contiennent, puis on les blanchit dans une dissolution légère de chlore.

Les Éponges de l'Océan ne peuvent entrer dans la consommation; elles tombent en charpie la première fois qu'on en fait usage.

Le Corail est rouge, rose ou blanc; il ressemble à un petit arbrisseau sans feuilles (I, 8); la tige n'a jamais plus de 27 millimètres de diamètre, ni plus de 49 centimètres de hauteur. Comme il est susceptible d'un poli très-brillant, on le recherche pour la bijouterie et la tabletterie. On le pêche surtout dans la Méditerranée et dans la mer Rouge. Les coraillers se servent pour cette pêche de deux bâtons en croix garnis d'étoupes et portant aux deux extrémités un filet à larges mailles : on traîne sur les rochers sous-marins cette machine suspendue à une longue corde; les pieds de Coraux qu'elle rencontre sont brisés et s'engagent dans l'étoupe ou tombent dans les filets.

Les Holothuries sont regardées comme un mets

3..

excellent par les Chinois, qui les préparent avec le genseng et le ninsi *, et, suivant M. Delle Chiaje, on les mange sur la côte de Naples. On recherche beaucoup aussi pour le même usage les ovaires de quelques Oursins.

CONCLUSION.

Nous venons de jeter un coup d'œil rapide sur un embranchement regardé avec raison comme le plus extraordinaire du règne animal, par la singularité et l'étonnante variété que l'on observe dans les formes des êtres qui le composent. Le petit nombre de détails dans lesquels nous sommes entrés sur l'organisation de ces êtres étranges, a suffi pour nous convaincre que des lois pleines de sagesse et d'harmonie, ont présidé à la construction de toutes ces innombrables petites machines. Essayez d'embrasser d'un seul regard le spectacle que présentent à notre admiration ces myriades de frêles créatures avec leurs configurations si prodigieusement variées ; et les infusoires avec leurs rouages de soie, et les polypes avec leurs palais brodés, leurs forêts purpurines ; et les acalèphes avec leurs franges , leurs nacelles , leurs voiles de pourpre et d'azur ;

* Ce sont deux plantes dont la racine est fort estimée des Chinois, qui la regardent comme une panacée universelle.

et les échinodermes, dont les uns brillent la nui
sur les grèves comme des étoiles d'argent, dont
les autres s'épanouissent comme des lis au fond
des eaux, et jusqu'à ces parasites intestinaux si
méprisés, mais qui n'en sont pas moins admirablement conformés pour l'habitation qui leur fut
assignée. Examinez chacune des parties qui composent ces petits êtres, appréciez le rôle de chaque organe, son aptitude parfaite à la fonction
qu'il remplit; et leurs mouvements et leurs
modes de reproduction, et leurs moyens de
défense, et leur éclat phosphorique, et les couleurs brillantes dont la plupart ont été enrichis,
et dites, en présence de tant de merveilles, de
tant de mécanismes ingénieux, de tant d'harmonieuses combinaisons, dites si c'est là l'œuvre du hasard, le produit des forces aveugles de
la matière, et si tant d'ordre, de grâce et de
convenance, tant de constance dans les lois qui
perpétuent tous ces phénomènes, ne sont pas
au contraire autant de preuves éclatantes d'un
pouvoir suprême et souverainement intelligent,
qui seul a pu créer et peut seul conserver dans
les espèces, une si inconcevable diversité d'organisation.

SECOND EMBRANCHEMENT

DU RÈGNE ANIMAL.

—

LES MOLLUSQUES.

Voyez au fond des eaux ces nombreux coquillages ;
La terre a moins de fruits, les bois moins de feuillages ;
Tout ce que le soleil prodigue de couleurs,
Les sept rayons d'Iris, l'émail brillant des fleurs,
Les jets de la lumière et les taches de l'ombre,
S'épuisent pour former leurs nuances sans nombre.
Dans leurs contours divers quelle variété !
Chacun d'eux a sa grâce et son utilité.
Volutes, chapiteaux, fuseaux, navette, aiguilles,
Quelles formes n'ont pas leurs nombreuses familles !

Delille.

Qui n'a fait en sa vie au moins un pélerinage à quelque rivage maritime pour contempler le magnifique spectacle de la mer et entendre les sublimes murmures qui s'élèvent du fond de ses mouvants abîmes ? On ne quitte point les grèves sablonneuses, on ne dit point adieu aux flots bleus, aux rochers grisâtres, à l'oiseau marin, à la blanche voile du pêcheur, sans emporter comme souvenir, quelques coquillages choisis parmi les galets de la plage : ce sont ou des Pélerines, ornement du camail des pieux pélerins, ou de petites Porcelaines roses, ou des Haliotides nacrées, vulgairement *oreilles* de Neptune, ou des Patelles, des Littorines, de jolies Turritelles et cent autres dépouilles charmantes qui ont appartenu à des Mollusques, second embranchement du règne animal, dont l'intéressante histoire va maintenant nous occuper.

Les Mollusques (de *mollis*, mou) ont été ainsi nommés parce que leur corps est de consistance molle. Tous ces animaux possèdent :

1° Un système nerveux qui consiste en un certain nombre de masses ganglionnaires, donnant naissance à plusieurs cordons ou filets nerveux qui se distribuent aux divers organes ;

2° Un tube digestif diversement contourné sur lui-même et ouvert à ses deux extrémités ; un foie volumineux ; souvent des glandes salivaires et des organes pour la mastication et la déglutition ;

3° Un cœur charnu, ordinairement fusiforme, un sang incolore ou bleuâtre et une circulation double.

La respiration s'opère tantôt par des poumons, tantôt par des branchies *.

* Le nom de cet organe respiratoire, chez les poissons et la plupart des Mollusques, dérive de sa forme assez analogue à celle d'un rameau qui serait garni d'une série de petites feuilles très-rapprochées. Les branchies ou les *ouïes* se composent, en effet, de lamelles minces et nombreuses, disposées comme les barbes d'une plume ou les dents d'un peigne sur un arceau cartilagineux, ordinairement des deux côtés de la tête. Ces lamelles, ou feuillets, sont pénétrées par un nombre infini de petits vaisseaux qui apportent le sang directement du cœur, et le mettent en contact avec l'eau : l'air contenu dans cette eau suffit à la respiration de l'animal aquatique.

L'organisation des branchies est basée sur une loi de chimie organique, découverte dans ces derniers temps par M. Dutrochet, et qui en peu de mots est celle-ci :

Si l'on renferme dans une cavité à parois perméables, dans une vessie, par exemple, un liquide ou un gaz de nature quelconque, et qu'on plonge cette vessie dans un autre liquide ou un autre gaz de densité ou de nature différente, il s'établit deux courants en sens contraire à travers les parois de la vessie : l'un d'*endosmose*, portant le liquide du dehors dans cette dernière; l'autre d'*exosmose*, ayant un effet opposé. Les gaz offrent en outre cela de particulier, que si l'on renferme dans l'instrument en question un mélange en proportions quelconques d'oxygène, d'acide carbonique et d'azote, et qu'on le plonge dans de l'eau contenant de l'air en dissolution, les deux courants s'établissent de la manière qui vient d'être indiquée, jusqu'à ce qu'il ne reste plus dans la vessie que de l'oxygène et de l'azote, dans les proportions qui constituent l'air atmosphérique.

Ce double phénomène a lieu aussi bien à travers les tissus organiques vivants que dans les appareils qui ont servi à faire ces expériences. D'après cela on conçoit que si quelques-uns des troncs trachéens contenus dans le corps d'un animal, se

Les Mollusques les plus imparfaits ne paraissent doués que du sens du toucher, qui est extrêmement délicat dans les animaux de ce type, et de celui du goût ; un grand nombre ont de plus des yeux et quelques-uns un appareil pour l'ouïe.

Considérons à présent leur organisation extérieure.

Presque tous les Mollusques sont recouverts d'une peau molle et visqueuse dont les replis

trouvaient portés au dehors et flottants dans l'eau, l'acide carbonique qu'ils contiennent après l'acte de décarbonisation du sang, s'échapperait à travers leurs parois et serait remplacé par l'oxygène contenu dans l'air mêlé à l'eau. Or, c'est ce qui a lieu dans les branchies, qui ne sont autre chose que des trachées fermées à leur sommet, et contenues dans une membrane à parois éminemment perméables. Ces tubes s'emparent de l'oxygène de l'eau, rejettent en même temps l'acide carbonique qu'ils contiennent, et l'air renfermé dans les trachées intérieures, devenu ainsi propre à entretenir la vie, se comporte de la même manière que chez les animaux aériens. — Voyez Dutrochet, Lacordaire, etc.

Un pareil mécanisme ne vous semble-t-il pas révéler bien de l'intelligence et l'intention bien manifeste d'atteindre un but ? Pour songer à construire ce filtre si merveilleusement organisé, ne fallait-il pas avoir préalablement connaissance de l'existence de l'air, de sa composition chimique, de la permanence de ce fluide dans les eaux, et de mille autres conditions, car tout se tient dans le vaste plan de la création ? Votre esprit sera-t-il bien satisfait lorsqu'à la sagesse d'un Créateur suprême, un rêveur prétentieux aura substitué ses visions pour expliquer par la *matière* toutes ces admirables harmonies ?

forment autour du corps un épaississement musculaire, appelé *manteau*, ressemblant tantôt à deux voiles qui cachent l'animal, tantôt à deux lames se réunissant en tuyau, d'autres fois à un disque dorsal ou à un sac entourant le corps.

On appelle Mollusques *nus* ceux qui sont dépourvus de coquilles ou qui n'ont qu'une coquille intérieure. On a donné le nom de *conchifères* à ceux qui sont munis d'une coquille visible au dehors. Ces coquilles externes sont ou *bivalves;* formées de deux valves ou de deux pièces, comme les Huîtres, les Moules, etc.; ou *univalves,* composées d'une seule pièce; ces dernières se subdivisent en *uniloculaires* ou à une seule chambre, comme les Patelles, les Hélices, les Porcelaines, etc., et en *multiloculaires* ou *poly-thalames,* c'est-à dire, à plusieurs chambres ou cloisons, comme les Nautiles, les Spirules, etc.

Réaumur, Bruguière, etc., ont recherché le mode de formation et d'accroissement des coquilles. Il résulte de leurs observations que ces enveloppes sont sécrétées par des follicules logés dans les bords du manteau, lesquels transsudent à sa surface une matière cornée, mêlée de carbonate calcaire qui se moule sur les parties sous-jacentes et s'y solidifie par lames parallèles, et, dans quelques espèces, par filets perpendiculaires à la surface de la coquille.

L'accroissement de cette dernière aurait donc lieu par l'addition successive de lames superposées, et qui deviendraient de plus en plus larges à mesures que l'animal grandit *.

Quant aux couleurs brillantes et variées qui ornent les coquilles, ces couleurs sont superficielles. Elles sont produites par des glandes particulières, situées sur les bords du manteau. A mesure que le bord de la coquille s'allonge, il reçoit de ces glandes un nouveau point coloré, qui tantôt se confond avec ceux précédemment formés, de manière à produire une ligne, tantôt reste isolé et détermine diverses figures, suivant les mouvements de l'animal ou les changements de position du manteau. Le phénomène de la coloration des coquilles paraît dépendre aussi du degré d'influence de la lumière.

Les Mollusques sont ovipares; quelquefois

* Toutefois, à cette théorie on en a récemment substitué une autre qui nous paraît plus vraisemblable. Dans cette opinion, les lames ou feuillets dont nous venons de parler, ne représenteraient point le bord d'une strate entière et cachée sous les autres, de manière à s'étendre jusqu'au voisinage de la charnière, au sommet de la coquille; mais ces feuillets seraient seulement imbriqués, surajustés les uns aux autres, et l'accroissement de la couche corticale se ferait par reprises, toujours vers le bas de la coquille, mais non bout à bout, par superposition partielle au contraire, d'où résulte *l'imbrication*, qu'il ne faut pas confondre avec la *stratification* complète. — Voy. Dugès, *Physiol. comp.*, etc., t. III, p. 114, etc.

les œufs éclosent dans l'intérieur du corps de la mère, et alors les petits naissent vivants et munis de leur coquille.

On a adopté pour base de la classification des Mollusques les modifications extérieures de leur corps, modifications auxquelles correspondent toujours des différences dans le degré de complication de leur organisation intérieure.

Ce type forme six classes:

Les Tuniciers Les Brachiopodes Les Acéphales	} sans tête apparente.	
Les Ptéropodes Les Gastéropodes Les Céphalopodes	} ayant une tête distincte.	Plus de 5oo genres renfermant des milliers d'espèces vivantes ou fossiles.

CLASSE DES MOLLUSQUES TUNICIERS.

(De *tunica*, manteau, enveloppe en forme de tube ou de sac.)

Les TUNICIERS n'ont ni coquille, ni tête, ni *pied* *, ni bras, et sont regardés comme éta-

---

* On appelle *pied*, chez les Mollusques, un organe en forme de disque charnu, adhérent à la base inférieure du corps, et dont les mouvements ondulatoires d'allongement et de contraction, produisent une espèce de reptation. Le *pied*, chez les colimaçons, par exemple, est cette partie sur laquelle ils se traînent.

De tous les animaux de la création, les Mollusques sont les

blissant le passage des Polypes aux Mollusques. Les plus compliqués et les plus singuliers sont les Biphores. Leur mode de progression est surtout remarquable. A l'extrémité postérieure du tube musculeux et transparent qui les enveloppe, est une valvule qui permet l'entrée à l'eau, mais non sa sortie; le fluide une fois introduit, l'animal se contracte et l'expulse avec force par l'orifice situé du côté de la bouche, et nage ainsi à reculons, le dos en bas et la tête en arrière. Un instrument vivant qui résout un pareil problème d'hydraulique, suppose, ce nous semble, l'existence d'un mécanicien bien intelligent.

Les Biphores présentent un autre phénomène non moins curieux. Si, au moment de leur naissance, ils se trouvent réunis en une longue chaîne *, ils nagent ainsi agrégés jusqu'à l'âge adulte, époque à laquelle ils deviennent libres, mais les individus sortis ainsi d'un ovaire mul-

seuls qui nous offrent la structure *unipède*, mais ce pied unique suffit à tous les besoins de l'animal. Ce n'est pas seulement un organe de locomotion, c'est aussi une main qui sert aux bivalves à filer leur byssus; pour les uns, c'est une tarière, pour d'autres, une truelle, etc. Comme cet organe est d'une substance molle et flexible, il s'applique aisément sur tous les corps; il en lubrifie la surface au moyen d'une liqueur visqueuse qu'il sécrète abondamment, et qui facilite sa reptation.

* Au rapport de quelques voyageurs, les Biphores associés forment des files qui n'ont pas moins de 40 lieues de longueur.

tiple, ne peuvent donner naissance qu'à des individus isolés, et ces individus isolés ne peuvent produire à leur tour qu'une génération d'individus agrégés.

Les Biphores se nuancent au soleil de toutes les couleurs, particulièrement d'un vif azur, et leur transparence est telle qu'on peut étudier, au travers de leur enveloppe, leur organisation interne. Ils brillent la nuit d'un éclat phosphorique (Méditerranée; parties chaudes de l'Océan).

Les Ascidies (pl. II, fig. 1), qui lancent une eau salée au visage du pêcheur, les Botrylles (II, 1 *a*), les Pyrosomes, sont de petits Tuniciers qui vivent agrégés.

CLASSE DES MOLLUSQUES BRACHIOPODES.

(βραχίων, bras, ποῦς, pied.)

Point de tête, et, au lieu de pied, deux bras charnus, rétractiles, s'enroulant en spirale et garnis de filaments. Les BRACHIOPODES habitent une coquille bivalve et sont fixés aux corps sous-marins.

Les plus remarquables sont les Lingules, suspendues aux rochers par un pédicule charnu (mers d'Asie);

Les Térébratules (II, 2, Téréb. *tête de serpent*), dont l'une des valves est percée au sommet pour laisser passer le pédoncule qui les fixe. On en connaît plus de deux cents espèces à l'état fossile, dans les plus anciennes couches du globe, depuis la grosseur d'une tête d'épingle jusqu'à celle d'une tête d'homme. Les espèces vivantes sont peu nombreuses (mers du Sud). C'est à ce genre qu'appartiennent les Spirifères fossiles, espèces aujourd'hui éteintes.

CLASSE DES MOLLUSQUES ACÉPHALES *.

(ἀ, sans, κεφαλὴ, tête.)

Cette classe nombreuse de Mollusques présente, pour caractère distinctif, une coquille bivalve dans laquelle est logé un animal sans tête, ni dents, ni yeux, mais ayant une bouche armée de tentacules et cachée au fond du manteau, des branchies à larges feuillets couverts de réseaux vasculaires, un pied charnu servant aux mouvements. Ce dernier organe manque dans certains Acéphalés qui se fixent aux corps sous-marins

---

* Appelés aussi *lamellibranches*, parce que les branchies de ces Mollusques ont la forme de grandes lames ou feuillets striés.

par leurs coquilles ou par un faisceau de filaments nommés *byssus*.

Les deux battants de la coquille s'entr'ouvrent
ou se ferment au moyen de muscles étendus
transversalement de l'un à l'autre, et qui se contractent ou se relâchent au gré de l'animal.
Quelle preuve frappante d'intelligence et de prévoyance dans un pareil mécanisme!

Les Acéphalés se divisent en cinq familles: les
Enfermés, les Cardiacées, les Camacées, les Mytilacés et les Ostracés.

Les ENFERMÉS comprennent les Mollusques
dont le manteau n'est ouvert qu'à son extrémité
antérieure pour le passage du pied. Les uns s'enfoncent dans le sable, comme les Solen (σωλὴν,
tuyau) ou *manche de couteau* (II, 3), les Hyatelles,
les Myes, etc. Les autres pénètrent dans les
pierres, les coraux, etc. Les Pholades (φωλεὸς,
antre) ou *dails*, creusent les rochers calcaires,
des morceaux de lave, etc. , et s'y logent en
entier. Les naturalistes ne sont pas d'accord
sur la manière dont ces Mollusques excavent le
roc; les uns pensent que le frottement de leur
coquille suffit mécaniquement à cet effet; les
autres admettent l'effusion d'un liquide acide
(acide phosphoreux, etc.), pour ramollir ou dissoudre préalablement la surface de la pierre.

Les Tarets (de *terere*, user en frottant) sont célèbres parmi les Mollusques perforeurs *. Ils ont un corps vermiforme, armé de deux petites valves calcaires denticulées et rudes comme des râpes, dont l'animal se sert pour creuser le bois submergé. A mesure qu'il s'enfonce, il garnit le trou d'une matière calcaire, et se forme ainsi une sorte de seconde coquille. Ses tubes restent à l'ouverture de sa galerie et servent à introduire l'eau nécessaire à sa respiration et à sa nutrition. L'espèce commune est longue de plus de 15 centimètres, et ce serait, suivant Redi, un mets beaucoup plus délicat que les huîtres.

Le Taret n'était point connu jadis en Europe : il est originaire des mers de la zone torride, d'où il a été apporté dans nos contrées par les vaisseaux hollandais, à la carène desquels il s'est attaché. Ses ravages dans les digues de la Hollande ont plusieurs fois menacé ce pays de l'irruption des eaux, et les vaisseaux, avant qu'on doublât leur carène de lames de cuivre, étaient exposés à couler, par suites des voies d'eau ouvertes par des Tarets.

Les Fistulanes (mers des Indes) diffèrent peu des Tarets ; nos couches en recèlent de fossiles.

N'est-il pas remarquable que des animaux si essentiellement mous qu'ils en ont pris le nom, aient été pourvus d'instruments propres à percer

* Pl. II, fig. 4, Taret commun vu en dessus.

les corps les plus durs? N'y a-t-il pas ici encore la preuve d'un dessein, d'un but préconçu par une intelligence et infailliblement atteint malgré des difficultés en apparence insurmontables? Est-ce donc par *hasard* que des animaux si délicats se trouvent armés de limes et de tarières pour la perforation du roc vif?

La famille des CARDIACÉS (καρδία, cœur) présente aussi des Mollusques qui vivent dans l'intérieur des pierres qu'ils excavent; telles sont les Pétricoles, les Vénérupes (*Venus* et *rupes*, rocher), etc. Le caractère des individus de cette famille est d'avoir un manteau ouvert par devant et se prolongeant postérieurement en deux tubes distincts ou réunis, et de vivre ordinairement enfoncés dans le sable; leur forme rappelle plus ou moins celle d'un cœur. Ce sont des Bucardes (βοῦς, bœuf, καρδία, cœur) comestibles; — des Donaces aux coquilles très-agréablement striées; — des Cyclades (κύκλος, cercle) de forme arrondie; — des Corbeilles * dont la coquille, garnie de côtes qui se croisent très-régulièrement, ressemble à un ouvrage délicat de vannerie; — des Tellines ** ornées de stries et peintes des plus jolies couleurs; — de nombreuses Vénus caractérisées par les dents et les lames de la charnière,

---

* Vénus Corbeille, II, 6.
** Telline soleil levant, II, 5.

qui sont rapprochées en un seul groupe. Presque tous ces Mollusques se trouvent sur nos côtes.

Les CAMACÉS (χαίνω, s'ouvrir) sont peu nombreux. Leur manteau est percé de trois ouvertures dont l'antérieure sert à la sortie du pied. C'est à cette famille qu'appartient l'énorme coquille de la mer des Indes, nommée Tridacne *, vulgairement *bénitier*, parce qu'elle sert de bénitier dans quelques églises; celles qui forment les bénitiers de Saint-Sulpice, à Paris, avaient été présentées à François Ier. Il y en a qui pèsent jusqu'à 150 kilog., et qui n'ont pas moins d'un mètre et demi de diamètre.

Les MYTILACÉS (*mytilus*, moule), ou la famille des Moules, connues de tout le monde, se composent des Moules *proprement dites*, si abondantes sur nos côtes où elles vivent fixées sur les rochers, et serrées les unes contre les autres par un byssus soyeux; — des Coralliophages qui percent les masses des coraux pour s'y loger; — des Lithodomes (λίθος, pierre, δέμω, construire), qui creusent des trous dans les pierres; — des Anodontes (ἀ, sans, ὀδοὺς, dent), ou

---

* De τρεῖς, trois, δάκνω, mordre; huître si grande qu'on en faisait trois bouchées. Voy. Pline. — On l'appelle encore *Tuillée*, parce qu'elle est recouverte d'écailles disposées comme des tuiles sur un toit. On en trouve de fossiles dans les falaises de Normandie. Toutefois M. de Blainville assure que ces espèces fossiles sont des Productus ou Térébratules.

Moules *d'étang*, pourvues d'un grand pied qui leur sert à ramper sur le sable; — des Mulètes ou Moules *des peintres* (*unio*), communes dans nos eaux courantes: l'intérieur de leur coquille est de la plus belle nacre, et contient quelquefois des perles; les ménagères se servent de leurs valves minces et légères pour écrémer le lait, et les peintres pour y mettre leurs couleurs préparées.

Enfin, la nombreuse famille des ostracés (ὄστρακον, coquille) a pour type l'Huître vulgaire. Les Ostracés manquent de pied: leur manteau est ouvert en arrière et en avant seulement; ils sont fixés, pour la plupart, aux corps sous-marins. Les plus remarquables sont les Pétoncles, vivant dans la vase, ayant une coquille de forme lenticulaire, la charnière garnie de dents qui s'engrènent dans les intervalles les unes des autres; — les Arches (Arche velue, II, 7), coquille allongée en travers, également garnie de dents; — les Jambonneaux [*] aux valves égales et en forme d'éventail, fixés au moyen d'un byssus

---

[*] Un petit crabe, le Pinnothère (pl. III, 19) se trouve fréquemment dans la coquille du Jambonneau. On a dit qu'il existait une réciprocité de service entre ces deux animaux. Le Jambonneau accueillerait dans sa coquille, comme dans un asile protecteur, le Pinnothère, dont l'abdomen, d'une délicatesse extrême, est exposé à beaucoup de dangers; et le Pinnothère, par reconnaissance, pincerait son maître aveugle, à l'approche d'un ennemi, pour l'avertir de fermer sa coquille.

brillant comme de la soie ; — les Arondes * ou
Avicules, à coquille équivalve et à charnière recti-
ligne munie d'un ligament étroit et allongé en
aile. Elles sont célèbres par la nacre qui revêt
l'intérieur de leur coquille et par les perles fines
qu'on y trouve (II, 8).

C'est encore aux Ostracés qu'on rapporte les
Marteaux, coquilles rares et chères, assez semblables à un marteau dont le manche serait
formé par les valves étroites et allongées, et la
tête, par les prolongements de la charnière (mers
des Indes); — les Peignes ou Pèlerines, coquille
inéquivalve, semi-circulaire, à côtes rayonnantes,
à charnières larges et anguleuses appelées *oreillettes*. Leur mode de progression est remarquable:
s'ils se trouvent à sec et qu'ils veuillent regagner
les eaux, ils ouvrent, puis referment subitement
leurs battants, ce qui détermine des soubresauts
à l'aide desquels ils se déplacent. C'est par un battement semblable et très-prompt de leurs valves,
qu'ils se soutiennent et nagent dans les eaux. Les
Peignes étaient un mets très-estimé des anciens.

Nous ne pouvons nous arrêter à décrire toutes
les habitudes des Conchifères Acéphales dont les
principales tribus viennent de passer sous nos

---

* D'*hirundo*, hirondelle, à cause des oreillettes pointues qui
prolongent la charnière de chaque côté. Il y en a dans la Méditerranée une espèce qui porte le nom d'*Aronde-oiseau*. — Avicule,
d'*avis*, oiseau, par allusion aux mêmes oreillettes.

yeux. On ne leur suppose pas en général une grande variété de fonctions, mais on est loin de les connaître toutes, et nul doute que chaque espèce n'en ait qui lui soient particulières. Nous avons déjà cité quelques-unes de ces fonctions remarquables : nous avons mentionné les procédés à l'aide desquels les Biphores, les Peignes, etc., exécutent leur mouvement progressif ; nous aurions pu en rapporter un plus grand nombre. Il y a des Mollusques, par exemple, qui, après avoir appliqué leur pied dans toute sa longueur sur le contour de leur coquille, en frappent soudain la terre avec l'élasticité d'un ressort qui se débande et s'avancent ainsi en sautant. D'autres, comme la Telline, savent fort bien mettre leur coquille sur la pointe pour diminuer le frottement. Voyez l'adresse de la Moule des étangs : couchée à plat, il s'agit de placer sa coquille sur le tranchant pour se mettre en marche ; dans ce but, elle creuse à l'entour, avec son pied, un petit fossé, la coquille y tombe à demi relevée ; la Moule creuse un peu plus loin et attire à elle sa coquille, qui se redresse enfin tout à fait. Pour faire son chemin, elle continue de tracer ainsi, avec son pied, une sorte de rainure dans laquelle glisse la coquille, maintenue, par ce moyen, verticalement sur sa tranche.

Auriez-vous pensé que des animaux dépourvus

des organes de la vue, de l'odorat, de l'ouïe, et
en apparence incapables d'exécuter d'autre mouvement que celui d'ouvrir et de fermer leur coquille, pussent ainsi se diriger, ramper, sauter
sur les grèves et parfois nager avec vitesse à la
surface de l'Océan?...

La manœuvre du Solen (II, 3), pour pénétrer
dans le sable, n'est pas moins curieuse. En le
voyant étendu sur le sable comme un petit cylindre, on ne se douterait pas des ressources
qu'il sait employer pour s'y enfoncer quelquefois
jusqu'à plus de 7 décimètres de profondeur. Il
commence par donner à l'extrémité de son pied
une forme pointue et tranchante des deux côtés,
puis il l'engage dans le sable et y creuse un trou
égal en profondeur à la plus grande longueur
de son pied; alors il recourbe en crochet l'extrémité de ce pied, et, se cramponnant ainsi au
fond du trou, il attire à lui sa coquille; il continue le même manége pour descendre de plus en
plus avant. Veut-il remonter, au contraire, il
contracte l'extrémité de son pied en une sorte
de boule qui, remplissant le diamètre du trou,
repousse la coquille au dehors*.

* Les pêcheurs qui se servent de ce Mollusque pour appât,
jettent du sel dans son trou pour le faire remonter. Si, sans
l'avoir touché, on le laisse redescendre et qu'on lui jette du sel,
il remonte de nouveau; mais si, après l'avoir touché, on lui

Qui se serait attendu à trouver aussi chez des Mollusques, l'industrie si vantée des araignées ? Et pourtant il est des Moules ou Pinnes marines * qui savent filer et s'amarrer aux rochers avec des écheveaux de soie. Pour former ces petits câbles si déliés, la Moule se sert de son pied qu'elle façonne en un canal étroit dans lequel est sécrétée une liqueur visqueuse. Ce canal étant exactement cylindrique à son extrémité, devient une sorte de filière par laquelle sort le liquide glutineux sous la forme d'un cheveu que la Moule fixe au rocher à l'aide d'un

permet de rentrer dans sa cellule, on lui jette en vain du sel, il ne remonte plus.

D'autres Mollusques ont d'autres procédés pour s'enfoncer dans le sable, dans les pierres, dans le bois. Ainsi le Soudon ou Bucarde comestible, dont le pied est petit relativement à la grosseur de la coquille, lorsque l'animal ne l'emploie pas, a été pourvu d'un appareil propre à le gonfler et à le porter en avant en y introduisant l'eau, lorsqu'il veut s'en servir pour se creuser une retraite et se mettre à l'abri des attaques de ses ennemis. — A peine les petites Pholades sont-elles sorties de l'œuf, qu'elles se mettent à percer dans le roc, par un mouvement de rotation de deux valves qui font l'office de rapes, un trou qu'elles augmentent chaque jour. Les rochers des côtes de Normandie en contiennent des quantités prodigieuses. — Voyez les curieuses observations de Réaumur, de Poli, etc., sur les habitudes des Mollusques.

* Du latin *pinna*, plume. Ce nom leur a été donné à cause de leur ressemblance avec l'aigrette que les soldats romains portaient à leur casque.

petit empâtement. Aussitôt qu'un fil est attaché, la Moule s'assure de sa force en le tirant à elle; s'il résiste, le canal s'ouvre dans toute sa longueur pour laisser échapper ce fil ainsi éprouvé, et l'animal procède à la formation d'un second fil, qu'il attache et qu'il essaye comme le premier *.

D'autres bivalves, comme les Anomies et les Térébratules, s'attachent aux rochers à l'aide d'un ligament tendineux qui sort par une ouverture pratiquée, chez les premières, à la base de la valve supérieure, et chez les secondes, à la base de la valve inférieure qui se recourbe en dessus en manière de bec, et présente ainsi un remarquable exemple de la variété des moyens employés par la nature pour atteindre un même but, lorsque les circonstances l'exigent.

Si, après avoir admiré la sagesse du Créateur, manifestée dans les opérations d'une classe d'êtres placés à un degré si inférieur de l'animalité, nous considérions l'enveloppe extérieure destinée à les protéger contre les injures du dehors, ces deux valves entre lesquelles ils se logent, nous trouverions, dans cette partie de leur organisa-

---

* Toutefois Poli, Delle Chiaje et M. de Blainville pensent que ces fils sont des fibres musculaires peu à peu transformées, dissociées par leur séjour au dehors, où elles éprouvent une sorte de dessèchement, quoique mouillées par l'eau.

tion, des applications si nombreuses et si variées d'un même principe, tant d'art et de délicatesse dans ces cannelures, ces sillons, ces stries, disposés en rayons à leur surface, qu'il nous serait impossible de nous en rendre compte sans recourir à la volonté d'une Cause première toute-puissante et d'une intelligence infinie. Mais nous en avons dit assez pour montrer que, sous aucun rapport, ces animaux n'ont été négligés par le grand Être qui les appela à la vie, et qui est toujours attentif à pourvoir les moindres créatures sorties de ses mains, de toutes les choses nécessaires à leur existence, conformément aux fins qu'il s'est proposées en les créant.

CLASSE DES MOLLUSQUES
PTÉROPODES.

(πτερον, aile, πους, pied.)

Ces Mollusques sont ainsi nommés parce qu'ils ont, de chaque côté du corps, un appendice en forme d'aile servant à la natation. Ils ne peuvent ni ramper ni se fixer, mais flottent continuellement dans les eaux de la mer. Tels sont les Clios *, qui nagent en rapprochant leurs deux nageoires

---

* Clio boréal, pl. II, fig. 9.

pointe contre pointe et les écartant ensuite rapidement; — les Cymbulies transparentes, ressemblant à une petite chaloupe avec des voiles; — les Limacines, qui se servent de leur coquille comme d'un bateau, et de leurs ailes comme de rames pour nager à la surface des eaux; — les Hyales, coquille de la grosseur d'une noix, jaunâtre, avec des ailes violettes, etc. Les Clios, les Limacines, etc., fourmillent, non-seulement dans les mers chaudes, mais jusque dans le voisinage des pôles où ils deviennent comme une manne inépuisable, servant d'aliment aux baleines et aux autres colosses qui fréquentent ces parages, et qui engouffrent à la fois, dans leurs énormes gueules, des millions de ces petits êtres, tourbillonnant et brillant d'un éclat argentin dans les mers boréales et australes.

CLASSE DES MOLLUSQUES GASTÉROPODES.

(γαστὴρ, ventre, ποῦς, pied.)

A mesure que nous nous élevons dans l'échelle de la vie, l'organisation se complique; nous découvrons de nouveaux organes, et par conséquent de nouvelles facultés. Ainsi la classe des Mollusques, dont nous abordons l'histoire en ce moment, nous offre des animaux pourvus d'une tête et de deux yeux. On ne leur connaît pas d'organe auditif, mais on présume qu'ils ne sont pas entièrement privés du sens de l'odorat. Ils ont, au-dessus de la bouche, de deux à six petits tentacules, sur le dos un manteau qui s'étend plus ou moins, et sous le ventre un disque charnu conformé pour ramper sur le sol.

Si nous n'avons pu voir sans admiration le nombre considérable d'espèces de Mollusques Acéphales obtenues par les modifications si variées apportées dans la forme des deux valves qui les renferment, nous n'éprouverons pas un moindre étonnement dans l'étude des variations plus nombreuses encore qu'a subies la coquille univalve et plus parfaite des Gastéropodes. C'est ainsi que la nature a procédé dans toutes ses œuvres : elle a pris un type, puis elle a construit, sur ce type, des systèmes d'organismes offrant les plus remarquables analogies dans les points essentiels, mais une divergence presque infinie dans les détails, ce qui constitue, parmi les êtres appartenant à un même type fondamental, toutes ces innombrables distinctions spécifiques, objet des nomenclatures de la science.

Les Gastéropodes ayant été divisés en huit ordres, dont les principaux caractères sont tirés de la disposition des branchies, disposition à laquelle correspond toujours une différence dans la forme de la coquille, nous décrirons l'un et l'autre appareil, à mesure que les diverses familles passeront sous nos yeux. Ces huit ordres ou familles sont les Hétéropodes, les Nudibranches, les Tectibranches, les Inférobranches, les Scutibranches, les Pectinibranches, les Cyclobranches et les Pulmonés.

Les hétéropodes (ἕτερος, différent, ποῦς, pied), ainsi nommés parce qu'ils ont le pied comprimé en une sorte de nageoire verticale, dont ils se servent pour se diriger dans les eaux au lieu de ramper sur le ventre. Ce sont des animaux gélatineux et transparents, de forme allongée, avec une queue aplatie. Ils se composent des Firoles sans coquille; — des Atlantes (mer des Indes), très-petite coquille roulée en spirale sur le même plan, et qui serait, suivant Lamanon, le type des Ammonites, Mollusques qui ne se retrouvent plus qu'à l'état fossile; — enfin des Carinaires, qui ont une coquille recourbée d'où sortent les feuillets des branchies (Méditerranée, etc.).

Les nudibranches sont privés de coquille et ont les branchies à nu sur le dos. Souvent ils se servent de leur pied comme d'un bateau, et de leurs tentacules comme de rames. Les Éolides*, semblables à de petites Limaces, avec les lames de leurs branchies disposées longitudinalement de chaque côté du dos; — les Glaucus (Gl. *atlanticus*, II, 12), qui ont de chaque côté du corps trois branchies semblables à des lanières terminées en éventail, charmants petits animaux de la Méditerranée et de l'Océan, dit Cuvier, agréablement peints d'azur et de nacre, qui nagent sur le dos avec une grande vitesse; — les Scyllées, dont le pied étroit est creusé d'un sillon pour s'attacher aux tiges des fucus dans presque toutes les mers; — les Théthys, branchies en forme de panaches sur le dos avec un voile frangé sur la tête; — les Tritonies**, branchies en forme d'arbuscules le long des deux côtés du dos, mâchoires semblables à des ciseaux de tondeur; on en trouve sur nos côtes une grande espèce couleur de cuivre; — les Doris, espèces nombreuses, remarquables par leurs branchies groupées comme les pétales d'une belle fleur à la partie postérieure du dos.

Les TECTIBRANCHES (*tectus*, couvert, etc.) ont les branchies couvertes par une lame du manteau dans lequel est cachée une petite coquille, ou enveloppées dans un bord redressé du pied; on leur rapporte les Ombrelles, grands

* Éolide de Cuvier, pl. II , fig. 10 (grandeur nat.).
** Tritonie de Homberg, II, 11.

Mollusques circulaires à pied hérissé de tubercules ; — les Acères (ἀ, sans, κέρας, corne) dont les tentacules semblent disparaître pour former un grand bouclier charnu au-dessus des yeux ; les uns sont dépourvus de coquille , d'autres ont une coquille cachée dans l'épaisseur de leur manteau (les Bullées),d'autres ont une coquille recouverte d'un léger épiderme, et qui peut donner retraite à l'animal (les Bulles*); — les Dolabelles; — les Aplysies, appelées par les anciens *lièvres marins,* ont un long cou avec quatre tentacules dont les deux supérieurs sont creusés comme les oreilles du quadrupède dont ils portent le nom, des branchies très-compliquées sur le dos qui est entièrement enveloppé par le pied, un énorme jabot avec trois estomacs pour digérer les herbes marines dont ils se nourrissent: nous en avons sur nos côtes des espèces noires à crêtes rouges, des violacées avec des points verdâtres, etc.; — enfin, les Pleurobranches (πλευρὰ, côté , etc.) ont les branchies fixées dans un sillon du côté droit, entre le pied et le manteau, quatre estomacs garnis de pièces osseuses ou de lames, etc.; une espèce, commune sur nos côtes, est d'un beau jaune citron.

Les INFÉROBRANCHES (*inferus*, en bas , etc.) sont des Mollusques nus dont les branchies sont

* Bulle rayée, II, 13.

placées sous le rebord saillant du manteau; leur forme et leur organisation les rapprochent beaucoup des Doris; ils comprennent seulement les deux genres Phyllidies et Diphyllidies (φύλλον, branchies en forme de feuille).

Les CYCLOBRANCHES (κύκλος, cercle, etc.) dont les branchies sont disposées circulairement sous les rebords du manteau. Deux genres: les Oscabrions *, qui ont une rangée d'écailles testacées, symétriquement disposées sur la ligne médiane du dos, et qui se roulent en boule comme les cloportes; — les Patelles, dont la tête est garnie de deux tentacules et d'une grosse trompe; la coquille a la forme d'un cône très-évasé, et recouvre tout le corps (II, 15). Les Patelles sont communes sur nos côtes; elles adhèrent si fortement, par leur pied, à la surface des rochers, qu'un poids de 15 kilog., suspendu à une corde passée entre ce pied et le rocher, suffit à peine pour les faire lâcher prise. Lorsque l'animal veut se détacher lui-même librement, il presse une multitude de petites glandes dont est semée la surface de son pied, et il en sort une liqueur qui dissout l'humeur visqueuse qui le collait si étroitement à la pierre. Qui pourrait méconnaître ici une intention providentielle des plus remarquables ?

* Oscabrion *fasciculaire*, II, 14.

Les scutibranches (*scutum*, bouclier, etc.)
ont les branchies composées de nombreux feuillets rangés parallèlement, et couvertes par une
écaille en forme d'écusson, très-ouverte et presque point turbinée. A cette famille appartiennent les Fissurelles, ayant une coquille conique
percée à son sommet pour laisser passer l'eau nécessaire à la respiration ; — les Ormiers ou Haliotides * , vulgairement *oreilles de Neptune*, coquille turbinée, à ouverture très-ample et à
spire petite, visible seulement en dedans ; on
voit le long de la columelle **, une série de
trous qui donnent passage à l'eau et à l'air, sans
que l'Ormier ait besoin d'élever sa coquille quand
il se tient fixé aux rochers, à la manière des Patelles. Ces petits trous commencent, lorsque l'a-
nimal est jeune, près de la spire, et à mesure
qu'il croît, il les ferme successivement par des
appendices filiformes qui partent des bords du
manteau, et en ouvre aussitôt un autre. Le pied
est orné tout alentour d'une double membrane
découpée en feuillages et de deux séries de filaments allongés, et la coquille, agréablement on-
dulée , striée ou marbrée au dehors, est revêtue
intérieurement d'une nacre qui brille des plus

* Haliotide ormier, II, 16.

** La columelle est cette espèce de petite colonne plus ou
moins torse qui forme l'axe d'une coquille spirale.

riches teintes et contient quelquefois de petites perles d'une très-belle eau.

Les TUBULIBRANCHES (*tubus*, tube, etc.), dont les branchies sont logées dans une coquille tubuliforme plus ou moins irrégulière, fixée sur les corps sous-marins; — les Vermets*, coquille tubuleuse, très-contournée, avec un opercule ** pour en fermer l'entrée quand l'animal s'y retire; — les Magiles et les Siliquaires analogues aux Vermets.

Les PECTINIBRANCHES (*pecten*, peigne, etc.) forment la division la plus nombreuse des Mollusques Gastéropodes, et comprennent presque tous ceux qui ont une coquille univalve en spirale, et plusieurs autres dont la coquille est simplement conique. Comme leur nom l'indique, l'appareil branchial est formé de deux séries parallèles de petits feuillets assez semblables à un peigne garni de ses dents, excepté dans deux genres (Cyclostome et Hélicine), chez lesquels la respiration est aérienne et se fait à l'aide d'un réseau vasculaire placé dans une cavité qui s'ouvre au dehors entre le corps et le manteau. La bouche, en forme de trompe, renferme une

* Vermet d'Adanson, II, 17.
** C'est une pièce calcaire ou cornée qui sert à fermer plus ou moins complétement l'ouverture d'un assez grand nombre de coquilles spirivalves.

langue armée de crochets et peut entamer les corps les plus durs. On en a fait trois sous-divisions : les Buccinoïdes, les Capuloïdes et les Trochoïdes.

Les Buccinoïdes.

Les Buccinoïdes ont pour type le genre Buccin (*buccinum*, trompette), et sont caractérisés par un siphon ou tube respiratoire, formé par un repli du manteau, et placé dans une échancrure de la coquille vers l'extrémité de la columelle. C'est dans cette division que viennent se ranger les Cônes * , à spire peu saillante, à ouverture droite, s'étendant dans toute la longueur de la coquille, qui est ornée de peintures brillantes ; — les Mitres, *papale, cardinale, épiscopale, patriarcale*, etc. ** : ouverture oblongue, brillamment tachetées de rouge sur un fond blanc ; — les Volutes ***, ouverture ample, des plis à la columelle, spire variant beaucoup en saillie, très-remarquables par l'élégance des dessins qui y sont tracés, et par la beauté de leurs couleurs ; — les Olives, charmantes coquilles définies par leur nom ; — les Porcelaines, spire peu saillante, ouverture étroite et longue, coquille bombée et

* Cône *ceinture bleue*, II, 20 ; — Cône *drap d'or*, II, 21.
** Mitre rubanée, II, 19.
*** Volute neigeuse, II, 23.

enveloppée par le manteau qui la peint, à ses différents âges, de couleurs différentes, très-recherchée à cause de la richesse de ses ornements*.

On rapporte encore aux Buccinoïdes, les Fuseaux, coquille allongée en fuseau, canaliculée à sa base, bord droit et sans échancrure; — les Murex ** ou Rochers, coquille à canal saillant et droit, portant transversalement des varices ou bourrelets, avec des épines, des nœuds, des tubes, des expansions foliacées, etc.; — les Strombes qui ont le bord de la coquille dilaté en une aile tantôt divisée en doigts, tantôt sans doigts; — les Buccins, coquille échancrée et sans canal, de forme ovalaire, comprenant les Nasses, recouvertes d'une plaque; les Tonnes, très-ventrues, garnies de côtes saillantes; les Cassidaires ***; les Harpes à côtes saillantes, parallèles; les Pourpres (Pourpre persique, II, 25), coquille épaisse, tuberculeuse, columelle aplatie; les Casques, les Vis très-allongées, les Cérites à spire s'élevant en pointe avec un canal court, recourbé à gauche, un voile sur la tête, vivant les unes dans la mer, les autres dans l'eau douce, extrêmement abondantes à l'état fossile dans le calcaire tertiaire des environs de Paris (II, 22).

* Porcelaine exanthème, II, 18.
** Murex chicorée, II, 24.
*** Cassidaire échinophore, II, 26.

Les Capuloïdes.

Les Capuloïdes ont pour type le genre *Capulus* (Cabochon), une coquille à large ouverture, peu turbinée, sans échancrure et sans siphon. Cette sous-division comprend les Sigarets, coquille aplatie, ouverture ronde et grande, spire peu saillante; — les Siphonaires, dont la coquille ressemble à celle d'une Patelle aplatie et sillonnée; point de tentacules, mais un voile étroit sur la tête; — les Calyptrées, coquille en cône évasé, un commencement de columelle; — les Crépidules, ouverture de la coquille à moitié fermée par une lame horizontale qui supporte les viscères; —les Cabochons (Cab. tortillé, II, 27), coquille conique ayant un commencement de spire, deux tentacules, une trompe (mers chaudes); — les Hypponyces, fossiles, etc.

Les Trochoïdes.

Les Trochoïdes ont pour type le genre *Trochus* (toupie); point d'échancrure ni de canal pour un siphon, mais un opercule. On range dans cette nombreuse sous-division, les Néritines, joli petit Mollusque abondant dans nos rivières; — les Nérites, coquille épaisse, columelle dentée et en ligne droite; — les Janthines, une coquille violette assez semblable à celle du Colimaçon, caractérisées par une grappe de vésicules cartilagineuses à l'aide desquelles elles flottent toujours à la surface de l'eau; — les Mélanies (Mél. thiare, II, 28); —les Pyrènes;— les Ampullaires à coquille ventrue; — les Phasianelles dont la coquille, agréablement nuancée des plus douces couleurs, est d'un grand prix (mer des Indes); — les Monodontes (μόνος, seul, ὀδοὺς, dent), ayant une dent mousse et saillante au bas de la columelle* : l'espèce commune sur nos côtes a la coquille brune, semée de taches blanchâtres; — les Littorines; tout le monde connaît l'espèce appelée *Vigneau*, qui fourmille sur nos côtes et qu'on mange; — les Paludines, dont une espèce, la *vivipare à bandes*, est commune dans nos eaux dormantes: ses petits naissent vivants, et sa coquille verdâtre est ornée de bandes longitudinales pourprées.

On place encore parmi les Trochoïdes, les Valvées, dont la coquille est discoïde, à ouverture ronde, et dont une espèce, commune dans nos eaux dormantes, le *Porte-plumet*, est remarquable par sa branchie flottante au dehors sous la forme d'une plume;—les Cyclostomes, Mollus-

---

* Monodonte de Pharaon, II, 29.

ques terrestres et à respiration aérienne, bouche ronde, spire striée, habitant sous la mousse et les pierres dans les bois, et se nourrissant des feuilles de la violette; — les Dauphinules à coquille épaisse avec des épines rameuses; — les Turritelles * à spire en obélisque; — les Scalaires à spire allongée en pointe **; — les Sabots, qui ont une coquille ronde, épaisse, et des ailes membraneuses sur les côtés du pied; — enfin, les Toupies *** ou Troques, ainsi nommées à cause de leur forme, et auxquelles se rapportent les Cadrans ****, les Troques *cinéraires* à coquille verdâtre, obliquement rayée de bandes violettes; les Troques *mages*, avec des bandes parallèles et des séries de points; les Toupies *kachin*, blanches, maculées de vert, de brun, de fauve; les Toupies *fripières*, qui collent et même incorporent quelquefois à leur coquille de petits cailloux, des débris d'autres coquilles, etc.

---

* Turritelle acutangle, II, 30.

** Une espèce, la *scalata*, est fameuse et d'un grand prix, parce que ses tours de spire laissent entre eux un intervalle vide et ne se touchent que par les bourrelets. — On appelle *bourrelets* des cordons longitudinaux et extérieurs qui coupent transversalement les tours de la spire dans certaines coquilles spirivalves. (Scalaire commune, II, 31.)

*** Toupie osilin, II, 33.

**** Cadran escalier, II, 32

La plupart de ces Mollusques se trouvent sur nos côtes.

L'imagination du plus habile sculpteur ne pourrait inventer une si extraordinaire variété de formes, toutes dérivées cependant d'un type unique, le cône roulé en spire; le peintre le plus ingénieux ne pourrait trouver dans sa palette toutes les nuances dont elles brillent, ni dans son talent assez de ressources pour distribuer ces nuances avec autant de grâce, d'élégance et de richesse. Qu'on se représente, sur les grèves des mers intertropicales, sur le flanc des rochers, au sein des eaux, ces superbes coquillages semés çà et là et resplendissant au soleil de l'équateur des couleurs les plus vives, ces Cônes avec leur écharpe d'azur, leurs draperies d'or et de pourpre, leurs *gloires* éblouissantes, et toutes ces somptueuses peintures qui leur donnent tant de prix, et qui les ont fait payer quelquefois, par des amateurs, jusque 3 et 4,000 francs [*]; et ces Porcelaines si agréablement tigrées, zébrées, bariolées ou avec des zigzags jaunes, rouges, blancs sur un fond infiniment varié; et ces Janthines diaphanes et d'un bleu céleste; et ces Mitres brillantes comme des améthystes, ces Volutes si

[*] Les Cônes *musique,* les Cônes *mosaïque,* les Cônes *ceinture bleue,* les Cônes *drap d'or,* les Cônes *aile de papillon,* etc., etc. On en connaît plus de 150 espèces.

variées, ces Turbans d'or, ces Casques d'argent, ces Harpes d'ivoire, ces conques innombrables d'où jaillissent mille reflets étincelants et les plus merveilleuses nuances qui soient dans la nature..... Où ces petits êtres ont-ils trempé leurs pinceaux, où ont-ils appris à préparer les couleurs métalliques, l'or et l'argent, qu'ils appliquent sur leurs mobiles demeures avec tant de prodigalité et de magnificence? Quelques glandes cachées sous les bords de leur manteau, voilà la palette toujours chargée où ils puisent ces teintes admirables qui les font étinceler de tout le feu des pierreries. Où trouver la raison de tant de beauté, sinon dans *Celui* qui est le type de toute beauté et la beauté par essence?.... *

Il nous reste à examiner encore les Mollus-

---

* La poésie, cet élan instinctif de notre âme vers les perfections du Créateur, qui est l'archétype de toutes les beautés, de toutes les perfections qui se révèlent dans les créatures, la poésie a emprunté plusieurs images charmantes à l'histoire de ces gracieux habitants des eaux.

Parlant du calme de la mer, à l'heure du crépuscule, dans les îles de l'Orient, un poëte a dit : « L'Océan faisait à peine entendre un bruit plus fort que le murmure du coquillage, quand ce jeune enfant des mers, éloigné de l'onde maternelle, crie et ne veut pas s'endormir, exhalant en vain sa petite plainte et demandant le sein gonflé de la vague, sa nourrice. »

On lit aussi cette strophe délicieuse dans le poëte des *Lacs*, le plus beau génie de la poésie moderne, s'il faut en croire Walter Scott, Southey, Coleridge, etc. : « J'ai vu un enfant curieux ap-

ques à coquilles spirivalves qui appartiennent à la huitième et dernière famille des Gastéropodes, celle des Pulmonés.

Les PULMONÉS sont caractérisés par un appareil pulmonaire qui reçoit l'air atmosphérique immédiatement, au moyen d'une cavité ouverte du côté droit sous le rebord du manteau, et qui peut s'ouvrir et se fermer au gré de l'animal. Les uns sont *terrestres*, les autres *aquatiques*. Tous se nourrissent de substances végétales.

Les Pulmonés *aquatiques* habitent les eaux douces ou près des côtes à peu de profondeur, parce qu'ils sont obligés de venir respirer à la surface. Ce sont les Auricules, qui ont à la columelle de grosses cannelures obliques et une coquille oblongue; — les Physes, coquille mince, tournée de droite à gauche *, commune dans

pliquer à son oreille un coquillage aux lèvres unies; il écoutait en silence de toutes les forces de son âme, et ses gestes indiquaient sa joie; car il entendait des murmures harmonieux qui s'en échappaient en cadence. A ses yeux c'était le langage mystérieux de la mer, patrie commune de ce coquillage. C'est ainsi que, pour le cœur du croyant, ce coquillage est l'image fidèle de l'univers. Il nous fournit l'idée la plus frappante du monde invisible, du flux et du reflux des choses humaines et du pouvoir éternel qui les domine, ainsi que de la paix intérieure qui subsiste au milieu d'une agitation sans fin. »

* « Comment cela se fait-il? se demande un profond observateur; c'est sans doute ce que nous ignorerons longtemps. La prédominance constante du côté droit sur le côté gauche, dans tous

nos fontaines; — les Lymnées, coquille à spire oblongue, deux tentacules triangulaires, nageant renversées comme les Physes, très-multipliées dans les eaux dormantes;—les Planorbes ou *cornets de Saint-Hubert* (II, 34), dont la coquille est enroulée sur le même plan, de manière à former un disque: les Planorbes, ainsi que les Lymnées, passent l'hiver engourdis dans la vase; — les Onchides (ὀγχίδιον, tubercule), point de coquille, mais un large manteau en forme de bouclier et souvent tuberculeux.

Les Pulmonés *terrestres* ont quatre tentacules rétractiles dont les deux plus longs portent les yeux à leur extrémité, une bouche avec une dent palatine et une petite langue hérissée de dents microscopiques. Les uns sont pourvus d'une coquille, les autres sont nus.

C'est aux Pulmonés *terrestres à coquille* qu'appartiennent les Agatines, oblongues, grands Escargots, nuisibles aux arbres dans les contrées chaudes; — les Ambrettes et les Nonpareilles, vivant dans les mousses au pied des arbres,

les animaux pairs, permet d'apercevoir pourquoi l'enroulement de la masse viscérale se fait, dans le cas normal, de gauche à droite; dans le cas contraire, le côté gauche, par anomalie, serait-il plus fort que le droit? C'est ce qu'il n'est pas permis d'assurer. Il faut se contenter de remarquer que cette singulière anomalie se trouve chez des animaux bien plus élevés et chez l'homme lui-même. » M. de Blainville, *Manuel de malacol.*, p. 168.

ou sur les plantes au bord des ruisseaux ; — les Maillots* qui rappellent un enfant garrotté dans ses langes, petites espèces qui habitent les lieux humides ; — les Bulimes, grandes et belles espèces dans les pays chauds, médiocres dans nos contrées : nous en avons une espèce qui a la singulière habitude de casser successivement les tours du sommet de sa spire** ; — les Escargots, connus de tout le monde ; voraces en été, sobres en automne, ils se condamnent à un jeûne absolu à l'approche de l'hiver, et se retirent alors dans quelques trous où ils restent engourdis jusqu'au printemps. On en connaît plus de quatre-vingts espèces ; les plus communes sont : le gros Escargot *vigneron* roussâtre et le gros Escargot *des bois*, appelé *livrée*, à cause des bandes brunes qu'il porte sur un fond jaune. Les parties du corps qu'on enlève aux Escargots, comme les yeux, les tentacules, la tête même***, ne tardent pas à re-pousser.

* Maillot momie, II, 35.

** C'est le Bulime *décollé*. Cette troncature du sommet de la coquille vient de ce que le tortillon abandonne le sommet de la spire, qui n'est que la coquille fragile du premier âge, pour pro-duire un nouveau fond, une nouvelle cloison terminale ; c'est un mécanisme analogue à celui qui produit le cloisonnement du Nautile, qui est obligé d'abandonner successivement les diverses régions de sa coquille, devenues successivement aussi trop étroites pour son corps graduellement croissant.

*** Toutefois, dans l'amputation de la tête, il faut avoir soin de ne pas enlever le ganglion nerveux.

Les Pulmonés *terrestres nus* sont les Parmacelles de Mésopotamie, du Brésil, etc. ; — les Testacelles et les Vaginules, assez semblables à nos Limaces ; — les Limaces *proprement dites*, auxquelles appartiennent la grande Limace *grise* des caves et des bois sombres, et la petite Limace *grise* ou *agreste* très-multipliée et très-nuisible dans les campagnes ; — enfin, les Arions, auxquels se rapporte la Limace *rouge*, dont on em

Le mécanisme du mouvement progressif chez les escargots est plus curieux qu'on ne se l'imagine. Quand on les fait glisser dans un verre, dit Lyonnet, on voit que le dessous de leur empâtement se partage en trois bandes qui vont de la tête à la queue. Celle du milieu est la seule qui paraît agir ; tout le mouvement qu'on aperçoit alors aux deux autres n'est que celui par lequel elles s'appliquent immédiatement sur les corps qu'elles rencontrent. L'action de la bande du milieu consiste dans un mouvement ondé très-distinct, très-régulier et très-rapide, qui va de la queue à la tête, et dont les ondes se succèdent a distances égales et d'assez près pour qu'on en compte au moins une vingtaine entre la tête et la partie postérieure. Le corps de l'Escargot n'obéit que peu au mouvement rapide de ces ondes. Pendant qu'une onde parcourt toute la longueur de l'animal, l'animal lui-même ne s'avance que de l'intervalle qu'il y a d'une onde à l'autre. Ainsi son mouvement progressif est vingt fois plus lent que son mouvement ondé, et l'on peut dire que pour avancer d'un pas, il faut qu'il en fasse vingt. Qui se serait imaginé que cet animal court si vite lorsqu'il avance si peu ?

Les Romains engraissaient les Escargots dans des parcs pour les manger. — Pline dit que les Escargots d'Illyrie étaient les plus gros, ceux d'Afrique les plus abondants, ceux du territoire de Naples les meilleurs et les plus estimés.

5.

ploie le bouillon dans les maladies de poitrine.

Les Limaces et les Escargots ont quatre tentacules cylindriques et creux qui rentrent et sortent en se déroulant comme les doigts d'un gant; les deux tentacules supérieurs portent les yeux qui sont noirs. Ces animaux se nourrissent de jeunes plantes, de fruits, de champignons, et se montrent surtout le soir et le matin ou après la pluie. Pendant le jour, ils se tiennent cachés dans les endroits obscurs et frais.

Les Escargots pondent une trentaine d'œufs blancs, de la grosseur d'un petit pois, revêtus d'une coque membraneuse qui se brise en se desséchant. Ils déposent ces œufs dans les lieux ombragés et humides, au fond d'un trou qu'ils creusent dans la terre, avec leur pied, et qu'ils recouvrent ensuite par le même moyen. Ces œufs ne tardent pas à éclore, surtout s'il fait chaud. Il en sort de petits Escargots exactement semblables à leur mère, mais si délicats qu'un soleil trop ardent les fait périr; une grande quantité d'animaux les recherchent aussi pour nourriture, en sorte que peu atteignent l'âge d'un an, époque où ils sont déjà suffisamment défendus par la dureté de leur coquille.

L'Escargot, à sa naissance, ne se nourrit que de la pellicule de l'œuf qui l'a produit. La Providence qui, dans les ovipares et les autres animaux, a pourvu, par divers moyens, à la première nutrition des jeunes, qui a préparé le lait de la mère pour les petits des quadrupèdes, le jaune de l'œuf pour les petits des oiseaux, des tortues, des lézards, et le blanc pour les jeunes grenouilles, a destiné au Colimaçon naissant la pellicule dont nous parlons, comme l'aliment qui lui convenait le mieux. En effet, cette pellicule est du carbonate de chaux mêlé à une substance particulière organique, condition tout à fait favorable à la sécrétion calcaire du manteau et à la consolidation de la coquille. Lorsque cette enveloppe est mangée, le petit Escargot trouve parmi les végétaux qui l'entourent, une nourriture plus ou moins abondante, d'où il continue de tirer les matériaux nécessaires à l'agrandissement de son têt protecteur.

Les Colimaçons cessent de manger aussitôt que les premiers froids de l'automne se font sentir. Ils se réunissent alors en grand nombre, dans les trous des vieux murs, sous les pierres ou sous les buissons épais, où ils se préparent une retraite pour l'hiver. Ils commencent par vider leurs intestins, puis se retirant sous la mousse, le gazon ou les feuilles mortes, chacun se creuse, à l'aide de son pied et de la liqueur visqueuse qui en transsude, une cavité assez large pour contenir sa coquille. La manière dont l'Escargot procède dans cette opération, mérite d'être remarquée. Après avoir sécrété une quantité considérable de mucus à la partie inférieure de son pied, il applique ce dernier sur la terre et sur les feuilles qui y adhèrent, et qu'il dépose aussitôt à côté de lui ; c'est par la répétition de cette manœuvre qu'il parvient à s'entourer d'une sorte de retranchement et à se pratiquer une cavité dans laquelle il peut se loger avec sa maison. Il ne lui reste plus qu'à s'y mettre à couvert; pour cela, il continue de coller à son pied de la terre et divers débris, puis se plaçant dans une situation renversée, il applique ces matériaux autour de lui, et finit par se construire ainsi un toit parfait. L'opération terminée, il retire à lui son pied, l'enveloppe dans le manteau, et ouvre l'orifice respiratoire pour aspirer l'air. Il bouche ensuite cet orifice avec une membrane calcaire. Bientôt après, le manteau sécrète une liqueur blanche qui s'étend uniformément sur toute sa surface, et forme une sorte d'opercule d'environ un millimètre d'épaisseur, qui ferme exactement l'ouverture de la coquille. Quand le Colimaçon a donné à cet opercule la solidité convenable, il en détache son manteau. A quelque temps de là, laissant échapper une partie de l'air qu'il avait d'abord aspiré, et réduit ainsi à un moindre volume, il se retire un peu plus avant dans l'intérieur de sa coquille, et sé-crète une nouvelle cloison. Il répète la même opération à divers intervalles, en sorte qu'il y a quelquefois cinq ou six de ces cloisons qui forment des cellules remplies d'air, entre le corps de l'animal et l'opercule extérieur.

Ces cloisons membraneuses sont plus nombreuses à la fin qu'au commencement de l'hiver, et dans les Escargots des montagnes que dans ceux qui habitent les plaines. La respiration cesse durant la période de l'hibernation.

La manière dont ces animaux quittent leur prison, à la fin de l'hiver, n'est pas moins curieuse : l'air qu'ils avaient expiré en se retirant de plus en plus avant vers le fond de la coquille, est resté entre les intervalles des cloisons qui, comme nous l'avons dit, forment autant de cellules hermétiquement closes : l'Escargot respire donc cet air une seconde fois lorsqu'il sort, et acquiert ainsi un nouveau degré de vigueur à mesure qu'il avance et qu'il rompt, par la pression de son pied, une nouvelle cloison. Arrivé à l'opercule, il le brise par un dernier effort, et se détachant tout à fait, il se montre enfin au dehors et s'en va aussitôt à la recherche de quelque bourgeon ou de quelque fruit dont il se montre très-avide après un si long jeûne.

C'est ainsi que le Père de tous les êtres manifeste sa sagesse et sa bonté par les soins touchants qu'il prend de ses créatures les plus obscures en apparence, de celles que l'homme ignorant foule aux pieds avec tant de mépris.

CLASSE DES MOLLUSQUES CÉPHALOPODES.

(κεφαλὴ, tête; ποῦς, pied.)

Cette classe, la plus parfaite des Mollusques, a été ainsi nommée parce que les animaux qui la composent, marchent le corps en haut et la tête en bas, à l'aide de pieds ou tentacules rangés sur la tête autour de la bouche. Ces organes tentaculaires sont tout à la fois des rames pour nager, des pieds pour marcher, des bras pour saisir, des voiles et des gouvernails pour voguer, des ancres pour fixer l'animal aux corps sous-marins.

Les Céphalopodes n'habitent que les eaux de la mer. Ils respirent par des branchies parfaitement symétriques et de forme pyramidale allongée. Ces branchies sont composées de feuillets divisés et subdivisés, rangés des deux côtés d'une tige médiane. Comme leur nombre varie, on s'en est servi pour établir, dans cette classe, deux principales divisions, celle des Céphalopodes *tétrabranchiaux* (τέτρα, quatre, etc.), qui ont quatre branchies et une coquille externe, et celle des Céphalopodes *dibranchiaux* (δὶς, deux, etc.), qui n'ont que deux branchies et dont la plupart ont une coquille intérieure.

C'est à la famille des CÉPHALOPODES TÉTRA-BRANCHIAUX qu'appartiennent les Nautiles (mers des Indes), Mollusques extrêmement remarquables par leur organisation et surtout par la beauté de leur coquille et les dispositions mécaniques qu'elle présente *. Chez ces animaux, la bouche et les appendices qui s'insèrent alentour, sont rétractiles et peuvent se loger à la partie antérieure de la tête, qui se creuse en une sorte de gaîne pour les recevoir. Les tentacules sont de deux sortes : les uns, pareils à des doigts délicats, naissent de trente-huit bras triangulaires, disposés irrégulièrement dix-neuf de chaque côté, tous dirigés en avant et convergeant vers l'orifice du sac buccal ; les autres, construits comme ces derniers, et portés sur quatre larges supports, douze sur chaque support, sortent de la surface intérieure de la cavité et environnent la bouche plus ou moins immédiatement. Enfin, deux autres partent du pied, ce qui fait un nombre total de quatre-vingt-huit tentacules de même structure, dépourvus de suçoirs ainsi que les bras qui les supportent.

* Coupe du Nautile *flambé*, II, 36; *a* fourreau du siphon.

5..

Le Nautile a deux yeux gros et pédonculés avec quatre organes que l'on a comparés à des antennes, placés une paire auprès de chaque œil. Pour marcher, il tient ses bras étendus ; puis, rejetant avec force l'eau contenue dans une cavité nommée *entonnoir*, il produit une sorte de réaction qui le pousse en arrière. Ce mode de progression est précisément le plus favorable au mouvement de l'animal ; car alors la partie de la coquille qui est en forme de proue, se trouve en avant et offre ainsi une bien moindre résistance que celle que le Nautile aurait à vaincre par une marche en sens opposé.

Il se nourrit de Testacés et de Crustacés, qu'il va chercher souvent jusqu'au fond de la mer. Pour les digérer, il a reçu un gésier semblable à celui d'un oiseau ; et pour les broyer, sa bouche est garnie d'un bec corné, ressemblant à celui d'un perroquet, et formé de deux mandibules armées en devant d'un tranchant dur et denté.

La coquille du Nautile est une spirale roulée en disque et multiloculaire ou cloisonnée, c'est-à-dire, partagée à l'intérieur en une série de chambres que séparent des cloisons transversales *. La dernière chambre, ouverte en dehors

---

* La coquille du Nautile *flambé* est magnifiquement nacrée et semble jeter des flammes. On s'en sert aux Indes comme de vase à boire ou comme ornement. Autrefois elle était très-recher-

et très-grande, renferme le corps de l'animal qui y est solidement fixé par la circonférence de son manteau. Les chambres intérieures ne contiennent que de l'air et communiquent toutes avec la chambre externe par le moyen d'un tube membraneux ou siphon, pour le passage duquel une ouverture a été pratiquée dans chaque cloison (II, 36, *a*). Ce siphon se termine, dans la chambre externe, en un grand sac ou péricarde, rempli d'un fluide qui passe de là dans le siphon et sert ainsi à faire varier, au gré de l'animal, le poids spécifique de la coquille; de sorte qu'à l'aide de cet appareil hydraulique, l'animal, pour descendre, n'a qu'à faire pénétrer le fluide péricardial dans le siphon, et, pour monter, il n'a qu'à le faire rentrer dans le péricarde.

On sait qu'à une profondeur de deux ou trois cents brasses, la pression des eaux de la mer fait rentrer un bouchon dans l'intérieur d'une bouteille, écrase, aplatit un tube creux en cuivre mince. La coquille du Nautile, ayant à supporter une semblable pression, devait offrir des conditions de structure propres à la préserver de tels accidents, et c'est en effet ce qui a été obtenu

chée en Europe : on la sculptait, on la garnissait de pierreries, on la montait sur des pieds d'or ou d'argent, et elle faisait l'ornement du buffet de nos ancêtres.

avec un art admirable à l'aide de procédés imités tous les jours par le génie de l'homme.

D'abord, nous trouvons appliqués dans la construction des parois externes de cette coquille, les mêmes principes d'après lesquels est construite l'arche d'un pont, d'où résulte, dans tous les sens, une grande force de résistance à tout effort tendant à l'écraser, résistance singulièrement augmentée encore par l'enroulement de cette sorte de voûte sur elle-même, de manière que chaque tour externe s'appuie par sa base sur le sommet du tour intérieur qui le précède, disposition qui offre à la pression extérieure la même résistance que présente la coquille d'un œuf à une pression agissant sur elle dans le sens de son plus grand diamètre.

Ensuite, l'ensemble des nombreuses petites côtes ou stries qui parcourent transversalement la surface de cette sorte d'arcade, vient ajouter un nouveau degré de force, d'un effet très-puissant, en vertu du principe d'après lequel une surface ridée, cannelée ou bosselée, présente une bien plus grande résistance qu'une surface où entrerait la même quantité de matière, mais qui serait simple et unie *. On retrouve fréquem-

---

* C'est pour une raison semblable que les coquilles bivalves ont été fortifiées de côtes rayonnantes qui contribuent tout à la fois à leur beauté et à leur solidité.

ment l'application de ce principe dans les œuvres de l'art humain, depuis le moule d'étain du pâtissier jusqu'à la sublime voûte gothique des architectes du moyen âge.

Une troisième disposition, d'où résulte un autre accroissement de résistance, est celle des cloisons internes qui s'unissent presque à angle droit aux parois externes de la coquille. La direction différente donnée aux stries transversales extérieures et aux cloisons transversales de l'intérieur, est encore une combinaison tout à fait propre à augmenter la résistance de la coquille ; par cet arrangement la circonférence des cloisons est coupée par les cannelures en un grand nombre de points, et forme avec ces derniers de nombreux parallélogrammes curvilignes. C'est ainsi qu'on renforce par d'énormes poutres transversales, pour qu'elles puissent résister au choc des glaces, les parois des vaisseaux destinés aux voyages des mers polaires.

Une quatrième particularité non moins digne d'attention, consiste dans le rapprochement des cloisons proportionnellement à leur agrandissement successif. Par cette disposition si simple, un inconvénient grave a été admirablement prévenu. On comprend en effet que si les distances qui séparent les cloisons s'étaient accrues dans la même proportion que le diamètre des chambres aériennes, il en serait résulté que les portions de la coquille extérieure qui correspondent aux plus grandes cavités et qui ont à supporter la plus forte pression, n'eussent pas été suffisamment soutenues.

Nous pourrions mentionner encore plusieurs autres agencements calculés pour donner à cette coquille d'un travail si parfait, toute la solidité convenable; mais c'est assez, et le petit nombre de détails dans lesquels nous sommes entrés, suffit sans doute pour nous convaincre que toutes ces dispositions mécaniques qui font, de la coquille du Nautile, un instrument hydraulique où la plus grande force est combinée à la plus grande légèreté, ne peuvent évidemment tirer leur origine que d'une intelligence régulatrice à qui toutes les lois qui président aux mouvements des fluides étaient bien connues, puisqu'elle a subordonné à ces lois, avec un art si admirable, des fonctions aussi complexes que celles de la petite machine dont nous venons d'étudier la merveilleuse construction.

Si, à ces considérations sur le mécanisme de la coquille du Nautile, nous pouvions ajouter ici toutes celles que suggère l'étude de plus de trois cents espèces d'Ammonites fossiles, toutes construites sur le même type que le Nautile de nos mers actuelles, nous nous sentirions pénétrés d'un étonnement sans bornes en voyant la prodigieuse variété des arrangements qui ont été employés pour atteindre une même fin. « Rien n'égale la symétrie, la grâce exquise de la forme extérieure des Ammonites, la beauté, la délicatesse de leur structure interne. Les moindres détails ont été calculés avec un art infini pour réunir à la fois la solidité, la légèreté, l'élégance, les plus merveilleuses proportions. Ce ne sont que courbures festonnées, ramifications ondulées, replis sinueux, retombant en expansions foliacées et présentant les découpures les plus délicates, les dispositions les plus harmonieuses. On y trouve appliqués tous les secrets de la science architecturale, toutes les combinaisons les plus habiles et les plus agréablement variées, pour donner à cet appareil hydraulique une perfection de mécanisme et une beauté de dessin incomparables. Qui ne reconnaîtrait ici l'action d'une haute intelligence? et où chercher l'origine d'agencements si pleins de sagesse, de régularité, de variété, sinon dans la volonté d'une Cause première, suprême et unique, qui a présidé à ces innombrables applications d'un même principe fondamental * ? »

* Voyez notre *Nouveau Traité des sciences géologiques, considérées dans leurs rapports avec la religion*, etc., p. 123 et fig. 27.

Les Ammonites ont été ainsi nommées parce qu'elles présentent dans leur forme quelque analogie avec les cornes du bélier adoré à Ammon, dans le désert de Libye. On en trouve qui ne sont pas plus grosses qu'une lentille, d'autres ont jusqu'à quatorze décimètres de large. Elles ont disparu de la surface de la terre à l'époque de la formation de la craie, au-dessus de laquelle on n'en découvre plus aucune trace.

Les Bélemnites (βέλεμνον, flèche) dont on connaît quatre-vingt-huit espèces toutes à l'état fossile, étaient aussi des Céphalopodes; mais leur coquille était intérieure, traversée par un siphon et enveloppée d'un étui fibreux, conique, ayant quelque rapport avec la pointe d'un fer de flèche. Elles étaient munies d'un réservoir d'encre à la manière des Seiches dont nous parlerons tout à l'heure.

Enfin, c'est encore aux coquilles cloisonnées, mais internes ou en partie enveloppées, qu'on rapporte les Orthocératites qui, comme leur nom l'indique, ressemblent à une corne droite et ont quelquefois un mètre de long ; — les Lituites (*lituus*, clairon), ayant l'extrémité la plus petite contournée en spirale et la plus grande allongée en un tube droit ; — les Baculites (*baculus*, bâton), coquilles coniques, allongées et symétriques, partagées en chambres nombreuses ; — les Hamites (*hamus*, hameçon), qui ressemblent à une

Baculite recourbée par son milieu, de manière à ce que ses deux extrémités deviennent à peu près parallèles; — les Scaphites (*scaphium*, gondole), coquilles très-élégantes, ayant chacune de leurs extrémités recourbée en spirale, tandis que leur portion médiane reste horizontale, ce qui les fait ressembler aux bateaux des anciens; — enfin les Turrilites (*turris*, tour), enroulées autour d'elles-mêmes, de manière à représenter une sorte d'obélisque, qui va en diminuant de la base au sommet. Tous ces genres de Céphalopodes, d'une grandeur et d'une beauté remarquables, se sont éteints à une époque fort ancienne des formations géologiques, et dans les couches supérieures à la craie on n'en trouve plus aucun débris.

Quelle étonnante variété de formes! quelles innombrables applications d'un même principe! quelle série de mécanismes d'une délicatesse et d'un agencement admirables, depuis la coquille formée de deux simples valves jusqu'à la spire des tribus si nombreuses des Gastéropodes, et depuis cette grande division jusqu'aux coquilles polythalames et beaucoup plus complexes des Nautiles, des Ammonites et de tant d'autres belles familles qui peuplaient les mers primitives! Tant de dissemblances si habilement combinées avec un même fond d'analogies, tant de modifications d'un même type, tant de diversité dans l'unité, n'annoncent-elles pas une liberté d'action que l'on ne peut supposer dans les produits de la nécessité ? Si cette absurde puissance pouvait produire quelque chose, ses œuvres ne seraient-elles pas identiques, isolées, disparates, dépourvues de ces séries d'affinités qu'une intelligence souverainement puissante et libre peut seule établir entre les êtres qu'elle associe et fait concourir au même but, en combinant de mille manières un même moyen primitivement adopté ?

La famille des CÉPHALOPODES DIBRANCHIAUX ou *acétabulifères* (*acetabulum*, ventouse, *ferre*, porter) se distingue de la précédente par l'absence d'une coquille externe, laquelle est remplacée par une coquille plus ou moins grande, située intérieurement sur le dos. Ils ont huit à dix tentacules, formant une couronne simple autour de la bouche, et munis à leur surface interne de nombreuses cupules cornées ou ventouses circulaires. Leur corps est recouvert par un manteau ayant la forme d'un sac allongé, ouvert en avant pour laisser passer la tête. Ces animaux sont aussi les premiers de la série zoologique chez lesquels on rencontre un appareil auditif : il consiste en une petite cavité creusée de chaque côté de la tête, près du cerveau, et dans laquelle

est suspendue une vésicule membraneuse contenant une petite pierre au milieu d'un liquide.

Les Seiches (*sepia*), outre leurs huit tentacules, ont encore deux bras beaucoup plus
longs, armés de suçoirs seulement à leur extrémité qui est élargie. Leur corps est oval et
garni de nageoires charnues latérales. Leur coquille est composée d'innombrables petites lames
calcaires parallèles, jointes ensemble par une
infinité de petites colonnes creuses. Leurs œufs,
disposés en grappes rameuses, sont appelés *rai-
sins de mer*.

L'espèce commune dans toutes nos mers (*Sepia
officinalis*) a la peau blanchâtre, pointillée de
roux, et atteint quelquefois plus d'un pied de
longueur. On en mange la chair.

Les Calmars (*Loligo*) ont les deux longs bras
de la Seiche, et comme elle, huit tentacules
chargés de ventouses. Leur corps est logé dans
un sac allongé, terminé postérieurement par
deux nageoires. Nous en avons trois espèces
dans nos mers *. Les Calmarets diffèrent peu des
Calmars.

Les Argonautes sont au nombre des plus gracieux habitants des mers. Ces Mollusques sont
logés dans une coquille spirale d'une extrême

---

* Calmar commun, II, 37.

délicatesse, demi-transparente, ornée de cannelures symétriques, partant comme des rayons
de son bord intérieur * : le dernier tour de spire
est relevé comme la poupe d'une petite chaloupe.
Quand le temps est calme et la surface des eaux
tranquille, l'Argonaute déploie au soleil deux
bras terminés par une large membrane parsemée
d'étoiles de pourpre; puis présentant la poupe
au souffle d'une brise légère, il vogue dans son
élégante nacelle, ses deux voiles étendues et ses
six autres tentacules faisant l'office de rames.
Mais si le flot grossit, si quelque danger se manifeste, aussitôt notre prudent nocher reploie
ses agrès, se renferme dans son petit bateau et
redescend parmi les fucus verdoyants de quelque
grotte sous-marine.

C'est le *Nautilus* et le *Pompilius* des anciens.
(Voyez Pline, IX, 29).

Les Poulpes (*Polypus* des anciens) sont les

* Ce mollusque est-il le constructeur de la coquille qu'il habite ? Cuvier et Lamarck le pensent, M. de Blainville est d'une
opinion contraire. Outre le peu de vraisemblance qu'une coquille
si commune ne se soit jamais trouvée avec son véritable animal,
M. de Férussac fait remarquer que le défaut d'empreinte musculaire, sur lequel se fondent quelques naturalistes pour conclure
que cette coquille n'appartient pas à ce Céphalopode, servirait
également de motif pour la refuser à tout animal quelconque, et
qu'elle ne prouve rien de plus contre le Mollusque qui l'habite constamment que contre tout autre.

plus grands et les plus redoutables des Mollusques. Leur corps est nu, en forme de bourse
ovalaire, armé de huit longs bras très-vigoureux
et garnis de suçoirs : ils s'en servent pour nager,
pour se cramponner aux rochers, pour enlacer
leur proie avec une grande force, et même écraser les plus durs coquillages. L'espèce commune
(*Sepia octopodia*), longue de plus de six décimètres, a cent vingt paires de ventouses, et détruit sur nos côtes une immense quantité de
Crustacés. Le Poulpe *granuleux*, qui fournit,
suivant quelques savants, la bonne encre de
Chine, a les bras garnis de quatre-vingt-dix paires
de ventouses. Dans l'océan Pacifique il en existe
une espèce dont la taille atteint jusqu'à deux
mètres, et qui est un objet d'effroi pour les habitants de la Polynésie.

Mais le Poulpe le plus fameux est celui que
l'on dit habiter exclusivement les mers du Nord.
Suivant Olaüs Magnus, archevêque d'Upsal, il
existerait sur les côtes de la Norwége, un énorme
Poulpe, capable de faire sombrer les navires pour
entraîner l'équipage au fond des gouffres ; il attaque même les baleines avec ses bras longs de
quarante et soixante pieds. Le même auteur nous
le représente élevant au-dessus des flots, pendant
les nuits sombres, sa tête effrayante, où brillent,
comme une flamme rougeâtre, deux yeux larges

d'un mètre, faisant tourbillonner les eaux autour
de lui avec ses bras gigantesques, pareils aux
racines tortueuses d'un vaste pin arraché par la
tempête. Un membre de l'Académie de Copen-
hague, Eric Pontoppidan, évêque de Bergen en
Norwége, faisait, au milieu du dix-huitième siècle, des récits bien plus merveilleux encore.
Suivant lui, les mers du Nord sont habitées par
un Poulpe gros comme une montagne, dont les
mouvements déterminent dans les eaux des tour-
noiements aussi redoutables que le gouffre de
Maëlstrum. Il soulève avec son dos les coupoles
de glace des mers polaires et engloutit des baleines tout entières dans sa gueule, qui s'ouvre
comme un abîme. Lorsqu'en été il vient, à la surface des eaux, s'étendre aux rayons du soleil,
tout chargé de coquillages et d'herbes marines,
on le prendrait pour une île flottante, sur laquelle on pourrait faire manœuvrer un régiment,
et souvent on y a débarqué et fait du feu. Le savant Bartolin rapporte gravement que des cabanes ont été bâties en diverses circonstances,
sur le dos de ce Poulpe prodigieux, et ont été
ensuite englouties avec leurs habitants au réveil
du monstre. Un de nos naturalistes habiles,
M. de Montfort, a récemment essayé de justifier
ces récits merveilleux. Cet animal, dont l'histoire
est sans doute mêlée de beaucoup de fables et

d'exagérations, porte dans le Nord, le nom de *Kraken* *.

Deux particularités dans l'organisation des Céphalopodes dibranchiaux, méritent surtout d'être remarquées et offrent des preuves frappantes de la haute sagesse qui a présidé à leur création. Dépourvus de coquille externe, les Seiches, les Calmars, etc., auraient été exposés presque sans moyen de défense, aux attaques de leurs ennemis; mais une Providence attentive, en leur refusant le bouclier calcaire dont elle a protégé le corps des autres Mollusques, a donné aux Céphalopodes nus, un organe sécréteur en forme de sac ou de vessie, qui contient un liquide noirâtre et visqueux. Quand ils sont menacés de quelque danger, ils lancent cette sorte d'encre dans les eaux, s'enveloppent d'un nuage épais et se dé-

---

* Nous inclinons à penser que les mots familiers *craquer*, *craqueur*, *craquerie*, dans le sens de *menterie*, *hablerie*, etc., tirent leur origine du nom de ce Poulpe dont on a fait tant de récits invraisemblables. Du reste, si des naturalistes même très-modernes ont pu dire que les Krakens avalaient des vaisseaux de cent pièces de canon, des auteurs anciens, tels que Élien, Pline, etc., nous racontent également au sujet du Poulpe, des choses qui ne sont guère moins étranges. Pline rapporte que, pendant que Lucullus était gouverneur en Espagne, on tua sur les côtes de cette presqu'île, un Poulpe dont la tête seule pesait sept cents livres, et il parle de monstres marins d'une taille si démesurée qu'ils ne pourraient passer le détroit de Gibraltar. (*Lib.* IX, *c.* 4.)

robent ainsi aux poursuites de leur ennemi qu'ils laissent se débattre dans le brouillard qui l'environne *. La Janthine, Gastéropode de l'ordre des Pectinibranches, se soustrait aussi à la vue de ses ennemis, en répandant autour d'elle une liqueur d'un violet foncé qui obscurcit les eaux.

La seconde particularité d'organisation que nous voulons mentionner, est l'existence de ces nombreuses ventouses dont les bras de ces animaux sont couverts. Lorsqu'ils veulent fixer sur un corps quelques-uns de ces suçoirs, ils les présentent à sa surface dans tout l'élargissement dont ils sont susceptibles et les y appliquent étroitement ; puis, contractant le sphincter ** qui y est placé, ils déterminent au centre de la ventouse, la formation d'un petit creux d'où l'air est chassé. Par ce mécanisme, la ventouse s'attache elle-même à la surface avec une force proportionnée à son diamètre et au poids de la colonne d'eau ou d'air qu'elle supporte. En multipliant cette force par le nombre des suçoirs, on peut

---

* Le Poulpe, dont la liqueur n'est pas aussi noire que celle des Seiches, peut changer de couleur comme le Caméléon, et de blanc ou de rose il devient gris, surtout par la frayeur, et s'esquive ainsi à la faveur d'une nuance obscure.

** C'est un muscle disposé comme un anneau, qui, par sa contraction, sert à fermer et à resserrer les ouvertures ou conduits naturels.

obtenir celle qui fait adhérer à la surface d'un corps, la totalité ou seulement une partie des tentacules, adhésion qui est telle quelquefois qu'il est plus facile de rompre le tentacule que de le détacher.

La construction d'instruments pneumatiques d'un effet aussi puissant suppose sans doute l'existence d'un profond physicien et d'un mécanicien habile, et il n'y aurait pas moins de folie à nier l'intervention d'une suprême intelligence dans un phénomène organique si admirable, qu'il n'y en aurait à attribuer au hasard, aux forces secrètes de la matière, l'appareil ingénieux dont on se sert en physique pour faire le vide, et dont l'invention est due à un savant bourgmestre de Magdebourg.

L'organisation des Céphalopodes nous offre un exemple remarquable de cette adaptation des moyens aux fins, qui distingue tous les ouvrages du Créateur. Chargés d'imposer de justes limites au développement de la vie animale au fond des mers, ils ont été pourvus d'un bec corné et de mandibules tranchantes, propres à broyer les Testacés et les Crustacés qui leur servent de nourriture. Ces robustes tentacules, garnis de nombreux suçoirs, sont des organes de locomotion et de préhension les plus convenables pour poursuivre et saisir les Crustacés si bien protégés eux-mêmes par le têt calcaire qui les recouvre.

Plusieurs grandes familles de Gastéropodes exercent un pareil contrôle sur l'accroissement des tribus d'herbivores qui, sans cette merveilleuse police de la nature, se multiplieraient indéfiniment et périraient bientôt d'une mort lente et cruelle, après avoir anéanti la végétation marine. Les Gastéropodes carnivores ont une trompe rétractile, armée de petites dents disposées comme celles d'une lime. C'est en mettant ces dents en jeu que ces animaux rapaces perforent les coquilles et parviennent ainsi jusqu'au corps du Mollusque dont ils extraient [les humeurs destinées à leur nourriture. Nous ferons ressortir plus tard tout ce qu'il est entré de sagesse et de bienveillance dans l'économie du monde animal, par l'établissement de ce pouvoir destructeur des races carnivores qui, tout en obviant à une multiplication excessive des espèces herbivores, préviennent encore, chez les animaux, les misères d'une vieillesse dont rien n'allégerait les souffrances.

Usage des Mollusques dans l'économie domestique.

Parmi un grand nombre de Mollusques qui se mangent, on distingue l'Huître, qui a été de

Esq. des Harmonies... page 122.

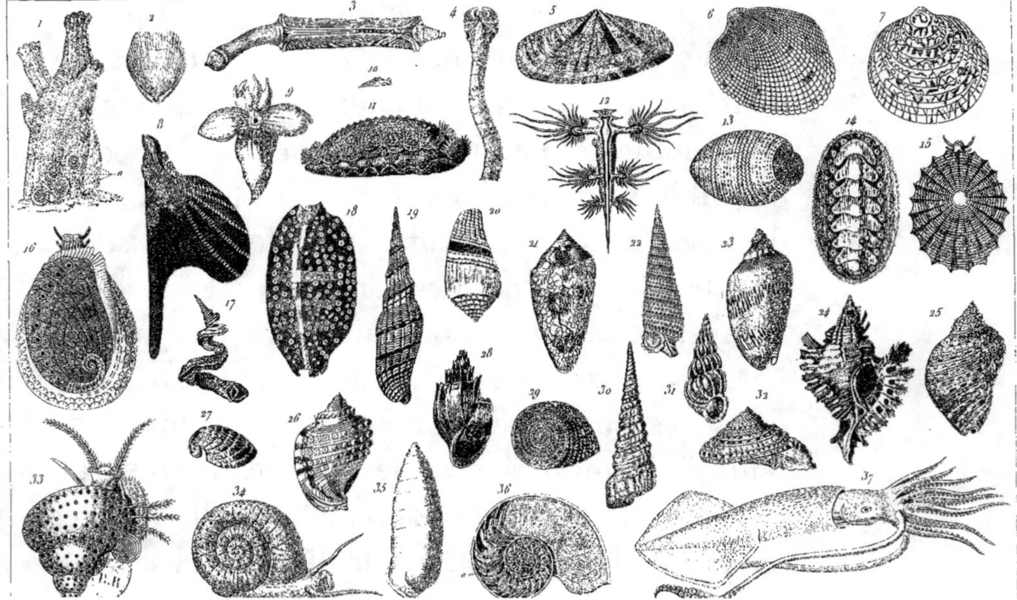

tous temps un mets très-recherché. Les Huîtres ne mettent que trois ans à acquérir la taille que nous leur voyons sur nos marchés. Elles forment dans la mer, près des côtes, de grands amas appelés *bancs*; ceux de Cancale sont célèbres et fournissent à la consommation de Paris et d'une partie du nord de la France, plus de cent millions d'Huîtres, du 15 octobre au 30 avril. On les pêche avec une *drague*, large pelle en fer, derrière laquelle est attaché un filet. On en prend plus de mille d'un seul coup. On les met à dégorger dans un *parc* ou bassin creusé sur le bord de la mer * : c'est là qu'elles s'engraissent et prennent un goût délicat. C'est aussi pendant le parcage que leurs branchies se teignent de cette nuance verdâtre qui en augmente le prix **. Le transport contribue encore à en rendre la chair plus douce, et les Huîtres sont meilleures mangées à Paris qu'à Cancale ou à Dieppe. Une

* A Corseulle, à quatre lieues de Caen, il y a plus de deux cents de ces parcs alimentés par la pêche de Cancale.

** Les amateurs d'Huîtres seront peut-être étonnés d'apprendre que cette coloration de la chair de ces Testacés est due à des animalcules microscopiques nommés *Navicules vertes*, qui pénètrent et se développent dans leur tissu. Ces animalcules n'existent point dans les eaux de la mer; il faut, pour qu'ils se multiplient, un certain degré de salure et de stagnation de l'eau, tel qu'on sait le produire dans les parcs où cette coloration s'opère. D'autres animalcules infusoires, comme le Vibrion *biponctué, triponctué*, etc., donnent aussi aux Huîtres

grande espèce, appelée *pied de cheval*, cuite avec assaisonnement ou marinée, est un hors-d'œuvre digne des meilleures tables *.

Les Moules sont aussi un aliment dont on fait généralement usage. Certaines personnes ont été quelquefois assez grièvement malades après en avoir mangé. On attribue ces accidents, tantôt à la présence d'un petit Crabe (Pinnothère) qui se loge dans la coquille de ces Mollusques et qu'à tort on a cru vénéneux, tantôt au frai des Étoiles de mer dont les Moules se seraient nourries, tantôt enfin à une maladie de ces Mollusques. Quoi qu'il en soit, il est vraisemblable que ces incommodités sont produites le plus souvent par une disposition particulière de l'estomac (*idio-*

des couleurs différentes et les rendent grises, brunes, jaunâtres, etc.

M. Bory de Saint-Vincent dit que ces animalcules ne communiquent aux Huîtres cette couleur verte, que parce qu'ils sont eux-mêmes colorés en vert par une infinité d'atomes vivants ou *monades*, qui, grossis mille fois, n'égalent pas encore la piqûre d'une aiguille, et qui cependant se meuvent en tous sens avec une prodigieuse vitesse.

* Suivant Poli, une Huître peut produire jusqu'à 1,200,000 œufs ! C'est ainsi que la Providence a pris soin que le tribut levé par l'homme sur ces animaux, n'entraînât pas l'anéantissement de la race. Les Huîtres ont un grand nombre d'ennemis ; elles repoussent les uns en leur lançant avec force l'eau qu'elles tiennent en réserve entre leurs valves ; elles se défendent des autres en épaississant la partie de leur coquille qu'ils cherchent à percer pour s'introduire jusqu'à elles.

syncrasie) qui fait qu'un mets sain, et de facile digestion pour le plus grand nombre, devient une espèce de poison pour certains individus qui ne peuvent le digérer.

La Seiche fournit à la peinture dite *aquarelle*, la couleur connue sous le nom de *sepia*, qui est très-recherchée à cause de son ton harmonieux. La meilleure nous vient de Rome. Suivant quelques auteurs, l'encre de la Chine serait aussi préparée avec la liqueur colorante des Seiches et de la colle de riz; mais il paraît plutôt que c'est avec du noir de fumée. L'os de Seiche entre dans la composition des poudres dentifrices, et on le donne aux serins pour aiguiser leur bec. On mange aussi le manteau frais ou desséché des Seiches et des Calmars.

C'est à la famille des Buccinoïdes qu'appartiennent les Mollusques qui fournissaient la pourpre des anciens. Ces coquillages, connus aujourd'hui sous le nom de Pourpre *des teinturiers* (*Buccinium lapillus*), de Rocher *droite-épine (Murex brandaris)*, se trouvent sur plusieurs points du littoral de la Méditerranée. Ils ont entre le cœur et le rectum, une glande qui sécrète une liqueur jaune verdâtre qui devient à l'air, d'un beau rouge pourpre, et donne aux tissus cette riche nuance réservée dans l'antiquité aux seuls vêtements des rois et des triomphateurs. La

pourpre de Tyr était surtout fameuse. A l'époque
du Bas-Empire grec, les princes s'honoraient du
titre de Porphyrogénète ou né dans la pourpre.
On pense, toutefois, que les anciens employaient
une liqueur sécrétée par quelques autres Mollusques, tels que les Aplysies, etc., plus communs
et plus grands que les petits Buccins dont nous
venons de parler.

Une autre production non moins célèbre chez
les anciens, c'est le *Byssus*, sorte de soie de
couleur d'or brun, si fine et si brillante, filée
par certaines Moules (*Jambonneaux*, etc.). On
en faisait des étoffes impénétrables au froid,
d'une richesse et d'une légèreté incomparables,
qui, comme les vêtements d'écarlate, ne convé-
naient guère, à cause de leur rareté et de leur
grand prix, qu'aux princes de l'Orient. Le *Byssus* le plus beau était celui de Judée*.

Mais le plus précieux, le plus brillant produit
des coquillages, est celui de l'Aronde *perlière* ou
Avicule *margaritifère*, dont les bancs les plus
nombreux et les plus productifs se trouvent principalement sur les côtes de Ceylan, dans le golfe
Persique, dans le golfe de Manaar et celui de
Panama, sur la côte de Californie, etc. Ainsi,
la perle éclôt aux mêmes contrées d'où nous

---

*Toutefois, Forster et Larcher auraient prouvé, suivant
M. Letronne, que ce *byssus* n'était autre chose que le coton.

viennent l'or, les diamants, les rubis et les plus riches productions de la nature: on dirait que le soleil de l'équateur compose du feu de ses rayons toutes ces substances éblouissantes, répandues avec profusion dans ces splendides climats.

Les perles ne sont pas autre chose que de la nacre* qui, au lieu de s'étendre sur le fond de la coquille, se dépose en couches concentriques et forme de petits amas plus ou moins arrondis en gouttelettes ordinairement adhérentes aux valves et quelquefois si nombreuses que l'animal ne peut plus fermer sa coquille, ce qui entraîne infailliblement sa mort. Elles sont le résultat d'une sorte de maladie de l'animal ou, au moins, d'une anomalie dans la sécrétion de la matière nacrée, déterminée par l'interposition de quelque corps étranger, d'un grain de sable, par exemple, entre la coquille et le manteau **.

La pêche des perles n'a lieu que depuis février jusqu'au commencement d'avril, afin de ne pas épuiser les bancs. Elle se fait par des plongeurs

* La nacre de perle, employée pour l'ornement d'une foule d'objets de luxe, n'est que la paroi intérieure de certaines coquilles univalves ou bivalves.

** Un naturaliste anglais (E. Home) pense que dans le plus grand nombre de cas, ce sont les œufs avortés qui servent de noyaux aux perles.

qui, après s'être attaché une pierre aux pieds, une longue corde aux bras, un sac ou filet au cou, et avoir rempli leur bouche d'huile de palme, descendent rapidement dans les eaux à des profondeurs de 7 à 15 mètres, rompent le byssus qui retient les Moules perlières aux rochers, remplissent leur nasse, et, après deux ou trois minutes, au plus, passées ainsi sous l'eau, donnent le signal pour qu'on les en retire. Ils peuvent plonger 40 à 50 fois dans une journée, et remonter chaque fois avec quatre-vingts et cent coquilles, si le banc est riche. On dépose ces coquilles sur le rivage, et comme il faudrait alors un effort considérable pour détacher leurs valves, on ne les ouvre point que l'animal ne soit mort et tombé en pourriture. Ainsi, c'est du milieu d'une horrible putréfaction, qu'on extrait ces superbes joyaux destinés à parer le front de la femme mondaine et à reluire sur le bandeau des rois.

Toutes les coquilles nacrées peuvent contenir des perles, et il n'est pas rare d'en trouver dans les Patelles, les Haliotides, et surtout dans une grande espèce de Moule ou Mulette, commune dans le Rhin et dans les lacs du nord de l'Europe. L'illustre Linnée ayant reconnu que la formation des perles était toujours déterminée par quelque accident survenu à l'animal ou au tégument qui le protége, en conclut que, pour s'en procurer, il suffisait de perforer la coquille de nos Moules à perles communes, et de les nourrir ensuite abondamment dans des eaux limpides : c'est au succès de cette expérience qu'il dut l'honneur d'être anobli par le roi de Suède, faveur que tant d'autres travaux plus glorieux n'avaient pu lui obtenir.

Les perles qui ont le plus de valeur ou les parangons, joignent à une grosseur remarquable, une rondeur parfaite, un poli fin, une blancheur éclatante et un luisant qui les fait paraître transparentes sans l'être *.

La perle est , comme la fleur, l'amour des poëtes, le symbole de la perfection morale , l'emblème de l'épouse accomplie et de la vierge chrétienne, et la plus précieuse de toutes les pos-

* On cite des perles d'un très-grand prix. Tavernier rapporte qu'une perle fut payée par un roi de Perse la somme de 2,650,000 fr. Cléopâtre, voulant surpasser la prodigalité de Marc-Antoine dans ses festins, fit dissoudre une perle de ses pendants d'oreille et l'avala. Ce joyau est estimé par Pline une somme équivalente à 6,000,000 de notre monnaie. — Les perles que l'on trouve dans la coquille du Jambonneau sont brunes ; celle de la moule des étangs sont verdâtres , quelquefois jaunes, mouchetées , bleues et même noires : ces dernières sont rares et fort chères. — Les Orientaux désignent les perles par le mot *merovaride* , d'où semble dériver le terme *margarites* et *margarita* des Grecs et des Latins et peut-être celui de *merveille*.

sessions, le règne de la grâce divine dans notre cœur, est figurée, dans l'Écriture sainte, par une perle de grand prix. La perle du plus bel orient, avec toutes ses flammes, n'est pourtant qu'un peu de carbonate calcaire et de gluten animal, comme le diamant, avec tous ses feux, n'est qu'un peu de carbone. D'où naissent donc ces mystiques harmonies entre les plus hautes idées de beauté morale et ces produits du règne organique? C'est qu'outre leurs qualités et leurs fonctions, les créatures ont encore un sens intérieur, une signification transcendante, qui contient les plus utiles enseignements.

TROISIÈME EMBRANCHEMENT

DU RÈGNE ANIMAL.

—

LES ANIMAUX ARTICULÉS.

> L'ouvrage étonne, mais c'est l'empreinte divine
> dont il porte les traits qui doit nous frapper.
> BUFFON.

Un caractère commun à toutes les espèces du type des Articulés, et qui les fait reconnaître au premier coup d'œil, c'est d'avoir le corps comme divisé par tronçons ou entouré d'une suite d'anneaux qui s'emboîtent les uns dans les autres, mais qui, chez quelques familles (classe des Annélides), se réduisent à de simples plis circulaires dont la peau est transversalement sillonnée. C'est à ces anneaux, qui constituent une sorte de squelette tégumentaire, que les muscles sont attachés et que les parties molles doivent leur support.

Le système nerveux, plus développé que celui des Mollusques, consiste en deux cordons qui occupent la ligne médiane du corps et forment, d'espace en espace, des ganglions ou nœuds d'où naissent des filets ou nerfs qui se distribuent aux différentes parties du corps. Le sang est blanc, excepté chez les Annélides qui, seuls de tous les Invertébrés, ont le sang rouge. La bouche est, en général, garnie de mâchoires disposées latéralement, souvent par paires, et se mouvant de dehors en dedans. Les organes de la locomotion, de l'ouïe, de la vue, de la respiration, de la circulation, etc., présentent beaucoup de variété : il sera plus convenable de ne les décrire qu'à mesure que nous passerons en revue chacune des principales sous-divisions.

Le groupe des Articulés est composé de cinq classes :

Les Annélides, — point de membres articulés, sang rouge,
Les Cirripèdes, — vivant fixés,
Les Crustacés, — cinq ou sept paires de pattes, } des branchies.

Les Arachnides, — respirant par des trachées ou par des poumons ; quatre paires de pattes.

Les Insectes, — respirant par des trachées ; ont des ailes et trois paires de pattes.

CLASSE DES ANNÉLIDES.

(*Annulus,* anneau.)

Nous avons remarqué qu'à partir de la classe

la plus inférieure des Zoophytes, il existe une immense série d'espèces animales qui vont se perfectionnant de plus en plus dans leur organisation comme dans leurs facultés, à mesure qu'on s'élève vers le faîte de la création, vers l'homme qui en est le complément et le chef-d'œuvre. Mais il convient d'observer que cette marche de la nature, procédant graduellement du plus simple au plus composé, ne s'opère point uniformément sur une seule ligne: le Créateur a mis bien plus de variété, de fécondité dans la suite magnifique de ses œuvres, qu'il n'en serait résulté d'une succession continue et superposée. Ainsi, dans le règne animal, le seul dont nous ayons à parler ici, l'ensemble des êtres vivants qui le composent, présente comme une vaste trame, ou mieux un grand arbre aux nombreuses ramifications. Chaque classe, chaque ordre ou famille, emprunte un ou plusieurs caractères à des familles circonvoisines, souvent même très-éloignées, de manière qu'il s'établit entre des genres hétérogènes, des rapports, des points de contact, des alliances inattendues, qui rendent difficile une classification méthodique, mais qui répandent, dans le plan de la nature, une admirable variété. La classe des Mammifères, par exemple, se rapproche de l'Homme par le Singe, de l'Oiseau par la Chauve-souris, du Lézard par les Tatous, des Poissons par le Phoque et le Morse, etc. De même encore la classe des Annélides, qui fait le sujet de ce paragraphe, a le sang rouge comme les Vertébrés, des branchies et un cœur comme les Mollusques d'un rang élevé, la forme des Vers intestinaux et les plis annulaires ou segments des Articulés.

Les Annélides sont aquatiques, à l'exception des Lombrics. On les divise en quatre ordres : Les Annélides 1° *Suceurs*, 2° *Terricoles*, 3° *Tubicoles*, 4° *Dorsibranches* ou *Errants*.

Les ANNÉLIDES SUCEURS ont, à chaque extrémité du corps, une sorte de disque aplati et préhensible ou ventouse qui leur sert pour se fixer aux objets sur lesquels ils l'appliquent. Les plus remarquables sont les Sangsues, qui ont dix yeux, une bouche avec trois mâchoires armées chacune, sur leur tranchant, de soixante denticules avec lesquelles elles peuvent ouvrir une triple plaie dans la peau pour sucer le sang. La Sangsue médicinale est noirâtre avec six bandes jaunes ou ferrugineuses en dessus ; elle est jaunâtre et maculée de noir en dessous.

Une grande espèce (*Hæmopis* ou *Sangsue de cheval*) a été accusée de causer des accidents inflammatoires, mais il paraît constant que cette espèce n'entame jamais la peau de l'homme.

Les ANNÉLIDES TERRICOLES ont plusieurs rangées de soies qui leur servent à ramper ; tels sont les Lombrics ou *Vers de terre*, rougeâtres, ayant plus de 120 anneaux, les seuls Annélides qui ne soient pas aquatiques. Ils pondent, au printemps, des œufs qui contiennent plusieurs petits[*]. —Les Naïdes, très-analogues aux Lombrics, vivent dans la vase des étangs, etc.— Les Clymènes, etc.

Les ANNÉLIDES TUBICOLES savent se construire, pour se loger, un tube auquel ils n'adhèrent point. Voici une tribu d'animaux que le Créateur a, selon l'expression de Kirby, couronnés de rayons de gloire. Ces charmants Annélides ont, de chaque côté de la bouche, un magnifique panache de branchies qu'ils déploient

[*] Qui croirait jamais que des animaux si connus, que l'on foule aux pieds tous les jours et dont le vulgaire est si loin de soupçonner les différences, en offrent cependant de telles qu'en se bornant à ceux des environs de Paris, M. de Savigny a pu en compter jusqu'à vingt-deux espèces. — Une petite espèce, trouvée par M. Dugès dans la tannée d'une serre chaude, est phosphorique. — Pour monter dans leurs boyaux souterrains, les Lombrics terrestres réunissent aux avantages de la forme du corps, ceux des nombreuses soies en crochet qui le hérissent sur huit files longitudinales. Aux segments extérieurs du corps correspondent intérieurement autant de cellules séparées les unes des autres par une sorte de diaphragme et ces cellules sont, suivant M. Bauer, au nombre de plus de cent dans le Lombric commun. Des observations récentes tendent à établir que ces petits amas de terre qu'on remarque à l'entrée des trous habités par des Lombrics, ne sont pas toujours le résidu de leur nourriture, mais aussi des espèces de constructions destinées à empêcher l'eau de pénétrer dans leur retraite.

en éventail, et qui leur sert tout à la fois d'organe pour respirer, et de filet pour retenir leur proie. Rien de plus délicat et de plus brillant que cette couronne d'appendices qui est, suivant les espèces, tantôt du plus bel azur, tantôt blanche et pourpre, d'autres fois d'un rouge vif, relevé par de riches teintes de jaune, de violet, etc. Tels sont les Sabelles et les Serpules *, logés dans des tubes calcaires et contournés sur eux-mêmes, qui se ferment, chez les Serpules, par un opercule charnu quand l'animal s'y retire avec ses branchies (Méditerranée, etc.). Ceux qui habitent un tube formé de grains de sable et de débris de coquille agglutinés, sont les Térébelles, dont la bouche est garnie de tentacules nombreux, et dont les branchies ressemblent à de gracieux arbuscules; — les Amphitrites, qui transportent leurs tuyaux avec elles, et dont la tête est splendidement ornée de plusieurs séries concentriques de rayons dorés.

Les ANNÉLIDES ERRANTS ou *dorsibranches* (branchies sur le dos ou sur le côté du corps) habitent aussi une sorte de gaîne ou fourreau, mais peu solide, qu'ils peuvent quitter à volonté pour se transporter ailleurs et pour nager. De ce nombre sont les Arénicoles qui ont une trompe,

---

* Serpule operculaire, III, 1.

point de dents, ni de tentacules, ni d'yeux, mais des branchies semblables à de petits arbrisseaux touffus; très-communs dans le sable des grèves; les pêcheurs s'en servent comme d'appât ; — les Amphinomes portent de longs faisceaux de soies couleur de citron, et leur branchies ressemblent à de superbes panaches pourpres (mer des Indes); — les Eunices ont aussi des branchies en forme de panaches et trois paires de mâchoires cornées; l'Eunice *gigantesque* (Antilles) a 13 décimètres de long ; c'est la plus grande espèce d'Annélides connue. — Les Néréides *, nombreuses sur nos côtes, ont le corps grêle, allongé ; plusieurs sont d'un bleu métallique très-brillant; — les Palmyres ont des faisceaux de soies resplendissantes comme l'or le mieux poli ; — les Aphrodites ont le corps aplati et sur le dos, deux séries d'écailles membraneuses qui cachent les branchies : l'Aphrodite *hérissée*, qui se trouve sur nos côtes, est un des animaux les plus richement parés de la création; son corps est bordé de houppes de soies flexueuses qui brillent de tout l'éclat de l'or, de toutes les teintes de l'arc-en-ciel; elle ne le cède en beauté, dit Cuvier, ni au plumage des colibris, ni à ce que les pierres précieuses ont de plus vif **.

* Néréide frontale, III, 2.
** Aphrodite armadille, III, 3.

CLASSE DES CIRRIPÈDES *.

(*Cirrus*, frange ou filet ; *pes*, pied.)

Les CIRRIPÈDES ont un corps pyriforme, renfermé dans une coquille composée de plusieurs pièces, quelquefois pourpre ou violette. Ils ont, le long du ventre, douze paires de filets, nommés *cirres*, placés à l'orifice de la coquille, tandis que la bouche en occupe le fond. Ces cirres sont articulés, garnis de cils rudes et portés sur deux rangées de tubes charnus. Les Cirripèdes nagent librement dans les premiers temps de la vie, mais bientôt ils se fixent pour toujours sur quelques corps sous-marins.

Ils se composent des *Anatifes*, fixés par un pédoncule, et des *Balanes*, dépourvus de pédoncule.

Les *Anatifes* ** ont douze paires de cirres; elles aiment de préférence les lieux battus par les vagues. Une espèce (*Lithotrya*) se creuse une habitation dans le roc. Ces animaux roulent et déroulent successivement leurs tentacules ciliés

---

* *Cirripède* nous paraît préférable à *Cirrhopode* (pied jaune), qui ne désigne qu'un caractère fugitif et peu notable.

** Ainsi nommés d'*anas*, canard, et *fero*, produire ; une ressemblance grossière de la coquille avec un oiseau a fait croire aux habitants du Nord que les Anatifes donnent naissance à la Bernache ou Macreuse, espèce d'oie sauvage.

avec beaucoup de vitesse : ces mouvements, qui ont été comparés à l'action d'un pêcheur qui jette son filet, forment, dans les eaux, de petits tourbillons qui amènent à leur bouche les animalcules dont ils se nourrissent *.

Les *Balanes* (*Balanus*, Baleine), ou *glands de mer*, habitent une espèce de tube, formé ordinairement de six pièces soudées ensemble et terminé par deux ou quatre valves mobiles qui en ferment exactement l'orifice. Ils ont vingt-quatre tentacules qu'ils tiennent perpétuellement en mouvement dans les eaux **.

Les Cirripèdes ne s'attachent pas seulement aux rochers, à la quille des navires, etc., mais aussi sur les plantes et sur les animaux marins ***. Ils s'établissent sur des Éponges ou des Madrépores, sur des Mollusques, sur la carapace des Tortues, sur les Dauphins ; ils s'implantent dans le lard même des Baleines, qui les transportent ainsi d'un hémisphère à l'autre avec une rapidité de neuf lieues par heure. Durant ces migrations lointaines, ces passagers ne coûtent rien au vais-

---

* Anatife vulgaire, III, 4.

** Balane des éponges, III, 5.

*** On voit souvent en mer, dit M. de Blainville, flotter des débris de vaisseaux qui sont comme fleuris, tant ils sont couverts d'Anatifes ou de Balanes : l'œuf d'un seul individu, bien attaché, a suffi pour produire tous les autres. — *Manuel de Malacol.*, p. 180.

seau vivant qui les porte ; ils ne cessent de pêcher avec leurs petits bras velus, et trouvent partout abondamment, dans les mers polaires comme au sein des mers tropicales, la nourriture qui leur a été destinée par la Providence.

Les deux classes d'animaux dont nous venons d'esquisser les principaux traits nous présentent dans leur conformation, de nouveaux exemples de l'inépuisable variété de moyens employés par l'Intelligence créatrice pour atteindre une même fin. Les Cirripèdes, comme nous venons de le voir, ont des cirres, ou bras articulés et ciliés, qui leur servent d'instruments d'exploration et de préhension. On a donné le même nom à des appendices analogues, mous et cylindriques, qui existent chez les Annélides et qui paraissent servir aussi bien au toucher qu'à la respiration. De plus, les Annélides portent des soies roides, isolées ou en touffes, suffisamment acérées pour pénétrer dans les corps mous, et qui sont tout à la fois des organes de reptation et des armes défensives. Les Annélides dépourvus de soies, ont aux extrémités du corps des ventouses qui sont également des instruments de locomotion et de préhension.

CLASSE DES CRUSTACÉS.

(*Crusta,* croûte, têt.)

> O Providence ineffable ! vos œuvres parlent tou-
> jours à nos cœurs, mais que vos bienfaits sont
> touchants lorsque vous les faites descendre jus-
> qu'à vos plus humbles créatures !
> SAINT AUGUSTIN.

Les Crabes, les Écrevisses, les Cloportes, sont le type de cette nombreuse classe d'Articulés ; mais ce type est loin de se montrer dans toute cette série avec des caractères d'organisation aussi tranchés : il subit au contraire un grand nombre de modifications successives, de sorte que les Crustacés placés à l'extrémité inférieure du groupe sont fort imparfaits et ne vivent plus qu'en parasites sur le corps des autres animaux.

Le squelette tégumentaire des Crustacés est formé d'une série d'anneaux, tantôt distincts ou simplement articulés entre eux, tantôt soudés ensemble et marqués seulement par des sillons, tantôt enfin si intimement unis que cette enveloppe ne semble composée que d'une seule pièce qui prend alors le nom de *carapace* (Crabe); mais, même dans ce dernier cas, on reconnaît facilement, par une étude attentive du squelette extérieur, les segments caractéristiques de la classe; et ce grand bouclier, qui recouvre entièrement l'animal, ne peut être regardé que comme un développement excessif d'un des anneaux de la tête. Nous trouvons ici un exemple remarquable du plan suivi par le Créateur dans l'organisation des animaux, plan qui consiste, comme nous l'avons déjà précédemment fait observer, à modifier les mêmes éléments organiques, à diversifier les applications des mêmes types pour les adapter à des usages variés, pour produire avec des matériaux analogues, des animaux dissemblables. Rien ne peut mieux démontrer l'action d'une suprême intelligence que ces nombreuses applications d'un même principe, que ces séries d'analogies et de dissemblances, si harmonieusement ménagées, d'un caractère unique et constant. A ces nuances d'organisation si habilement graduées peut-on reconnaître l'œuvre désordonnée d'un aveugle hasard ?...

Les tentacules des Zoophytes, les pieds ou bras des Mollusques, les soies et les cirres des Annélides, sont devenus, dans les animaux les plus élevés de la classe présente, de véritables pattes, larges et membraneuses quand elles servent à la nage, allongées et grêles quand elles sont destinées à la locomotion ; terminées par une pince quand elles sont employées à la préhension des aliments. Ces organes, généralement au nombre de cinq ou sept paires, ont reçu une disposition bisériale, c'est-à-dire qu'ils sont rangés sur deux lignes à peu près parallèles des deux côtés du corps, tandis que les appendices analogues, dans les animaux que nous avons étudiés jusqu'ici, affectent en général une disposition radiée autour de la bouche.

La tête porte la bouche, ordinairement entourée d'appendices nombreux (pattes, suçoirs ou mandibules), deux paires d'antennes et les yeux, qui sont quelquefois simples, plus souvent composés, et en général placés à l'extrémité de pédicules articulés et mobiles en tous sens. Cette dernière particularité d'organisation, qui ne se retrouve dans aucune autre division de l'embranchement des Articulés, dénote une admirable prévoyance dans Celui qui l'employa, puisque, chez les familles où l'on remarque ces prolongements oculaires, la tête, attachée à la poitrine, ne peut se mouvoir d'aucun côté. A la base des antennes extérieures est placé l'appareil de l'ouïe.

Le système nerveux se compose d'une double série de ganglions et se centralise de plus en plus à mesure que les espèces deviennent plus parfaites. La respiration se fait par des branchies, quelquefois par la peau des pattes. Tous les Crustacés sont ovipares.

Quant au régime de ces animaux, les uns sont

broyeurs et se repaissent de substances solides,
les autres sont *suceurs* et se nourrissent de matières liquides. Les premiers ont des mandibules,
des mâchoires, des pattes-mâchoires ; les seconds
ont la bouche prolongée en une espèce de trompe
dans l'intérieur de laquelle se trouvent des appendices faisant l'office de petites lancettes.

Le savant qui étudie les ouvrages du Créateur
dans un esprit philosophique, et qui s'applique
à rechercher les voies que la Sagesse suprême a
suivies dans la création et l'enchaînement systématique des divers groupes d'êtres organisés, se
trouve bientôt engagé dans un labyrinthe de
sentiers qui se croisent à chaque pas, de sorte
que souvent, au moment où il croit suivre le
plus droit chemin, il arrive à un embranchement
qui l'en écarte tout à coup et le laisse dans l'in-
certitude sur la route qui peut le conduire plus
directement à son but. Aussi, lorsque, dans nos
efforts pour nous former une idée d'arrangements si complexes, nous parvenons à nous
rendre compte de quelque série d'êtres vivants,
nous sommes obligés de rétrograder pour reprendre l'histoire d'une branche ou de plusieurs
branches que nous avions laissées, à leurs points
de divergence, bien loin derrière nous.

Ces réflexions nous sont suggérées par la difficulté d'établir, dans la classe qui nous occupe,

un point de départ pour nous élever de là graduellement aux espèces les plus parfaites. Toutefois, sans entrer ici, sur la classification des
Crustacés, dans des discussions qui nous entraîneraient trop loin, nous nous arrêterons aux divisions présentées par les naturalistes dont les
travaux récents ont jeté le plus de lumière sur
cette branche de l'histoire naturelle. Nous les
partagerons d'abord en deux grandes sections :
celle des *Entomostracés*, recouverts d'un têt ou
bouclier composé d'une ou deux pièces, et celle
des *Malacostracés*, renfermés dans une enveloppe
de médiocre consistance ; puis, d'après la conformation de la bouche, nous formerons trois
autres divisions naturelles, celle des *Crustacés
xiphosures*, celle des *Crustacés suceurs* et celle
des *Crustacés broyeurs*.

SECTION DES ENTOMOSTRACÉS.

(ἔντομος, coupé ; ὄστρακον, coquille.)

CRUSTACÉS XIPHOSURES.

(ξίφιον, épée ; οὐρὰ, queue.)

A cette division appartiennent les Limules,
dont l'extrémité inférieure du corps se termine
par une longue queue styliforme. La partie antérieure est un bouclier demi-circulaire, de cha-

que côté duquel est un œil ovale à facettes *. Comme ces deux yeux sont sessiles et ne peuvent embrasser l'espace situé immédiatement en avant, le Créateur a suppléé ce qui manque à l'étendue de leur vision, en plaçant sur le front deux autres yeux lisses et tellement rapprochés que Linnée les a pris pour un seul œil (III, 6).

Les Limules, nommés aussi *Crabes des Moluques*, habitent les rivages des mers chaudes (Indes orientales, Amérique). Aux États-Unis, on appelle le Limule *poisson-casserole*, et les nègres se servent de son têt pour puiser de l'eau, etc. On en a rencontré à l'état fossile, dans les terrains de transition d'Angleterre, dans le calcaire jurassique d'Allemagne, etc. Il était l'emblème de la constellation du Cancer chez les anciens Japonais.

CRUSTACÉS SUCEURS.

Ces Crustacés parasites et la plupart microscopiques, ont une bouche garnie d'un appareil propre à percer la chair des autres animaux et à en sucer les humeurs. Ils ont des formes très-extraordinaires et subissent dans leur jeune âge des changements très-remarquables et de véritables

* Les yeux à facettes sont formés d'un grand nombre de petites lentilles placées à l'extrémité de tubes coniques, et dont chacune est un œil complet. Le nombre de ces lentilles s'élève parfois jusqu'à 35,000 (papillon).

métamorphoses : tels sont les Caligules ou *Poux de poisson*, pourvus de pattes natatoires ; — les Argules, ayant des pattes à ventouses ; — les Lernées, privés d'organes locomoteurs.

C'est aux Lernées qu'appartient le Crustacé microscopique, décrit par le docteur Nordmann sous le nom d'Achtère *de la Perche* (ἀχθηρὴς, nuisible). Ce Crustacé d'eau douce s'établit ordinairement dans la bouche de la Perche. Il se fixe, au moyen de son suçoir cratériforme, dans le tissu cellulaire, où il s'enfonce assez profondément pour ne pouvoir s'en dégager lui-même ni en être arraché par aucune force extérieure, sans rompre les deux petits bras qui portent le suçoir et qui resteraient dans la chair. C'est au palais ou à la langue qu'il s'attache. Ses deux bras cartilagineux, épais et robustes à la base, et terminés en pointe, se courbent de manière à former un cercle autour de la tête et supportent, à l'extrémité par où ils se touchent, un seul suçoir commun à tous deux et placé en avant du front. Lorsque nous considérons la rapacité des Perches qui engloutissent leur proie tout entière, nous comprenons combien il était nécessaire que ce petit parasite fût organisé de manière à pouvoir se fixer solidement pour résister à la pression et à l'action des corps qui devaient passer sur lui, car c'est sans doute une périlleuse habitation que le palais d'une Perche. Il paraît qu'il trouve surtout une protection dans la salive qui se forme ordinairement autour de lui. Ce Crustacé, qui n'a pas trois millimètres de long, a lui-même ses parasites et devient la proie d'animalcules encore plus petits que lui. Ses principaux ennemis sont une espèce de Mite (*Gamascus scabriculus*), et un Infusoire du genre *Vorticelle*, dont on le trouve souvent entièrement couvert quand la salive dont nous venons de parler, a été enlevée *.

CRUSTACÉS BROYEURS.

Cette division est très-nombreuse et se compose de neuf ordres :

Les Phyllopodes (φύλλον, feuille, ποῦς, pied) ont un grand nombre de pattes en forme de feuillets ciliés ou pennés (branchies), des yeux latéraux et pédonculés. — Le Branchipe de nos étangs (III, 7); il a onze paires de pattes branchiales, auxquelles il imprime un mouvement ondulatoire très-gracieux, qui établit entre elles,

* De toutes les classes du règne animal, celle des Poissons paraît être la plus tourmentée par les espèces parasites. A peine connaît-on un seul Poisson qui n'en soit infesté. Les monstres de l'Océan, la gigantesque Baleine, le Dauphin intelligent, le terrible Requin ne peuvent s'en défendre. C'est sans doute un des moyens dont se sert la Providence pour retenir dans de justes limites la multiplication des habitants des eaux, dont la fécon-

le long de la poitrine, un courant d'eau qui amène à la bouche les animalcules dont il se nourrit. — Les Apus, qui ont 120 pattes latérales diminuant insensiblement de grandeur; ils sont quelquefois enlevés par des vents violents et retombent en pluie; ils se nourrissent de tétards (eaux dormantes).

Les Cladocères (κλάδος, rameau, κέρας, corne) portent de chaque côté de la tête une grande antenne transparente, en forme de bras, divisée en deux ou trois branches : ils sont renfermés dans un bouclier bivalve, n'ont qu'un œil et sont pourvus de pattes natatoires membraneuses. — Les Daphnies ou *Puces d'eau*, remarquables surtout par la manière dont elles attirent les aliments qui leur sont nécessaires. Elles déterminent, par un mouvement rapide des pattes, un petit courant d'eau qui se dirige vers la tête et entraîne dans l'intérieur de leur coquille de petits débris de végétaux. Dès qu'elles

dité, comme on sait, est si prodigieuse. Il est vraisemblable aussi que la prédominance de ces innombrables petits ennemis amortit jusqu'à un certain point l'activité dévorante des tribus rapaces, diminue par conséquent leurs ravages en favorisant ainsi, d'une manière indirecte, le développement des familles dont les habitudes sont toutes pacifiques. La Perche, par exemple, nourrit jusqu'à six ou sept espèces de parasites, dont quelques-unes se multiplient tellement dans ses yeux qu'ils en rendent vraisemblablement la vision beaucoup moins perçante.

y en ont ainsi introduit une certaine quantité, elles en ferment les battants et choisissent ce qui leur convient. Ces Crustacés presque microscopiques sont rouges; et comme ils forment des nappes étendues à la surface des étangs et des lacs, l'ignorance a cru quelquefois que leurs eaux avaient été changées en sang *. — Les Polyphèmes, qui n'ont qu'un grand œil égal en grosseur au dixième du corps, très-communs dans les marais du Nord (Polyphème *oculé*, III, 9).

Les ostrapodes (ὄστραχον, coquille, etc.) ont presque tous les caractères de l'ordre précédent; seulement leurs pattes natatoires ne sont pas membraneuses. — Les Cypris, qui portent deux antennes terminées par un faisceau de soies et fourmillent dans les eaux dormantes. — Les Cythérées, qui se nourrissent de varecs (Cythérée *bossue*, III, 10).

Les copépodes (κοπὴ, division, etc.) ont quatre pieds divisés chacun en deux tiges cylindriques, yeux, non pédonculés, au milieu du front, où ils ne paraissent former qu'un œil unique; de là le nom de Cyclope donné au principal genre. Les Cyclopes sont presque microscopiques, pyriformes, rougeâtres, verdâtres, etc.; ils ont des pattes natatoires non membraneuses

* Daphnie plumeuse, III, 8.

et se trouvent en grand nombre dans les eaux douces et dans la mer.

SECTION DES MALACOSTRACÉS.

(μαλακὸς, de médiocre dureté ; ὄστρακον, coquille.)

SUITE DES CRUSTACÉS BROYEURS.

Les isopodes (ἴσος, égal, etc.) ont les pattes toutes semblables, uniquement propres à la locomotion et à la préhension, placées sous le *thorax* *, qui est presque toujours composé de sept anneaux distincts ; yeux sessiles ; abdomen ** portant de fausses pattes qui servent de branchies. — Les Cloportes (*clous à porte*), qui recherchent les lieux sombres et frais et sont connus de tout le monde. — Les Porcellions (*petits cochons*) et les Armadilles très-analogues aux Cloportes. — Les Ligies, les unes marines, les autres terrestres. — Les Idothées (Id. métallique, III, 11), qui ont les branchies recouvertes de deux valvules longitudinales s'ouvrant au milieu comme deux battants de porte (marins). — Puis viennent une foule de noms gracieux : les Cymodocées, les Dynamènes, les Lymnories,

---

* De θώραξ, poitrine, désigne, chez les Articulés, la partie du corps comprise entre la tête et l'abdomen.

** De *abdo*, cacher ; c'est ce qu'on appelle vulgairement le *ventre*, lequel renferme plusieurs viscères et organes.

qui percent promptement le bois des vaisseaux ; les Eurydices, les Conilires, les Cymothoés, qui vivent aux dépens des Poissons dont ils sucent le sang. — Les Séroles, qui nagent contre le fond de la mer, parmi les plantes marines, à une profondeur de plus de quarante brasses (détroit de Magellan). — Les Bopyres, qui vivent dans le corselet des Chevrettes. On a observé, sous le ventre de quelques Bopyres, jusqu'à neuf cents petits vivants. — La plupart des Isopodes se roulent en boule *.

Les LÆMIPODES (λαιμὸς, cou, etc.) ont deux pieds antérieurs qui font partie de la tête, l'abdomen à l'état rudimentaire, et respirent à l'aide de vésicules membraneuses fixées à la base des pattes. — Les Cyames ou *poux de Baleine* (Cyame des Cétacés, III, 12), qui se trouvent aussi sur le Maquereau, ont le corps élargi, les pattes courtes et onguiculées, des yeux simples et des yeux composés. — Les Chevrolles, dont le corps est filiforme et les pattes grêles, nagent en relevant postérieurement leur corps, de manière à former presque un angle droit.

---

* C'est à cet ordre que se rapportent les *Trilobites*, famille fossile qui s'est éteinte dès les plus anciennes formations fossilifères (terrains de transition). Voyez, dans notre *Nouveau Traité des sciences géologiques* (Étude IV, § II, fig. 10), les importantes conclusions auxquelles la découverte de ces Crustacés fossiles a conduit les géologues.

Les amphipodes (ἀμφὶ, autour, etc.) sont de petite taille; ils ont les organes respiratoires semblables à ceux des Læmipodes, l'abdomen très-développé et à sept segments, dont trois portent des appendices propres au saut ou à la natation *. — Les Corophies vivent dans la vase, qu'ils battent et délayent à la marée montante, pour y découvrir des Annélides marins dont elles font leur proie; elles en attaquent qui sont vingt fois plus grands qu'elles. Les Oiseaux de mer et les Poissons les dévorent à leur tour. — Les Crevettes ou Chevrettes; celles d'eau douce sont vulgairement appelées *Puces d'eau*. — Les Thalitres (Thal. terrestre, III, 13), agiles sauteurs, abondants sur les grèves. — Les Phronimes vivent en parasites dans l'intérieur de quelques Acalèphes, sur des Poissons, etc.

Dans tous les ordres précédents, les yeux sont sessiles et immobiles, excepté chez les Branchipes.

Les stomapodes (στόμα, bouche, etc.), vulgairement *Mantes de mer*, ont les pieds-mâchoires

---

* Lorsqu'en marchant sur les grèves, on rencontre quelques goémons récemment abandonnés par la marée, si on les retourne, on voit aussitôt des milliers de petits animaux, appartenant à cet ordre, qui s'en échappent et sautent de tous côtés, regagnant ainsi d'autres amas de plantes marines encore humides, ou peut-être reprenant le chemin de leurs ondes natales qui leur présentent un asile plus sûr.

7..

conformés à peu près comme les quatre premiers pieds thoraciques et rapprochés de la bouche; ils habitent les mers intertropicales, la plupart à de grandes profondeurs. On trouve dans la Méditerranée des Squilles qui ont des pattes-mâchoires très-longues, armées de griffes acérées, et l'adomen terminé par une longue nageoire. — Les **Phyllosomes**, qui ont, comme leur nom l'indique, le corps aplati comme une feuille, transparent comme du cristal, avec des yeux d'un bleu céleste.

Enfin les DÉCAPODES (δέκα, dix, etc.), neuvième et dernier ordre des Crustacés *broyeurs*, et aussi le plus nombreux et le plus remarquable. Ces animaux ont la tête, le thorax et l'abdomen entièrement recouverts d'une carapace ou bouclier d'une seule pièce, ce qui ne laisse apercevoir au dehors aucune trace de segmentation; mais en dedans et surtout au thorax, les divisions annulaires sont très-reconnaissables. Les yeux sont portés sur des pédoncules mobiles, de sorte que, quand ils ont besoin d'examiner ce qui se passe autour d'eux, ils redressent ces organes et peuvent ainsi étendre beaucoup la sphère de leur vision. Sont-ils au contraire retirés dans les fissures des rochers ou dans les terriers qu'ils se creusent, ces pédicules se replient dans des espèces d'orbites situés au bord antérieur de la carapace, disposition organique qui ne peut avoir pris sa source que dans la volonté d'un Créateur infiniment sage. Les antennes, autres organes de sensation, sont au nombre de quatre et ressemblent à de petites tiges articulées. Des cinq paires de pattes fixées au thorax, la première paire est terminée par une pince et sert à la préhension, les quatre autres à la locomotion. La bouche est composée de mandibules et de dix pattes-mâchoires; l'estomac est armé d'espèces de dents pour broyer les aliments. Les branchies sont intérieures et pyramidales, formées tantôt d'innombrables petits cylindres disposés comme les poils d'une brosse, tantôt d'une infinité de petites lamelles empilées comme les feuillets d'un livre. Les uns courent avec une grande rapidité, les autres nagent avec non moins de vitesse. Ils sont essentiellement voraces et carnassiers.

Les Crustacés Décapodes forment trois groupes dont les caractères sont tirés de la conformation de la queue, les *Macroures*, les *Anomoures* et les *Brachyures*.

Les Décapodes Macroures (μαχρὸς, grand, οὐρὰ, queue) ont un abdomen très-développé et terminé par une nageoire en éventail. Ils nagent avec une grande vitesse. Tels sont les Pasiphaés au corps nacré, transparent, bordé de rouge;

les Palémons, vulgairement *Chevrettes*, *Cre-vettes*, *Salicoques*, etc., grands dans les mers chaudes, petits sur nos côtes, recherchés pour l'usage de la table; — les Crangons ou *Cardons*, d'un vert glauque, ponctué de gris, corps aplati, chair délicate, communs sur nos côtes; — les Pénées, gris ponctué de rouge, longs de 25 centimètres (Méditerranée); on les sale et on les transporte jusque dans le Levant; — les Ho-mards, quelquefois d'un demi-mètre de long, serres inégales et grosses, se tiennent dans les fissures des rochers, sur les côtes de la Méditer-ranée et de l'Océan; — les Écrevisses qui habi-tent les fleuves et les ruisseaux de l'Europe et du nord de l'Asie; leurs pinces sont chagrinées et finement dentelées au bord interne; elles muent chaque année à la fin du printemps et vivent plus de vingt ans; elles se nourrissent principa-lement de petits Mollusques, de petits Poissons, de chairs corrompues. Les petites Écrevisses nouvellement écloses, sont extrêmement molles: pour prévenir les dangers sans nombre auxquels elles seraient exposées, la sage nature leur a donné un asile sous la queue de leur mère; quand celle-ci est tranquille, les petits se hasar-dent à ramper autour d'elle, puis, au moment du danger, et comme avertis par leur mère, ils se retirent tous dans leur retraite. Les Écrevisses sont très-délicates sur la nature de l'eau qu'elles doivent habiter; — les Axies, les Thalassines, ressemblant à des Scorpions, et les Callianasses, se trouvent sur nos côtes, enfoncés dans le sable ; — les Porcelannes * ont le corps petit, très-aplati, le corselet strié, et se tiennent sous les pierres littorales; — les Galathées, qui portent de longues épines ; — les Scyllares, remarquables par leurs antennes dont les articles, très-dilatés transversalement, forment une grande crête horizontale et dentée; leur natation est vive et bruyante (Méditerranée); — les Langoustes (de *locusta*), grande taille, antennes cylindriques et longues, hérissées d'épines ainsi que la carapace, le front armé de deux cornes recourbées. Ces Crustacés sont agréablement nuancés de rouge, de jaune et de vert, et présentent souvent, sur la queue, des séries de points en forme d'yeux. Il en est des espèces qui atteignent jusqu'à deux mètres de long; la Langouste de nos côtes a quelquefois un demi-mètre et pèse, avec ses œufs, de 6 à 7 kilogrammes. Leur chair et leurs œufs, qui ressemblent à des grains de corail, sont très-estimés (III, 15).

Les Décapodes Anomoures (ἄνομος, sans loi, οὐρά, queue) paraissent tenir le milieu entre les Macroures et les Brachyures; leur queue, en effet,

* Porcelanne Galathine, III, 14.

n'est pas aussi puissamment organisée pour la natation que chez les premiers, mais elle n'est pas non plus aussi rudimentaire que chez les seconds. On rapporte à cette division les Birgus, dont la queue est suborbiculaire. Le Birgus *voleur*, espèce fort grande, quitte la mer et monte, la nuit, aux cocotiers pour en dérober les fruits dont il est extrêmement friand. Un voyageur anglais (Cummings) qui l'a observé dans les îles de la Polynésie, dit que c'est un spectacle fort curieux de le voir ainsi grimper aux palmiers et en dévorer les fruits *. Freycinet l'a aussi observé dans les îles Mariannes, et il rapporte que ses pinces sont si robustes, qu'elles peuvent supporter le poids d'un enfant sur un bâton qu'elles tiennent par une extrémité; — les Pagures **; la Providence a doué ces Crustacés d'un instinct

---

* C'est un instinct sans doute bien remarquable que celui de ce Crabe allant chercher sa nourriture au sommet des cocotiers; mais ce qui n'est pas moins extraordinaire, c'est de voir un Poisson monter aux mêmes arbres à sa poursuite; c'est pourtant ce qu'on rapporte d'une espèce de Perche, nommée à cause de cela *Perche grimpante* (*Perca scandens*). Ce poisson doit cette singulière faculté à une organisation particulière qui lui permet de retenir une certaine quantité d'eau pour arroser ses branchies, qui sont d'ailleurs préservées du contact de l'air par la clôture exacte de leurs opercules. Théophraste en avait déjà fait mention.

** Pagure strié, III, 16.

bien remarquable. Comme leur abdomen, membraneux et nu, est d'une grande délicatesse, ils s'établissent, pour le protéger, dans des coquilles de Mollusques Gastéropodes, qu'ils traînent partout après eux, et dans lesquelles ils peuvent se fixer solidement et se loger en entier, ne laissant paraître au dehors que leurs pinces antérieures *. Tous les ans, vers le commencement de l'été et au moment où ils changent de peau, ils s'en vont

* Ordinairement c'est la pince du bras droit qui sort de la coquille et qui est la plus employée ; aussi est-elle d'une grandeur double de celle du bras gauche. Mais quand l'entrée de la coquille est étroite, comme celle de la *Volute*, dans laquelle Freycinet a trouvé le *Pagurus clibanarius*, les deux bras sortent et les pinces sont d'égale grandeur. La quatrième et la cinquième paire de pattes sont beaucoup plus petites et plus courtes que les pattes antérieures : elles portent au-dessous de la pince, un appendice ressemblant à une rape, dont l'animal se sert sans doute pour se retourner dans sa coquille et donner à son corps diverses attitudes. Une pareille structure ne peut laisser aucun doute sur le but particulier que s'est proposé le Créateur, et il est évident que ces animaux ont été destinés à habiter les coquilles univalves dans lesquelles on les trouve.

On connaît plusieurs espèces de Crustacés-Ermites; les uns sont aquatiques, les autres terrestres. Les rivages de quelques îles de l'Inde (les Mariannes, Timor, etc.) en sont couverts. Durant les heures brûlantes du jour, ils cherchent un abri sous les buissons, et le soir, au retour de la fraîcheur, on les voit courir par milliers, roulant leurs coquilles de la plus grotesque manière, les heurtant les unes contre les autres, trébuchant et produisant par leurs chocs, un petit bruit qui les annonce avant qu'on les aperçoive. A l'apparence du moindre danger, ils se cachent dans le

à la recherche d'une nouvelle coquille, plus grande et bien proportionnée à leur grosseur. On les voit alors visiter toutes les coquilles spirales qu'ils rencontrent et en mesurer la capacité. Aussitôt qu'ils ont trouvé celle qui leur convient, ils quittent l'ancienne et entrent précipitamment dans la nouvelle. Ils ne s'adressent jamais à celles dont le poids serait au-dessus de leurs forces ou qui seraient couvertes d'aspérités nuisibles à la marche. Leur abdomen et son extrémité sont conformés exprès pour adhérer fortement au fond de la coquille d'où l'on ne peut les obliger à sortir que par la chaleur du feu. C'est à ces singulières habitudes que ces Crustacés doivent les noms vulgaires de *Bernard l'Ermite*, de *Soldat*, de *Diogène*, parce qu'on

premier trou qu'ils rencontrent, sous les racines ou dans le tronc creux des vieux arbres, rarement dans la mer. A Guam, une des îles Mariannes, il y en a une grande espèce qui habite les forêts à plus d'un mille de la mer. Ces gros Pagures ont les pinces violacées ; ils se logent dans des buccins, revêtus d'une croûte terreuse ; et lorsqu'on les tourmente, ils rendent de l'écume ; la nuit, la lumière du feu les attire. A la Jamaïque, le Pagure Diogène a été trouvé par M. de la Bêche à plus de quatre lieues dans les terres et à plus de dix mètres au-dessus du Rio-Minho.

On cite quelques autres animaux qui font aussi usage de demeures qu'ils n'ont point construites, comme certaines Abeilles, le Coucou, l'Ours ; mais on n'en connaît pas qui, comme les Pagures, s'emparent d'une dépouille abandonnée par d'autres animaux.

les a comparés, lorsqu'ils sont dans leurs coquilles, à des ermites dans leurs cellules, à des
soldats dans leurs guérites, au philosophe cynique
dans son tonneau. D'autres espèces sont domi-
ciliées dans des éponges, dans les tuyaux pier-
reux des Serpules, etc.

C'est encore aux Anomoures qu'appartiennent
les Rémipèdes, les Hippes *, pattes courtes et
en palette pour creuser le sable ; — les Dromies,
qui ont un têt globuleux et très-velu ; les unes
transportent avec elles des valves de coquille
sous lesquelles elles se mettent à l'abri ; les autres
s'emparent d'une espèce d'Alcyon qu'elles fixent
sur leur dos avec les quatre pinces des pattes
postérieures, et cet Alcyon n'en continue pas
moins de vivre et de se développer sur leur dos ;
— les Homoles, au têt épineux, long d'un mètre
(Méditerranée).

Enfin les Décapodes Brachyures (βραχὺς, court,
οὐρὰ, queue) ont l'abdomen presque à l'état rudimentaire, la tête unie au thorax, et sont recouverts d'une carapace continue et très-large.
Les antennes sont courtes et les pattes de la
première paire armées d'une forte pince. Les
plus remarquables sont : les Calappes ; — les
Matules ; — les Leucosies, d'un poli brillant ** ;

* Hippe sans main, III, 17.
** Leucosie noix, III, 18.

— les Grapses à carapace quadrilatère, qui vivent cachés le jour parmi les rochers de la mer, et qui même grimpent, dit-on, quelquefois aux arbres des rivages. Ils se rassemblent en grandes troupes, et, s'ils sont alarmés, ils fuient vers l'eau en faisant claquer leurs serres. On pense que c'était une espèce de *Grapse* que Christophe Colomb aperçut quelques jours avant la découverte du nouveau monde, et qu'il considéra comme un signe du voisinage des terres; — les Pinnothères, petits Crustacés presque sphériques, qui se font commensaux des Moules et de plusieurs autres bivalves (III, 19); — les Gélasimes ou Crabes *appelants*, ainsi nommés parce qu'ils tiennent élevée en avant de la tête, comme s'ils faisaient un geste pour appeler quelqu'un, la pince d'une de leurs pattes de la première paire; mais c'est sans doute une attitude de défense. Cette pince, tantôt celle de la patte droite, tantôt celle de la gauche, acquiert des dimensions énormes et sert à fermer l'entrée du terrier que ces animaux se creusent, et à saisir avec promptitude la proie qui se présente à leur portée; — les Ocypodes ou *cavaliers*, qui passent le jour dans des terriers et qui courent avec une telle vélocité sur le sable des grèves, qu'un homme à cheval peut à peine les atteindre. On les rencontre réunis par milliers à l'embouchure des rivières, sous les latitudes chaudes; ils vivent de charogne, dont ils disputent les lambeaux aux Vautours *.

Parmi les Décapodes Brachyures les plus remarquables, on doit ranger les Gégarcins ou *Tourlouroux, Crabes violets, Crabes peints*, etc. Ces animaux ont des branchies qui exigent une plus grande quantité d'oxygène que celle qui est dissoute dans l'eau, aussi sont-ils terrestres, vivant la plupart dans les bois humides, dans des trous, etc. Pour prévenir le desséchement de leurs branchies, ils ont été pourvus, au fond de la cavité respiratoire, tantôt d'une espèce d'auge qui contient l'eau nécessaire pour entretenir l'humidité des branchies, tantôt d'une membrane spongieuse, suspendue à la voûte de cette cavité et destinée au même usage. A certaines époques, ils se réunissent en grandes troupes pour gagner la mer, où ils se rendent en causant toutes sortes de dégâts sur leur passage, et en suivant la ligne la plus courte, quels que soient les obstacles qu'ils rencontrent. Si on les saisit par la pince, ils se la rompent et s'enfuient tout manchots. On a remarqué que ceux qui avaient été ainsi estropiés par quelque accident, devenaient la proie de leurs congénères. L'amiral anglais Drake ayant

* Ocypode blanc, III, 20.

débarqué, en 1605, quelques hommes de son équipage dans une île déserte des côtes d'Amérique, ces Cancres affamés s'attachèrent, dit-on, à leurs jambes, les renversèrent et les dévorèrent.

C'est encore aux Brachyures qu'appartiennent les Thelphuses, qui vivent habituellement dans l'intérieur des terres, au bord des ruisseaux ou dans les bois humides, dans les lacs des cratères du midi de l'Italie, etc. ; on en trouve une espèce représentée sur d'antiques médailles grecques ; — les Portunes ou *Étrilles*, petits Crabes qui nagent avec grâce et dont la chair est très-délicate ; — les Carcins ou *Crabes communs* de nos côtes, ont cinq dents de chaque côté de leur carapace verdâtre et autant sur le front ; ils courent sur la plage avec beaucoup de vitesse et s'enfoncent dans le sable. Leur chair est moins estimée que celle du Tourteau ou Crabe *poupart*, très-commun sur nos rivages et d'un goût délicat ; il est d'un beau rouge, et sa carapace a souvent près de trois décimètres de large ; — les Maïa ou *Araignées de mer* * sont de grands Crustacés, à carapace triangulaire et à très-longues pattes. Les anciens Grecs leur attribuaient une grande sagesse et les croyaient sensibles aux charmes de la musique ; ils les ont figurés sur leurs médailles.

* Maïa longicorne, III, 21.

CONSIDÉRATIONS

SUR LA CLASSE DES CRUSTACÉS.

Notre cadre ne nous a permis d'entrer que dans un petit nombre de détails sur l'organisation particulière des principaux genres qui composent cette grande classe d'animaux Articulés. Toutefois, nous croyons en avoir dit assez pour faire comprendre l'étonnante variété de formes organiques qu'elle présente, et pour faire admirer la haute intelligence qui a présidé à toutes ces innombrables modifications d'un même type primordial. Nous terminerons par quelques considérations d'un nouvel intérêt.

Latreille a divisé la section des Entomostracés en deux grands ordres, les *Branchiopodes*, ainsi nommés parce qu'ils sont pourvus de pattes natatoires qui remplissent les fonctions de branchies, et les *Pœcilopodes* (ποικίλος, varié, etc.), qui ont des pattes diverses, les antérieures étant ambulatoires ou préhensiles, et les postérieures branchiales et natatoires.

Les Branchiopodes habitent les eaux stagnantes; ils nagent avec une grande rapidité et se nourrissent d'Infusoires. Quelques-uns cependant sont herbivores et abondent surtout dans les eaux où il y a des plantes en végétation.

Comme les marais qu'ils fréquentent se dessèchent souvent pendant les chaleurs de l'été, il y a lieu de croire que la Providence a organisé en conséquence ces petits animaux, et qu'elle les a doués, comme les Infusoires, de la faculté de renaître, pour ainsi parler. Latreille pense que ceux qui ont été pourvus de coquilles pour protéger leurs frêles organes, se retirent tout entiers au dedans de ces coquilles qu'ils ferment hermétiquement jusqu'au retour de nouvelles circonstances favorables.

Plusieurs particularités distinguent surtout ces petits êtres de tous les animaux que nous avons étudiés jusqu'ici. La première est celle des mues remarquables auxquelles ils sont sujets pendant leur croissance. Il y en a qui changent de peau tous les cinq à six jours, et ce ne sont pas seulement le corps et les valves qui se dépouillent de leur épiderme, mais encore les branchies, les soies des rames, et jusqu'aux plus petites parties invisibles à l'œil nu. A chaque mue, un nouvel épiderme est déjà formé sous l'ancien; ce n'est qu'à la troisième mue que l'animal acquiert la faculté de se reproduire.

La seconde particularité est celle des métamorphoses qu'ils subissent. Les jeunes Cyclopes, par exemple, au moment de leur naissance, n'ont que quatre pattes, un corps arrondi et sans queue; bientôt après, il leur pousse une nouvelle paire de pattes. Ils continuent ainsi d'éprouver divers changements jusqu'à ce qu'ils soient devenus adultes. Ces métamorphoses ont même quelquefois trompé les naturalistes auxquels il est arrivé, comme à Müller, de faire plusieurs genres d'un même animal.

Dans la partie de l'échelle animale que nous avons jusqu'ici parcourue, nous avons vu chaque espèce se distinguer de toutes les autres par des caractères qui indiquaient la place particulière qu'elle devait occuper dans la série ; mais parmi les Crustacés soumis à des métamorphoses, c'est le même individu qui, aux différentes périodes de son existence, revêt un caractère plus élevé, et souvent acquiert des organes qui le rendent propre à de plus hautes fonctions. Quelquefois d'aquatique il devient habitant de la terre et de l'air, ou de la terre, de l'air et des eaux tout à la fois, et le Créateur, en lui communiquant ainsi de nouvelles facultés, lui assigne en même temps un nouvel emploi dans la répartition générale des rôles et des devoirs entre tous les êtres qui sont sortis de ses mains.

Il est remarquable qu'une grande partie de la nourriture des animaux d'un rang élevé, et principalement des Oiseaux, est fournie par les espèces qui subissent des métamorphoses, et que la plupart de ces derniers animaux contiennent une bien plus grande quantité de substance nutritive dans leur premier état, que lorsqu'ils sont arrivés à l'état parfait. Il résulte de cette disposition plusieurs avantages qui contribuent au bien-être général, une plus grande variété de nourriture et plus de jouissances pour les diverses classes d'animaux, déstinés à vivre aux dépens des innombrables tribus d'Insectes.

La multiplication des Branchiopodes est quelquefois prodigieuse et n'est surpassée que par celle des Infusoires. Quelque remarquable que soit la fécondité des Crustacés de l'ordre le plus élevé, comme la Langouste, qui donne 4,000 œufs, la Crevette 7,000, un autre Crabe près de 22,000, elle n'approche pas de celle de la femelle du Cyclope, par exemple, laquelle, dans l'espace de trois mois, après une fécondation qui suffit pour plusieurs générations successives, peut faire jusqu'à dix pontes ; et l'on a calculé qu'en supposant seulement huit pontes et quarante petits à chacune, la somme totale des naissances serait de quatre milliards et demi ou quatre mille cinq cents millions. Kotzebue en a observé une autre espèce dont les individus étaient à peine visibles à l'œil nu, et qui formait, dans les eaux de la mer, une nappe rouge d'un mille de long

sur deux mètres de large. N'est-ce pas un phénomène propre à exciter toute notre surprise que
la fécondité accordée par le Créateur à ces animalcules, dont une seule femelle, après une
seule fécondation, pourrait, dans quelques semaines seulement, peupler de tant de myriades
d'animaux de sa race, un fossé, un étang, où elle
serait restée le seul individu de son espèce ? Comment le principe vital, communiqué à chacune
de ces petites créatures, peut-il, dans un espace
de quelques mois, se multiplier et se subdiviser
à tel point qu'un nombre incalculable d'êtres
obtiennent ainsi une part au don merveilleux de
la vie ? Sans doute un pareil problème physiologique surpasse toutes les forces de notre esprit,
et il n'y a que l'action universelle et toute-puissante de Dieu dans laquelle nous puissions trouver
la raison d'un fait qui restera probablement à
jamais pour nous un incompréhensible mystère.

Quoi qu'il en soit, c'est évidemment dans des
vues pleines de sagesse qu'un si étonnant pouvoir
de reproduction a été donné à ces créatures.
Elles sont en effet la principale nourriture d'un
nombre considérable d'animaux, d'Insectes aquatiques, de Polypes et d'Annélides. Beaucoup de
Poissons et d'Oiseaux en font aussi tous les jours
une grande consommation. En outre, de nombreux Branchiopodes périssent sans doute, en

été, par le desséchement des eaux stagnantes dans lesquelles ils abondent; il est probable toutefois qu'au retour de l'eau, plusieurs reprennent le mouvement et la vie. Kirby a observé, au printemps, le *Cancer stagnalis* de Linnée dans le pas d'un cheval, alors rempli d'eau, mais qui avait été auparavant entièrement à sec.

Nous parlions tout à l'heure des mues des Branchiopodes; mais tous les Crustacés sont exuviables et se dépouillent, vers la fin du printemps, de leur robe de l'année précédente. On est d'abord surpris d'apprendre qu'un pareil dépouillement puisse s'effectuer. On conçoit qu'il s'accomplisse sans difficulté dans les Insectes : il n'a lieu, en effet, chez ces derniers, que lorsqu'ils sont à l'état de larves, c'est-à-dire, lorsque la forme et la substance de leur corps se trouvent dans les conditions les plus convenables pour cette espèce de transformation. On comprend donc qu'alors l'animal, devenu trop gros, puisse s'échapper par une fissure longitudinale de la peau molle de la Chenille ou du Ver qui le contiennent ; mais chez des animaux recouverts d'une croûte solide et qui ne doivent pas se dépouiller seulement de l'enveloppe qui cache la tête, le tronc et l'abdomen, mais encore de celle qui environne leurs pattes et leurs moindres organes, il semble que ce doive être une opération infiniment plus difficile. Mais Celui qui les a revêtus de cette cuirasse protectrice, leur a enseigné en même temps les moyens de la quitter lorsqu'elle deviendrait trop étroite, et c'est conformément à ce dessein qu'il les a organisés et construits.

L'existence des Crustacés n'est pas limitée, comme celle des Insectes, à la courte période d'une année seulement. Il y en a des espèces qui vivent jusqu'à vingt et trente ans, et qui prennent de l'accroissement presque pendant toute cette durée. Mais cet accroissement ne pourrait avoir lieu si le têt dans lequel ces animaux sont renfermés, n'était rejeté, pour permettre à leur corps de nouvelles expansions. Lors donc que le moment est arrivé de quitter un vêtement devenu un obstacle aux vues de la nature, les Crustacés se retirent sous des pierres, dans les fissures des rochers et autres retraites sûres, où ils puissent, sans être inquiétés, accomplir une mue laborieuse, qui les expose à des dangers, en les laissant quelque temps sans défense.

C'est surtout à Réaumur que l'on doit les belles expériences qui nous ont fait connaître les circonstances de cette merveilleuse opération.

Ce célèbre naturaliste mit, au printemps, des Écrevisses dans des boîtes percées de trous, qu'il plaça, les unes dans des bocaux qu'il laissa dans son cabinet, les autres dans une rivière. Il observa que lorsqu'une Écrevisse veut changer de peau, elle frotte ses pattes l'une contre l'autre et se donne de grands mouvements. Après ces préparatifs, elle gonfle son corps plus qu'à l'ordinaire, et le premier des segments de la queue s'écarte de son corselet. La membrane qui les unissait est brisée, et son nouveau corps paraît.

Les Écrevisses ne travaillent pas à se débarrasser de leur têt immédiatement après que la rupture précédente a été faite; elles restent quelque temps en repos. Elles recommencent ensuite à agiter leurs jambes et toutes leurs autres parties. Enfin, l'instant étant arrivé où elles croient pouvoir se tirer d'un habit incommode, elles gonflent et soulèvent les parties recouvertes par le corselet, qui s'éloigne de l'origine des jambes et se décolle. Alors s'opère la rupture définitive de la membrane qui le retenait tout le long des bords du ventre. De ce moment, un demi-quart d'heure suffit pour que l'Écrevisse soit entièrement dépouillée.

Le corselet étant soulevé à un certain point, on voit son bord s'éloigner de la première paire de pattes. L'Écrevisse tire alors sa tête en arrière; elle dégage ses yeux de leurs étuis; elle dégage en même temps toutes les autres parties du devant de la tête. Enfin, à diverses autres reprises, après des mouvements réitérés, elle dépouille ou l'une des grosses jambes, ou toutes les jambes d'un côté, ou quelques-unes seulement : car cette opération ne se fait pas d'une manière uniforme dans toutes les Écrevisses. Il y a quelquefois des jambes si difficiles à dépouiller, qu'elles se rompent. Tout ce travail est extrêmement rude pour les Écrevisses, et Réaumur en a vu souvent mourir dans l'opération, surtout des jeunes.

Lorsque les jambes sont dégagées, l'Écrevisse se débarrasse de son corselet; elle étend brusquement sa queue, et, par ce mouvement, s'en débarrasse aussi.

Après cette dernière action de vigueur, l'Écrevisse tombe dans une grande faiblesse. Ses jambes sont si molles, qu'elles se plient comme un papier mouillé. Si pourtant on appuie le doigt sur son dos, on sent ses chairs beaucoup plus solides qu'elles n'étaient auparavant. L'état convulsif des muscles est peut-être la cause de cette dureté contre nature.

Quand le corselet est une fois soulevé et que les Écrevisses ont commencé à dégager leurs pattes, rien n'est capable de les arrêter. Réaumur en a souvent retiré de l'eau dans l'intention de les conserver à moitié dépouillées; elles achevaient, malgré lui, de muer dans ses mains.

Lorsqu'on jette les yeux sur la dépouille d'une Écrevisse, il ne lui manque rien à l'extérieur. On y trouve jusqu'au cartilage qui sert au mouvement du doigt mobile. Chaque poil était une gaîne qui recouvrait un autre poil. Les articulations inférieures des jambes sont partagées en deux, dans leur longueur, par une suture qui s'écarte dans l'opération, mais qu'on ne voit pas lorsque l'animal est en vie.

Nous trouvons, dans cette opération si difficile en apparence et si compliquée, des preuves tellement frappantes d'un dessein, qu'il serait sans doute superflu de nous arrêter à les faire remarquer au lecteur. Le Créateur a réuni avec tant d'art, les différentes parties qui entrent dans la structure de l'animal, que l'on chercherait inutilement à diviser la croûte qui le recouvre, pour l'en délivrer. Ce n'est qu'au jour où cette séparation devient nécessaire qu'il laisse entrevoir le secret de cette admirable construction, et qu'il en confie pour ainsi dire la clef à l'instinct de sa créature. Il n'a point renfermé la jambe dans un tube solide, mais dans des anneaux joints par des articulations et qui peuvent s'ouvrir longitudinalement sous un effort suffisant du membre qu'ils enveloppent. Tous les segments dont est composée cette merveilleuse armure sont unis par une membrane qui peut céder lorsque le corps vient à se distendre par un nouvel accroissement, ce qui permet à l'animal de quitter sa prison avec beaucoup plus de facilité qu'on ne s'y serait d'abord attendu. Outre cette membrane, qui témoigne si hautement de la prévoyance et de la sagesse du Créateur, Réaumur a remarqué une humeur glaireuse qui humecte l'intervalle entre l'ancienne et la nouvelle écaille, et qui doit concourir à faciliter leur séparation.

Nous avons laissé l'Écrevisse couverte d'une membrane molle. Elle ne reste pas longtemps dans cet état. En vingt-quatre heures cette membrane prend souvent la consistance de l'ancienne; cependant ce n'est ordinairement qu'au bout de deux à trois jours.

Les Écrevisses, prêtes à muer, ont toujours deux pierres, si faussement nommées *yeux d'Écrevisse*, qui sont placées aux côtés de l'estomac, mais qu'on ne trouve plus dans celles qui ont mué. Ces pierres sont destinées à fournir la matière ou une partie de la matière du nouveau têt; car si, le lendemain de la mue, lorsque le têt n'est encore qu'à moitié durci, on ouvre une Écrevisse, on remarque que ces globules calcaires sont diminués de moitié; et si on l'ouvre le troisième jour, on n'en voit plus qu'un atome, ensuite plus du tout. Qui ne serait frappé de tout ce qu'il y a de bienveillance et de sagesse dans l'emploi d'un pareil moyen, pour consolider promptement l'enveloppe d'un animal exposé, lorsqu'il est nu, à un grand nombre de dangers *?

C'est encore aux recherches de Réaumur que la science doit la découverte des moyens employés par la nature pour la reproduction des pattes mutilées des Crustacés. Ce célèbre observateur coupa des pattes à des Crabes, à des Écrevisses, et les mit dans ces bateaux couverts qui communiquent avec l'eau et sont destinés à conserver le poisson en vie. Au bout de quelques mois, il vit de nouvelles jambes qui remplaçaient les anciennes, et qui, à la grandeur près, étaient parfaitement semblables aux autres.

Le temps nécessaire pour la reproduction des nouvelles jambes n'a rien de fixe ; elles croissent d'autant plus vite que la saison est plus chaude et que l'animal est mieux nourri. Une circonstance rend encore cette reproduction plus ou moins prompte, c'est l'endroit où la rupture a été faite. Le point de réunion de la seconde articulation avec la troisième est le lieu où la jambe

---

* Le phénomène de la mue s'observe dans tous les animaux, mais avec des circonstances qui varient suivant les classes. Dans les contrées intertropicales, les Oiseaux et les autres animaux ont deux mues dans la même année, après chaque saison de pluie et chaque couvée. La mue des Crustacés, même sous nos latitudes, a lieu aussi deux fois par an (Dugès). Ce n'est pas seulement la peau qui se renouvelle chez ces derniers, mais l'estomac en entier paraît subir la même loi.

se casse le plus facilement et où la reproduction est la plus rapide. Là il y a plusieurs sutures qui semblent distinctes des articulations ; c'est à ces sutures, surtout à celles du milieu, que la séparation se fait. Il est même plusieurs espèces de Crustacés qui, lorsqu'on les blesse à quelques autres parties de leurs pattes, cassent eux-mêmes le reste à cette suture, pour faciliter la réparation de leur perte. Il n'en renaît jamais à chaque jambe que précisément ce qu'il faut pour la compléter.

Si c'est pendant l'été qu'on a cassé la patte d'un Crabe ou d'une Écrevisse, et qu'un jour ou deux après on examine les changements qui se sont opérés, on voit une espèce de membrane un peu rougeâtre qui recouvre les chairs. Quatre à cinq jours après, cette membrane prend une surface un peu convexe, semblable à celle d'un segment de sphère ; ensuite elle devient conique et s'allonge de plus en plus, à mesure que la patte qui pousse dessous se développe ; enfin elle se déchire, et la jambe paraît. Elle est molle ; mais, peu de jours après, elle est revêtue d'une écaille aussi dure que celle de l'ancienne jambe. Les antennes, les mâchoires, etc., repoussent comme les pattes ; mais il n'en est pas de même de la queue : la mort est toujours la suite de son amputation.

8..

Quand on réfléchit aux phénomènes de reproduction que nous venons de décrire, on ne peut s'empêcher d'admirer et de bénir là bonté du Créateur, qui, prévoyant les mutilations auxquelles le nombre et la situation des jambes et des autres organes des Crustacés, ainsi que la multitude de leurs ennemis, exposeraient continuellement ces animaux, leur a donné la faculté de recouvrer les membres qui leur seraient enlevés, et de réparer ainsi, en peu de temps, les pertes que tant d'accidents divers peuvent leur faire éprouver.

Les Crustacés sont la proie d'un grand nombre d'animaux marins, et particulièrement des Céphalopodes, ainsi que nous l'avons déjà observé; mais leur multiplication est si prodigieuse que, quelle que soit la quantité qui périsse ainsi chaque jour, leur multitude n'en paraît pas diminuée. Le souverain Auteur de tous les êtres a établi des lois qui règlent le développement numérique des espèces. Pour maintenir un juste équilibre entre les innombrables races vivantes, il a assigné à l'action des tribus carnivores, des limites qu'elles ne franchissent point; et toujours à côté d'une loi de destruction se manifeste une loi de conservation qui lui sert de contre-poids. De ces belles lois de compensation résulte, entre toutes les parties du monde organique, cette constante et merveilleuse harmonie qu'on ne se lasse point d'admirer.

A la vue des instruments de défense et d'attaque dont les Crustacés sont pourvus, de ces pinces, de ces crochets, de ces aiguillons et de cette puissante cuirasse qui les couvre tout entiers, il est facile de deviner qu'eux aussi vivent de proie et remplissent un rôle important dans l'économie du monde océanique [*]. Mais Dieu a compté le nombre de ces tyrans des eaux et celui de leurs victimes. Il excite ou modère à son gré, ces agents de destruction; et, à son commandement, la lutte cesse ou du moins est suspendue, jusqu'à ce que le bien-être général exige qu'elle recommence [**].

---

[*] Une de leurs principales fonctions consiste sans doute à nettoyer les eaux fangeuses et dormantes, où pullulent des millions de vermisseaux, où se putréfient tant de matières animales qui infecteraient l'atmosphère et les eaux de leurs émanations impures, si la voracité de ces animaux n'absorbait ces débris corrompus, ces résidus putrides et malfaisants.

[**] « Pourquoi la nature agit-elle ainsi ? et pourquoi limite-t-elle ses créatures l'une par l'autre ? C'est afin de produire dans le moindre espace le plus grand nombre et la plus grande variété possible d'êtres vivants, de sorte que l'une balance l'autre et que l'équilibre des pouvoirs établisse la paix dans la création. Chaque espèce prend soin d'elle seule, comme si elle était seule à l'existence. Mais à côté d'elle une autre s'élève qui la confine entre deux limites; et par cet équilibre de pouvoirs opposés, la nature créatrice a trouvé le vrai moyen de maintenir le tout ; elle a pesé

En réfléchissant à cette grande loi de la destruction, à cette guerre universelle et incessante d'une partie de la création contre l'autre, on voit que ce n'est qu'à la condition du sacrifice d'une partie que le tout vit et se conserve. Si nous descendons encore plus avant, si nous osons sonder les profondeurs qui semblent se révéler ici à l'intelligence, guidée par les enseignements d'une haute philosophie chrétienne, nous trouverons que le dogme du *salut par le sang* appartient aussi aux sciences naturelles, et nous découvrirons, même sous ce point de vue, que les souffrances et la mort d'un être peuvent devenir, dans les conseils divins et conformément à ce que nous connaissons des voies générales de la Providence, une cause de vie, un instrument de salut pour une infinité d'autres êtres. C'est ainsi que la contemplation des lois qui président au gouvernement du monde organique, nous prépare, nous élève au grand et ineffable mystère de la rédemption du genre humain.

les pouvoirs, elle a compté les membres, elle a déterminé les instincts des espèces et leurs penchants mutuels, et a laissé la terre produire ce qu'elle était capable de produire. » Herder, *Idées sur la philosophie de l'histoire de l'humanité*, t. I, p. 81.

CLASSE DES ARACHNIDES.

(ἀράχνης, araignée.)

Il n'est pas de créature si petite et si méprisée
qui ne nous montre la bonté de Dieu.
IMITATION DE J. C.

Il est des régions de splendeur fécondes en
souvenirs de gloire, en traditions merveilleuses,
en spectacles sublimes, vers lesquelles l'imagination de l'artiste et du poëte s'élance avec enthousiasme, où le génie alla toujours chercher
ses plus brillantes inspirations : l'Italie, la Grèce,
l'Égypte, l'Asie, berceaux des sciences et des
arts, contrées à jamais fameuses par la suavité
et la pompe de leurs climats, par la somptuosité
des productions de la nature, par le nombre et
l'imposante magnificence de leurs monuments,
et plus encore peut-être par la mélancolie et la
grandeur de leurs ruines. Quel homme, doué de
quelque amour du beau, du grand, de l'antique,
n'a rêvé de ces pays prestigieux de l'aurore, de
cet Orient radieux, tout d'or et de pierreries,
tout de fleurs et de parfums, tout de lumière et
d'harmonies, tout de poésie et d'enchantements?
Lorsque échauffée aux rayons si purs, si beaux
du soleil qui dore ces plages fortunées; lorsque

ravie, exaltée à la vue de tant de merveilles gracieuses ou sublimes, la pensée se retourne vers
les latitudes hyperboréennes, une subite impression de tristesse comprime son essor. Ici elle ne
rencontre qu'une nature sévère, âpre, heurtée,
une atmosphère sans transparence, sans chaleur,
sans parfums, un ciel mat, lourd, nébuleux;
régions monotones et rigoureuses qui contristent
les Grâces et les Muses *, vierges mystérieuses et
célestes qui ne sourient et ne chantent que dans
les bosquets de myrtes et de roses, au bord des
mers orientales **.

* L'homme qui a compris les hauts enseignements du chris-
tianisme, n'ignore point ce que l'on doit entendre par ces riantes
et symboliques personnifications. Les Grâces ne sont que les
harmonies de formes, de propriétés, de couleurs, de relations
des créatures reflétant quelques traits de la beauté et de la
bonté infinies qui sont en Dieu, et les Muses ne sont que la
voix intime de ces harmonies parlant à notre âme et l'élevant
avec un saint enthousiasme vers l'Auteur de tout bien et de
toute perfection.

** C'est surtout dans la presqu'île de l'Inde que rayonnent
toutes les magnificences d'une création qui rappelle les splendeurs de l'antique berceau d'Éden, si ce n'est pas l'Éden même
de la Bible, comme l'ont cru plusieurs savants (voy. Herder,
etc.), « cette terre des Indes, dont l'air est un parfum, où
l'Océan roule ses flots sur un lit de corail et d'ambre, où les
montagnes, fécondées par les rayons du soleil, produisent des
diamants, où les ruisseaux, tels que de riches fiancées, ser-

Si c'était ici le lieu, nous essayerions de tracer le tableau de cette zone qui, entre les tropiques, s'étend sur les flancs du globe comme une large ceinture toute resplendissante de pierreries et de métaux précieux, toute brodée d'animaux rares, d'oiseaux au plumage à reflets métalliques, toute chargée de fruits les plus aromatiques et les plus savoureux, toute parsemée de fleurs magnifiques, aux couleurs les plus variées, aux plus délicieux parfums; mais les brillantes productions de ces heureux climats feront ailleurs l'objet de

pentent sur un sable d'or, et dont les bocages de sandal et les berceaux aromatiques seraient un paradis digne des Péris. »

Ainsi chante le poëte de la *verte Erin*, qui a tiré un si grand parti de ces beautés de la nature orientale dans un poëme dont on a comparé les chants à des perles enchaînées par un fil de soie.

Exilé loin de cette délicieuse contrée, un des personnages de ce poëme exprime ainsi ses regrets et ses souvenirs : « Il est un berceau de roses près des ondes de Bendemire * où le Rossignol chante depuis l'aurore jusqu'au retour des ombres du soir. Aux jours de mon enfance, c'était pour moi comme un rêve de bonheur de m'asseoir sur les roses et d'écouter cet oiseau mélodieux. Je n'oublie jamais ce berceau et ces doux accords; mais souvent, lorsque je suis seul, au retour du printemps, je me dis : Le Rossignol y chante-t-il encore ? Les roses fleurissent-elles toujours sur les rives paisibles de Bendemire ?... Ce qui charmait mes yeux charme encore mon âme, quand je pense au berceau des rives paisibles de Bendemire. »

* Rivière qui coule près des ruines de Chelminar.

notre étude. Nous ne voulons que remarquer en passant la loi générale de la distribution des espèces animales et végétales à la surface de la terre. Cette loi peut se formuler ainsi : *Le nombre des espèces, pour une surface donnée, augmente des pôles à l'équateur.* Ainsi, par exemple, le nombre des Mollusques, qui, vers le quatre-vingtième degré de latitude, est seulement de dix à douze, augmente progressivement jusqu'à dépasser neuf cents dans les mers du Sénégal, et ces espèces n'augmentent pas seulement en nombre, mais aussi en force, en beauté, en grandeur. Les Zoophytes, placés au dernier rang dans l'échelle des êtres animés, sont répandus avec une abondance prodigieuse dans les mers équatoriales, chaque espèce toutefois étant limitée au district le plus favorable à son existence. Chaque bassin de l'Océan est peuplé par des tribus particulières ; et, si l'on s'en rapporte aux observations des plus célèbres voyageurs, il n'est pas un seul individu des parages méridionaux qu'on ne puisse distinguer, par des caractères essentiels, des espèces analogues qui habitent les mers septentrionales ; et toujours l'éclat des couleurs, l'élégance des formes, les dimensions de la taille, sont infiniment plus remarquables dans les individus des régions équinoxiales que dans les espèces correspondantes fixées sous nos latitudes, et la raison de cette différence vient de ce que nos contrées sont beaucoup moins bien partagées du côté de la chaleur, de la lumière, des pouvoirs électriques du soleil, de l'air et de la terre, condition de toute vie, de toute fécondité, de toute beauté dans les productions de la nature.

Les innombrables races animales qui ont passé jusqu'ici sous nos yeux, habitent les eaux et peuplent surtout le vaste sein des mers. Nous les avons étudiées isolément, famille par famille, selon la série naturelle dans laquelle elles ont été classées. Mais pour avoir une juste idée de cette grande division du règne animal, il faut essayer d'embrasser d'un même coup d'œil, le merveilleux spectacle que présente cet ensemble d'êtres vivants, se mouvant au sein des eaux, toutes les harmonieuses relations qu'ils ont entre eux et avec l'homme, ou avec les climats divers auxquels ils ont été attachés, tous les rôles qu'ils remplissent dans l'économie générale de notre planète, depuis les légions établies dans les mers polaires jusqu'à celles qui fourmillent dans les mers équatoriales. Il faut les contempler avec leur infinie variété de formes, de couleurs, de mouvements, d'habitudes et d'instincts, distribués à toutes les profondeurs, sur les grèves, sur les rochers, parmi les forêts d'herbes marines, flottant ou ramant à la surface des eaux, nageant, rampant ou fixés aux corps sous-marins, où chaque flot leur apporte l'aliment providentiel. Ajoutez, comme pour servir de fond à cet immense tableau, les accidents gracieux ou sublimes, riants, imposants ou terribles de l'élément qu'ils habitent, les profonds et solennels murmures de l'Océan, ses balancements journaliers sous l'action de notre satellite, tantôt bouleversé par la tempête jusqu'au fond de ses abîmes et présentant l'image du chaos et de la confusion de tous les éléments, tantôt calme, majestueux, déroulant avec magnificence ses plaines d'azur à peine émues par la brise, sous un ciel tout d'azur aussi, qui colore ses ondes des reflets vermeils du couchant et de l'aurore, tantôt enfin tout resplendissant des lueurs de la phosphorescence qui le font ressembler à une vaste toile d'argent électrisée dans l'ombre, ou à une immense écharpe de lumière mobile et onduleuse qui va se perdre aux extrémités de l'horizon *...

* « La lueur de l'Océan est un des plus beaux phénomènes naturels qui excitent l'étonnement, quoique, pendant des mois entiers, on la voie renaître chaque nuit. La mer est phosphorescente sous toutes les zones ; mais celui qui n'a pas été témoin de ce phénomène dans la zone torride, et surtout sur le grand Océan, ne peut se faire qu'une idée imparfaite de la majesté d'un si grand spectacle. Quand un vaisseau de ligne, poussé par un vent frais, fend les flots écumeux et qu'on se tient près

Oui, Dieu est grand, Dieu est adorable au milieu de ces merveilles, de ce magnifique concert qui s'élève du plus profond des abîmes de l'Océan pour célébrer incessamment sa sagesse, sa bonté,

des haubans, on ne peut se rassasier du coup d'œil que présente le choc des vagues. Chaque fois que, dans le mouvement du roulis, le flanc du vaisseau sort de l'eau, des flammes rougeâtres, semblables à des éclairs, paraissent sortir de la quille et s'élancer vers la surface de la mer... Il est peu de points d'histoire naturelle sur lesquels on ait autant et aussi longtemps disputé que sur la lueur de l'eau de la mer. Ce que l'on en sait de plus précis se réduit aux faits suivants : Il y a plusieurs Mollusques * luisants qui, pendant leur vie, répandent à leur gré une lumière phosphorique assez faible et généralement d'une couleur bleuâtre... De ce nombre sont aussi les animaux microscopiques... La lueur de l'eau de la mer est quelquefois occasionnée par ces porte-lumières vivants ; je dis quelquefois, car le plus souvent, malgré tous les verres grossissants, on n'aperçoit aucun animal dans l'eau lumineuse ; et cependant, toutes les fois que la lame vient frapper un corps dur et se brise en écumant, partout où l'eau est fortement agitée, on voit briller une lumière semblable à celle de l'éclair. Ce phénomène a probablement pour principe les fibrilles décomposées des Mollusques morts qui sont en quantité infinie dans la profondeur des eaux...

« Entre les tropiques j'ai vu la mer lumineuse à toutes les températures ; mais elle l'était davantage aux approches des tempêtes, ou lorsque le ciel était bas, nuageux et très-couvert. Le froid et la chaleur paraissent avoir peu d'influence sur ce phénomène ; car sur le banc de Terre-Neuve la phosphorescence est souvent très-forte dans le moment le plus rigoureux

* M. de Humboldt comprend aussi sous ce nom les Zoophytes.

sa puissance et ses plus glorieux attributs ; et pendant que le tenant de la philosophie du hasard s'agite tristement au milieu du dédale ténébreux de ses stériles systèmes, un hymne de louange et de bénédiction s'échappe du cœur du vrai savant, qui, lui, possède le mot de l'univers, et glorifie l'éternelle puissance de CELUI qui *appelle les choses qui ne sont point comme celles qui sont.*

Si les eaux ont offert à notre admiration, dans le nombre infini de créatures qui les habitent, une immense série d'organisations parfaitement en harmonie avec les fonctions qu'elles devaient remplir au sein de ce fluide, nous allons trouver, sur la terre et dans l'air, des mécanismes et des instincts non moins admirables et plus accessibles à nos recherches et à notre contemplation.

La quatrième classe du type des Articulés est celle des Arachnides. Ces animaux ont un corps composé de deux parties presque toujours distinctes, l'une appelée *céphalothorax,* parce qu'elle est formée par la tête et le thorax ou corselet,

de l'hiver. Quelquefois, toutes les circonstances étant d'ailleurs égales, au moins en apparence, la phosphorescence est considérable pendant une nuit, et la nuit suivante elle est presque nulle... Peut-être les animalcules luisants ne viennent-ils à la surface de la mer que lorsque l'atmosphère est dans un certain état... » De Humboldt, *Tableau de la nature,* t. II, p. 86. — Voy. aussi M. Péron, *Voyage aux terres australes.*

confondus en un seul tronçon ; l'autre, nommée *abdomen*, offrant tantôt une masse molle et globuleuse (Araignées), tantôt une suite d'anneaux (Scorpions).

Le céphalothorax seul porte les organes de la locomotion ou pattes au nombre de huit, ordinairement terminées par deux crochets. Ces pattes peuvent se reproduire quand elles ont été cassées. C'est aussi sur le céphalothorax et à sa partie antérieure, que se trouvent la bouche et les yeux. Ces derniers sont simples, et au nombre de six ou huit. Le sens de l'ouïe existe aussi chez ces animaux, dont plusieurs paraissent même sensibles à la musique ; mais on ne sait rien des instruments à l'aide desquels s'exerce l'audition.

Les Arachnides sont carnassières ; les unes se nourrissent d'Insectes qu'elles saisissent vivants et dont elles sucent seulement les humeurs, les autres sont parasites et ont une bouche en forme de petite trompe, d'où sort une espèce de lancette. Les Arachnides qui vivent d'Insectes ont des mandibules armées de pinces ou de crochets mobiles. A l'extrémité de ces crochets est l'orifice d'un canal qui donne issue à une liqueur excrétée par une glande venimeuse, et que l'animal verse au fond des plaies pour engourdir sa proie ; mais il paraît que ce venin est trop faible pour nuire à l'homme.

La respiration est aérienne et se fait, ou par des poumons composés de lamelles membraneuses disposées comme les feuillets d'un livre, et qui seraient mieux nommées branchies aériennes, ou par des trachées *, petits tubes blancs et argentins, roulés en spirale et d'une admirable structure, communiquant avec l'air extérieur par des orifices nommés *stigmates*, semblables à deux lèvres qui s'ouvrent et se ferment par les contractions et les dilatations de l'abdomen, sur lequel ils sont latéralement disposés. Ces tubes aérifères se subdivisent et se ramifient à l'infini pour porter l'air dans toutes les parties intérieures du corps.

Le sang est blanc, l'appareil circulatoire complet chez les Arachnides à poumons, rudimentaire chez les Arachnides à trachées. De là deux ordres :

Les Arachnides trachéennes	dépourvues d'yeux ou n'en ayant que deux : deux stigmates.
Les Arachnides pulmonaires	qui ont huit yeux et deux, quatre ou huit stigmates.

ORDRE DES ARACHNIDES TRACHÉENNES.

Cet ordre comprend trois familles. La première est celle des ACARIENS, vulgairement *Mites*,

* De τραχὺς, rude. La trachée-artère, à laquelle on les a comparées, est rude et raboteuse.

qui n'ont l'abdomen ni annelé ni pédiculé ; leur bouche est conformée en suçoir ; les organes de la mastication sont enveloppés dans une gaîne formée par la lèvre inférieure. Ces animaux sont presque tous microscopiques et pullulent excessivement. Ils sont dispersés partout, sur les plantes, sur la terre, dans les eaux, dans la farine, le vieux fromage, la viande sèche et autres substances organiques plus ou moins altérées. D'autres vivent en parasites sur la peau ou dans la chair des animaux. — Les Sarcoptes, auxquels appartient le petit animal qui, en s'insinuant et se multipliant sous la peau, occasionne la maladie dégoûtante connue sous le nom de *gale**. Vu au microscope, il offre un corps oblong, une bouche ressemblant à une papille armée de plusieurs soies, huit pieds, dont les quatre postérieurs sont terminés par dès soies et les quatre antérieurs garnis de petites ventouses, à l'aide desquelles il peut se fixer aux corps les plus polis. — Les Leptes, nommés aussi *Rougets* à cause de leur couleur ; communs en automne sur les plantes, ils s'insinuent sous la peau et occasionnent d'insupportables démangeaisons (III, 23). — Les Argas, d'un jaune pâle, avec des lignes d'un

---

* Sarcopte de la gale, III, 22, vu en dessous et grossi 250 fois.

rouge foncé ; ils se trouvent sur les pigeons. —
Les Ixodes ou Ricins, vulgairement *Louvettes*,
s'accrochent aux végétaux par leurs pieds antérieurs, se fixent par leur suçoir à la peau des
chiens, des bœufs, etc., avec tant de force
qu'on ne peut les en détacher sans enlever la
portion de chair à laquelle ils adhèrent ; ils acquièrent par la succion un volume considérable ;
ils sont un vrai fléau en Amérique. Leur multiplication fait quelquefois périr d'épuisement les
quadrupèdes qui en sont infestés. Ils pondent
une prodigieuse quantité d'œufs. — Les Sma-
rides, les Bdelles, les Acares ou *Tiques*, très-
analogues aux Ixodes. — Les Gamases, dont
une espèce file, sur les feuilles du tilleul, des toiles
très-fines qui nuisent beaucoup à cet arbre. —
Les Trombidions, ressemblant à de très-petites
Araignées, d'un rouge couleur de sang, abdomen
carré ; communs au printemps dans les jardins,
sur les arbres, sur l'herbe, etc.

Un naturaliste anglais, M. Baker, et plus tard
M. V. Audouin, nous ont donné la description
d'une espèce de Mite qui vit sur la Chauve-Souris
et qui offre un exemple remarquable des soins du
Créateur pour ces petits êtres, placés si bas en
apparence dans l'échelle de la création. La
Chauve-Souris, sur l'aile de laquelle cette Mite
choisit sa demeure, étant nue et ne pouvant par

conséquent offrir à cette Mite l'abri sûr qu'elle trouverait dans les plumes des Oiseaux, doit, ce semble, détacher facilement ce parasite de son aile, par ses mouvements, lorsqu'elle vole.

Cette circonstance a donc dû être prévue, et cette Mite a dû recevoir une organisation en harmonie avec les conditions de l'habitation qui lui fut destinée. En effet, ses pieds sont, comme ceux de plusieurs autres espèces de Mites, munis de petites vésicules susceptibles de contraction et de dilatation, servant à l'animal comme de ventouses pour se fixer. Mais si, avant d'être ainsi fixé, il est surpris par quelque mouvement brusque, il a la faculté, pour prévenir sa chute, de ramener subitement en sens contraire deux, quatre, six de ses pieds et même tous ses pieds à la fois, suivant les circonstances, et de marcher dans cette situation renversée aussi facilement que dans la position naturelle. M. Baker a vu souvent cette Mite marchant sur quatre pieds, pendant que les quatre autres étaient relevés sur le dos, prêts à se cramponner à l'aile à l'instant où les quatre premiers viendraient à en être détachés par quelque secousse. C'est ainsi que les êtres les plus dédaignés nous fournissent des preuves frappantes de la prévoyance du Créateur et de son attention à adapter constamment leur structure aux stations qu'il lui plaît de leur assigner.

Le docteur Leach a décrit un autre parasite fixé aussi sur la Chauve-Souris et rapporté par ce naturaliste à la famille des Acariens, et par Latreille à l'ordre des Insectes diptères : c'est la Nyctéribie. Sa tête est implantée au dos du corselet, entre la partie moyenne et l'extrémité antérieure, immédiatement derrière la partie à laquelle les pieds antérieurs sont attachés. Le milieu du dos, dans l'espèce commune, présente une cavité qui se termine postérieurement en une sorte de bourse, dans laquelle la tête peut se renverser et loger son extrémité. Une disposition aussi singulière ne permet pas à cet animal d'attacher ses suçoirs dans la peau de la Chauve-Souris en se tenant dans la position ordinaire, c'est-à-dire le dos en haut ; il faut nécessairement qu'il prenne une situation renversée. Aussi n'est-ce point au-dessous du tronc, comme dans les autres animaux, que le Créateur a placé ses pieds, mais en dessus ou au bord supérieur de cette partie. Cette conformation est si anomale et tellement en opposition avec la loi qui a présidé à la disposition des organes extérieurs du reste des animaux, que, sans la place occupée par les jambes, personne ne se douterait que ce qui paraît être la partie inférieure du corps en est réellement la partie supérieure. Cette organisation extraordinaire excite notre étonnement, et nous

sommes tentés d'abord de la regarder comme
une difformité et un écart de la nature ; mais un
examen plus attentif nous a bientôt convaincus
que, comme toutes les autres créatures façonnées
par la même main toute-puissante, la Nyctéribie
a été construite de la manière la plus conforme
au rôle qui lui a été destiné *.

La seconde famille des Arachnides trachéennes
est celle des PHALANGIENS, qui ont le thorax et
l'abdomen réunis en une même masse, mais l'abdomen annelé, le corps arrondi, les pieds fort
longs et les mandibules saillantes. — Les Faucheurs, connus de tout le monde : yeux portés
sur un pédoncule commun, pieds menus et très-
longs, et si on les rompt, ils continuent de se
plier et de se déplier alternativement, parce que
chaque patte est un tuyau creux qui contient,
dans toute sa longueur, un filet tendineux très-
délié, sur lequel l'air agit quand la patte est dé-
tachée du tronc.

Les FAUX-SCORPIONS, troisième famille des
Arachnides trachéennes, ont l'abdomen annelé,

* La larve d'une espèce de Cynips, qui vit dans une galle
ligneuse, sous les feuilles du chêne, a aussi ses pattes sur le
dos, au centre de chaque segment. Comme cette larve vit roulée
sur elle-même dans une cavité sphérique, il était indispensable
qu'elle eût des organes pédiformes sur le dos plutôt que sous
le ventre, où ils lui eussent été presque complétement inutiles.

les palpes grands en forme de serres, huit pieds à crochets, le corps oblong. Ils sont terrestres et très-agiles ; — les Galéodes, qui habitent les pays chauds et sablonneux et passent pour venimeux dans le Levant * ; — les Pinces qui ressemblent à de petits Scorpions privés de queue. Une espèce (la *Pince-Crabe*, vulgairement *Scorpion des livres*) se trouve dans les herbiers et les vieux livres, où elle se nourrit des petits Insectes qui les rongent.

ORDRE DES ARACHNIDES PULMONAIRES.

Cet ordre se divise en deux familles, les Pédipalpes et les Aranéides.

Les PÉDIPALPES ont de grands palpes en forme de bras, terminés en pince ou en griffe, l'enveloppe tégumentaire assez solide et l'abdomen divisé par segments. Les plus remarquables sont les Scorpions : corps très-long, abdomen uni au

---

* On pense que le Galéode est le *Solpuga* des anciens (Pline, *Hist. nat.*, VIII, 29). Les Arabes, les Perses et les Égyptiens regardent sa morsure comme mortelle ; cependant un célèbre naturaliste voyageur (Olivier) rapporte qu'il en voyait chaque nuit courir sur lui avec une grande vitesse lorsqu'il était couché, et qu'ils ne cherchaient jamais à lui faire aucun mal. Latreille n'a pu distinguer aucun organe extérieur indiquant qu'ils fussent venimeux.

thorax et terminé par une queue composée de six anneaux, dont le dernier porte un dard arqué très-aigu. Au-dessous de sa pointe, cet aiguillon a plusieurs ouvertures qui communiquent avec une glande dont le venin, versé dans la piqûre, est souvent mortel, même pour les grands animaux. Les Scorpions se servent de cette arme redoutable, qu'ils portent relevée au-dessus du dos, pour se défendre et pour attaquer les différents Insectes dont ils se nourrissent *. Ils se tiennent à terre dans les lieux sombres et humides **.

Le Scorpion d'Europe est brun ; sa queue est plus courte que le corps, sa taille de deux à trois centimètres. Il ne se montre guère au delà du 44ᵉ degré de latitude. Dans les climats chauds, les Scorpions sont très-nombreux et montent jusque dans les lits. Ces animaux sont ovovivipares. La femelle porte ses petits sur son dos et

---

* La piqûre des Scorpions des pays chauds, de l'Afrique, de l'Inde, etc., peut devenir mortelle pour l'homme ; mais celle du Scorpion d'Europe ne paraît pas avoir des suites aussi funestes. Il ne résulte de cette dernière, ordinairement, qu'une inflammation locale accompagnée de fièvre, de vomissements, etc. L'ammoniaque, employée en même temps à l'intérieur et à l'extérieur, est le remède conseillé pour combattre ces accidents. — On a prétendu que le Scorpion, renfermé dans un cercle de charbons embrasés, se piquait lui-même et se tuait. C'est un conte réfuté par Maupertuis.

** Scorpion roussâtre, III, 24.

veille avec soin à leur conservation, l'espace d'environ un mois.

Le Scorpion représentait Typhon ou le génie du mal, et était un des signes du zodiaque chez les Égyptiens, et c'est aussi comme l'emblème de l'esprit du mal qu'il en est fait mention dans l'Écriture sainte.

Les ARANÉIDES ont le céphalothorax composé d'un seul tronçon, auquel est attaché par un pédicule court un abdomen globuleux, ordinairement mou et portant à son extrémité postérieure quatre ou six mamelons articulés, percés d'une infinité de petits trous pour donner passage à des fils d'une extrême ténuité. Les yeux sont au nombre de six à huit, diversement disposés suivant les espèces, car la tête étant confondue avec le thorax et ne pouvant se tourner en tous sens, le Créateur y a suppléé par le nombre et la situation des yeux. Les mandibules sont terminées par un crochet mobile, percé d'une petite fente par où sort une liqueur venimeuse que sécrète une glande renfermée dans l'article précédent*.

---

* Latreille est convaincu que toutes les Araignées ont un venin, quoiqu'il ne produise pas ordinairement sur nous un effet sensible. Il rapporte que l'astronome Lalande en avala un jour quatre en sa présence et n'en fut pas incommodé. Toutefois il pense qu'on doit se méfier de la piqûre des grosses espèces.

Les pattes, rangées circulairement autour du céphalothorax, sont de même forme et composées
de sept articles, dont le dernier est muni de cro-
chets souvent dentelés en peigne, et près desquels on remarque une multitude de poils aplatis
qui leur servent à se fixer sur les surfaces polies.

Cette famille se divise en deux sections, celle
des Araignées à deux stigmates et celle des Mygales à quatre stigmates.

ARAIGNÉES.

Cette section se compose de plusieurs tribus;
la première comprend :

Les ARAIGNÉES VAGABONDES, qui vont à la chasse
et ne font point de toile. Telles sont les Salti-
grades qui ont des pieds propres à la course et
au saut, et qui bondissent sur leur proie comme
des chats ; — les Saltiques, ayant l'abdomen
d'un rouge cinabre ou orné de trois chevrons
blancs ; — les Citigrades, ou *Araignées-Loups*,
ont les pieds propres seulement à la course. Les
Lycoses, auxquelles appartient la Tarentule, ainsi
nommée parce qu'elle est commune aux environs
de Tarente * (Italie), accusée d'avoir produit par

* Il est plus probable que cette Aranéide a été ainsi appelée par analogie de *Tarente*, nom d'un Saurien venimeux
(le Gecko), dans la Provence, et que les Italiens nomment

sa morsure, des accidents graves, contre lesquels, croyait-on, il n'y avait d'autres secours que la musique et la danse. Ses yeux étincellent la nuit comme ceux des chats ; elle voyage avec ses petits vivants sur son dos. C'est la Lycose *à sac* qui tend cette infinité de petits fils qui traversent les sillons des terres à blé, surtout en automne, et qu'on ne distingue bien que sous un certain aspect, lorsqu'ils sont éclairés par le soleil. — Les Dolomèdes, dont les unes courent avec une grande rapidité sur la surface des eaux, dont les autres se construisent des nids soyeux au sommet des arbres, etc.

La seconde tribu est nombreuse et renferme :

Les ARAIGNÉES SÉDENTAIRES, qui construisent une toile ou tendent des fils pour surprendre leur proie et se tiennent en embuscade dans ces piéges ou dans leur voisinage.—Les unes (Latérigrades) peuvent marcher de côté, à reculons, en avant, comme les Crabes, ce qui les a fait appeler *Araignées - Crabes* ; elles ne jettent que quelques fils sur les végétaux. Plusieurs espèces exotiques, représentées sur les tapisseries des Chinois, font la guerre aux Kakerlacs ou Blattes, qui attaquent les étoffes de laine et de soie. —

Terrentola. — Le *tarentisme*, ou la maladie attribuée à la piqûre de la Tarentule, est une affection convulsive due à l'hypocondrie.

Les Thomises, jaunes, blanches, vertes, rosées, habitent sur les fleurs ; — les Micrommates, d'un vert d'herbe, avec les côtés bordés de jaune *. D'autres (Rectigrades) se portent en avant dans leur marche et ourdissent une toile ; — les Épéires, dont on connaît plus de soixante espèces, remarquables par la variété de leurs couleurs, de leurs formes et de leurs habitudes. Une espèce est mangée par les naturels de la Nouvelle-Hollande, qui la font griller sur des charbons ardents ; — les Ulobores ; — les Lyniphies, qui construisent sur les buissons, les genêts, une toile horizontale, mince, et tendent au-dessus d'autres fils irréguliers. — Les Orbitèles qui, comme leur nom l'indique, font une toile ronde, composée de cercles concentriques croisés par des rayons droits, qui partent tous d'un même centre où se tient ordinairement l'Araignée. Les astronomes se servent, pour les divi-

* Une espèce (la Micrommate Argélas) se construit, à la surface inférieure des fragments de rochers, une petite tente ovale, composée d'une double enveloppe ; l'extérieure est un taffetas jaune, fin comme de la pelure d'oignon ; l'intérieure est un fourreau plus moelleux, ouvert aux deux bouts. Les bords de ce petit pavillon présentent des ouvertures munies de soupapes par lesquelles l'animal entre et sort. — *Argélas* est le nom d'un savant que le célèbre Latreille a signalé, par la dénomination de cette Araignée, à l'estime des naturalistes, comme son sauveur dans la tourmente révolutionnaire.

sions du micromètre, des fils qui soutiennent cette toile, et qui peuvent, selon M. Arago, s'allonger d'un cinquième. — Les Inéquitèles, dont les toiles sont à réseau irrégulier, composées de fils qui se croisent en tous sens et sur plusieurs plans; elles garrottent leur proie. — Les Pholques, corps long, d'un jaune livide, filent, aux angles des murs, une toile composée de fils peu adhérents entre eux. — Les Théridions, dont une espèce (la Malmignatte), portant sur un corps noir treize petites taches d'un rouge de sang, passe, dans le midi de l'Europe, pour très-venimeuse. Une autre espèce (le Thér. *bienfaisant*) s'établit entre les grappes de raisin et les garantit de l'attaque des Insectes.

C'est encore à la tribu des Araignées Sédentaires qu'appartiennent les Tubitèles ou Tapissières, qui demeurent dans des tubes ou cellules qu'elles se construisent. — Les Argyronètes, aquatiques, d'un brun noirâtre, vivent dans nos eaux dormantes et nagent l'abdomen entouré de bulles d'air. — Les Ségestries ont tout à la fois des trachées et des poumons, et filent dans les fentes des vieux murs, de longs tubes soyeux, bordés à l'extérieur de fils divergents, propres à arrêter les Insectes; la Ségestrie perfide, de couleur noire, est commune en France. — Les Drasses se tiennent sous les pierres, dans les fentes des

murs, etc., dans des cellules de soie blanche.
Une espèce (le Drasse *luisant*), que l'on trouve aux
environs de Paris, a le thorax fauve, recouvert
d'un duvet soyeux, et l'abdomen peint de bleu,
de rouge et de vert, avec des reflets métalliques
et des lignes transverses d'un jaune d'or. — Les
Clothos, d'un brun marron et l'abdomen noir
avec cinq petites taches jaunâtres, se fixent dans
une coque admirablement construite entre les
fentes des rochers.

MYGALES.

Cette section comprend les Aranéides les plus
remarquables par la force de leurs pattes et de
leurs mandibules. — Les Atypes, qui se creusent
dans les terrains inclinés, parmi les gazons, une
habitation souterraine, en forme de boyau, ayant
plusieurs décimètres de profondeur et garnie
d'un tuyau de soie blanche. — Les Mygales *proprement dites;* ce sont les plus grandes Aranéides
connues. Lorsque leurs pattes sont étendues, elles
occupent un espace circulaire d'au moins deux
décimètres en diamètre, et elles sont assez fortes
pour s'emparer des Colibris et des Oiseaux-Mou-
ches. Leur morsure passe pour très-dangereuse.
Leur corps est entièrement velu et leur couleur
noirâtre. Elles établissent leur domicile dans les

gerçures des arbres ou dans les interstices des pierres et des rochers, etc. , et s'y construisent un tube d'un tissu fin et serré, semblable à de la mousseline , dont la longueur est jusque de deux décimètres sur six centimètres de large, lorsqu'elle est déployée. D'autres Mygales plus petites se creusent dans la terre des galeries profondes, revêtues d'un tissu soyeux, et dont l'entrée est munie d'un couvercle à charnière qui se ferme par son propre poids. Les Mygales les plus remarquables sont la Mygale *aviculaire* (III , 25), la Cténize *maçonne* , la Cténize *pionnière* , etc.

CONSIDÉRATIONS

SUR L'INDUSTRIE ET L'INSTINCT DES ARANÉIDES.

Les Araignées sont universellement répandues ; nous les rencontrons partout dressant leur toile ou guettant leur proie, dans nos maisons , dans nos champs , sur les arbres , les haies , les fleurs, les gazons, sur la terre et jusque dans les airs , où elles peuvent s'élever quelquefois à une grande hauteur, portées sur un flocon de soie, comme dans un aérostat conduit au gré des zéphyrs. Les toiles que ces ingénieux animaux savent filer et tisser se trouvent aussi dispersées de tous côtés dans l'air * et sur la terre. Il est rapporté, dans

* Ce n'est point dans l'atmosphère , comme l'a avancé La-

les Mémoires de l'Académie des sciences de Lisbonne, que, le 6 novembre 1811, le Tage fut couvert, pendant plus d'une demi-heure, de ces fils soyeux, agglomérés en flocons, et d'une quantité innombrable d'Araignées qui les accompagnaient et nageaient à la surface de l'eau *.

Ce n'est point par l'éclat des couleurs ni par l'élégance des formes que se distinguent les Araignées, mais par leur admirable industrie. C'est cette industrie et les instruments qui sont nécessaires pour l'exercer que nous allons étudier maintenant.

L'Araignée produit un fil ; où en prend-elle la matière ? au dedans d'elle-même. C'est dans cet

marck, que se forment ces flocons blancs connus sous le nom de *fils de la Vierge*, que l'on voit souvent voltiger dans l'air, surtout en automne, à la suite des brouillards. Ces fils sont produits par de jeunes Aranéides, principalement par des Épéires et des Thomises. Ce sont les filaments les plus grands, ceux qui devaient servir d'attache aux rayons de la toile et qui, devenus trop pesants par l'effet de l'humidité, s'affaissent et se réunissent en pelotons et sont ainsi transportés dans les airs par le souffle d'un vent doux.

* Le fil des Araignées n'a en général que des couleurs fort communes ; cependant une Araignée du Mexique (l'Atocalt) se construit une toile avec des fils teints des nuances les plus agréables. Ces fils, rouges, jaunes, noirs, brillent au soleil d'un éclat incomparable et sont entrelacés avec tant d'art, qu'on ne se lasse point d'admirer la beauté de ces réseaux de soie. D'autres espèces mettent en œuvre des fils noirs, écarlates et blancs.

atelier vivant qu'elle fabrique, par des procédés qui nous sont inconnus, les pelotons qu'elle dévide ensuite pour ourdir sa toile. Le réservoir de cette soie consiste en quatre ou six paquets de vaisseaux contournés six à sept fois sur eux-mêmes, et communiquant, par des ramifications qui forment divers lacis, à d'autres vaisseaux qu'on a comparés à des larmes de verre, où cette matière subit une première élaboration, et d'où elle passe ensuite dans les vaisseaux précédents; ceux-ci aboutissent aux filières dont nous avons déjà parlé, et qui sont placées au sommet de quatre ou six mamelons groupés à l'extrémité de l'abdomen. Dix mille des fils qui passent par l'une des filières de nos Araignées communes n'égalent pas la grosseur d'un cheveu, et, selon Réaumur, dix-huit mille de ces fils ne feraient pas un fil à coudre.

Mais pourquoi, dans les Araignées, la faculté de sécréter cette liqueur particulière, et pourquoi ces mamelons et ces innombrables petites canules qui vont s'ouvrir à leur extrémité? Découvrez-vous quelque rapport entre cette sécrétion et ces mamelons et ces filières? Apercevez-vous un dessein, un but? Reconnaissez-vous des preuves d'intelligence dans ces phénomènes organiques? Au lieu d'admettre ici l'intervention d'une suprême et infinie Sagesse, prétendrez-vous que

tout cela s'est arrangé ainsi par hasard,* ou par je
ne sais quelle puissance aveugle de la matière?...
Alors soutenez que le lin est par hasard sur la
quenouille de la ménagère, et que par hasard
aussi il se roule en fils déliés sur le fuseau qui
tourne sous ses doigts; soutenez que c'est par
hasard encore que la navette du tisserand est
chargée des fils qui composent la trame d'une
étoffe...

Quand une Araignée veut employer cette merveilleuse soie qu'elle tient en réserve dans ses entrailles, elle fait sortir de ses mamelons une gut-
tule de la liqueur qui la fournit, et l'applique
contre un mur, une plante, etc. Ainsi commence
tout tissu, toute toile d'Araignée. Mais comme
c es toiles diffèrent suivant les espèces, celles-ci
ont chacune des procédés particuliers pour la
composition de cette trame délicate.

* « Le hasard ! — Bêtise ! qui ne satisfait personne, pas même
ceux qui nous la jettent. Pourquoi le hasard, s'il se joue de la
nature, n'a-t-il pas aussi civilisé le sauvage, blanchi les noirs,
noirci les blancs, rendu philosophes les éléphants, les loups
poëtes, fait parler les arbres et danser les rochers ?

« Pourquoi voyons-nous que tout en ce monde suit des lois fixes
et d'exactes proportions ? Pourquoi parlons-nous de la parfaite
symétrie des choses et de la grande harmonie de l'univers ? Dans
ce cas, il n'y a plus d'harmonie, tout est brisé, tout est détruit;
tout flotte, rien ne marche; plus de but, et partant plus de principe. » DANIÉLO.

Les Araignées font en général usage de leur soie pour trois objets : pour composer leurs filets, pour se construire une demeure propre, et pour former la coque qui contient leurs œufs. Plusieurs espèces dressent, aux angles des murs, dans les buissons, etc., des toiles qui n'ont point de figures déterminées. On voit ces Araignées fixer d'abord l'extrémité d'un premier fil, puis s'éloigner en filant, pour en aller coller l'autre bout à quelque autre endroit du mur ou du rameau, revenir ensuite sur le premier fil pour fixer à côté un second fil qu'elles tendent de la même manière, et continuer cette manœuvre jusqu'à ce qu'elles en aient posé un assez grand nombre dans la même direction ; alors elles en placent dans un sens contraire. Ces fils, d'abord mous, gluants et se collant les uns aux autres, prennent de la consistance à l'air et forment, au moins ceux de quelques Araignées des pays chauds, un tissu si ferme et si solide qu'il suffit pour arrêter de petits oiseaux, et que l'homme même ne peut le rompre sans quelque effort.

La toile la plus remarquable est la toile circulaire de l'Épéire. Cette Araignée ayant trouvé un premier point d'appui qui lui convient, un tronc, une branche d'arbre, etc., laisse échapper un long fil qui, poussé par le vent, va s'attacher à un second point d'appui situé quelquefois à une

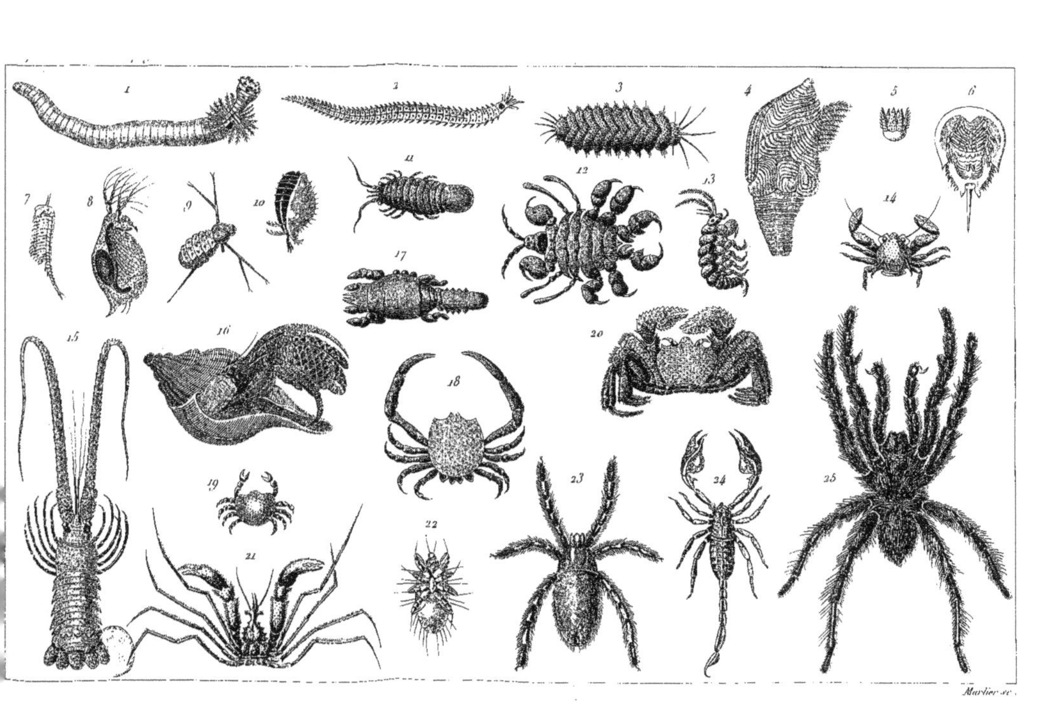
Marlier sc.

grande distance, et même, dans certaines circonstances, séparé du premier par un courant
d'eau. D'autres fois elle se suspend à ce premier
fil et se laisse aller elle-même au gré du vent
qui la jette sur quelque corps où elle attache
ce fil, qu'elle double et triple, afin de lui donner
toute la force nécessaire pour soutenir le reste
de l'ouvrage. Après avoir établi cette espèce de
pont dont elle se sert pour se rendre d'une
branche à une autre, elle tend de nouveaux fils
dans toutes les directions, horizontaux, verticaux,
obliques, suivant la position des branches et
l'espace qui se trouve entre elles. Ce cadre et ces
supports étant ainsi disposés, elle s'occupe de
tracer les rayons qui tous doivent aboutir à un
centre commun. Pour cela, elle commence par
tendre un premier fil diagonalement entre les
fils extérieurs ; puis, se plaçant au centre de
cette ligne, elle y attache un nouveau fil qu'elle
dévide, en montant, le long du fil diagonal, vers
l'un des fils de traverse, auquel elle le fixe à une
distance du fil diagonal qui est déterminée d'a-
près la grandeur de la toile. A côté de ce premier
rayon elle en trace un second, près de celui-ci
un troisième, et ainsi de suite, en partant toujours du centre vers la circonférence et remon-
tant le long du dernier rayon achevé. Si, après
avoir ainsi tendu des rayons dans tout le contour

du cercle, elle s'aperçoit qu'il y ait des intervalles trop grands entre quelques-uns, elle ajoute les rayons nécessaires. Ce travail terminé, elle commence à tracer le fil spiral qui doit traverser tous les rayons. Ce n'est jamais du centre qu'elle part, mais toujours du haut du filet; et comme les rayons sont, vers leur extrémité supérieure, trop éloignés l'un de l'autre pour que l'Épéire puisse atteindre avec ses pattes d'un rayon à l'autre, elle descend sur celui où elle se trouve jusque dans l'endroit où elle peut passer sur le rayon suivant, qu'elle remonte aussitôt pour y attacher son fil parallèlement avec le tour précédent *. A mesure que l'Araignée avance dans son travail et s'approche du centre, elle forme des mailles plus allongées et met un plus grand espace entre les tours du fil spiral. Pour diriger vers le point convenable du rayon le fil qui se dévide continuellement de ses mamelons, elle se

---

* Dans toutes les toiles que nous avons eu occasion de voir construire par des Épéires, nous avons toujours observé que ces Araignées, après avoir tendu tous les rayons, tracent, à partir du centre, un fil spiral d'une extrême finesse, dont les tours sont à une grande distance les uns des autres. Ce fil n'est qu'une sorte d'échafaudage dont elles se servent ensuite pour passer d'un rayon à l'autre en traçant, à partir de la circonférence, un autre fil spiral beaucoup plus fort. A mesure que les premiers fils tracés leur deviennent inutiles, elles les rompent et les font disparaître.

sert de l'une de ses pattes postérieures avec une adresse merveilleuse*, en le saisissant avec les ongles du pied et l'attachant toujours parallèle-

* Les Araignées ont le dernier article de leurs pattes garni de fines soies qui sont, suivant les espèces, recourbées à leur extrémité, ou aplaties, ou ramifiées, et tellement serrées qu'elles forment une sorte de brosse. C'est à l'aide de ces soies qu'elles peuvent marcher, dans une position renversée et contraire aux lois de la pesanteur, sur les corps les plus polis, sur le verre, etc., et tendre ainsi leur toile dans les palais des rois comme sous le toit des cabanes. Une espèce de Clubione, qui fréquente les trous des murailles, fabrique une toile de différentes sortes de fils, et dont la surface paraît comme floconneuse et toute mêlée. Cette Araignée porte deux rangées de soies disposées en sens contraire et implantées dans un sillon, sur chaque patte postérieure, au côté qui regarde l'abdomen. La Clubione se sert de ces deux brosses comme de deux cardes, les promenant l'une sur l'autre en sens opposé, de manière à dégager avec les soies de l'une les fils engagés dans les soies de l'autre; et de cette manière elle forme une toile assez forte pour retenir de très-grosses Mouches.

Parmi les Araignées qui construisent une toile circulaire, les unes ont aux pattes trois crochets, dont les deux supérieurs sont armés de dents parallèles comme celles d'un peigne, tandis que l'inférieur est simple et souvent comprimé; les autres, comme l'Épéire *diadème*, commune dans nos jardins, portent jusqu'à huit crochets, dont six ont le côté inférieur dentelé. Cet appareil complexe de crochets simples ou pectinés sert à ces animaux pour saisir leur fil, pour le diriger, le tirer de leurs mamelons, pour s'assurer de la nature des objets pris dans leurs piéges, pour se suspendre eux-mêmes, etc. Ces organes font donc en quelque sorte tout à la fois l'office de mains et d'yeux.

Tels sont les instruments divers dont le Créateur a pourvu ces ingénieux petits êtres pour les rendre propres à remplir les im-

ment au fil du tour précédent. Tous les fils qui composent cette toile sont bien bandés, excepté celui qui forme la spirale * et qui est un peu plus lâche, sans doute, afin que les Mouches y soient plus facilement engagées et retenues.

L'Araignée dont nous venons de décrire les procédés si ingénieux, n'habite point, comme plusieurs autres races, le centre de sa toile **, mais elle se construit vers l'extrémité supérieure, entre quelques feuilles rapprochées, une petite loge qui lui sert de retraite et d'abri contre les Oiseaux et plusieurs Insectes qui sont friands de sa chair; et ce n'est point sans raison qu'elle choisit le haut de sa toile pour s'y réfugier, car les Insectes engagés dans ses filets, montent plu-

portantes fonctions qu'il leur a confiées, et qui contribuent à nous délivrer de tant d'insectes qui, comme ceux dont les essaims ravagèrent l'antique Égypte, feraient bientôt de notre terre un séjour inhabitable.

* Le fil de la spirale diffère de celui des rayons et paraît composé de petits globules visqueux tout à fait propres à retenir, comme dans une glu, les Insectes qui s'y embarrassent.

** Les Araignées qui se tiennent à l'affût au centre de leur toile circulaire, sentent mieux à cette place que partout ailleurs, le moindre ébranlement qui partirait d'un point quelconque de cette toile. C'est ce qu'a démontré un savant mathématicien allemand, Schmidius. Il a fait voir que les Araignées, les Abeilles, etc., déployaient dans leurs constructions, la géométrie la plus transcendante.

tôt qu'ils ne descendent. Du centre de la toile
part un fil plusieurs fois redoublé, aboutissant à
la loge, et sur lequel elle tient posée l'extrémité d'une patte ; ce fil sert comme de corde ou
de pont pour descendre sur la toile, aussitôt que
l'Araignée sent que quelque Mouche est embar-
rassée dans son piége. Si la Mouche est grosse,
elle la garrotte, l'enveloppe d'une couche de
soie qu'elle tire de ses filières, la suspend à l'extrémité de son abdomen, et l'emporte dans sa
loge pour la sucer à son aise. Si la Mouche est
petite, elle l'emporte sans l'envelopper ; si, au
contraire, l'Insecte tombé dans la toile est plus
fort qu'elle, elle l'aide à se dégager, en rompant
quelques fils qu'elle raccommode ensuite.

Les Ségestries se filent, dans les fentes des
vieux murs, des tubes soyeux, allongés, ouverts
aux deux bouts, à l'entrée desquels elles se
tiennent, dirigeant en avant leurs quatre pattes
antérieures ; des fils divergents bordent extérieurement l'ouverture de cette habitation et
forment une petite toile propre à arrêter les
Insectes. Une espèce (la Ségestrie *perfide*) est
remarquable par la résistance qu'elle oppose
quand on veut lui faire abandonner sa retraite.
Le moyen le plus efficace pour l'en chasser, c'est
d'y introduire une Fourmi vivante. A peine y a-t-
elle pénétré, que l'Araignée, en proie à une vio-

lente agitation, a recours à tous les moyens pour effrayer l'intruse; si la Fourmi n'en tient compte, la Ségestrie s'élance précipitamment au dehors, à une distance de deux à trois centimètres, et de là elle observe les mouvements de la Fourmi, qui ordinairement réussit à se dépétrer de la toile et tombe à terre. La place étant évacuée, l'Araignée rentre à reculons dans son tube. Cette espèce, qu'un si petit Insecte peut chasser de son habitation, attaque cependant avec courage de très-grosses Mouches, et Walckenaer l'a vue saisir des Guêpes fort vives.

Il fallait des animaux de proie pour tenir dans de justes limites les Insectes qui vivent dans les eaux comme ceux qui habitent la terre : l'Argyronète aquatique est un des plus extraordinaires d'entre ceux auxquels cette fonction a été départie par le Créateur. Cette singulière Araignée sait construire, au fond d'une eau tranquille, une cloche d'une gaze imperméable qu'elle remplit d'air et qu'elle suspend à des fils attachés aux plantes dans toutes les directions. Son corps est huilé et velu, son ventre creusé en coupe. Pour approvisionner d'air sa cellule, elle monte à la surface de l'eau, le dos renversé; lorsqu'elle y est arrivée, elle élève son abdomen au-dessus de ce liquide et le retire avec vivacité, entraînant par ce mouvement une bulle d'air

pareille à une goutte de vif-argent ; elle redes -
cend alors pour la déposer dans son cocon, où
elle déplace un égal volume d'eau ; puis elle remonte pour chercher une seconde bulle , et répète cette manœuvre autant de fois qu'il est nécessaire pour remplir d'air sa demeure et en
chasser toute l'eau. Alors elle se retire, pour
guetter sa proie , dans ce cocon soyeux, dont
l'ouverture est en bas , et il paraît même qu'elle
y passe l'hiver après en avoir fermé l'entrée.
C'est au haut de sa cloche qu'elle place la petite
coque qui contient ses œufs ; elle veille auprès
d'eux, le ventre dans sa cloche, la tête et le
corselet dans l'eau , étendus sur une petite toile
qu'elle file à la partie inférieure de son habitation.

Comment cette petite Araignée peut-elle envelopper dans le creux de son abdomen une bulle
d'air et l'y retenir jusqu'à ce qu'elle l'ait déposée
dans sa cellule ? C'est là encore un mystère qui
n'a point été expliqué. On ne peut retenir son
admiration en voyant la sagesse, la puissance et
la bonté du Créateur, manifestées d'une manière
si éclatante par le merveilleux instinct qui porte
cet animal, fait pour respirer l'air atmosphérique,
à en remplir sa demeure sous l'eau même où il
l'a construite, et par l'art non moins étonnant,
et dont le secret nous échappe, qu'il sait mettre

en usage pour, en quelque sorte, revêtir du fluide aérien une partie de son corps comme il ferait d'un vêtement qu'il peut quitter ensuite quand son but est rempli. Il y a dans ce phénomène une loi d'attraction et de répulsion que ne peuvent atteindre nos recherches, et qui se joue de tous les efforts de la science.

Nous sortirions des limites que nous nous sommes imposées si nous entreprenions de décrire toutes les merveilles qui se présentent à notre admiration dans chaque classe du règne animal ; nous ne pouvons donc parler ici des habitudes de toutes les espèces d'Araignées ; ainsi nous ne dirons qu'un mot des Araignées *vagabondes*, qui ne filent point de toile et qui saisissent leur proie à la manière du Lion et du Tigre, en s'élançant sur elle d'un seul bond quand elle se trouve à leur portée. Ces Araignées, qui sont blanches ou jaunâtres, se tiennent ordinairement en embuscade sur des plantes fleuries, dans le disque des Ombellifères, par exemple, avec lesquelles les couleurs de leur corps se confondent, et une Mouche ou tout autre Insecte ne s'est pas plutôt posé sur la fleur qu'elles s'en saisissent avant d'avoir pu en être aperçues.

Une espèce appartenant à cette même division, l'Araignée à *chevrons blancs*, très-commune en été sur les murs ou sur les vitres exposées au

soleil, marche par saccades, s'arrête tout court
après avoir fait quelques pas, et se hausse sur
ses pieds antérieurs, qui sont beaucoup plus
longs et plus gros que les autres. Vient-elle à découvrir une Mouche, un Cousin, elle s'en approche pas à pas et semble mesurer des yeux l'espace qui l'en sépare; quand elle se croit assez
près pour pouvoir franchir la distance d'un seul
trait, elle attache un fil à la muraille, puis s'é-
lance sur l'animal qu'elle guettait, d'un bond si
preste et si juste que rarement sa proie lui
échappe. Il lui importe peu qu'elle soit sur un
plan vertical ou horizontal; elle saute également
bien dans toutes les directions, parce que le fil
de soie qu'elle a eu soin d'attacher et qu'elle
dévide après elle, la retient dans sa chute et lui
sert à remonter au point d'où elle était des-
cendue.

Ainsi le Créateur, qui a refusé à ces Araignées
l'art et les moyens de filer une toile pour attra-
per leur proie, les a dédommagées en leur donnant une plus grande agilité et la faculté de se
mouvoir dans toutes les directions, ce qui leur
suffit pour pourvoir à tous leurs besoins.

Terminons par quelques détails sur l'industrie
et les mœurs des Clothos et des Mygales.

M. de Savigny a trouvé la Clotho en Égypte,
et M. Dufour dans les montagnes de Narbonne,

dans les Pyrénées, etc. Cette Araignée s'établit dans les fentes de rocher et s'y construit une demeure, en forme de calotte, de deux ou trois centimètres de diamètre. Cette petite tente de soie est admirablement tissue : l'extérieur ressemble à un taffetas fin, fortifié en dedans par un plus ou moins grand nombre de doublures, suivant l'âge de l'ouvrière, car il paraît qu'à chaque mue une nouvelle doublure est ajoutée. Le contour inférieur présente sept ou huit échancrures dont les angles seuls sont fixés sur la pierre au moyen de faisceaux de fils, tandis que les bords sont libres. Quand l'époque de la ponte est arrivée, la Clotho tisse un appartement tout exprès, plus duveté, plus moelleux, qui doit renfermer les œufs et les petits après leur éclosion*.

---

* C'est un des traits les plus intéressants de l'histoire des Araignées que le soin extrême qu'elles prennent de leurs œufs et l'attachement qu'elles portent à leurs petits quand ils sont éclos. Toutes savent tisser, pour renfermer leurs œufs, de petites boîtes de soie qui sont, suivant les espèces, rondes, ovales, lenticulaires, coniques, anguleuses ou composées de deux pièces comme une boîte à savonnette. Elles ne fuient jamais devant le danger qui les menace sans emporter leur précieux cocon avec elles ; et si elles sont forcées de l'abandonner, elles retournent le chercher lorsqu'elles n'ont plus rien à craindre. Les races vagabondes ne se séparent jamais de ce berceau de leur postérité, et elles le tiennent constamment appliqué contre leur poitrine ou à la base de leur abdomen ; et lorsque les petits sont nés, ils s'arrangent et se groupent les uns auprès des autres sur le dos de

Pour déguiser sa demeure, elle a soin d'en salir plus ou moins l'extérieur, mais l'intérieur est toujours d'une propreté recherchée. Les petits sachets qui renferment les œufs sont au nombre de quatre à six et de forme lenticulaire. L'industrieuse fabricante, par une prévoyance touchante, les compose d'un taffetas blanc comme la neige et les garnit en dedans d'un édredon extrêmement fin. Comme la ponte des œufs n'a lieu qu'au milieu de l'hiver, pour prémunir sa progéniture contre la rigueur de la saison et contre les incursions ennemies, elle place ce précieux dépôt sur un réceptacle séparé de la toile immédiatement appliquée sur la pierre, par un duvet plus moelleux, et de la calotte extérieure par les divers étages dont nous avons parlé. A cette époque, redoublant de précautions et de soins tout maternels, elle clôt tout à fait, par la continuité de l'étoffe, une partie des échancrures qui bordent son pavillon ; les autres échancrures ont seulement leurs bords superposés, de manière que l'Araignée, en les soulevant, peut à son gré sortir de sa tente et y rentrer. Lorsqu'elle quitte

leur mère, qui les emporte dans toutes ses courses, partage entre eux l'insecte qu'elle trouve, et veille à leur conservation avec une grande sollicitude. Il n'est point de mère sensible qui puisse se représenter sans attendrissement ces soins touchants et ce dévouement maternel.

son domicile pour aller à la chasse, elle n'a point à en redouter la violation, car elle seule a le secret des échancrures impénétrables et la clef de celles où l'on peut s'introduire. Quand les petits, devenus forts, ont quitté leur mère pour aller dresser ailleurs leurs logements particuliers, elle vient mourir dans son pavillon, qui est ainsi en même temps le berceau et le tombeau de cet intéressant petit animal.

Le genre Cténize, de la famille des Mygales, présente des espèces dont l'industrie est peut-être encore plus extraordinaire. M. V. Audouin, qui a publié sur ces Araignées un mémoire plein d'intérêt, fait mention de quatre Cténizes aujourd'hui connues, et trouvées, la première dans l'île de Naxos, la seconde à la Jamaïque, la troisième à Montpellier, et la quatrième en Corse. Une cinquième espèce a été rapportée de la Nouvelle-Galles du sud par un voyageur anglais (M. Bennett).

Ces Araignées savent creuser des cavernes, percer des galeries, élever des voûtes et construire des espèces de ponts souterrains ; elles savent aussi adapter à l'entrée de leur habitation une porte à laquelle il ne manque qu'un loquet, car cette porte tourne sur une charnière et s'applique exactement dans une feuillure *, comme

---

* C'est une entaille en angle droit qui est entre le tableau et

les portes et les croisées de nos maisons. L'intérieur de ces habitations est de la plus grande propreté ; ni les eaux ni l'humidité du sol dans lequel elles sont construites, n'y pénètrent jamais. Les murs en sont couverts d'un tapis de soie qui a le lustre du satin et qui est d'une éclatante blancheur.

La Cténize choisit, pour creuser son habitation, un sol argileux, sans cailloux, dont la surface est inclinée, pour que l'eau n'y puisse pas séjourner. Elle en recouvre les parois d'une espèce de mortier assez solide pour pouvoir être séparé du terrain qui l'environne. Cette couche de mortier est très-mince, et la surface en est unie et douce au toucher comme si on y avait passé la truelle. L'habile ouvrière a soin de la recouvrir d'une première toile grossière sur laquelle elle tisse ensuite un fin tapis de soie.

Tant d'art nous montre assez que cette Araignée est dirigée dans ses opérations par un maître plein de sagesse ; mais c'est particulièrement par la structure d'une sorte de trappe qui forme l'entrée de sa demeure que brille son industrie. Si cette entrée était restée continuellement ouverte, il se serait introduit dans le domicile souterrain des hôtes fâcheux et des ma-

l'embrasure d'une porte ou d'une croisée pour y mettre la menuiserie.

tières étrangères qui y auraient causé du dommage. Pour prévenir ces inconvénients, la Providence a enseigné à la Cténize à fabriquer, pour sa sûreté, une porte qui s'applique exactement sur l'ouverture de la galerie. A en juger par l'extérieur, cette porte ne semble formée que d'une masse de terre grossière, recouverte, à la surface interne, d'une toile solide ; ce serait là déjà une chose assez remarquable dans un animal qui ne paraît avoir aucun organe spécial pour cette construction ; mais lorsqu'on la divise verticalement, on voit qu'elle est d'une structure beaucoup plus compliquée que son aspect extérieur ne l'indiquait, et qu'elle est formée de plus de trente couches de terre détrempées et liées entre elles par des fils.

Si l'on examine ces couches de terre, on remarque qu'elles vont toutes aboutir dans la charnière, qui se trouve ainsi la partie la plus épaisse et la plus solide de la porte. Le bord supérieur et évasé du terrier auquel s'adapte cette porte, est épais, et cette épaisseur est due au nombre de couches qui le composent et qui correspondent à celles que nous avons observées dans la porte ; ainsi la porte, la charnière et l'évasement contre lequel la porte vient battre, paraissent avoir été construits en même temps ; seulement, dans la construction de la porte, l'animal a eu tout à la fois à pétrir la terre et à former le fil qui devait y être mêlé. Par cette admirable disposition, les parties qui se correspondent, la force de la charnière, l'épaisseur de la feuillure, sont toujours dans les proportions les plus justes avec le poids de la porte.

Plus on étudie ces divers arrangements, plus on les trouve parfaits. La porte ne représente point la section transversale d'un cylindre, mais plutôt un cône dont le sommet est tourné en dedans du tube, tandis que le bord circulaire de celui-ci s'évase en dehors pour le recevoir ; par ce moyen la porte s'emboîte si exactement dans le tube, qu'on ne peut, lorsqu'elle est fermée, distinguer ce dernier du reste du sol. C'est encore, sans doute, dans le but de tromper l'œil de l'observateur que cette porte est faite de terre. L'Araignée retire plusieurs avantages d'une pareille structure ; celui d'abord de pouvoir ouvrir et fermer plus promptement sa porte ; ensuite, la forme conique de cette porte la rend beaucoup plus légère qu'elle ne le serait si elle eût été cylindrique ; puis ses inégalités extérieures et les fils qui y sont mêlés permettent à l'animal de la saisir plus aisément avec ses pattes. Toutes les fois que la Cténize entre dans sa demeure ou qu'elle en sort, la porte, dont la charnière est fixée au bord le plus élevé de l'entrée, retombe et se ferme par sa propre pesanteur, et cette disposition est encore évidemment d'un grand avantage pour l'Araignée qui, soit qu'elle s'élance sur sa proie, soit qu'elle fuie devant un ennemi, n'est point retardée par le soin de fermer sa porte [*].

La surface intérieure de cet opercule n'est point grossière et raboteuse comme l'extérieure, mais parfaitement unie comme les parois du tube, et recouverte d'une toile dont les fils sont très-forts et le tissu très-serré, ressemblant à du parchemin. Sur cette même surface et au côté opposé à la charnière, on voit une série de petits trous, rangés en demi-cercle, au nombre d'environ une trentaine. M. Audouin conjecture qu'ils servent à l'animal pour accrocher ses pattes lorsqu'il s'agit de lutter contre quelque force extérieure qui ébranle ou cherche à soulever sa porte. Elle oppose, dans cette circonstance, une résistance assez considérable pour produire, dans le couvercle soulevé, un mouvement alternatif de pulsion et de répulsion. Enfin, obligée de céder, elle se précipite au fond de son terrier. Si

---

[*] Elle la tient ordinairement entre-baillée, pour que les Insectes dont elle se nourrit s'introduisent dans sa retraite, ou qu'elle puisse se jeter sur eux au moment où son extrême sensibilité l'avertit des oscillations du sol au passage d'une fourmi, etc.

on parvient à la faire sortir de ce fort, tout le courage qu'elle avait montré d'abord semble s'évanouir au grand jour ; elle reste immobile et comme anéantie ; et si elle fait quelques pas, ce n'est qu'en chancelant.

Et quels sont les instruments dont ce petit animal dispose pour exécuter tous ces étonnants travaux ? Il n'en possède pas d'autres que ses filières et ses mandibules garnies de pointes et de crochets à leur extrémité.

CONCLUSION.

Nous venons de voir, dans l'histoire des Arachnides, d'innombrables preuves de la parfaite et constante adaptation des moyens aux fins, une série de merveilleux phénomènes qui ne peuvent trouver leur explication que dans la volonté d'une Intelligence infinie, qui a créé tous ces mécanismes vivants, qui a établi, entre ces organismes si variés et les fonctions qu'ils devaient remplir, les plus admirables corrélations.

La famille des Aranéides surtout nous a offert de véritables prodiges d'industrie et des particularités d'organisation qui sont dans les rapports les plus évidents avec les besoins et les habitudes des diverses tribus qui la composent.

On ne peut douter, par exemple, que l'Araignée n'ait été destinée à vivre de Mouches et autres Insectes semblables, et que sa principale fonction ne soit de contribuer à la destruction de ces myriades de petites créatures dont la multiplication, au délà de certaines bornes, deviendrait un fléau pour les animaux et pour les plantes * ; mais ces Insectes ont des ailes et l'Araignée en est dépourvue. Comment pourra-t-elle atteindre sa proie ? Comment accomplira-t-elle sa destination ? C'est ici, c'est en voyant comme tout a été admirablement calculé dans son organisation et dans les ressources de son instinct pour obtenir ce résultat, qu'on est forcé de recourir à l'intervention d'une Intelligence régulatrice.

Un appareil sécréteur, composé de vésicules à parois épaisses et demi-transparentes, a été placé, comme nous l'avons vu, dans son abdomen pour y préparer une humeur visqueuse ; ce même abdomen est terminé postérieurement par un second appareil, qui consiste dans un ensemble de mamelons et de filières garnies d'innombrables petites canules percées au bout

---

* Il y a en Sibérie une espèce d'Araignée tachetée de jolies couleurs, qui débarrasse l'intérieur des maisons d'une si grande quantité de mouches importunes, que les habitants de cette contrée se donnent bien de garde de détruire ses tapisseries.

et mues par des muscles qui peuvent les diriger
en tous sens, les ouvrir et les fermer, les épanouir ou les rapprocher au gré de l'animal. Mais
il ne suffisait pas de pourvoir l'Araignée de ces
réservoirs de matière glutineuse, dont la sécrétion est un procédé qui échappe à toutes nos
observations, de lui donner des filières construites avec un art infini ; il fallait de plus lui apprendre à faire usage de ces ressources : les
Araignées ont donc été douées de la faculté de
fabriquer avec ces fils, les unes des réseaux circulaires où l'on remarque une disposition géo-
métrique qui étonne, les autres des tissus plus
serrés, des trames plus fortes, façonnées en
cônes, en nasses, en hamacs, en courbes para-
boliques ; d'autres encore savent se tisser des pa-
villons de soie, des galeries de blanc satin, etc.,
etc. ; et il se rencontrera de tristes esprits, qui,
en présence de toutes ces merveilles, d'un ensemble si harmonieux de moyens dirigés vers un
même but, de tant d'art et de tant d'intelligence,
viendront nous parler des *forces*, de *l'énergie de
la matière!*... et d'autres esprits, échos des
premiers et déplorablement abusés, s'en iront répétant à leur tour : *les forces, l'énergie de la
matière*... et paraîtront satisfaits !...

CLASSE DES INSECTES.

Chefs-d'œuvre d'une main en merveilles féconde,
Dont un seul prouve un Dieu, dont un seul vaut un monde.
DELILLE.

Voici des races privilégiées, des races d'élection, races véritablement merveilleuses entre toutes celles qui se meuvent sous le soleil et bénissent le Seigneur. Rien n'égale la pompe de leurs accoutrements : il y a des tribus qui sont vêtues de robes flottantes que l'on dirait brodées par la main des fées, tant la trame en est richement nuancée, tant les broderies en sont délicates ; il y a des légions qui portent des cuirasses d'un poli plus brillant que l'armure de nos anciens chevaliers. Les uns sont couverts de tuniques d'azur, relevées de camails de velours améthyste ; les autres sont drapés dans un manteau de pourpre et coiffés de superbes turbans de soie ; d'autres sont tout éclatants d'or. Il y en a qui composent leurs parures de mosaïques chatoyantes d'une inimitable beauté, où le corail, le lapis et l'or, confondant leurs reflets, s'harmonisent en nuances qu'aucune parole humaine ne saurait décrire. On en trouve dont le faste surpasse tout ce que l'imagination pourrait inventer de plus magnifique, et dont la robe, tout

émaillée de rubis, de saphirs, de topazes, d'é-
meraudes et de diamants, resplendit d'un éclat
incomparable aux rayons du soleil, qui semble y
avoir concentré tous les trésors de sa lumière.

Que dire des franges, des aigrettes, des panaches ondoyants qui ombragent le diadème de
ces favoris de la nature, et qui viennent ajouter
encore à l'élégance de leurs formes, à la splendeur de leurs atours ?

Mais ce n'est pas là tout ce que le Créateur a
fait pour ces petits êtres : la même sagesse qui
s'est jouée dans leurs ajustements et leur a pro-
digué les plus brillantes couleurs, les a munis
encore des armes nécessaires pour l'attaque et
pour la défense. Elle leur a donné des casques,
des cuirasses, des boucliers, des lances, des
épées, des stylets, des poignards hérissés de
pointes, des scies, des tarrières, des tenailles
acérées, etc., pour couper, déchirer, percer,
broyer, creuser, pomper. On en connaît qui sont
d'habiles arquebusiers, et qui peuvent faire,
contre un ennemi qui les poursuit, plus de trente
décharges dans une demi-minute. D'autres, menacés de devenir la proie de races plus puissantes qui leur déclarent la guerre, s'élancent
dans les airs sur des ailes de gaze ; et si les escadrons rivaux les serrent de trop près, ils replient
leurs ailes inutiles, et se précipitent au fond des

eaux, où ils s'organisent en flottille vivante ; alors, hardis nautoniers, ils s'avancent en serrant leurs rangs, emportés sur des esquifs légers et rapides dont la nature les a pourvus, et qu'ils savent faire mouvoir à force de rames, brandissant en même temps un glaive redoutable fixé sur leur poitrine.

Certaines familles ont des instincts destructeurs et composent des liqueurs délétères, oléagineuses, alcalines ou caustiques, qui corrodent tout ce qu'elles touchent, des poisons subtils qui donnent instantanément la mort à leurs agresseurs ; mais il en est un plus grand nombre dont les habitudes sont toutes innocentes, qui n'ont de goût que pour les parfums, et qui exhalent au loin les douces senteurs de l'ambre, de la rose, de la violette ou du jasmin.

Qui pourrait décrire tout ce qu'ils savent déployer de savante économie dans leurs constructions, de génie dans l'ordonnance de leurs fortifications, de ressources dans les combats qu'ils se livrent, de ruses et d'artifices dans leur chasse ou dans leur pêche, de légèreté dans leurs tissus, de délicatesse dans leurs ciselures, d'habileté et de perfection dans leurs moindres ouvrages ? Les uns construisent en bois et ont reçu des serpes pour faire leurs abattis, les autres bâtissent en cire, et sont pourvus de brosses et de palettes pour en recueillir la matière dans la corolle des fleurs; ceux-ci ont des quenouilles dont ils tirent des écheveaux de soie, ceux-là ont un alambic de cristal pour distiller un nectar que tout l'art des Lavoisier ne saurait imiter... Mais il vaut mieux aller les contempler à l'œuvre, et pour cela vous n'avez point à entreprendre de longs voyages. Ce merveilleux petit peuple est répandu partout; vous le voyez partout sous vos pas; il creuse le sol, se tapit sous la glèbe durcie ou court sur les gazons; il nage dans le ruisseau voisin, il voltige dans l'air que vous respirez ou s'enivre de sucs odorants dans le calice des fleurs de votre parterre; il vit blotti sous la pierre du chemin; il frémit dans le sable, murmure sous l'herbe, bourdonne parmi la feuillée, et, aux heures chaudes du jour, il danse de plaisir dans un rayon de soleil.

Ne dédaignons donc pas d'étudier l'histoire de ces petites créatures, qui proclament si hautement la puissance et la sagesse de Celui qui les a formées. Il n'y a que les esprits étroits et vulgaires, toujours dupes des idées de grandeur et de petitesse, qui puissent mépriser cette étude, sous le prétexte que les êtres qui en sont l'objet n'ont pas assez d'importance pour mériter qu'on s'en occupe avec une attention suivie. « Pourquoi, dit Réaumur, craindrions-nous de trop louer les ouvrages de l'Être suprême? Une machine nous paraît d'autant plus admirable, et elle fait chez nous d'autant plus d'honneur à son inventeur, que, quoique aussi simple qu'il est possible par rapport à la fin à laquelle elle est destinée, il entre dans sa composition un plus grand nombre de parties, et de parties très-différentes entre elles. Nous avons une grande idée de l'ouvrier qui a su réunir et faire concourir à la même fin autant de parties différentes et nécessaires. Celui qui a fait les machines animées que nous appelons *Insectes*, n'a assurément fait entrer dans leur composition que les parties qui devaient y être. Combien, malgré leur petitesse, ces machines nous doivent-elles paraître plus admirables que celles des grands animaux, s'il est certain qu'il entre dans la composition de leurs corps beaucoup plus de parties qu'il n'en entre dans celle des corps énormes des Éléphants et des Baleines! Pour faire paraître au jour un Papillon, une Mouche, un Scarabée, en un mot, tous les Insectes qui ont à subir des transformations, il a fallu au moins faire l'équivalent de deux animaux, faire une *Chenille* dans laquelle le *Papillon* prît tout son accroissement, faire des *Larves* dans lesquelles la *Mouche* et le *Scarabée* pussent croître *. »

* Empruntons encore quelques lignes à cet illustre observateur

On connaît plus de quatre-vingt mille espèces d'Insectes, et chaque jour les entomologistes en découvrent de nouvelles *. Nous ne pouvons

dont le langage est si noble. « Un goût exquis, dit-il, et un jugement sûr, qui mettent en état d'apprécier toutes les beautés des ouvrages d'esprit, d'en saisir et d'en démêler les défauts, ne sont pas de simples présents de la nature; ils n'ont pu être formés que par bien des connaissances acquises et par beaucoup de réflexions et de méditations; ils donnent à ceux qui en sont doués une grande supériorité sur ces hommes assez bornés pour faire marcher de pair des ouvrages médiocres et des ouvrages excellents. Nous avons attaché, et avec raison, une sorte de gloire à savoir connaître les degrés de perfection et les défauts des productions des beaux-arts, des ouvrages de poésie, de musique, de peinture, de sculpture, d'architecture. N'y a-t-il qu'à connaître l'excellence des ouvrages du maître de la nature, du maître des maîtres, à quoi nous ne pensions pas ou nous ne pensions presque pas qu'il y ait de mérite ? Ce sont, à la vérité, des ouvrages qui ne donnent point de prise à une critique raisonnable, où il n'y a qu'à admirer, et où des intelligences comme les nôtres et même les plus parfaites intelligences finies ne sauraient voir tout ce qui s'y trouve d'admirable ; mais moins les intelligences sont bornées et plus elles y découvriront de merveilles. Cependant on n'a pas encore osé mettre en honneur, pour ainsi dire, ou presque jusqu'ici regardé que comme des amusements frivoles, ces connaissances si capables d'élever l'esprit, de le porter vers le principe d'où tout part et vers la fin à laquelle tout doit tendre. Celui qui en est encore au point de croire qu'un Insecte peut n'être qu'un peu de bois ou de chair pourrie, ou celui qui n'a aucune idée des merveilleux organes de ces petits êtres animés, n'est-il pas dans une ignorance plus grossière et plus blâmable que l'homme qui confond tous les chefs-d'œuvre des beaux-arts avec les productions les plus brutes et les plus informes? »

* Le nombre des Insectes en France, autant qu'on peut le dé-

donc approfondir ici cette étude, à laquelle la vie d'un homme ne suffirait pas. Ainsi nous nous bornerons à esquisser l'histoire de ceux qui offrent le plus d'intérêt et à faire ressortir les phénomènes les plus curieux de leur organisation et les singularités les plus remarquables de leurs habitudes et de leur instinct.

La classification des Insectes est établie sur les caractères que présentent leur appareil buccal,

duire de l'étude des auteurs et de l'inspection des plus riches collections, n'est pas moindre de 15,000 ou deux Insectes par plante, et l'on porte de 330,000 à 360,000 le nombre total d'espèces d'Insectes existants sur le globe, ainsi réparti entre chaque ordre :

Coléoptères	120,000
Diptères	100,000
Hyménoptères	72,000
Hémiptères	25,000
Lépidoptères	20,000
Parasites	10,000
Névroptères	9,000
Orthoptères	6,000
	362,000

Latreille, le naturaliste qui a porté le plus loin la profonde connaissance de cette classe d'animaux, a calculé qu'un homme qui voudrait décrire tous ceux que l'on a rassemblés, aurait besoin de trente ans d'un travail assidu ; et pendant ce temps-là, si le zèle des voyageurs ne se ralentit point, il en sera encore arrivé un aussi grand nombre de nouveaux. Et remarquez qu'il n'est ici question que de simples descriptions extérieures. Pour l'organisation intérieure, deux ou trois de ces êtres que le vulgaire traite avec tant de mépris, pourraient remplir la vie d'un homme.

leurs organes locomoteurs, leurs métamorphoses, etc.

INSECTES *ayant*

au moins 24 paires de pattes ; privés d'ailes ; métamorphoses incomplètes . . . . } MYRIAPODES.

Trois paires de pattes ;
— privés d'ailes
—— point de métamorphoses ;
——— Abdomen garni de fausses pattes ou d'appendices propres au saut ; } GNATAPTÈRES
——— Abdomen sans appendices . . . . . } RHINAPTÈRES
—— à métamorphoses ; — organisés pour le saut . . . . } SIPHONAPTÈRES.

Trois paires de pattes et subissant des métamorphoses ;
— deux ailes
—— étendues ; — point de mâchoires . . . } DIPTÈRES.
—— plissées en éventail. } RHIPIPTÈRES.
— quatre ailes
—— les antérieures ordinairement en forme de demi-élytres ; — Bouche formant un bec conique . . . } HÉMIPTÈRES.
—— couvertes d'écailles colorées ; — Bouche formant une trompe en spirale . . . . } LÉPIDOPTÈRES.
—— toutes membraneuses, transparentes et veinées ; — Mandibules distinctes . . . . } HYMÉNOPTÈRES
—— membraneuses et réticulées comme les postérieures . . . . . . } NÉVROPTÈRES.
— quatre ailes dont les deux antérieures sont en forme d'élytres ou d'étuis écailleux ; celles de la seconde paire
—— pliées dans les deux sens ou en long seulement ; } ORTHOPTÈRES.
—— pliées seulement en travers. } COLÉOPTÈRES.

Considérés relativement à leur organisation extérieure, les Insectes ont un squelette tégumentaire de consistance plus ou moins cornée; leur corps présente une série de segments, et se compose de trois parties : la *tête*, le *thorax* et l'*abdomen*. La tête porte les yeux, les antennes et la bouche ; le thorax, quand il ne se confond pas avec l'abdomen, est formé de trois anneaux : le *prothorax* (πρὸς, en avant, etc.), le *mésothorax* (μέσος, au milieu, etc.) et le *métathorax* (μετὰ, après, etc.), qui sont soudés entre eux et portent chacun une paire de pattes; c'est aussi sur les deux derniers que s'insèrent les ailes, quand elles existent. L'abdomen se divise en un nombre plus ou moins considérable d'anneaux dépourvus d'appendices, excepté chez les Myriapodes et les Gnataptères.

Les *antennes*, filaments articulés et mobiles, infiniment diversifiés pour la forme, sont situées à la partie antérieure et latérale de la tête, et paraissent être des organes d'un toucher délicat et peut-être même de l'ouïe *.

---

* Outre le toucher, le goût, l'ouïe et la vision, les Insectes ont reçu le sens de l'odorat. Le développement de ce dernier sens chez ces animaux, est rendu évident par l'influence qu'il a sur la plupart de leurs actes et la distance souvent énorme à laquelle ils perçoivent les émanations odorifiques des corps. Si l'on transporte au centre d'une ville une femelle de certains Lépidoptères noc-

Les *yeux* sont tantôt *lisses* ou *simples* (stemmates ou ocelles *), tantôt *composés* (yeux à réseau, yeux à facettes). Les yeux simples sont ainsi appelés par opposition aux yeux composés, qui sont toujours formés par l'agglomération d'une multitude de petites lentilles, dont chacune est un œil complet; c'est un petit prisme hexagone, qui n'a pas plus de 0,00003 de grosseur sur 0,00007 de long. Le nombre de ces facettes oculaires, visibles seulement à la loupe, est souvent de plusieurs mille; le Hanneton ordinaire en a 8,828; le Papillon, plus de 34,600. Ces petits yeux ont, chacun en particulier, une cornée, un corps vitré, un enduit de matière colorante et un filet nerveux, provenant du renflement terminal d'un même nerf optique. Comme le matérialisme a bonne grâce à vouloir attribuer au *hasard* ou à la *matière organisatrice* ces milliers d'appareils visuels, ajustés bord à bord et parfaitement complets et distincts, constituant, par leur réunion, un instrument de vision d'une dé-

turnes, du Bombyx du *chêne*, par exemple, les mâles accourent près d'elle en grand nombre, quoique la plante sur laquelle ils ont vécu à l'état de Chenille, et près de laquelle ils ont dû éclore, ne se trouve que très-loin de là. Ce que les mâles de cette espèce font pour leurs femelles, une foule d'autres espèces l'exécutent pour les matières dont elles se nourrissent.

* De στέμμα, couronne. — Ocelle, d'*ocellus*, petit œil.

licatesse incomparable et de la plus merveilleuse structure ! Et admirez la prévision, la haute sagesse de ces agents aveugles. Il fallait aux Insectes une grande puissance de vision, puisqu'ils ont à exercer leur action sur des substances dont les atomes échappent à l'appréciation de nos sens ; cette puissance de vision était nécessaire encore parce que, sans cette concentration d'une grande quantité de rayons lumineux, ils auraient été exposés, dans les lieux obscurs qu'ils fréquentent et par leur extrême agilité, à se heurter dangereusement contre une foule d'obstacles ; eh bien! par *hasard*, ils se trouvent munis d'yeux multiples qui sont les plus propres à cette double fin ; et ces yeux, depuis un temps immémorial, ils les transmettent par *hasard* à leurs descendants, de manière toutefois que vous ne trouveriez pas une facette de plus ou de moins sur les milliers qui composent un œil à réseau chez les individus de la même espèce. Ce *hasard* ressemble singulièrement à ce que tout le monde appelle de l'intelligence.

L'organisation de la *bouche* des Insectes varie suivant le régime. Les Insectes suceurs, qui se nourrissent du suc des plantes ou des animaux, ont une espèce de trompe tubulaire renfermant des filaments déliés qui remplissent les fonctions de petites lancettes. Les Insectes broyeurs, qui se repaissent d'aliments solides et sont ou carnivores ou phytophages, ont la bouche composée d'un *labre* ou *lèvre* supérieure et médiane, ayant de chaque côté une *mandibule* mobile et dure; immédiatement au-dessous de ces mandibules se trouvent les *mâchoires* qui portent les *palpes* ou *antennules*, et derrière les mâchoires on voit la *lèvre* inférieure ou *menton*, avec les *palpes labiaux* servant à maintenir les aliments entre les mandibules.

Nous avons dit que le thorax portait les pattes et les ailes. Les pattes sont composées d'une *hanche*, d'une *cuisse*, d'une *jambe* et d'un *doigt* nommé *tarse*, terminé par des crochets et ayant de deux à cinq phalanges. Le nombre et la conformation de ces organes locomoteurs varient suivant les habitudes des Insectes : ceux qui rampent en possèdent un nombre considérable ; ceux qui sautent en ont de très-longs ; ceux qui nagent ont les tarses aplatis, ciliés et en forme de rames ; ceux qui peuvent marcher suspendus à des surfaces, ont les tarses garnis de pelottes ou de ventouses.

L'*aile* est un appendice que nous n'avions rencontré encore dans aucune des classes d'animaux qui ont passé jusqu'ici sous nos yeux. L'acte du vol est un des phénomènes naturels les plus dignes d'admiration, l'un de ceux qui supposent le plus évidemment une intention, et qui réclament avec le plus de force, pour être expliqués, l'existence d'une Intelligence créatrice. Les ailes des Insectes sont composées de deux membranes intimement appliquées l'une sur l'autre, et soutenues par des nervures, qui sont de petits tubes remplis d'air; elles sont tantôt protégées, dans le repos, par des *élytres* ou étuis qui les cachent, tantôt recouvertes de petites écailles dentées inférieurement ou pédicellées, qui s'implantent dans des points alignés à la surface de l'aile et y sont disposées en recouvrement les unes sur les autres, comme des tuiles sur un toit *; d'autres fois elles n'ont ni écailles ni étuis. Les Insectes qui n'ont que deux ailes ont deux petits filets mobiles, appelés *balanciers*, terminés par un bouton; ils remplacent la paire d'ailes absente et servent de contrepoids dans l'acte du vol **. A côté on voit un petit *aileron* ou *cueilleron*, dont on ignore l'usage.

---

* Leuwenhoeck en a trouvé, par le calcul, plus de 400,000 sur les ailes du Bombyx *Ver à soie*, et ce nombre doit être triple ou quadruple dans les espèces de grande taille. Leur forme est excessivement variable, et elles sont colorées de la même manière sur leurs deux faces.

** Telle est l'utilité de ces petits balanciers qu'il suffit d'en supprimer un seulement pour rendre le vol irrégulier, tourbillonnant et même impossible. Comment le hasard, comment la matière auraient-ils pu prévoir que sans l'un de ces petits appen-

Le *système nerveux* des Insectes se compose d'une double série de ganglions réunis par des cordons longitudinaux, tantôt espacés, tantôt rapprochés en une masse unique. Ces ganglions donnent naissance aux nerfs, qui se ramifient et se répondent dans toutes les parties du corps.

Le *canal digestif* est souvent très-compliqué; on y distingue, en général, un pharynx *, un œsophage, un jabot, un gésier, un troisième es-

dices, en apparence si insignifiants, l'Insecte *diptère* n'était plus possible? — Comme les ailes n'agissent que par des oscillations généralement très-rapides, elles produisent ce bourdonnement plus ou moins intense que le vulgaire prend pour la voix de l'Insecte. La Mouche commune exécute, par seconde, dans son vol ordinaire, 600 battements d'ailes, qui lui font parcourir environ deux mètres; dans le vol rapide, ces battements d'ailes sont estimés à 3,600 par seconde.

Le trait suivant donnera une idée de la prodigieuse énergie musculaire des Insectes dans l'acte du vol. Un voyageur anglais rapporte que, voyageant dans une voiture à vapeur qui faisait sept lieues à l'heure, cette voiture fut accompagnée, pendant une partie du trajet, par un Bourdon qui non-seulement la suivait sans peine, mais tournait à l'entour, revenait sur ses pas et décrivait des zigzags dans toutes les directions, à quoi il faut ajouter que la voiture allait contre le vent.

* De φάρυγξ, arrière-bouche. — OEsophage, d'οἴσω, futur d'οἴω, je porte, et de φάγω, manger; partie du canal digestif situé entre le pharynx et l'estomac, auquel il conduit les aliments. — Cœcum, de *cœcus*, caché; sac membraneux placé vers le fond du bassin. — Rectum (droit); c'est l'extrémité postérieure du gros intestin.

tomac, un intestin grêle, un cœcum et un rectum. Ce dernier, dans plusieurs espèces, porte certains organes sécréteurs, servant à élaborer le venin, etc. Le *sang* est un liquide aqueux et incolore, répandu dans les interstices des organes et soumis à une circulation, à la vérité peu régulière, mais complète, comme Carus l'a démontré le premier *. Les Insectes respirent à l'aide d'une multitude de canaux ou tubes aérifères (trachées), qui communiquent avec l'air extérieur par des *stigmates*, et se ramifient à l'infini dans la substance des organes. Nous avons déjà décrit cet admirable appareil en parlant des Arachnides trachéennes. C'est par les mouvements de contraction et de dilatation de l'abdomen que l'air se renouvelle dans l'intérieur de ces innombrables petits tubes. La respiration est très-active chez les Insectes ; ils consomment une quantité considérable d'air comparativement à leur volume, et s'asphyxient promptement si on les prive d'oxygène, mais reviennent facilement à la vie, même après avoir été longtemps dans cet état de mort apparente, si on les replonge dans le fluide aérien.

Les Insectes sont ovipares et quelquefois ovo-

---

* Suivant Lyonnet, les globules du sang, dans la Chenille du saule, sont trois millions de fois plus petits qu'un grain de sable.

vivipares. La femelle est ordinairement pourvue d'instruments, de dard, de tarière, etc., destinés à pratiquer des trous dans lesquels elle doit loger ses œufs, et, par une admirable prévoyance maternelle, elle a toujours soin de déposer ces germes précisément sur les substances où les jeunes, en naissant, trouveront à proximité les aliments qui leur conviennent exclusivement, et qui, dans un grand nombre de cas, ne sont cependant pas ceux dont la mère se nourrit elle-même *.

La plupart des Insectes présentent, dans le premier âge, un phénomène extrêmement remarquable. A leur sortie de l'œuf, ils ne ressemblent ni à leurs parents ni à ce qu'ils deviendront

* Les œufs des Insectes présentent les formes les plus variées : on en trouve de plats, orbiculaires, elliptiques, coniques, cylindriques, hémisphériques, lenticulaires, pyramidaux, carrés, en forme de turban, de poire, de melon, de bateau, de tambour, etc. Il y en a qui sont ornés de dessins en relief que l'artiste le plus habile imiterait à peine, et dont la surface est couverte de stries, de cannelures, de réticulations, de sculptures les plus agréablement diversifiées. Ceux-ci sont tout parsemés de petits tubercules, ceux-là couronnés de petites écailles imbriquées ; d'autres sont revêtus d'un duvet soyeux. La couleur n'offre pas moins de variété : on en trouve de toutes les nuances, blancs, jaunes, orangés, dorés, rouges, bleus, verts, tachetés comme ceux des oiseaux ou marqués de raies de diverses couleurs. On connaît aussi des Insectes dont les œufs augmentent considérablement de volume après la ponte (Ichneumons, Cynips, Fourmis).

I I.

plus tard, et ce n'est qu'après plusieurs phases ou changements considérables qu'ils parviennent à l'état d'Insectes parfaits : c'est ce qu'on a désigné par le nom de *métamorphoses*, un des phénomènes les plus admirables et les plus compliqués que nous présente la nature.

On distingue trois sortes de métamorphoses dans les Insectes, d'après les divers degrés de transformation qu'ils subissent : la métamorphose *complète*, la *demi-métamorphose* et la métamorphose *ébauchée*.

Les Insectes à métamorphose *complète* passent par trois états. Au moment de l'éclosion, ils sont plus ou moins vermiformes et portent le nom de *Larves* (*larva*, masque), corps mou, allongé, divisé par anneaux mobiles, ordinairement au nombre de douze, avec des pattes en nombre variable ou sans pattes, yeux presque toujours simples quand ils existent, bouche presque toujours armée de mandibules et de mâchoires. Ces Larves varient dans leur forme et sont vulgairement désignées sous le nom de *Chenilles* et de *Vers* *.

---

* Presque toutes les Larves sont sujettes à la mue, c'est-à-dire, qu'elles se dépouillent de leurs peau, crâne, yeux, antennes, palpes, mâchoires, comme d'autant d'étuis qui renferment les parties analogues de la nouvelle peau. Mais, dit Swammerdam, ce n'est pas la peau extérieure seule que ces Larves rejettent,

Après un temps plus ou moins long, les Larves se changent en *Nymphes*. Pendant cette seconde période d'existence, l'Insecte reste immobile et cesse de se nourrir, tantôt renfermé dans une sorte de coque oviforme, qui n'est que la peau desséchée dont il s'est dépouillé en passant de l'état de Larve à celui de Nymphe, tantôt recouvert d'une pellicule mince qui suit tous les contours des organes extérieurs, et que l'on a comparée à des langes dont l'animal serait comme emmaillotté ; d'où est venu aux Nymphes le nom de *Maillots* et de *Pupes* (*puppa*, poupée). Les Nymphes des Papillons se nomment *Chrysalides* *.

Ordinairement, avant de passer à l'état de Nymphe, la Larve se fabrique, pour se loger, une coque avec une soie sécrétée par des glandes salivaires et préparée à l'aide de filières qui sont creusées dans les lèvres. D'autres se suspendent par des filaments ou se retirent dans des trous.

comme des Serpents, mais l'œsophage, une partie de l'estomac et du gros intestin se dépouillent de la leur en même temps ; et ce n'est pas encore à cela que se bornent ces merveilles, car des centaines de tubes pulmonaires, contenus dans l'intérieur du Ver, changent la peau tendre et délicate qui les tapisse. — *Biblia nat.*, t. I, p. 173.

* De χρυσός, or, à cause de l'éclat métallique de quelques chrysalides. On les appelle aussi *Aurélies*, d'*aurum*, or.

C'est pendant la durée de cette période de repos apparent ou de vie obscure, qu'il se fait dans l'intérieur du corps de la Nymphe, une élaboration active qui prépare les divers organes dont l'animal adulte sera pourvu. La Chrysalide respire et transpire même, et l'on estime à la vingtième partie de son poids la vapeur qu'elle exhale. Si elle peut supporter des jeûnes qui sont quelquefois de plusieurs années, c'est qu'elle consomme la graisse abondamment amassée dans son intérieur avant sa transformation ; peu à peu l'espèce de bouillie dont étaient formés ses organes prend de la consistance ; les muscles se condensent, les tendons se fixent, les membres se durcissent ; et quand cette évolution est achevée, l'animal brise son enveloppe et sort à l'état d'Insecte *parfait*. Les Coléoptères, les Lépidoptères, les Hyménoptères, les Diptères et quelques autres subissent des métamorphoses *complètes*.

Les Hémiptères et un petit nombre d'autres Insectes n'éprouvent que des *demi-métamorphoses* : ici la Larve ne diffère guère de l'Insecte parfait que par l'absence des ailes qui sont reployées alors et cachées sous la peau. L'état de Nymphe est caractérisé par leur croissance ; mais elles n'acquièrent tout leur développement qu'à l'époque de la dernière mue.

Enfin, la métamorphose *ébauchée* consiste seulement dans l'acquisition que fait l'Insecte de quelques anneaux qui s'ajoutent à ceux qu'il possédait déjà en naissant, et d'un nombre de paires de pattes correspondant à celui des segments, ainsi nouvellement formés. Tels sont les Myriapodes ou *Mille-Pieds* *.

ORDRE DES MYRIAPODES.

(μυριὰς, dix mille; ποῦς, pieds.)

Ces animaux semblent former une classe intermédiaire entre les Arachnides et les Insectes proprement dits ; point d'ailes ; corps allongé et composé de nombreux segments, ordinairement égaux, dont chacun porte une paire de pattes terminées par un seul crochet; point de véritable métamorphose, mais formation de nouveaux anneaux et de nouvelles paires de pattes.

Cet ordre se compose de deux familles caractérisées par la forme des antennes :

Les CHILOGNATES (χεῖλος, lèvre, γνάθος, mâchoire) ont une bouche armée de mandibules sans palpes et d'une grande lèvre inférieure; les antennes sont

---

* Ce serait peut-être ici le lieu de dire un mot des systèmes de l'*épigenèse* et de l'*évolution* ; mais ces questions trouveront mieux leur place dans la partie de notre travail qui comprendra la physiologie.

formées de sept articles; le corps est cylindrique et revêtu de téguments durs. Dans la marche, qui est très-lente, chaque rangée de pattes forme une espèce d'ondulation analogue à celles qui sont produites par les muscles du pied de l'Escargot (Veiss) *. Ils peuvent se rouler en spirale ou en boule; ils naissent apodes, et les pattes ne leur viennent qu'à la suite d'un grand nombre de mues. — Les Iules, dont le corps, à l'état adulte, se compose jusque de 40 à 60 segments : les grandes espèces vivent dans les sables, les petites sous l'écorce des arbres, dans la mousse, etc. — Les Polydesmes (Polyd. *aplati*, IV, 1), qui se trouvent sous les pierres, dans les lieux humides. — Les Glomeris, ressemblant à des Cloportes, vivent sous les pierres, dans les terrains montueux.

Les CHILOPODES (χεῖλος, lèvre, πούς, pied) ont une bouche armée de deux mâchoires munies de

---

* Le mécanisme de la progression, chez les Myriapodes, mérite d'être remarqué. L'ordre le plus parfait règne dans la mise en jeu de l'appareil complexe à l'aide duquel ils se meuvent; chaque pied qui se porte en avant est toujours entre deux pieds qui reposent sur le sol, et à son tour il soutient le corps pendant que ses deux voisins se détachent et s'avancent; de plus, jamais les deux pattes d'une même paire, c'est-à-dire, attachées à un même anneau, ne s'avancent à la fois, mais bien alternativement. Ainsi se conserve un parfait équilibre et s'opère une progression égale et régulière.

palpes, d'une paire de pieds-mâchoires fixés au premier segment antérieur du tronc, et d'une espèce de lèvre inférieure formée d'une paire de pieds ambulatoires, percés d'un trou à l'extrémité pour la sortie d'une liqueur vénéneuse, très-active dans les grandes espèces des pays chauds (Leuwenhoeck). Les antennes se composent au moins de quatorze articles.

Ces Myriapodes courent très-vite et sont carnassiers : ils recherchent l'obscurité et se cachent sous les pierres, dans le fumier, etc. Les Scutigères, recouverts de huit plaques en forme d'écusson, perdent leurs pieds quand on les saisit ; ils vivent entre les pièces de charpente des maisons ; — les Lithobies, qui ont les plaques dorsales alternativement plus longues et plus courtes en recouvrement ; — les Scolopendres ont le corps divisé de la même manière en dessus et en dessous, ayant depuis 21 jusqu'à 74 paires de pattes. Quelques espèces sont phosphoriques, comme celle qui, suivant Linné, tomba de l'air sur le vaisseau du capitaine Ekeberg, dans l'Océan Indien, à cent milles de la terre *. D'autres sont électriques (Géophile *électrique*) ; la substance lumineuse est une sécrétion visqueuse qui s'attache aux doigts et brille même séparée de l'animal.

* Latreille doute que cette Scolopendre soit un Insecte.

11..

.La Scolopendre *mordante* est appelée *malfai-sante* aux Indes ; sa morsure est plus cuisante que celle du Scorpion, mais n'est pas mortelle.

Ces animaux n'excitent pour l'ordinaire en nous, qu'un sentiment de dégoût ; cependant, en y réfléchissant, on reconnaît qu'ils sont un bienfait, et qu'ils contribuent, dans le cercle de leurs attributions, à l'ordre et à la beauté de notre globe : les Chilognates, en absorbant les matières végétales et animales qui sont en décomposition ; les Chilopodes carnassiers, en détruisant un nombre considérable de ces petits êtres qui se retirent dans les lieux sombres. Leur organisation est parfaitement appropriée à ces fonctions diverses. Les premiers, n'ayant aucune résistance à vaincre, n'ont point reçu d'organes de préhension ; les seconds, au contraire, sont pourvus d'instruments pour saisir et de glandes sécrétant du venin, pour engourdir, sinon pour tuer tout à fait les animaux dont ils se nourrissent.

ORDRE DES GNATAPTÈRES.

(γνάθος, mâchoire ; ἀ priv., πτερὸν, aile.)

Les Gnataptères ont pour caractères un corps privé d'ailes, mais muni de trois paires de pattes ; un abdomen garni, sur les côtés ou à son extrémité, d'appendices locomoteurs particuliers ; point de métamorphoses. Ils forment deux familles :

Les LÉPISMÈNES (λέπισμα, pelure) ont le corps couvert d'écailles d'un éclat argentin ; leurs antennes sont longues et sétacées, leurs pieds très-courts ; l'abdomen porte latéralement deux rangées de soies. — Les Machiles, qui sautent très-bien à l'aide des appendices styliformes de leur queue ; — les Lépismes *proprement dits*, vulgairement *petits poissons*, ne sautent pas, mais courent très-vite ; ils vivent cachés dans les fentes des boiseries, etc. Le Lépisme du *sucre*, commun dans l'intérieur de nos maisons, est, dit-on, originaire de l'Amérique.

Les PODURELLES (ποῦς, pied, οὐρὰ, queue) ont l'abdomen terminé par une queue élastique et fourchue, appliquée dans un sillon sous le ventre pendant l'inaction, et servant au saut par un redressement brusque. — Les Podures sont petits et mous ; quand ils sautent, ils retombent presque toujours sur le dos. Ils se tiennent, les uns sur les plantes, sous les pierres, etc., les autres à la surface des eaux dormantes. On les trouve quelquefois réunis en petits monceaux sur la neige ou sur le sable. La multiplication paraît avoir lieu en hiver (Podure *velu*, IV, 2).

Les organes de la mastication étant très-faibles

chez les Gnataptères, il est probable qu'ils ne se nourrissent que de matières organiques décomposées ou de très-petits Insectes.

ORDRE DES RHINAPTÈRES.

(ῥὶν, nez; ἀ priv., πτερὸν, aile.)

Ces petits Insectes vivent sur le corps des autres animaux, dont ils sucent les humeurs. Leurs yeux sont lisses, leur corps aplati en onze ou douze anneaux. Ils ont trois paires de pattes, courtes et munies de crochets, à l'aide desquels ils se fixent. Ils ne subissent point de métamorphoses.

Les Poux ont pour bouche un petit mamelon tubulaire renfermant un suçoir rétractile. Leur tarse, en se repliant contre la jambe, forme une sorte de pince qui leur sert à s'attacher aux poils ou aux plumes de leur hôte. Ils pondent un nombre considérable d'œufs, connus sous le nom de *lentes*, qui s'ouvrent comme un pot à couvercle, au moment de l'éclosion. Deux individus femelles peuvent produire dix-huit mille petits en deux mois *.

---

* La plus grande démangeaison qu'ils causent, provient, suivant Leuwenhoeck, de la piqûre d'un aiguillon recourbé qu'ils portent à l'extrémité de l'abdomen. Presque chaque animal a son Pou

On ignore la cause de l'extraordinaire multiplication de ces parasites dans l'enfance de l'homme et dans la maladie dite *pédiculaire*. On distingue, chez l'homme, le Pou de la *tête*, qui est cendré, et le Pou du *corps*, qui est d'un blanc sale. Certaines peuplades d'Afrique (Hottentots, Nègres, etc.) mangent cette vermine, à laquelle on élève des hôpitaux aux Indes, et qui, suivant Ovideo, abandonne les marins espagnols à la hauteur des tropiques.

Les Ricins diffèrent des Poux par la conformation de leur bouche, composée extérieurement de deux lèvres et de deux crochets; leur tarse est aussi terminé par deux crochets égaux *. Excepté l'espèce du Chien, tous les Ricins vivent sur les Oiseaux, dont presque chaque espèce a un Ricin particulier, auquel a été dévolue la fonction d'absorber les impuretés qui s'accumuleraient à la racine des plumes. On ne peut douter que ce ne soit pour une raison analogue que les Poux s'attachent à l'homme dont le corps et les vêtements sont dans une malpropreté habituelle; ils préviennent les maladies qu'une pareille malpropreté engendrerait infailliblement,

particulier. Selon Swammerdam, quand on irrite ces petits animaux, en les piquant, leur estomac, qu'on aperçoit au travers de la peau, entre dans des convulsions violentes.

* Ricin du *Paon*, IV, 3.

et servent en même temps à humilier notre vanité et notre orgueil. Une espèce, dont le nom ne peut pas décemment être prononcé, se fixe exclusivement, comme un premier châtiment du vice, sur les personnes livrées à des habitudes honteuses et dégradantes *. (Patte du Pou grossie, IV, 4.)

ORDRE DES SIPHONAPTÈRES.

(Σίφων, siphon ; ὰ priv.; πτερὸν, aile.)

Cet ordre ne comprend qu'un seul genre, celui des Puces, petits parasites connus de tout le monde. Ces animaux ont une espèce de bec cylindrique, formé de deux lames, dans lequel est renfermé un suçoir composé de trois pièces **. Chacun des neuf segments de l'abdomen se divise en deux arceaux, l'un supérieur, l'autre in-

---

* On a encore agité la question des générations spontanées à propos du Pou, de la Sarcopte de la gale, etc. Nous ne pouvons aborder ici ces spéculations dont nous nous occuperons ailleurs. Nous dirons seulement, avec M. Lacordaire, que les Poux vivant à la surface de la peau, leur génération spontanée, si elle a lieu, est de nature à être assez facilement observée. Il s'agit donc uniquement d'un fait à constater. Or, a-t-on vu des Poux se former de toutes pièces dans la phthiriasis ? Il est certain que non.

** Tête de la Puce grossie, IV, 5 ; *a* lancette ; *b* les deux mandibules dentelées et engaînant la lancette ; *c* palpes maxillaires.

férieur. Les trois segments du thorax sont très-petits et portent six pattes épineuses, très-fortes et disposées pour le saut.

La femelle pond environ une douzaine d'œufs, gros, un peu visqueux et blancs, qui éclosent au bout de cinq à six jours : il en sort une petite Larve blanche qu'il est extrêmement difficile de rencontrer dans nos appartements, où l'on ne peut douter qu'il ne s'en trouve pourtant beaucoup. Mais nous aurons bien d'autres occasions d'admirer la sagacité et les ressources de la nature pour conserver la postérité des Insectes. Ces Larves, qui sont très-vives et se roulent en spirale, se renferment, au bout de douze jours, dans une coque soyeuse, d'une extrême finesse; elles s'y transforment en Nymphes, et au bout d'environ douze autres jours, elles en sortent Insectes parfaits, et signalent par des sauts les premiers instants de leur nouvelle vie *.

* On connaît la force et l'agilité extraordinaires de la Puce. Elle peut s'élever par le saut jusqu'à deux cents fois sa hauteur et parcourir une parabole proportionnelle à cette perpendiculaire, ou deux cents fois la longueur de son corps. Rien de plus admirable aussi que la structure du chalumeau avec lequel elle pompe notre sang, et comme la nature s'est montrée prévoyante et sage en lui donnant une forme comprimée qui lui permet de pénétrer facilement entre les poils des animaux, et en enveloppant son corps d'une sorte de cuirasse ferme, élastique, capable de résister à la pression de nos doigts ! — L'industrie de l'homme s'est

Outre la Puce *commune*, il en est plusieurs autres qui vivent sur divers Quadrupèdes et sur des Oiseaux. La Puce *pénétrante* de l'Amérique, ou la *Chique*, a le bec de la longueur du corps. Elle s'introduit sous la peau du talon et sous les ongles des pieds, où son abdomen se gonfle rapidement au point de surpasser cent fois en grosseur le reste du corps. Elle occasionne quelquefois des ulcères dangereux.

« Nous murmurons souvent contre la nature et nous considérons les Puces et autres vermines comme une tache qui souille le beau tableau qu'elle étale à nos yeux. Mais soyons raisonnables et admirons la sagesse de ses desseins, d'avoir choisi le sentiment de la douleur pour la sentinelle qui nous avertit de nos vices ou du désordre de nos habitudes. Entrons dans ses vues; que la propreté sans faste règne dans nos appartements. Nous détruirons bientôt le germe de nos incommodités, et nous cesserons de calomnier la nature, si nous n'avons pas assez de reconnaissance pour l'étudier et l'admirer*. »

quelquefois exercée sur ce petit animal. Hook rapporte qu'un ouvrier anglais avait construit un carrosse en ivoire à six chevaux, renfermant quatre personnes, deux laquais derrière, un cocher sur le siége, avec un chien entre ses jambes, et le tout traîné par une Puce.

* Latreille.

ORDRE DES DIPTÈRES.

(δὶς, deux ; πτερὸν, aile.)

> Newton et Huyghens prouvent Dieu par des
> soleils et des mondes ; Swammerdam ou Réau-
> mur par des mouches et des vermisseaux.
>
> VIRBY.

Caractères généraux : deux ailes membraneuses ; ordinairement deux *balanciers*, au-dessus desquels on voit une paire d'*ailerons*, ressemblant à des valves de coquilles ; une trompe molle ou cornée, ou un étui formé de deux lames (pupipares), renfermant un suçoir composé de deux à six soies aiguës, qui font l'office de lancettes ; six pattes presque toujours longues et grêles, et souvent deux ou trois pelotes vésiculeuses ou membraneuses au dernier article du tarse ; abdomen ordinairement terminé, chez les femelles, par une espèce de tarière ou d'oviducte, s'allongeant comme un tuyau de lunette d'approche.

Tous les Diptères subissent des métamorphoses complètes ; les Larves, dépourvues de pattes, ont la bouche munie de deux crochets.

Les Diptères composent six familles, qui comprennent plus de vingt mille espèces : les Pupipares, les Athéricères, les Notacanthes, les Tabaniens, les Tanystomes et les Némocères.

Les PUPIPARES (*pupa*, nymphe, *paro*, engendrer) comprennent les Diptères qui, au lieu de pondre leurs œufs, ont une poche membraneuse dans laquelle ces œufs éclosent; les Larves demeurent ainsi renfermées dans le ventre de leur mère et n'en sortent qu'à l'état de Nymphes; ils vivent en parasites sur des Quadrupèdes et des Oiseaux. — Les Hippobosques (ἵππος, cheval, βοσκὰς, qui se nourrit) se tiennent sous la queue des chevaux, des bœufs, etc.; — les Mélophages (μηλοφάγεω, se nourrir de brebis) n'ont pas d'ailes et vivent sur les moutons.

Les ATHÉRICÈRES (ἀθὴρ, pointe, κέρας, corne) ont le dernier article des antennes en forme de palette sétigère; leur trompe est membraneuse, longue, bilabiée et coudée. Les Larves ne muent point, mais leur peau se solidifie pour renfermer la Nymphe. Celle-ci, lorsque le moment est venu de sortir de cette coque, en fait sauter avec sa tête, qui se gonfle dans cette opération, la partie antérieure, disposée de manière à s'ouvrir en calotte précisément à l'extrémité où se trouve la tête de l'Insecte. Les Athéricères, à l'état parfait, se tiennent la plupart sur les fleurs, les feuilles, ou sur les excréments des animaux, et leurs innombrables essaims ne contribuent pas peu à purifier l'atmosphère, en absorbant une grande partie de ces substances volatiles qui s'échappent incessamment de tant de matières corrompues,

et même du sein de ces gracieuses productions
de la nature, les fleurs, dont les parfums trop
abondants deviendraient un poison, si Dieu n'a-
vait chargé les Insectes de pomper les sucs qui
les produisent.

Cette famille est extrêmement nombreuse;
nous ne pouvons qu'indiquer les genres les plus
remarquables. La seule tribu des MOUCHES se
compose de neuf sections, à chacune desquelles
on a donné un nom composé de deux mots
grecs; ces noms, plus ou moins inharmonieux,
pourraient effrayer plusieurs de nos lecteurs, sans
rien leur apprendre. Les Mouches les plus curieuses sont : la Téphrite du *chardon*, qui pique
les tiges du chardon *hémorroïdal* pour y déposer ses œufs; il s'y forme une gale habitée par la
Larve.—Les Ortalides; une espèce (la Mouche du
cerisier), noire et luisante, se nourrit, à l'état de
Larve, des bigarreaux qu'elle quitte pour entrer
dans la terre et achever ses transformations. —
Les Sepsis, d'un noir cuivreux, ailes vibrantes,
exhalent une forte odeur de mélisse et vivent
sur les fleurs. — Les Diopsis, ou Mouches *à lu-
nettes*, ont les yeux placés à l'extrémité de deux
prolongements latéraux et cylindriques (Sénégal).
— La Mouche *Frit*, dont la Larve se nourrit du
grain de l'orge; elle détruit quelquefois, dit-on,
le dixième du produit de cette céréale en Suède.

— La Mouche *stercoraire*, dont les ailes, d'un brun jaunâtre, dépassent de beaucoup l'abdomen ; elle vit sur les excréments, dans lesquels elle dépose ses œufs, qui offrent une singularité remarquable : ils ont, à l'une de leurs extrémités, deux cornes écartées dont l'animal se sert pour fixer l'œuf à une profondeur convenable, afin que la Larve ne soit pas suffoquée par la matière dans laquelle elle doit éclore (pl. IV, fig. 7).

Les Mouches *sarcophages* présentent une autre particularité physiologique : les œufs éclosent avant la ponte, et les petits naissent à l'état de Larves ; une espèce (la Mouche *carnassière*) dépose ses œufs sur la viande, dans les plaies, etc. — Les Mouches *proprement dites* ont leurs yeux contigus et l'abdomen triangulaire *. Les princi-

---

* Ces Mouches si méprisées nous présentent cependant des particularités d'organisation bien remarquables. Elles ont les deux jambes antérieures et les deux jambes postérieures pourvues de brosses, avec lesquelles elles font une espèce de toilette, tantôt pour la tête et tantôt pour les ailes : les deux jambes du milieu n'ont point de brosses semblables, parce que la Mouche ne pourrait s'en servir.

De plus, les Mouches et presque tous les Diptères ont sous les tarses de véritables ventouses, au moyen desquelles ces Insectes font le vide, de sorte qu'ils adhèrent au corps sur lequel ils sont placés, par la pression de l'atmosphère sur la partie supérieure des tarses, ce qui explique comment ils peuvent marcher sur le verre le plus poli et le corps renversé, sans tomber à terre. Ces ventouses ont la forme d'une cupule membraneuse capable de dilatation et de contraction, faiblement dentelée sur les bords,

pales espèces sont : la Mouche *domestique*, dont la Larve vit dans le fumier ; la Mouche *dorée*, qui est d'un vert doré très-luisant, avec les pieds noirs ; elle pond dans les charognes, et ses Larves, sous le nom d'*Asticots*, servent à amorcer la ligne des pêcheurs ; la Mouche *à viande*, grande espèce, dont l'abdomen est d'un bleu brillant, avec des raies noires ; elle hâte la putréfaction de la viande en y déposant ses œufs ; son bourdonnement est assez fort et son odorat très-fin. Elle dépose quelquefois ses œufs sur la fleur du gouet *serpentaire*, trompée par l'odeur cadavéreuse que cette plante exhale *. — Les Ocyp-

couverte de poils très-courts dans son intérieur, granulée extérieurement et attachée à la plante du tarse par un cou étroit qui lui permet de se mouvoir dans tous les sens. En étudiant ces ventouses chez les Mouches, qui en ont deux situées sur le pénultième article, immédiatement à la base du dernier, on voit que lorsque l'Insecte pose les tarses sur le plan de position, les deux ventouses se séparent l'une de l'autre et se dilatent pour augmenter leur surface, qui, s'appliquant exactement sur le corps en question, expulse l'air qui contre-balançait la pression atmosphérique. Au repos, les ventouses se contractent, s'appliquent l'une contre l'autre et n'occupent plus que l'étroit espace qui leur est assigné. Ainsi, c'est par un mécanisme analogue à celui des sangsues qu'une Mouche marche à volonté en haut, en bas et dans toutes les directions.

Nous le demandons, des rapports si justes entre les moyens et les fins, ne proclament-ils pas hautement une intelligence créatrice infiniment puissante et sage ?

* Redi a observé que les Larves de cette Mouche devenaient de 140 à 200 fois plus pesantes dans l'espace de vingt-quatre heures,

tères ; les Larves de deux espèces vivent dans la cavité viscérale de deux autres Insectes, la Casside *bicolore* (Coléoptère), et le Pentatome *gris* (Hémiptère); elles y passent à l'état de Nymphes, et ne quittent leur demeure qu'au moment de devenir Insectes parfaits. — L'Échinomie *géante*, la plus grande Mouche connue, et presque de la taille d'un Bourdon ; elle est noire et hérissée de gros poils; elle bourdonne sourdement au-dessus des fleurs *.

On trouve dans les vieux fromages la Larve d'une Mouche observée par Swammerdam. Cette Larve, très-petite, peut s'élancer dans l'air jusqu'à près de 15 centimètres. Pour exécuter ce saut, elle se dresse sur l'extrémité postérieure de son corps, à l'aide de tubercules qui sont sur le dernier anneau de son corps; puis, se recourbant en

augmentation de poids et de volume prodigieuse pour un si court espace de temps, mais parfaitement d'accord avec la fin de leur création, qui est la destruction des matières animales mortes et décomposées.

* C'est à la famille des Athéricères qu'appartient la Mouche du *vinaigre* ou Mouche du *vin*. Cette espèce est très-abondante dans les pays chauds et pénètre facilement dans les vaisseaux où l'on met le vin. Comme cet insecte est très-petit, on est obligé de passer le vin quand on veut le boire pur. C'est à quoi J. C. fait allusion quand il dit aux Pharisiens : « Conducteurs aveugles, qui avez grand soin de passer ce que vous buvez, de peur d'avaler un Moucheron, et qui avalez un Chameau. » Math. XXIII, 24.

cercle, elle enfonce les deux crochets de sa bouche dans deux sinuosités qui sont à la peau de ce dernier anneau. Alors elle se contracte et se redresse si promptement, que les deux crochets font entendre un petit bruit en sortant de l'enfoncement où ils étaient retenus ; par ce mouvement vif, le corps frappe la terre avec force et rebondit en même temps très-haut. Ainsi, partout la Providence se révèle à nous par les traits les plus frappants d'intelligence et de sagesse, empreints dans l'organisation et les habitudes des êtres même les plus chétifs et les plus méprisables en apparence (IV, 6).

La tribu des conops (κῶνος, cône, ὤψ, aspect) est la seule de la famille des Athéricères dont la trompe soit toujours saillante et en forme de siphon, cylindrique, conique ou sétacée. La plupart de ces Insectes se tiennent sur les plantes. — Le Stomox *piquant*, souvent confondu avec la Mouche commune, est surtout incommode, en automne, par ses piqûres vives aux approches de la pluie. — Le Conops *pieds fauves* subit ses métamorphoses dans l'intérieur du ventre des Bourdons vivants, et sort par les intervalles de leurs anneaux.

C'est à la troisième tribu des Athéricères qu'appartiennent les oestres (οἰστρόω, je pique). Ils ressemblent un peu aux Bourdons ; leurs poils sont colorés par zones, leurs ailes écartées ; leur bouche n'offre que trois tubercules. Ces Diptères sont des ennemis redoutables pour plusieurs Mammifères domestiques ; il y en a qui déposent leurs œufs sur les lèvres des Chevaux ou sur leurs jambes et leurs épaules ; et la Larve pénètre ensuite dans l'estomac ou les intestins de ce Solipède. D'autres percent la peau des Bœufs, des Rennes, des Chameaux, à l'aide d'une tarière très-compliquée, et introduisent leurs œufs dans la plaie * ; il se forme des tumeurs remplies d'une humeur purulente, qui nourrit la Larve. Les Larves d'une autre espèce habitent les sinus frontaux du Mouton ; on en trouve aussi dans la tête des Cerfs, sur l'Antilope et le Lièvre **.

La tribu des SYRPHIDES est caractérisée par un suçoir formé de quatre pièces, dont trois sont linéaires et en forme de soie ; la trompe est longue, coudée ; la tête, hémisphérique. Les uns ressemblent à des Bourdons, d'autres à des Guêpes. — L'Eumère *sifflant*, dont le bourdonnement ressemble à un piaulement aigu. — Le Mérodon du *narcisse*, bronzé obscur, avec un

---

* Cette espèce a un ennemi dans le Pique-Bœuf (*Buphaga*), Oiseau du Sénégal de la grosseur d'une Alouette huppée, qui parvient, à coups de bec, à saisir cette Larve au fond de sa retraite.

** OEstre *salutaire*, IV, 8.

duvet fauve, et dont la Larve ronge l'intérieur de cette liliacée. — Les Syrphes du *groseillier* et du *rosier* ont le thorax bronzé ; leurs Larves se nourrissent de Pucerons, qui sont le fléau de nos jardins. — Les Héliophiles ; leurs Larves vivent dans les eaux bourbeuses, dans les égouts, etc. ; leur corps est terminé par une queue qui a jusqu'à 13 centimètres de long ; ce qui les a fait appeler *vers à queue de rat* *. Elles élèvent perpendiculairement cette queue à la surface des eaux ou des cloaques, pour respirer. A l'état de Nymphes, ces Insectes respirent par quatre cornes. — Les Volucelles, très-ressemblantes à des Bourdons, dans le nid desquels elles déposent leurs œufs ; la Larve qui en sort se nourrit des Larves et des Nymphes de ces Hyménoptères.

La famille des NOTACANTHES (νῶτος, dos, ἄκανθα, épine) a un suçoir de quatre pièces, une trompe courte et retirée dans une cavité buccale, les

---

* C'est un appareil respiratoire susceptible de s'allonger ou de se raccourcir, suivant le plus ou moins de profondeur du fluide où elles sont immergées, afin de maintenir toujours leur communication avec l'atmosphère ; et comme un tube unique ne leur suffisait pas, la nature leur en a donné deux, composés de fibres annulaires excessivement élastiques, et poussés au dehors ou retirés en dedans au moyen de deux grosses trachées parallèles qui s'étendent de la tête à la queue de l'animal.

ailes ordinairement croisées, l'écusson souvent épineux. — Les Stratiomes, dont les ailes sont couchées l'une sur l'autre ; leurs Larves ont des barbillons propres à agiter l'eau où elles cherchent leur nourriture, et elles respirent par une ouverture située au bout de leur queue, qu'elles tiennent à la surface de l'eau ; quand la Larve s'enfonce dans l'eau, elle replie en paquet les soies plumeuses qui garnissent cette ouverture, laquelle, par ce moyen, reste toujours sèche. — La Cœnomye *ferrugineuse*, qui répand une odeur de mélilot. — Les Mydas, dont les tarses ont deux pelotes.

La famille des TABANIENS (*Tabanus*, Taon) est caractérisée par une trompe saillante terminée par deux lèvres, et dans laquelle est renfermé un suçoir de six pièces ou lancettes. Ces Insectes tourmentent beaucoup les Chevaux, les Bœufs, etc., dont ils sucent le sang ; ils sont communs dans les bois et les pâturages. — Le Chrysops *aveuglant* (IV, 9), dont les yeux sont dorés, ponctués de pourpre, le thorax jaunâtre, rayé de noir, l'abdomen jaunâtre, avec une tache noire fourchue. — Le Taon de *Maroc*, noir avec des taches dorées sur l'abdomen, tourmente les Chameaux. — Le Taon *des Bœufs*, long de plus de deux centimètres, yeux verts, jambes jaunes, corps brun en dessus, gris en dessous, est très-commun dans nos environs. — Le Tsaltsalya , ou Mouche *Zimb*, plus gros qu'une Abeille, a la bouche garnie de trois soies fort roides qui le rendent redoutable au Lion même dans les déserts de l'Afrique *.

* A ne considérer que la petite taille de cet insecte, sa faiblesse apparente et son peu de beauté , on le prendrait pour un être de fort peu d'importance. Cependant les monstrueux animaux qui habitent les mêmes contrées , l'Éléphant, le Rhinocéros, sont loin d'inspirer autant de frayeur que ce petit Diptère. Son seul bourdonnement jette l'épouvante parmi les hommes et les animaux, tant on redoute les funestes effets de sa puissance. Aussitôt qu'il parait , les troupeaux , saisis de terreur , se mettent à courir de tous côtés dans la plaine, jusqu'à ce qu'ils tombent épuisés de fatigue. Les plus forts animaux, ceux dont la peau est la plus épaisse et la mieux défendue par un poil dur et serré, tels que le Chameau, ne sont pas moins exposés aux violentes piqûres de la Mouche Zimb; et si l'on ne se hâte d'abandonner les terres grasses et d'emmener les bestiaux dans les sables , où cette Mouche ne les suit jamais , bientôt, attaqué par elle , leur corps se couvre de grosses tumeurs qui s'excorient , se putréfient et entraînent infailliblement la mort. L'homme lui-même est obligé de fuir devant les essaims de ces Mouches, qui arrivent du midi de l'Afrique, à des époques fixes. Quand Isaïe prédit la désolation de l'Égypte, il annonce, comme devant contribuer à cette désolation , la Mouche qui viendra de l'Éthiopie. A un coup de sifflet du Seigneur , dit le prophète dans son intraduisible énergie, la Mouche qui est à l'extrémité du fleuve de l'Égypte accourra, et ses essaims couvriront la rive des torrents au fond des vallées, et poursuivront les troupeaux dans les cavernes, sous l'ombrage des bois, dans tous les lieux où ils ont coutume de se retirer chaque année à l'abri de cet Insecte terrible , qui ne peut y venir sans un exprès commandement. (ISAÏE, VII, 18, etc.) — *Voy*. BRUCE, T. V, etc.

LES TANYSTOMES (τάννω, étendre, στόμα, bouche) composent une famille de Diptères à trompe saillante et à suçoir formé de quatre pièces. Ils vivent de rapine ou du suc des fleurs. — La Scénoptine des *fenêtres*, thorax brun et abdomen noir, est commune sur les vitres. — Le Dolicope à *crochets*, corps bronzé, luisant, yeux dorés, pieds jaunes, ailes sans tache ; sur les murs, les troncs d'arbre, etc. — Le Leptis *ver-lion*, dont la Larve se promène dans le sable, y creuse un entonnoir au fond duquel elle se tient à l'affût ; et lorsqu'un petit Insecte vient à rouler dans ce piége, elle le saisit aussitôt, le perce avec les crochets de sa tête, le suce, et rejette au dehors le cadavre en courbant son corps et le redressant ensuite brusquement, comme un arc qui se débande. — Les Bombyles[*], dont la trompe est fort longue et le thorax bossu : ils volent avec une grande rapidité et planent au-dessus des fleurs, dont ils pompent le miel sans se poser et en faisant entendre un bourdonnement aigu ; le Bombyle *bichon*, long de huit à dix millimètres, tout couvert de poils. — Les Asiles, carnassiers et voraces, font la chasse aux Mouches, aux Tipules, aux Teignes si malfaisantes, etc., qu'ils saisissent avec leurs pattes, et dont ils sucent les

---

[*] Bombyle *peint*, IV, 10.

humeurs ; l'Asile *frelon*, d'un jaune d'ocre, se trouve dans le sable.

Enfin, les individus appartenant à la famille des NÉMOCÈRES (νῆμα, fil, κέρας, corne) ont les antennes composées de six, douze ou quatorze articles filiformes, et ressemblant à des plumets fins ; le corps est allongé et la trompe saillante. Ils forment deux tribus, celle des Tipules et celle des Cousins. Les TIPULES comprennent beaucoup d'espèces : — les Bibions, vulgairement Mouches *Saint-Marc*, Mouches *Saint-Jean*, indiquent par leur nom l'époque de leur apparition ; communs dans les jardins ; le Bibion *précoce*, dont la femelle a le thorax d'un rouge cerise et l'abdomen d'un rouge jaunâtre, vit sur les fleurs *. — La Chionée, qui, avec la Tipule *atome*, présente une anomalie remarquable : elle est dépourvue d'ailes et se trouve sur la glace.

Les Larves des Tipules vivent, suivant les espèces, dans l'eau, dans le terreau, dans le fumier, dans des champignons, dans des galles

---

* Le Bibion *sanguinaire* de Pallas est une Simulie, suivant Latreille. Ces Diptères, noirs et très-petits, sont extrêmement nombreux au printemps et à la fin de l'été, dans la Russie méridionale, en Servie, etc., et leurs essaims redoutables ne se dissipent que par la fumée d'herbages humides auxquels les bergers mettent le feu. Les animaux périssent quelquefois en peu d'heures, victimes de leurs piqûres brûlantes.

végétales, etc. *. La Larve de la Cécidomye *du blé* se nourrit du pollen de cette céréale en fleur. Il y a des Tipules qui ont l'habitude de se balancer sur leurs longues pattes grêles; d'autres, plus petites, se réunissent en troupes nombreuses, et semblent exécuter un ballet en voltigeant dans l'air, s'élevant et s'abaissant en suivant une ligne verticale et faisant entendre un petit bruit aigu.

Dans la tribu des cousins, le corps et les pieds sont allongés, et les antennes hérissées de poils; la trompe est longue, filiforme, et renferme un suçoir piquant et composé de cinq soies : ces Insectes se balancent aussi à la manière des Tipules.

Nous ne craignons pas qu'on nous reproche de disserter ici trop longuement *sur des pieds de Mouches;* ainsi nous ajouterons encore quelques détails sur plusieurs espèces remarquables appartenant à cet ordre. Ces détails nous fourniront de nouveaux sujets d'admirer la sagesse et la bonté de la Providence, qui veille à tout avec un égal souci.

L'Hippobosque *du Cheval* (IV, 12), que tout le monde connaît sous les noms vulgaires de

---

* On connaît une Tipule qui, en pondant, lance ses œufs à une distance de trente centimètres.

Mouche *araignée*, Mouche *d'Espagne*, Mouche *bretonne*, Mouche *plate*, etc., offre une singularité physiologique qui ne se retrouve dans aucun autre Insecte. La femelle pond un œuf presque aussi gros que son abdomen, de la forme d'une lentille, d'un blanc de lait, excepté à l'une de ses extrémités, où se trouve une plaque d'un noir d'ébène. Cet œuf, qui, dès le lendemain, est entièrement noir, est formé d'une enveloppe écailleuse et très-résistante. On croirait que ce devrait être une grande opération pour l'Hippobosque de pondre un œuf qui paraît si disproportionné avec sa taille ; mais son abdomen est élastique comme une vessie et s'étend à mesure que l'œuf grossit. Sorti du corps, il continue de grossir, et acquiert un développement extraordinaire et presque instantané. C'est l'Insecte lui-même qui croît sous cette coque et y subit toutes ses métamorphoses ; et lorsque, après sa sortie, on ouvre l'un de ces œufs, on trouve dans l'intérieur la dépouille de la Nymphe.

Mais cette coque dure et solide, qui protége l'Insecte, comment la brisera-t-il pour en sortir ? Comment forcera-t-il les murs de sa prison avec des membres faibles encore, et qui n'ont point acquis la consistance que doit leur donner le contact de l'air ? Nous avons vu l'art auquel la Providence a eu recours dans la construction de la coque de certaines Mouches; la coque de l'Hippobosque présente un mécanisme semblable. Au bout le plus gros, jamais au plus petit, on remarque un faible trait qui indique l'endroit par où un gonflement de la tête détermine la rupture de cette extrémité, qui se détache sous la forme d'une petite calotte et permet à l'animal de quitter son berceau.

L'ouverture que les OEstres savent pratiquer dans la peau de plusieurs Mammifères, pour y déposer leurs œufs, ne se referme point jusqu'à ce que la Larve en soit sortie. Mais comme celle-ci a pris beaucoup d'accroissement dans sa cellule, quand le moment est venu de déloger, la porte se trouve trop étroite, et pourtant la Larve ne possède aucun instrument propre à l'agrandir. Ce n'est donc qu'à la suite de tentatives réitérées d'instant en instant et qu'après beaucoup d'efforts qu'elle réussit à dilater les chairs et à s'ouvrir une issue suffisante. Sortie de son antre, elle roule à terre, et se retire dans quelque lieu sûr. Là, dans peu de jours, sa peau se durcit et forme autour de son corps une sorte de coque, à la partie supérieure de laquelle se détache une pièce triangulaire, par où s'échappe l'Insecte arrivé enfin à l'état parfait.

Les Larves d'OEstres qui vivent dans les intestins du Cheval ou dans la cavité du nez des Moutons, sont munies de crochets dont elles font usage pour se cramponner aux parois de leur retraite, afin de n'être pas entraînées par les matières que rejettent ces animaux. L'OEstre, qui va déposer ses œufs près de la racine de la langue du Cerf, trouve au haut du nez deux routes qui conduisent à deux cavités différentes ; l'Insecte ne se méprend jamais et se rend toujours à celle qui lui est destinée.

Plusieurs naturalistes (Réaumur, Clark) pensent que les Larves d'OEstres que nourrit le Cheval ne lui sont nullement nuisibles.

La tribu des Cousins nous présente aussi des particularités d'organisation et de mœurs bien dignes d'attention. La trompe du Cousin est un instrument d'une délicatesse et d'une perfection de mécanisme qui ne permet en aucune sorte de supposer qu'elle soit l'ouvrage du hasard. C'est un tuyau fendu dans sa longueur en deux parties flexibles, terminées chacune par une lèvre ou petit bouton, et renfermant un aiguillon composé de cinq filets écailleux, ou petites lames, semblables à des lancettes superposées, les unes dentelées en scie à leur extrémité, les autres seulement tranchantes. Le jeu de toutes ces petites soies acérées perce promptement la peau ; et à mesure que ces lancettes s'enfoncent, le fourreau, qui ne pénètre point avec elles, se replie vers la poitrine en formant un coude. Pour une trompe si délicate, le sang est un fluide trop grossier encore : afin de lui donner la fluidité convenable, le Cousin y mêle une liqueur vénéneuse, qui détermine dans la piqûre une irritation et une enflure plus ou moins considérables *.

C'est aux eaux stagnantes que la femelle du Cousin confie sa postérité. Son attitude est très-singulière pendant la ponte : elle se pose sur quelque brin d'herbe au-dessus de l'eau ; puis, croisant ses pattes postérieures près de l'extrémité de son abdomen, elle forme un angle dans lequel elle place perpendiculairement, les uns à côté des autres, ses œufs, qui ont la forme d'une quille et qui sont enduits d'une matière visqueuse. A mesure que la masse d'œufs augmente, elle s'allonge entre l'écartement des jambes, qui cèdent, et prend la forme d'un petit radeau, qui

---

* Ce sont principalement les femelles qui nous tourmentent et se montrent avides de notre sang. Dans les pays chauds, les Cousins sont connus sous le nom de *Moustiques*, de *Maringouins*, etc., et leurs atteintes y sont très-redoutées : on s'en garantit, au lit, en s'entourant d'une tenture de gaze appelée *cousinière* ou *moustiquaire*. En été, dans la Laponie et ailleurs, on se met sous la protection d'épais tourbillons de fumée, pour éloigner ces insectes excessivement fatigants. C'est dans le même but que plusieurs peuplades sauvages ou barbares demi-nues se frottent la peau du suc de certaines plantes ou se barbouillent le corps de bouse de vache (**Hottentots**, etc.).

tombe dans l'eau et flotte à sa surface. La Larve qui en sort (IV, 11) a un long abdomen garni de faisceaux de soies, dont elle se sert pour nager avec beaucoup d'agilité. Au moyen des organes ciliés dont sa tête est pourvue, elle détermine un petit tourbillonnement dans l'eau, pour amener à sa bouche les matières dont elle se nourrit. L'avant-dernier segment de l'abdomen porte l'organe respiratoire, qui consiste en un tube qui forme un angle avec ce segment. L'extrémité de ce tube est munie de plusieurs pointes disposées comme les rayons d'une étoile, et dont l'animal se sert pour se maintenir à la surface de l'eau et se mettre en rapport avec l'air atmosphérique : veut-il s'enfoncer, les rayons se rapprochent, empêchent l'air de pénétrer dans l'intérieur du tube, et l'animal descend aussitôt; veut-il remonter, au contraire, il épanouit les rayons, l'air pénètre dans l'intérieur du tube, et la Larve s'élève sans peine.

Cette Larve change plusieurs fois de peau avant de se transformer en Nymphe. Pour effectuer ces mues successives, elle vient présenter son dos à l'air ; bientôt la peau se dessèche, se fend longitudinalement et permet à l'Insecte de rejeter sa vieille dépouille. C'est à la dernière mue que le Cousin se métamorphose en Nymphe. Celle-ci, dans le repos, prend une forme circulaire, en appliquant sa queue au-dessous de sa tête. Quand elle veut nager, elle se débande, et à l'aide des palettes dont est munie l'extrémité de son corps, elle se meut rapidement dans les eaux. Cette Nymphe respire au moyen de deux tuyaux placés sur le thorax.

Huit à dix jours après cette métamorphose, le Cousin devient Insecte parfait ; mais la rupture de la pellicule qui le retient prisonnier, exige de grandes précautions. A mesure qu'il s'en dégage, il surnage à l'aide de son enveloppe de Nymphe, qui lui sert comme de planche ou de bateau ; mais si, durant l'opération, il survient un coup de vent, la frêle nacelle chavire, et l'Insecte est submergé. Outre ces accidents, les Oiseaux aquatiques et les Poissons nous délivrent d'une grande quantité de Cousins, qu'ils mangent à l'état de Larves et de Nymphes *.

D'après les détails que nous avons donnés sur les principales espèces qui composent l'ordre des

---

* Les Cousins pullulent par millions pendant tout l'été dans les régions polaires, et y sont plus incommodes même que sous les tropiques. Dans ces régions, l'hiver dure environ neuf mois, et le thermomètre de Réaumur y descend souvent jusqu'à — 40°, tandis que, pendant l'été, il monte à + 30°, et même 33°. Or cette courte durée de la chaleur est en rapport avec la brièveté de l'existence des Cousins, qui, en outre, passant leurs premiers états dans l'eau, sont à l'abri du froid le plus extrême.

Diptères, on voit que le Créateur les a organisés pour se nourrir d'une grande variété de substances, et que le rôle qu'ils remplissent dans leurs divers états de Larves, de Nymphes ou d'Insectes parfaits, et dans les différentes stations qui leur ont été assignées, est de la plus grande importance pour détruire la source ou au moins pour diminuer considérablement l'effet des émanations désastreuses de tant de matières corrompues qui, sans l'action salutaire de ces Insectes, souilleraient la terre et l'auraient bientôt dépeuplée. Ce qui manque en grosseur à ces petits êtres est compensé par leur nombre, car il n'est peut-être aucun ordre dans lequel les individus soient aussi extraordinairement multipliés. Si, dans certaines circonstances, les Sauterelles et les Pucerons semblent pulluler davantage, il est pourtant vrai de dire que les individus de la race des Diptères sont ceux que l'on rencontre le plus communément et qui attirent le plus souvent notre attention. Pendant près des trois quarts de l'année nous les entendons bourdonner, nous les voyons voltiger autour de nous, dans nos appartements, et jusqu'au cœur de l'hiver nous en rencontrons, dans nos promenades, de nombreux essaims qui dansent à l'abri sous les buissons, par un beau jour de soleil.

ORDRE DES RHIPIPTÈRES.

(ῥιπὶς, éventail; πτερὸν, aile.)

Les RHIPIPTÈRES ont deux grandes ailes membraneuses et plissées longitudinalement comme
un éventail : deux petits élytres recouvrent la
base ou la totalité de ces organes. Les yeux sont
au nombre de deux, à facettes, gros, hémisphériques et un peu pédiculés. Les Larves vivent
entre les écailles de l'abdomen des Guêpes, etc.,
et c'est là aussi qu'elles se métamorphosent en
Nymphes. On peut les regarder comme des
OEstres d'Insectes. Ils forment deux genres : les
Xénos, qui vivent sur des Andrènes, espèce
d'Abeilles solitaires, et les Stylops, qui vivent
sur plusieurs sortes de Guêpes.

ORDRE DES HÉMIPTÈRES.

(ἥμισυς, demi; πτερὸν, aile.)

Ces petites productions de la nature, que les hommes qui
ne pensent point, jugent inutiles, ne sont pas des grains
de poussière sur les roues de la machine du monde ; ce sont
de petites roues qui s'engrènent dans de plus grandes.

BONNET.

Caractères : quatre ailes ; tantôt ces organes
sont entièrement membraneux et semblables

entre eux, tantôt les ailes supérieures sont, vers la base, coriaces et crustacées comme les élytres des Coléoptères, et ne sont membraneuses qu'à leur extrémité postérieure; un bec essentiellement organisé pour la succion, tubulaire et cylindrique, renfermant quatre soies roides et dentelées, replié en demi-cercle sous la tête, chez les Hémiptères qui se nourrissent aux dépens des animaux; appliqué, dans le repos, contre la face inférieure du thorax, chez ceux qui pompent le suc des végétaux.

L'Insecte, dans ses trois états, conserve les mêmes formes et les mêmes habitudes; seulement il acquiert des ailes et augmente en volume.

Les Hémiptères forment deux sections : les HOMOPTÈRES (ὁμὸς, semblable, etc.), qui ont les ailes antérieures de même consistance dans toute leur longueur, et comprennent trois familles : *Gallinsectes*, *Aphidiens* et *Cicadaires*, qui vivent du suc des végétaux; les HÉTÉROPTÈRES (ἕτερος, différent, etc.), dont les ailes antérieures, crustacées à la base, se terminent brusquement par un appendice membraneux; ils se composent de deux familles, dont l'une est aquatique (*Hydrocorises*) et l'autre terrestre (*Géocorises*).

SECTION DES HOMOPTÈRES.

La famille des GALLINSECTES a été ainsi désignée parce que les femelles, vers l'époque de la ponte, prennent la forme d'une petite boule qui recouvre et garantit les œufs, et qui ressemble aux petites galles que l'on voit sur les arbres. Ces Insectes ont beaucoup d'analogie avec les Pucerons. La femelle est aptère; le mâle a deux ailes, mais point de bec. — Les Cochenilles [*] et les Kermès (*Coccus*); très-agiles à l'état de Larves, les femelles se fixent sur les feuilles ou sur les jeunes branches de l'arbre qui leur convient, chaque fois qu'elles se préparent à changer de peau. Après avoir pris un certain accroissement, elles se fixent pour toujours, s'accouplent, se construisent un petit nid cotonneux, grossissent, pondent plusieurs milliers d'œufs qu'elles déposent entre leur abdomen et le duvet de leur nid, puis elles meurent; et, par une admirable prévoyance de la nature, leur peau, en se desséchant, devient une enveloppe solide qui recouvre les œufs jusqu'à l'éclosion de leur progéniture. Les jeunes Gallinsectes, pourvus des mêmes organes que leur mère, se répandent sur les feuilles, et

---

[*] Cochenille du Nopal, IV, 13; 13 *a* mâle.

vers la fin de l'automne, ils se fixent sur les branches pour y passer l'hiver. Les Kermès ont des habitudes tout à fait analogues à celles des Cochenilles ; seulement, en prenant de l'accroissement, ils perdent entièrement la forme d'Insectes pour prendre celle d'une galle, tandis que les Cochenilles conservent toujours la figure d'un animal.

On connaît une trentaine d'espèces de Cochenilles qui vivent sur différents arbres, sur le figuier commun, l'olivier, l'oranger, le nopal, espèce de cactier à tiges aplaties, sur l'aune, etc. [*].

Les Kermès vivent sur le chêne vert, dans le midi de l'Europe, sur l'orme, le pêcher, etc.

On sait que c'est aux Gallinsectes que nous devons nos plus belles teintures écarlates et cramoisies, et que la Cochenille du nopal, cultivée au Mexique, est l'une des principales richesses de cette contrée.

Nous reviendrons sur l'histoire de ces Insectes et sur les produits importants qu'ils fournissent à l'industrie.

La famille des APHIDIENS (ἄφις, Puceron, d'ἀφύω, tirer en puisant) est caractérisée par les tarses

---

[*] La Cochenille est appelée dans l'Écriture *ver d'écarlate* (Exod. XXV, 4 ; XXVI, 1, 31, 36, etc., etc.) — *Kermès* est un mot des langues orientales qui signifie *ver*.

composés d'un à deux articles, par les antennes sétacées et de six à onze articles, par un corps mou et deux élytres à peine différents des ailes inférieures dans les individus ailés. Ces Insectes sont petits et pullulent prodigieusement. Les plus curieux sont les Pucerons *proprement dits*, qui ont l'abdomen terminé par deux espèces de tuyaux creux, d'où s'échappent souvent des gouttelettes d'une liqueur transparente et sucrée dont les Fourmis se montrent très-friandes. Ils vivent en société, et changent quatre fois de peau avant d'arriver à l'état d'Insectes parfaits. Les principales espèces sont : le Puceron du *rosier*, dont le corps d'un vert tendre, écrasé entre les doigts, exhale le parfum de la rose ; — le Puceron du *chêne*, de couleur brune, a le bec au moins trois fois plus long que le corps ; — le Puceron de l'*orme*, qui détermine par ses piqûres, dans les feuilles de cet arbre, une extravasation de sucs qui change cette feuille en une sorte de vessie dans laquelle ce Puceron habite en grand nombre * ; — le Puceron du *tilleul*, qui courbe les jeunes tiges de cet arbre en spirale ; — le Puceron du *peuplier*, couvert d'un duvet cotonneux, se

---

* On trouve au fond de cette cloche une grosse goutte d'une liqueur limpide, que Réaumur dit être plus douce et plus agréable au goût que le miel.

renferme dans une feuille pliée en deux ; — le Puceron du *hêtre*, couvert d'un long duvet blanc * ; — le Puceron du *pommier* ou *lanigère*, très-nuisible à cet arbre en faisant périr les jeunes pousses, etc., etc.

Les autres Aphidiens sont les Thrips, qui ont les ailes frangées et sont d'une extrême agilité ; — les Psylles ou *faux Pucerons*, organisés pour le saut, contournent les feuilles en calotte ou leur donnent l'apparence de galles ; le buis, l'aune, l'ortie, etc., en nourrissent diverses espèces.

Les CICADAIRES ont trois articles aux tarses et des antennes très-petites. Le canal alimentaire, après une suite de circonvolutions, vient se dégorger dans lui-même, après avoir fait parcourir au liquide alimentaire un cercle complet, disposition très-singulière et dont il n'est pas facile de donner une explication physiologique satisfaisante. — Les Cicadelles ; — les Cercopes, dont une espèce (la Cercope *écumeuse*) est brune, avec deux taches blanches sur les élytres ; sa Larve, à mesure qu'elle absorbe les sucs du végétal sur lequel elle s'est fixée, laisse échapper par tous

---

* Ce duvet est formé de fils composés de petits grains posés bout à bout, assez analogues aux efflorescences qu'on observe sur certains minéraux. Ce duvet enlevé repousse, et sort naturellement des pores de l'animal.

ses pores, une liqueur écumeuse et blanche qui l'environne tout entière et qui est appelée vulgairement *écume printanière*, *crachat de Coucou*, etc. — Les Centrotes ; les espèces *petit diable* et *demi-diable* vivent sur les fougères, les genêts, etc. — Les Fulgores ou *porte-lanternes* de l'Amérique méridionale, qui ont près de huit centimètres de long; Insectes très-remarquables par la beauté et la variété des couleurs qui ornent leurs élytres et leurs ailes, sur lesquelles on remarque des yeux peints comme sur la queue du Paon. Leur tête présente des variétés de forme très-singulières ; cette partie ressemble tantôt à une scie, tantôt à un mufle, d'autres fois à une trompe d'éléphant. La nuit, ce museau est assez resplendissant pour permettre de lire les caractères les plus fins [*]. C'est un spectacle merveilleux que de voir ces Insectes tracer dans les airs des sillons de feu durant les nuits sombres, ou briller sur les fleurs comme des torches enflammées [**].

[*] Ce fait, attesté par Mme Mérian, a été nié par quelques autres naturalistes (Richard, etc.), et de nouveau appuyé par un voyageur belge, et tout récemment encore remis en doute par Lacordaire. Latreille et Audoin pensent que ces contradictions tiennent vraisemblablement à des intermittences dans l'émission de cette lumière, intermittences qui sont ou volontaires ou dues à la saison, ou à quelque autre cause encore ignorée.

[**] Fulgore *chandelière*, IV, 14. — Avant que Mme Mérian

Les Cigales ont trois yeux lisses, les élytres transparents et veinés. Les femelles sont pourvues d'une tarière composée de deux pièces dentées et pointues ; quand l'animal les met en jeu, elles font l'office d'une lime pour percer jusqu'à la moelle les branches de bois mort dans lequel les œufs sont déposés. Ces Insectes se tiennent sur les plantes dont ils sucent la sève[*].

SECTION DES HÉTÉROPTÈRES.

La première famille appartenant à cette section est celle des HYDROCORISES (ὕδωρ, eau, κόρις, punaise) ou *Punaises d'eau* : yeux gros ; bec court,

----

:onnût la qualité lumineuse de cet insecte, les Indiens lui en apportèrent plusieurs, qu'elle renferma dans une grande boîte. Effrayée, la nuit, d'un bruit singulier qu'elle entendit dans la maison, elle se leva, fit allumer une chandelle, et alla voir ce que ce pouvait être. Ce bruit venait de la boîte ; elle l'ouvrit, et aussitôt il en sortit comme une flamme, ce qui redoubla son émotion, et lui fit jeter la boîte, qui répandit un nouveau trait de lumière à chaque animal qui en sortait. On conçoit que cette frayeur ne dura pas longtemps, et qu'ayant bientôt fait place à l'admiration, on ne négligea rien pour rattraper des animaux si extraordinaires, qui étaient prévalus de la peur qu'ils avaient causée pour prendre essor.

* La Cigale était servie comme un mets recherché sur la table des Grecs (Aristote, liv. V, 30). — C'est à tort que les fabulistes, tels que notre Lafontaine, l'ont blâmée de passer l'été à chanter, de ne point amasser de provisions pour l'hiver. Comme elle

aigu ; corps linéaire ou ovale; les pieds antérieurs servant de pinces pour saisir les autres Insectes, dont ils se nourrissent. Ils piquent vivement. — Les Notonectes, qui nagent avec vitesse et renversés sur le dos ; cette attitude leur est plus favorable pour saisir leur proie, qui consiste ordinairement en Larves de Cousins et en petits volatiles qui tombent à la surface de l'eau ; leur dos a d'ailleurs la forme d'une carène, et leurs pattes postérieures, très-ciliées, font l'office de rames *.
— Les Ranâtres, au corps très-allongé, ayant l'extrémité des pattes antérieures disposée en avirons.
— Les Nèpes, qui ont les deux pieds antérieurs en forme de tenailles; leur tarse, armé d'un ongle, se replie dans un sillon de la cuisse, et dès qu'il paraît un Insecte à leur portée, elles l'accrochent avec ce tarse comme avec un harpon **.

meurt naturellement à l'approche de cette saison, ces provisions ne pourraient lui servir. Et puis, que ferait-elle de *mouches et de vermisseaux*, elle qui ne se nourrit que du suc des plantes ? L'observation de la nature n'est pas moins indispensable dans la composition d'une fable que dans celle d'une épopée.

La Cigale de l'orne, espèce de frêne qui croît en Calabre (Italie), pique cet arbre et en fait découler un suc mielleux, appelé *manne*, dont on fait un si grand usage dans la médecine comme purgatif.

* Notonecte *glauque*, IV, 16.

** Les œufs de la Nèpe *cendrée* portent à leur extrémité supérieure une sorte de couronne formée de sept épines, qui les font ressembler aux semences du chardon bénit.

La famille des GÉOCORISES ($\gamma\tilde{\eta}$, terre, $\varkappa\acute{o}\rho\iota\varsigma$, punaise), ou *Punaises.terrestres*, comprend les Hydromètres aux pattes et au corps grêles, que l'on voit courir sur l'eau *; — les Reduves, dont la piqûre est fort vive ; le Reduve *musqué* habite l'intérieur des maisons et se nourrit de Mouches, de Punaises, etc., qu'il surprend en s'en approchant en tapinois ; — la Punaise des *lits*, dont le corps est mou, aplati et dépourvu d'ailes ; elle se nourrit principalement de sang humain ; elle a l'odorat extrêmement fin, et lorsqu'elle ne peut parvenir jusqu'aux personnes qui reposent dans des lits suspendus, on dit qu'elle monte au plafond, d'où elle se laisse tomber juste sur la personne endormie. On prétend qu'elle n'existait pas en Angleterre avant 1666, et qu'elle y fut transportée avec des bois d'Amérique. — Les Pentatomes ont la gaîne du suçoir en forme d'alêne et le tarse divisé en trois articles ; leur corps est court et large ; ils répandent une odeur fétide quand on les prend, et c'est là sans doute un des moyens employés par la nature pour pourvoir à la sûreté de ces créatures si faibles. Ils vivent sur les végétaux ou sucent divers Insectes, tels que des Chenilles, etc.; on les connaît sous le nom

---

* Une bulle d'air, qui reste constamment attachée à la plante de leur tarse, suffit pour empêcher leur corps de s'enfoncer.

vulgaire de *Punaises des bois* *. Ces Insectes se servent peu de leurs ailes, mais beaucoup de leurs pattes, et paraissent très-prudents ; on les voit courir et se cacher dès qu'ils s'aperçoivent qu'on les guette **.

Parmi les traits les plus remarquables de l'histoire des Hémiptères, nous mentionnerons quelques particularités physiologiques relatives à la génération des Pucerons et à l'organe du chant chez les Cigales.

Lorsque la douce influence de la chaleur prin-

---

* On connaît un Pentatome dont l'œuf présente une singularité bien remarquable : outre une calotte hémisphérique, il est pourvu d'un appareil destiné à le faire sauter. Cet appareil, de substance cornée, a la forme d'une arbalète, dont la corde serait fixée au couvercle de l'œuf, et la partie opposée, aux côtés de ce dernier, qui lui sert de point d'appui. (Pl. IV, fig. 18.)

** Pentatome *vert*, IV, 17. — Les femelles manifestent un grand attachement pour leurs œufs, qu'elles surveillent nuit et jour avec sollicitude. La femelle du Pentatome *gris*, par exemple, a tout l'instinct maternel de la poule pour garder et conduire ses petits. Aussi longtemps que ses soins leur sont nécessaires, on la voit, au moindre danger, battre des ailes et repousser courageusement l'ennemi, surtout le mâle, qui, comme un autre Saturne, cherche, dit-on, à dévorer ses enfants aussitôt qu'ils ont vu le jour.

La Punaise la plus infecte est complétement inodore lorsqu'on la flaire sans la toucher ; mais si l'on vient à l'inquiéter, elle reprend aussitôt l'odeur propre à son espèce; ce qui prouve, d'une part, que cette émission est un moyen défensif, et, de l'autre, que le sens de l'odorat existe chez ces animaux.

tanière a éveillé de toutes parts les germes
échappés aux rigueurs de l'hiver, les œufs pondus
par les Pucerons l'automne précédent, et accolés
aux branches des arbres*, éclosent et produisent
une génération composée exclusivement de femelles qui pullulent avec une extrême rapidité.
Ces femelles sont aptères, et mettent au jour, sans
accouplement préalable, puisqu'il n'existe aucun
mâle, des petits vivants qui sortent à reculons du
ventre de leur mère et qui sont également des
femelles. Depuis le printemps jusqu'à la fin de la
belle saison, dix à douze générations d'individus
tous femelles se succèdent ainsi, et ce n'est que
vers la fin de l'été qu'il naît des mâles, dont les
uns sont ailés, les autres aptères. Les femelles de
la génération précédente s'accouplent alors avec
ces mâles, et cessent d'être vivipares pour pondre
des œufs qui ne doivent éclore qu'au printemps
suivant.

Si les femelles avaient été constamment vivipares, les froids de l'hiver auraient infailliblement fait périr les petits, et la race des Pucerons
aurait été détruite ; nous trouvons donc ici une
nouvelle preuve de la sollicitude de la Providence
envers ses moindres créatures.

On a constaté qu'une seule femelle pouvait

* Voyez la note I à la fin du volume.

13

devenir mère d'une centaine de Pucerons femelles, dont chacune pouvait produire à son tour un pareil nombre de jeunes également fécondes, et ainsi successivement jusqu'à la onzième ou douzième génération : de sorte que, dans le courant d'un été, un seul individu peut devenir la souche de plus d'un milliard de ces Insectes; fécondité prodigieuse à laquelle, heureusement, de nombreuses causes de destruction viennent mettre des bornes *.

Cette fécondation des Pucerons femelles, isolées de tout mâle, a été mise hors de doute par les expériences de Bonnet, de Réaumur, de Lyonnet, répétées par Auguste Duvau, Kittel, etc. Pour expliquer ce singulier phénomène, les naturalistes ont eu recours à plusieurs théories. La moins invraisemblable peut-être est celle de MM. Léon Dufour et Morren, qui admettent, dans les mères, la formation spontanée d'individus nouveaux par une sorte de gemmation intérieure, ce qui revient à peu près à l'opinion de Réaumur, qui regarde les Pucerons comme hermaphrodites. Quoi qu'il en soit, ce dernier observateur, et tout récemment Dugès, ont reconnu

---

* Les principaux ennemis des Pucerons sont les Larves des Hémérobes, des Coccinelles, celles de plusieurs espèces de Diptères, etc., qui les dévorent chaque jour par centaines.

des fœtus déjà tout formés dans les femelles encore à l'état de Larves et de taille inférieure de plus de moitié à celle de l'adulte *.

Arrivons maintenant au petit ménestrel rustique dont nous avons promis de décrire la curieuse musette.

Il est incontestable qu'un grand nombre d'Insectes sont doués du sens de l'ouïe **. Le chant d'une seule Cigale entraîne toutes les Cigales du

---

* Kyber, en renfermant en serre chaude, pendant l'hiver, les plantes sur lesquelles il élevait des Pucerons, a vu ces derniers se propager, pendant quatre années de suite, sans que, dans ce long intervalle, il y eût aucun rapprochement entre les individus des deux sexes. — Germar's *Magazin der Entomol.*, t. I.

Les Pucerons, au reste, ne sont pas les seuls Insectes qui aient la faculté de se reproduire de cette manière. M. Carlier a obtenu, sans accouplement, trois générations d'une espèce de Papillon nocturne; la dernière, n'ayant donné que des mâles, mit naturellement fin à l'expérience.

L'Insecte qui jusqu'ici a été recueilli le plus près du pôle, est un Puceron, qui a été rencontré sur la glace même par les 82° 26′ 44″, à environ 33 lieues de toute terre, lors de l'expédition du capitaine Parry au pôle boréal. On présume qu'il avait été enlevé par le vent de quelque point de la côte du Groënland.

** Le chant de la Cigale, le bruissement des Sauterelles et la stridulation des Criquets, le tintement des Cousins et le bourdonnement des Abeilles, le grognement des Courtillières et le piaulement des Syrphes, le tic-tac des Psoques, le tapotement des Vrillettes, et tous ces bruits, ces strideurs, ces frémissements, ces oscillations, ces murmures des Criocères, des Leptures, des Capricornes, des Donacies, des Ateuches, des Blaps, des Sphinx, sont certainement destinés à être perçus par un organe spécial.

13.

voisinage à chanter de concert, comme les Grenouilles d'un étang se mettent à coasser aussitôt qu'une seule se hasarde à rompre le silence. La Sauterelle à front blanc, renfermée dans une boîte, se tait à l'instant si l'on froisse un papier à peu de distance, ou si l'on ouvre une porte même dans une chambre éloignée. Toutefois on a vainement cherché jusqu'ici l'organe de l'audition sur ces animaux, et tout ce qu'on a dit à cet égard se réduit à des conjectures. Les deux petits trous en forme de stigmates, placés à la partie postérieure de la tête chez les Cigales, et que M. de Blainville a présumé pouvoir être des organes acoustiques, ne sont point des perforations, mais seulement des dépressions tapissées, comme le reste du crâne, d'une membrane sans saillie et sans ouverture. Mais si le siége de l'ouïe nous échappe, l'instrument producteur des concerts dont le vieux Tithon réjouit sa muette compagne, nous est parfaitement connu. Ne résistons point, dit Bonnet, à la tentation de descendre dans un détail bien propre à nous convaincre que les plus petites productions de la nature sont l'ouvrage de cette intelligence adorable qui s'est peinte dans le petit comme dans le grand.

Lecteur qui avez entendu, dans vos promenades champêtres, les stridulations bruyantes de l'Insecte qui nous occupe, s'il ne vous est pas arrivé de murmurer contre leur importune monotonie, au moins très-probablement vous aurez passé avec indifférence, en vous rappelant peut-être les vers calomniateurs de ce bon Lafontaine, à qui il faut bien le pardonner, puisqu'il n'avait point, comme nous, de Réaumur qu'il pût consulter. Vous comprendrez combien ces dédains étaient peu mérités, quand vous aurez étudié l'admirable appareil qui sert à ce troubadour pour produire ces vibrations sonores. Lors donc que vous aurez en votre possession un de ces petits musiciens, si vous l'examinez, vous découvrirez d'abord, sous le ventre, deux plaques écailleuses ou larges cueillerons cornés (volets de Réaumur), qui sont une expansion du métathorax *. Chacun de ces opercules recouvre une cavité qui renferme différentes pièces, dont nous allons essayer de décrire la forme, la disposition et le jeu. Ces pièces sont, dans chaque caverne, un *miroir* placé en arrière de la vertèbre triangulaire qui sépare les deux cavités et qui appartient au premier anneau de l'abdomen ; une *membrane plissée* située en avant de cette vertèbre ; en dehors une *timbale* ou instrument vibratoire.

---

* Appareil vocal de la Cigale, IV, 15 ; *b,* timbale ; *c,* son muscle ; *f,* membrane plissée couvrant la partie thoracique de la cavité de renforcement ; *g,* miroir couvrant la partie abdominale de la cavité de renforcement ; *h,* cette cavité ouverte.

La timbale est une membrane sèche, élastique, convexe en dehors, sillonnée et soutenue par des arcs ou replis cornés plus ou moins parallèles, encadrée par une pièce cornée immobile. Deux muscles viennent s'attacher à cette membrane : l'un, très-petit, paraît destiné à augmenter la tension de la timbale ; l'autre très-fort, attaché à la première vertèbre abdominale, se termine par une petite platine ovale du centre de laquelle part un tendon fixé au fond de la concavité de la timbale. Quand l'Insecte contracte ce muscle, la timbale subit aussitôt une dépression ; s'il le relâche, au contraire, la membrane ressaute et reprend sa convexité en vertu de l'élasticité de son tissu et des sillons qui le renforcent. Ce sont ces contractions et ces relâchements alternatifs et rapidement répétés par une sorte de trépidation de ce gros muscle, qui produisent ces crépitations sonores que l'on appelle le chant des Cigales *.

Toutefois il ne résulterait de ces trémulations qu'un son assez peu intense, s'il n'existait dans

---

* Chacun peut vérifier ce fait en couvrant d'un sable fin la timbale mise à nu ; on verra, au moment du chant, ce sable projeté au loin. Même après la mort, on peut obtenir une petite vibration en tiraillant le muscle. Si vous déchirez la timbale dans les intervalles des arcs qui la sillonnent, vous affaiblissez le son ; vous le détruisez tout à fait, si vous coupez ces arcs transversalement.

l'animal un appareil de *renforcement* énergique. Cet appareil consiste en deux grandes cavités aériennes occupant, l'une le thorax, l'autre l'abdomen, à parois écailleuses, dures et sèches, et qui font, du corps de la Cigale, une sorte de caisse que l'on peut comparer à celle d'un instrument de musique. Les deux pièces que nous avons désignées plus haut sous les noms de *miroir* et de *membrane plissée*, entrent dans la constitution des parois de ces cavités. Les miroirs, formés de deux lames membraneuses, diaphanes, irisées, font partie des parois de la cavité abdominale ; la membrane plissée est opaque et clôt en bas la cavité thoracique. Comme les timbales sont elles-mêmes une continuation des parois abdominales, on a cru longtemps que les deux cavités étaient fermées de toutes parts ; mais Carus a découvert immédiatement, au-devant de chaque timbale, un stigmate qui permet à l'air d'entrer et de sortir directement *. L'air ébranlé, répercuté par ces instruments divers, va résonner dans les loges, où il est modifié encore par les différentes pièces qu'elles renferment, de même qu'il est

---

* Ce stigmate est garni d'une valvule dont on observe les oscillations durant le chant. On a remarqué aussi qu'en perforant les miroirs, on affaiblissait le son, et qu'en déchirant les membranes plissées, la voix devenait plus aigre.

modifié dans l'homme par les cavités de la bouche et du nez.

Voilà, il en faut convenir, un merveilleux mécanisme, un instrument musical bien ingénieux. Refuser d'admettre qu'une intelligence ait présidé à la création, à la disposition de toutes ces pièces, nier qu'il y ait dans ces agencements une intention, un but déterminé, c'est soutenir qu'un forte-piano ne suppose nulle invention, aucun art, aucune fin, et que ses touches et ses cordes sont là par hasard pour rendre un son sous les doigts des Listz et des Thalberg.

ORDRE DES LÉPIDOPTÈRES.

(λεπὶς, écaille; πτερὸν, aile.)

> A tous ces faux plaisirs qui absorbent la vie, substituez ces jouissances pures et délicieuses attachées à la contemplation des œuvres du Créateur, et l'ennui ne vous tourmentera jamais.
>
> LATREILLE.

Les Papillons... A ce nom, de doux souvenirs d'enfance se réveillent dans votre esprit : vous vous rappelez vos courses, durant la belle saison, sur la lisière des bois, dans les sentiers des collines, au bord des ruisseaux, le long des prés fleuris, muni du filet de gaze destiné à surprendre ces volages habitants de l'air. Avec quel

Pour pomper ces liqueurs, le Papillon possède, entre deux palpes hérissées de poils, une trompe roulée en spirale pendant le repos, comme le ressort d'une montre, et composée de deux filets creusés en gouttière à leur partie interne. Les autres pièces de la bouche sont à l'état rudimentaire. Les antennes sont variables et formées d'un grand nombre d'articles. Le thorax est moins distinctement séparé de l'abdomen que chez la plupart des autres Insectes. Les tarses ont cinq articles, et souvent l'extrémité du dernier est munie d'un petit appareil qui sert à l'animal pour se fixer, comme à l'aide d'une ventouse. L'abdomen, composé de six ou sept anneaux, ne porte ni tarière ni aiguillon, excepté celui du mâle qui se termine par une pince aplatie. Les ailes sont au nombre de quatre, composées d'un tissu infiniment délicat, et couvertes d'une multitude d'écailles d'une extrême petitesse. Ces écailles, d'un brillant poli, de formes et de couleurs très-variées, sont implantées dans l'aile par un pédicule et couchées en recouvrement. On voit à la base de chaque aile une petite pièce que l'on a comparée à une épaulette.

Les Lépidoptères ont été divisés en trois familles bien distinctes : les *Nocturnes*, les *Crépusculaires* et les *Diurnes*.

FAMILLE DES LÉPIDOPTÈRES NOCTURNES.

Les LÉPIDOPTÈRES NOCTURNES, comme leur nom l'indique, ne volent ordinairement que la nuit. Ils ont les antennes sétacées ou diminuant de grosseur de la base à la pointe. Les ailes sont généralement horizontales ou penchées; et la paire inférieure, plus faible et moins bien partagée en muscles, est liée, dans le repos, à la paire supérieure, par une petite anse enfilée d'un gros poil. Ces appendices sont quelquefois roulés autour du corps ou fendus longitudinalement, de manière à représenter des plumes disposées en éventail; ils manquent chez quelques femelles. Cette famille très nombreuse a été divisée par Latreille en dix tribus, savoir :

La tribu des FISSIPENNES, dont les ailes, divisées en lanières, ciliées dans toute leur longueur, ressemblent aux ailes des Oiseaux; le Ptérophore *pentadactyle*, aux ailes d'un blanc de neige; — l'Ornéode *hexadactyle*, ailes cendrées à six divisions; il n'est pas rare de le voir aux vitres des fenêtres dans les mois de l'été (fleurs du chèvre-feuille *). Pl. IV, fig. 19.

---

* Pour abréger, nous mettrons ainsi, entre parenthèses, le nom de la plante sur laquelle vit la Chenille du Lépidoptère décrit, quand le nom même de l'Insecte ne l'indiquera pas.

La tribu des TINÉITES * est surtout remarquable par les dégâts qu'occasionnent leurs Chenilles,
connues sous le nom de *Vers* ou de *Teignes* **.
Les Tinéites sont de très-petite taille : il y en a
qui ont les ailes supérieures étroites et longues,
formant un toit arrondi sur le corps ou appliquées
perpendiculairement sur les côtés, etc. — Les
Adèles ou Alucites : l'Adèle de Degéer se trouve
dans les bois ; sa tête et son thorax sont d'un
noir bronzé, ses ailes supérieures d'un jaune
brun, avec une large bande d'un jaune d'or,
bordée des deux côtés d'une ligne violette, argentée et changeante. — Les Æcophores ; une
espèce de couleur café au lait, et connue sous le
nom de Teigne des *blés*, cause quelquefois de
grands dégâts dans les céréales du midi de la
France (IV, 20). — Les Teignes *proprement dites*,
étroites et allongées, ailes enveloppantes, tête
huppée ; les principales espèces sont : la Teigne
fripière, d'un gris argenté, avec le bord des

---

* « Si les Teignes étaient aussi grandes que beaucoup d'autres
Lépidoptères, elles seraient plus généralement connues qu'elles
ne le sont, et ceux qui dédaignent la nature dans ses plus petites productions ne pourraient, sans un étonnement mêlé d'admiration, voir l'arrangement symétrique des couleurs les plus
vives, mêlées avec l'or et l'argent, qui brillent sur les ailes du plus
grand nombre. Mais ces Insectes si élégamment et si richement
vêtus ont à peine une ligne. » — LATREILLE.

** Voyez plus loin l'article CHENILLES.

ailes frangé et un point blanc de chaque côté du thorax; la Teigne des *tapisseries* a les ailes supérieures partie brunes, partie jaunâtres et relevées en queue de coq; la Teigne des *pelleteries,* d'un gris argenté brillant, avec quelques points noirs au milieu des ailes supérieures; la Teigne à *front jaune,* qui ravage les collections d'histoire naturelle; la Teigne des *grains,* dont les ailes supérieures sont marbrées de gris, de brun et de noir; les inférieures sont noirâtres sans tache; sa tête est couverte de poils fins, longs, d'un brun jaunâtre; son corps est d'un cendré obscur, sa grandeur d'environ huit millimètres.

Les autres Tinéites ont les ailes en forme de triangle allongé et aplati. Ce sont les Galleries, qui ont les ailes inclinées, relevées postérieurement en crête; la Gallerie de la *cire,* avec de petites taches brunes au bord des ailes. — Les Aglosses, qui n'ont qu'une trompe rudimentaire; l'Aglosse de la *graisse* a les ailes d'un gris d'agate avec des raies noires; on la trouve communément, ainsi que l'Aglosse de la *farine,* sur les murs, dans les maisons.

La tribu des DELTOÏDES est caractérisée par les ailes qui, pendant le repos, forment, avec le corps, sur les côtés duquel elles s'étendent horizontalement, une espèce de delta ou de triangle; — les Herminies, qui sont généralement grises,

ailes blanches ; l'Écaille *marte,* ailes supérieures brunes, inférieures rouges (ortie, laitue). — Les Séricaires, dont deux espèces méritent d'être remarquées : la première habite l'île de Madagascar ; les Chenilles vivent en société dans un nid commun, qui a jusqu'à trois pieds de hauteur et renferme quelquefois cinq cents cocons que l'on emploie à la fabrication des tissus. La seconde espèce est la Séricaire *disparate,* dont le mâle est brun avec des raies noirâtres, la femelle blanchâtre ; elle recouvre ses œufs avec les poils de l'extrémité de son abdomen ; sa Chenille fait souvent beaucoup de tort à nos arbres fruitiers.

La neuvième tribu est celle des BOMBYCITES, dont la trompe est courte, les antennes pectinées chez le mâle, les ailes tantôt horizontales, tantôt en toit. Les Chenilles vivent à nu sur les végétaux et se filent pour la plupart une coque de pure soie. — Les Bombyx, parmi lesquels on distingue le Bombyx *processionnaire,* remarquable par les mœurs de sa Chenille, dont nous parlerons plus loin; le Bombyx *livrée,* jaunâtre avec des raies d'un brun fauve ; la femelle dépose ses œufs autour des branches en forme de bracelet; le Bombyx *feuille-morte,* d'un roux brun ; le BOMBYX DU MURIER ou le VER A SOIE, blanchâtre avec deux ou trois raies obscures et transverses et une tache en croissant sur les ailes supérieures.

Nous ferons l'histoire de sa Chenille et de son précieux produit, quand nous traiterons des matières utiles fournies à l'industrie par la classe des Articulés. — Les Saturnies, qui comprennent de grandes espèces, telles que l'Atlas ou *porte-miroir* de la Chine, dont les ailes sont vitrées, c'est-à-dire offrent des parties dégarnies d'écailles; il a jusqu'à 27 centimètres, les ailes étendues ; — le Paon de *nuit* ou grand Paon, commun dans nos campagnes; il a de 13 à 14 centimètres d'envergeure; les ailes sont rondes, d'un brun mêlé de gris, avec un grand œil au milieu de chacune; le petit Paon de *nuit* (IV, 24).

La dixième et dernière tribu est celle des HÉPIALISTES, trompe peu distincte, antennes ordinairement courtes, ailes en toit, allongées, abdomen terminé chez les femelles par un oviducte. — Les Zeuzères ; une espèce est d'un beau blanc avec des anneaux bleus sur l'abdomen et des points nombreux de la même couleur sur les ailes supérieures (intérieur du marronnier d'Inde, du pommier, etc.). — Le Cossus *ronge-bois*, ailes d'un gris cendré, avec des lignes noires très-nombreuses (intérieur du saule, de l'orme, etc.)*.

---

* C'est la Chenille de ce Cossus qui a fourni au célèbre Lyonnet le sujet d'un travail admirable et d'une exécution magnifique, véritable chef-d'œuvre de patience et d'habileté, qui coûta dix années de recherches à son auteur. — Voyez son *Traité anatomique de la Chenille du saule,* 1 vol. in-4°, 1760.

— L'Hépiale du *houblon*, dont le mâle a les ailes d'un blanc argenté; la femelle est jaune avec des taches rouges; sa Chenille dévore les racines du houblon.

FAMILLE DES LÉPIDOPTÈRES CRÉPUSCULAIRES.

Les LÉPIDOPTÈRES CRÉPUSCULAIRES, vulgairement *Sphynx* ou *Papillons-Bourdons*, n'apparaissent guère que le soir ou le matin. Ils ont les antennes en massue allongée, prismatiques ou fusiformes, les ailes maintenues horizontalement, dans le repos, par une soie écailleuse et roide, qui passe dans un crochet et unit la paire supérieure à l'inférieure, caractère que nous avons déjà trouvé dans la famille précédente. Leurs Chenilles ont seize pattes. Ces Lépidoptères se divisent en quatre tribus, savoir :

Les ZYGÉNIDES, qui se composent en général d'espèces qui volent au milieu du jour, dont les antennes sont terminées en une pointe sans houppe et dont les ailes sont en toit, souvent vitrées. Leurs Chenilles vivent pour la plupart sur des plantes légumineuses. — Le Procris *turquoise*, corps d'un vert luisant et comme doré, ailes inférieures brunes; — la Zygène de la *Filipendule*, commune dans nos environs, d'un vert noir ou bleuâtre, six taches rouges sur les ailes supérieures, les inférieures rouges (Zygène de l'*Esparcette*, IV, 25).

Les SÉSIADES, dont les antennes sont simples, souvent terminées par un faisceau de soie ; on voit chez la plupart une sorte de brosse à l'extrémité de l'abdomen ; — les Sésies, qui ressemblent un peu à des Guêpes, à des Cousins, etc., et ont quelquefois les ailes vitrées.

Les SPHYNGIDES, dont les antennes sont terminées par un petit flocon d'écailles et les palpes inférieures larges et comprimées. Cette tribu comprend les Smérinthes du *tilleul*, de l'*orme*, du *peuplier*, du *chêne*, etc., dont les antennes sont dentées en scie ; ce sont des Insectes lourds. — Les Sphynx *proprement dits*, qui ont les antennes en massue prismatique, ciliée ou striée, une trompe distincte, le corps robuste, les ailes triangulaires et l'abdomen conique, souvent garni de touffes de poils colorés. Ils volent avec beaucoup de rapidité et bourdonnent en suçant les fleurs sans arrêter leur vol. On les a comparés au Sphynx égyptien, parce que les Chenilles de plusieurs espèces relèvent, pendant le repos, la partie antérieure de leur corps. Les principales espèces sont le Sphynx *phœnix* d'un brun clair (vigne) ; le Sphynx du *tithymale*, ailes supérieures d'un gris rougeâtre, avec trois taches vertes, les inférieures rouges avec deux bandes noires et une tache blanche ; sa Chenille est la plus belle des Chenilles de l'Europe ; le Sphynx de la *vigne*, peint de vert olive et de rouge ; le Sphynx *atropos*, ou *tête de mort*, est de grande taille et très-remarquable par la tache qui figure sur le thorax une tête de mort, ainsi que par le petit son qu'il fait entendre et dont l'origine a été tant controversée* (pomme de terre, jasmin, etc.). Il y a encore les Sphynx du *troëne*, du *liseron*, de la *garance*, des *pins*, du *laurier-rose*, de l'*épilobe*, du *caille-lait*, etc., etc. (Sphynx de la vigne, IV, 26).

La quatrième tribu des Crépusculaires est celle des HESPÉRISPHYNGES, renfermant les espèces qui lient les Hespéries aux Sphynx : trompe distincte, antennes simples, épaissies au milieu, sans houppe d'écailles à leur extrémité.

---

* D'après les récentes expériences de Dugès, l'organe sonore du Sphynx atropos est sur le point de contact et l'union des deux moitiés de la trompe. Cette trompe est formée par la réunion de deux gouttières, qui peuvent glisser l'une sur l'autre sans se disjoindre, parce que les bords de l'une s'emboîtent dans une rainure creusée dans le bord de l'autre ; comme le fond de cette rainure et le bord qui s'y loge sont très-finement crénelés en travers, leurs frottements réciproques déterminent cette stridulation que le Sphynx atropos répète fréquemment, surtout quand on le tient entre les doigts.

FAMILLE DES LÉPIDOPTÈRES DIURNES.

C'est à cette division qu'appartient l'élite de ce charmant petit peuple, dont nous essayons de décrire quelques espèces. C'est ici la caste privilégiée, la somptueuse tribu des princes, vêtus de jais, de pourpre, d'azur et d'or, et brillant de tous les reflets des pierres précieuses.

Les lépidoptères diurnes ne volent que pendant le jour, et tiennent leurs ailes, au moins les supérieures, élégamment relevées dans le repos. Leurs antennes sont tantôt terminées par un renflement en forme de petite massue, tantôt au contraire grêles et en pointe crochue à leur extrémité, tantôt enfin presque d'une égale grosseur partout. Leurs Chenilles ont seize pattes, dont six écailleuses du côté de la tête, et dix autres membraneuses du côté de l'abdomen.

Ils forment deux sections : la première comprend les hespéries, qui ont les antennes écartées à leur base et terminées par un crochet en hameçon, et les ailes inférieures ordinairement horizontales pendant le repos. — L'Hespérie *plain-chant*, ainsi nommée des taches blanches qui figurent des notes sur le fond noir de ses ailes (la cardère); l'Hespérie de la *mauve*, ailes dentées, brunes en dessus, grises en dessous, avec des points transparents.

La seconde section est extrêmement nombreuse et renferme les PAPILLONS *proprement dits*,
qui relèvent perpendiculairement leurs quatre
ailes dans le repos et portent des antennes ou
filiformes ou renflées en bouton à leur extrémité.
Ces splendides Insectes ont été divisés par phalanges, et presque toutes les espèces portent des
noms harmonieux, empruntés à la mythologie des
Grecs.

La première phalange se compose des PLÉ-
BÉIENS *, groupe nombreux de divinités pour la
plupart amies des champs, des bocages et des
hameaux. C'est le berger Amyntas, avec des
taches aurore sur un fond brun dans les femelles,
noires sur un fond bleu foncé dans les mâles; —
Myrmidon, noir avec une série de taches bleues,
ou entièrement bleu avec une rangée transverse
de points noirs; — Échion (Papillon *porte-queue
à double queue*), père infortuné qui raconte encore dans les vallons solitaires l'histoire touchante de ses deux filles immolées pour apaiser
les dieux; il se distingue par une bande rougeâtre

---

* Caractérisés par de très-petits crochets aux tarses, des palpes
longs, les ailes inférieures formant un canal sous l'abdomen; ces
ailes inférieures sont en triangle curviligne ou roides (les petits
porte-queue), ou le fond du dessus des ailes est bleu ou bronzé,
orné de petites taches rondes cerclées de nuances diverses et
ressemblant à des yeux (Argus).

bordée de blanc, qu'il porte sur les ailes supérieures, et par deux rangées de taches jaunes cerclées de blanc sur les ailes inférieures ; le dessous des quatre ailes est gris rouge avec des traits blancs ; — Arion, qui ne charme plus les oreilles par la mélodie de son luth, mais qui charme encore les yeux par ses ailes d'azur ornées d'une large bordure brune et d'une frange blanche avec une ligne transverse de points noirs ; le dessous est d'un gris brun, etc. Puis viennent les *Argus* ; le jeune Alexis ou l'Argus *bleu* * ; le charmant Adonis ou l'Argus *bleu céleste* ; l'audacieux Dorylas ou l'Argus *bleu pâle* ; le vaillant Méléagre ou l'Argus *bleu découpé* ; l'aimable Corydon ou l'Argus *bleu nacré* (V, 1); l'inflexible Phlœa ou l'Argus *bronzé* ; la belle Chryséis ou l'Argus *satiné changeant*, et l'Argus *azure*, et l'Argus *bleu violet*, et l'Argus *bleu turquin*, et l'Argus *bleu à bandes brunes*, *lignes blanches*, et l'Argus *myope violet*, et les Argus *satiné*, *satiné à taches noires*, etc., etc., et beaucoup d'autres, tous parés de couleurs distinctives les plus belles et les plus agréablement distribuées.

* Ce Papillon, commun aux environs de Paris, a le dessus des ailes d'un bleu d'azur changeant en violet tendre, avec une raie noire et une frange blanche au bord ; le dessous des ailes est gris, bordé d'une série de taches fauves entre deux lignes de points et de traits noirs (sainfoin, etc.).

A côté des Plébéiens viennent se ranger les DANAÏDES BLANCHES * ; les principales espèces sont le Papillon *Citron*, avec un point rougeâtre au milieu de chaque aile (*bourdaine*); — le Papillon *Souci*, avec un point noir au milieu des ailes, et, près du bord, six petits yeux à prunelle argentée et à iris pourpre ; — le *Safrané* ; — l'*Orangé* ; — le Papillon *Gazé*, aux ailes blanches et transparentes : on le voit quelquefois voltiger en si grand nombre dans les lieux abrités du vent, qu'on dirait une grosse neige qui tombe ; — le grand et le petit Papillon du *chou*, aux ailes blanches ; — le Papillon *Blanc de lait* ; — le Papillon *Aurore*, etc. Les Chenilles vivent la plupart sur des plantes crucifères.

Les PARNASSIENS ** ne renferment qu'un petit nombre de Papillons ; — le Papillon *Apollon*, les ailes sont blanches avec cinq taches noires ; commun dans les jardins d'Upsal, il ne se trouve en France que dans les montagnes élevées

---

* Crochets des tarses saillants et refendus avec deux appendices en dessous ; palpes entièrement écailleux ou velus, dépassant le front et se terminant en pointe ; ailes inférieures formant un canal sous l'abdomen.

** Crochets des tarses robustes, sans divisions ni appendices ; palpes dépassant le front, et terminés en pointe ; ailes inférieures concaves en dedans.

(*sedum*); — le Papillon *Diane*, d'un jaune foncé avec des taches noires, etc.

Arrivons à la nombreuse et magnifique tribu des NYMPHALES * qui forment quatre sous-divisions : les Nymphales *proprement dites*, les Nacrés, les Damiers et les Satyres.

Aux Nymphales *proprement dites* appartiennent le Papillon *Idoménée*, aux ailes d'un beau bleu de ciel luisant, avec une large bordure d'un brun foncé et un grand œil noir à iris d'or ; — le Papillon *Thétys*, aux ailes falciformes, dentées, fauves, etc., tous deux de l'Amérique méridionale ; — le Papillon *Vulcain*, dont les ailes sont dentées, le dessus noir, traversé par une bande d'un beau rouge avec des taches blanches, le dessous marbré de diverses nuances (*ortie*); — le Papillon *Morio*, d'un noir pourpre foncé avec une bande jaune ou blanche et des taches bleues (*bouleau*); — le Papillon du *peuplier*, habitant des grandes forêts, et de la plus grande beauté; — le Papillon *Belle-Dame*, ailes dentées, dessus rouge, varié de noir et de blanc, dessous marbré de gris, de jaune et de brun, avec cinq yeux

---

* Pattes antérieures beaucoup plus courtes que les autres, repliées et inutiles à la locomotion ; deux crochets avec deux appendices et une pelote au bout des tarses ; palpes dépassant le front, pointus et rapprochés ; ailes inférieures formant un canal sous l'abdomen.

bleuâtres (*chardon*); — le Papillon *Io* ou *Paon du jour* (IV, 27), ailes d'un fauve rougeâtre, ornées chacune d'un grand œil, etc. (*ortie*); — le Papillon *Carte géographique*, brun ou fauve; — la grande *Tortue;* — la petite *Tortue;* — Robert le Diable, ainsi nommé à cause de ses ailes qui paraissent déchiquetées; la Chrysalide représente le masque d'un Satyre; — l'Iris *jaune;* — les Mars *orangé* et *changeant*, peints des nuances les plus riches et les plus diversifiées, etc., etc.

Aux Nacrés se rapportent le Papillon *Tabac d'Espagne,* qui a les ailes supérieures d'un fauve jaunâtre avec des raies et des séries d'yeux noirs; les inférieures sont glacées de vert en dessous avec des lignes argentées ; — le grand *Nacré*, fauve avec des raies noires, vingt-trois taches argentées et un cordon de taches rougeâtres avec un point nacré; — le Papillon *Nacré découpé;* — le Papillon grande et petite *Violette ;* — le Papillon *Alezan;* — le Papillon *Colier argenté;* — le Papillon *petit Nacré,* — le Papillon *Chiffre,* avec des taches noires qui forment le nombre 1376, etc. Les Chenilles des Nacrés vivent sur les violettes et sur les pensées.

Les Damiers ont le fond des ailes d'un jaune fauve tacheté de noir, ou réciproquement, et imitant un damier. C'est Lucine, qui fréquente les clairières humides des forêts; Cynthie, parée de bandes aux plus jolies nuances et de taches d'une éclatante blancheur (*peuplier*); Phœbé, dont les ailes offrent un mélange de couleurs indescriptibles ; Délie, dont les ailes sont comme réticulées de noir (*plantain,* etc.); Athalie, aux bandes noires, croisées de nervures noires sur un fond fauve (*ortie*); Chloé, dont les ailes fauves sont chargées de traits noirs figurant des 8 ou un petit chêne, etc., etc.

Les Satyres composent une phalange nombreuse aux couleurs foncées, relevées de taches et de bandes brillantes. Les principales espèces sont Actœon, commun dans le midi de la France, ainsi que Mélampe ou petit *Nègre à bandes fauves;* — Satyre, qui fréquente nos jardins et aime à se poser sur les pierres ; — Tristan, brun avec quelques yeux noirs à prunelle blanche et iris jaune ; — Phryné, aux ailes extrêmement délicates ; — Circé l'enchanteresse, qui habite les forêts des montagnes, et qui a les ailes brun foncé avec une bande blanche ; — Phèdre, aux ailes supérieures d'un brun foncé avec deux grands yeux noirs à prunelle d'un bleu violet et à iris fauve (dans les forêts de la France); — le Papillon *Bacchante,* qui voltige par bonds et par sauts ; — le Papillon *Demi-deuil* ou Papillon *Galathée* (V, 4), et le Papillon *Demi-deuil aux yeux bleus,* et Amaryllis qui aime les prés et les bois, et Titire et Myrtil,

et Misis et Iphis, et Daphnis et Céphale *, etc., etc. ›
noms charmants qui rappellent des Papillons
plus charmants encore, sur lesquels resplendis-
sent les feux d'un soleil oriental, ou l'éclat de la
nacre, ou les compartiments d'un échiquier de
mille couleurs.

Les DANAÏDES BIGARRÉES **; le Papillon *Plexippe*,
ailes fauves avec de larges veines noires, bord
noir, bande blanche (Amérique).

Les HÉLICONIENS ***; Papillon *Anthioca*, noir
avec deux bandes blanches (Indes). Enfin, la phalange des Chevaliers **** comprend le Papillon
Flambé, dont les ailes sont jaunes, traversées
de plusieurs raies noires (pêcher, trèfle, etc.);
— le Papillon *grand Porte-queue* ou Papillon
Machaon (V, 3), commun dans toute l'Europe,
a les ailes jaunes à nervures et taches noires;
celles de la seconde paire se prolongent en
queue et présentent près du bord postérieur une
série de taches bleues, et à l'angle interne une

---

* Les Chenilles des Satyres vivent la plupart sur des graminées.

** Pattes antérieures très-courtes et inutiles à la locomotion;
deux forts crochets aux tarses, mais sans appendices au bout;
palpes courts et rapprochés dans leur longueur.

*** Palpes comme chez les précédents, mais deux petits crochets
avec deux appendices au bout des tarses; palpes courts, écartés;
ailes longues.

**** Six pattes ambulatoires; palpes courts, obtus.

tache rouge en forme d'œil, surmontée d'un croissant bleu (fenouil, carotte, etc.); — le Papillon
Hector (V, 2), aux ailes supérieures noires avec
une bande blanche; les inférieures, terminées en
queue, sont ornées de deux séries de points d'un
beau rouge vermillon (Indes); — le Papillon
Priam, l'un des plus beaux qui soient connus; les
ailes supérieures sont d'un vert soyeux avec une
grande tache noire et une grande bande verte; le
dessous est d'un brun noirâtre avec des taches vertes, disposées en bandes; les ailes inférieures sont
aussi d'un vert soyeux, mais avec quatre taches
noires et trois de couleur orangée (Amboine).

Cette nomenclature ingénieuse répand, ce nous
semble, dans l'étude de cette aimable science, un
nouveau charme, en rappelant à l'imagination
une foule de noms, tantôt gracieux, tantôt héroïques, et les scènes pastorales de Théocrite, et
les chants immortels de Virgile et d'Homère, et
la double colline d'Apollon et des Muses, et Troie
et ses malheurs, et toutes ces poétiques fictions de
l'antiquité qui nous ont tant occupés durant
notre première jeunesse.

L'organe le plus remarquable, chez les Lépidoptères, surtout chez les Diurnes, ce sont les ailes.
Comme elles sont très-grandes, et que le corps
de l'Insecte est extrêmement léger, il en résulte
que le vol est une sorte de sautillement brusque, ca-

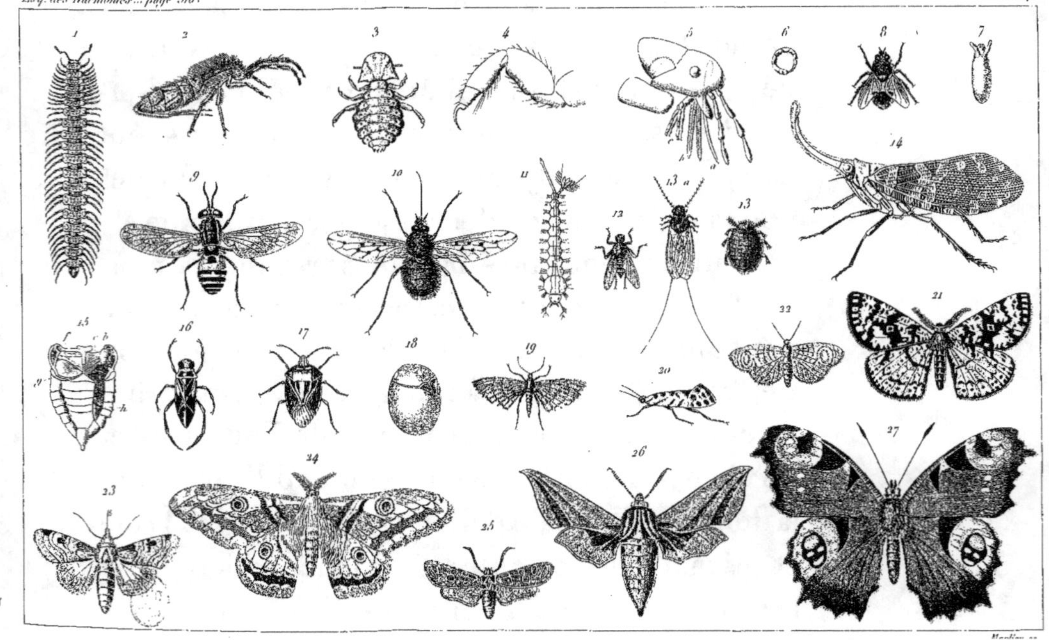

pricieux, désordonné. Mais c'est surtout, comme nous l'avons vu, par l'éclat des innombrables petites écailles qui les recouvrent sur les deux faces, et par l'infinie variété des broderies qui y sont représentées, que ces appendices méritent d'exciter notre admiration. L'observateur qui les étudie attentivement et avec un esprit dégagé de toutes fausses préoccupations, peut dire avec juste raison qu'il suit, au milieu de la richesse de ces couleurs et de la merveilleuse harmonie de leur distribution, la main et le pinceau de l'Artiste suprême, de l'éternel Archétype de toute symétrie, de toute grâce et de toute beauté. C'étaient sans doute quelques réflexions de ce genre qui faisaient dire à Diderot qu'il ne voulait que l'aile d'un Papillon pour convaincre un athée.

LES CHENILLES.

> L'observateur de la nature est conduit à l'auteur de l'univers par le fil de la Chenille, et il admire, dans la variété des moyens et dans leur tendance au même but, la fécondité et la sagesse de l'intelligence ordonnatrice.　　　　　BONNET.

Si les Lépidoptères, à l'état d'Insectes parfaits, offrent peu de variété dans leurs mœurs *, il

* Le trait le plus frappant de l'instinct de ces animaux est le choix qu'ils savent faire, sans jamais se tromper, de la plante sur laquelle ils doivent déposer leurs œufs pour que les Chenilles,

n'en est pas de même pendant les premières

qui n'éclosent jamais que par le seul effet de la chaleur de l'atmosphère, y trouvent en naissant la nourriture qui leur convient à l'exclusion de toute autre. Il y en a qui rangent leurs œufs les uns à côté des autres autour d'une petite branche d'arbre, comme un anneau entoure le doigt, ayant soin de placer toujours en dehors le bout par lequel la Chenille doit sortir, et de les enduire d'une matière visqueuse qui les garantit des inclémences de l'hiver. D'autres espèces forment, à la surface d'une branche, une couche moelleuse avec une sorte de duvet dont elles dépouillent leur propre corps; sur cette première couche elles déposent plusieurs lits d'œufs qu'elles entourent ensuite d'autres poils, mais elles ont soin de recouvrir le dernier lit d'œufs avec des poils disposés avec art comme les tuiles d'un toit, de manière à former un abri impénétrable à l'eau qui glisse à leur surface. Après cette opération, qui dure souvent plus de vingt-quatre heures, la femelle, dont le corps est presque entièrement dépouillé, expire.

Les Papillons dont les Chenilles se nourrissent de fruits collent un œuf sur chacun de ces fruits, souvent si jeunes que les pétales de la fleur ne sont pas encore tombés, et c'est quelquefois même contre le pistil qu'ils le déposent. La Chenille, qui ne tarde pas à éclore, perce aisément un fruit encore si tendre, et s'introduit dans son intérieur où elle trouve abondance et sûreté. « L'une des preuves les plus manifestes de la Providence, dit Latreille, est la parfaite coïncidence de l'apparition de la Chenille avec celle du végétal dont elle doit se nourrir. » « Admirez, dit un autre auteur, la prévoyance de la Sagesse éternelle dans l'harmonie qui existe entre la naissance des Insectes et le développement des feuilles : c'est au moment où nos bosquets reprennent leur robe verdoyante, où les arbres se parent d'un vêtement nouveau, qu'est fixée la grande époque de l'apparition des Larves; c'est quand les feuilles commencent à se dégager de leur bourgeon, que Dieu crée des Insectes pour les dévorer : c'est un aliment proportionné à leurs forces; c'est le lait de l'enfant qui vient de naître. »

phases de leur existence, c'est-à-dire, pendant qu'ils sont à l'état de Larves ou de Chenilles. A peine celles-ci sont-elles sorties de l'œuf, qu'on les voit déployer l'industrie la plus admirable et la plus variée. Le vulgaire, qui veut absolument que les arbres et les plantes des jardins et des champs ne produisent des feuilles, des fleurs et des fruits que pour lui seul, ne voit dans la Chenille qu'un animal destructeur et hideux, dont le nom seul excite son aversion; mais l'homme exempt de préjugés, celui dont le regard embrasse une plus vaste étendue du plan de la création, admire et bénit au lieu de s'irriter follement. Il comprend que les hôtes destinés à peupler, animer, embellir la surface du globe, prennent part au splendide banquet qui a été préparé pour tous; il sait que tout se tient, que tout s'enchaîne dans la grande hiérarchie des êtres sortis des mains d'un Créateur infiniment sage; il voit que supprimer les Chenilles, par exemple, ce serait anéantir en même temps la race des Oiseaux dont les petits n'auraient plus de pâture appropriée à leur délicatesse, ce serait ôter à la végétation un des moyens qui répriment son exubérance, et aux matières animales corrompues, une des causes les plus actives d'absorption (Teignes, etc.)

Pendant que l'ignorant égoïste et passionné enveloppe dans une égale proscription toute créature que le ciel envoie prélever la part qui lui revient sur les biens qu'il ne cesse de prodiguer à l'homme si souvent ingrat *, n'imitons

* Il n'y a qu'un petit nombre d'espèces de Chenilles nuisibles à nos intérêts, telles que la Chenille *commune*, la *Livrée*, la *Processionnaire*, la Chenille du *chou*, des *grains*, quelques *Arpenteuses*. On peut facilement prévenir l'excès de leur multiplication par des soins et de la vigilance, en ayant la précaution d'écheniller pendant l'hiver, ou en été après de fortes pluies, lorsque les Chenilles sont rentrées dans leur nid. En prenant les mêmes précautions contre les Larves des *Teignes*, en tenant proprement enveloppées et en visitant de temps en temps les étoffes de laine, les pelleteries, etc., on les garantira des ravages que ces petits rongeurs pourraient y causer. Quant aux Chenilles désignées sous les noms de Papillons des *blés*, de Teignes des *blés*, d'*Alucites*, etc., les moyens de les détruire sont bien connus des agriculteurs. L'homme, au reste, oublie trop souvent, dans ses murmures contre la Providence, qu'un *arrêt* a été porté contre lui, qu'il est véritablement *condamné*, et qu'il subit sa *peine*, qui consiste dans un travail incessant et douloureux dont nul ne peut s'affranchir.

Les Chenilles ont d'ailleurs un nombre prodigieux d'ennemis qui s'opposent à leur trop grande multiplication. Elles servent de nourriture à une quantité considérable de grands et petits animaux. Les uns les mangent tout entières, les autres les dépècent ou les rongent, d'autres les font périr en les suçant. Les Oiseaux, comme le Rossignol, la Fauvette, le Pinson, le Moineau, etc.; les Lézards, les Grenouilles, les Punaises des bois, les Guêpes, certains Carabes, les Ichneumons, les Sphex, les Cynips, une foule de Larves qui se tiennent cachées dans l'intérieur de leur corps, tous ces animaux font aux Chenilles une guerre continuelle et acharnée. L'oiseau appelé *Bergeronnette* recherche surtout les Alucites. Il est des Insectes qui déposent leurs œufs ou leurs Larves dans les œufs mêmes

pas son aveuglement et jetons un coup d'œil sur les mœurs de ces Insectes qui sont rangés à juste titre parmi les plus industrieux de la création, et dont on ne peut se lasser d'admirer l'adresse et la prévoyance, ou plutôt la bonté du Créateur qui descend toujours dans les besoins qu'il fait naître.

Les Chenilles ont, en général, un corps allongé, plus ou moins cylindrique, mou, diversement coloré, tantôt glabre, tantôt hérissé de poils, de tubercules ou d'épines, et formé de douze segments, en y comprenant la tête. Celle-ci porte de petits yeux lisses, des antennes très-courtes et une bouche composée de fortes mandibules, de deux mâchoires, d'une lèvre, etc.; au bout de cette lèvre on voit un mamelon tubulaire et conique qui sert de filière pour l'issue d'un fil de soie dont la matière est élaborée dans deux vaisseaux intérieurs, longs et sinueux, qui viennent en s'amincissant aboutir à cette lèvre.

On trouve sur le corps des Chenilles toutes les couleurs connues, avec une infinité de nuances dont on rencontrerait difficilement ailleurs des

des Papillons. C'est ainsi que le Créateur, par des dispositions pleines d'une sagesse dont nous sommes bien loin d'apercevoir toute l'étendue, maintient dans de justes proportions le développement des races dont l'excessive fécondité porterait le trouble dans l'harmonieuse économie qui règne entre toutes les parties de son grand ouvrage.

exemples. Les unes ne sont que d'une seule couleur; d'autres sont parées de plusieurs couleurs différentes, les plus vives et les plus tranchées. Ces teintes si belles sont distribuées avec un art admirable, tantôt par bandes qui suivent la longueur du corps ou le contour des anneaux, tantôt par ondes ou taches, de figure régulière ou irrégulière; d'autres fois ce sont des points formant une mosaïque impossible à décrire. Il en est qui sont ornées de tubercules d'un bleu céleste sur un fond brun clair; d'autres portent des tubercules de couleur turquoise sur un fond vert doré; d'autres ont des tubercules roses sur un fond du plus beau vert tendre; d'autres encore ont le corps garni d'épines brunes, noires, jaunes, violettes et de vingt autres nuances, et ces épines sont toujours disposées symétriquement, dans le sens de la longueur du corps ou suivant son contour; d'autres enfin sont vêtues de velours, ou se distinguent par des bouquets, par des houppes ou des aigrettes, les plus diversifiées et les plus élégantes, offrant, avec la peau différemment peinte, un mélange de couleurs de la plus admirable beauté.

Considérées sous le point de vue de leurs habitudes ou relativement à leur manière de vivre, les Chenilles nous présentent une étonnante va-

riété de goûts, de mœurs et de procédés industrieux.

La plupart se nourrissent de fruits, de graines,
de racines, de bourgeons, et surtout des feuilles
des végétaux ; il n'y a, en général, qu'une plante
ou du moins qu'un très-petit nombre de plantes
analogues qui conviennent à chaque espèce; mais
la même plante nourrit souvent plusieurs espèces
différentes. Il y a des Chenilles qui ne peuvent
vivre que sur la laine, les pelleteries, la graisse,
la cire, etc. On en connaît aussi qui se tiennent
dans l'intérieur des tiges ou des branches des
arbres, et en rongent l'aubier qu'elles ramollissent au moyen d'une liqueur qu'elles dégorgent.
L'Alucite *Granelle* dépose ses œufs sur les grains
de blé; aussitôt que la Chenille est éclose, elle
s'introduit dans l'un de ces grains par la rainure,
pour y vivre et y croître en mangeant toute la
substance farineuse qu'il contient, mais sans toucher à l'écorce, de sorte qu'on ne peut distinguer un grain sain d'un grain altéré qu'à sa pesanteur. C'est dans l'intérieur de ce grain même
qu'elle se change en Nymphe : avant de subir
cette métamorphose, elle a soin de pratiquer
une ouverture cylindrique, toujours située à l'extrémité par laquelle le grain tenait à l'axe de l'épi,
sans toutefois ôter le morceau qui y reste faible-

ment attaché. Ainsi, quand l'Insecte parfait veut sortir de sa retraite, il n'a qu'un léger effort à faire avec la tête pour repousser en dehors cette porte circulaire et s'ouvrir un passage *.

Parmi les Chenilles, les unes vivent constamment solitaires, les autres passent la plus grande partie de leur vie en société, et ne se séparent qu'au moment de se transformer en Chrysalides; d'autres ne se quittent qu'après avoir pris la forme de Papillons.

Les Chenilles solitaires les plus remarquables sont les *Rouleuses*, les *Plieuses* et les *Lieuses*.

Les *Lieuses* sont de très-petites Chenilles qui ont été ainsi appelées parce qu'elles réunissent plusieurs feuilles dans un même paquet. Ces

* Une autre Chenille décrite par Bonnet, et qui vit dans une feuille de tremble roulée en cornet, se renferme dans une coque de soie suspendue comme un hamac au milieu de son habitation au moyen de deux fils, et de texture si légère qu'elle ne peut opposer aucun obstacle à la sortie du Papillon; mais il n'en est pas ainsi de la feuille elle-même, dont les bords, réunis par des fils solides, résisteraient aux efforts d'un si faible animal. Il faut donc que la Larve prépare à l'Insecte parfait un autre passage plus accessible, et, pour cela, elle découpe, dans les parois de la feuille, une ouverture circulaire, en ayant soin de ne pas enlever l'épiderme extérieur; et comme le Papillon pourrait éprouver quelque difficulté à trouver ce passage, la coque est suspendue de manière que sa tête se trouve toujours à côté, en sorte que ses premiers mouvements agissent contre la porte qui doit, en s'ouvrant, lui procurer sa liberté.

feuilles sont irrégulièrement arrangées, fixées les unes aux autres au moyen de fils qui les attachent par l'endroit que la Chenille a pu le plus facilement atteindre pour les rapprocher. Nichée au milieu de ce paquet, elle y trouve à la fois un abri et une provision abondante d'aliments. On voit fréquemment de ces paquets de feuilles sur les poiriers, sur les ronces, les épines, les rosiers, etc. Les plus jolis ouvrages en ce genre, ceux qui sont composés avec le plus d'art, se trouvent sur le fenouil et sur certaines espèces de saules et d'osiers. Une Chenille *Lieuse*, très-commune au printemps, rassemble en paquets les feuilles des jeunes pousses du chêne, puis elle se construit au centre une tente de soie blanche, dans laquelle elle rentre au moindre mouvement extraordinaire qu'elle remarque autour d'elle.

Les Chenilles *Plieuses* sont aussi de très-petite taille. Elles se fabriquent une retraite qui ressemble à une sorte de boîte aplatie, et dont la saillie, sur la feuille, ne dépasse pas ordinairement le diamètre du corps de la Chenille : c'est un voile d'une finesse extrême, tendu et fixé dans tout son contour sur l'une des surfaces de la feuille plus ou moins pliée à cet endroit. Retirée sous cette petite tenture de soie, la Chenille s'y nourrit du parenchyme de la feuille, c'est-à-dire, de cette substance plus molle qui est renfermée

dans le réseau formé par l'entrelacement des nervures et des petites fibres. Ces fibres ne sont jamais entamées par ces Chenilles, non plus que
l'épiderme qui revêt le côté de la feuille opposé à celui où l'Insecte a établi sa demeure.
Ces petits animaux sont de la plus grande propreté dans leur étui sans issue, toutes les déjec-
tions sont concentrées dans un seul coin, à l'extrémité qui a été rongée la première *.

Les Chenilles *Rouleuses* manifestent une industrie bien plus merveilleuse encore. C'est ce que
l'on peut observer sur les feuilles de différents
végétaux, mais principalement sur celles du
chêne, lorsqu'elles sont entièrement développées. On aperçoit alors, sur cet arbre, des feuilles
qui sont pliées et roulées de façons très-diverses.
Les unes sont façonnées en cornets par une suite
d'enroulements menés perpendiculairement à la
nervure principale, depuis l'extrémité supérieure
de la feuille jusque vers le milieu, et quelquefois
au delà. Les autres forment des étuis par l'enroulement de la feuille, tantôt dans un sens parallèle à la côte médiane, tantôt suivant une di-

* D'autres *Plieuses* savent assujettir les deux moitiés d'une
feuille presque à plat, et ne laissent d'élévation sensible qu'à l'endroit du pli. Il y en a qui logent le contour de la partie pliée,
dans une espèce de rainure qu'elles creusent dans l'épaisseur
même de la feuille. Le pommier surtout présente dans ses
feuilles une grande variété de ces plis et de ces courbures.

rection oblique à cette même côte, et sous une infinité d'angles. D'autres fois, plusieurs feuilles sont réunies pour construire des tuyaux plus solides. Comment de si petits animaux, qui n'ont d'autres instruments que leurs pattes et leurs filières, parviennent-ils à rouler ces feuilles robustes sous des formes si diverses, à les maintenir dans des positions si contraires à leur élasticité naturelle? Quelle est la mécanique qu'ils emploient? A quels procédés ont-ils recours? Essayons de décrire les curieuses manœuvres qu'ils savent pratiquer dans ces circonstances, ou plutôt allons les contempler à l'ouvrage.

Si c'est la Chenille rouleuse du chêne que nous observons, nous la verrons d'abord aller se placer à l'extrémité de la feuille qu'elle a choisie ou de l'une de ses principales dentelures. Elle y attache un fil, puis, reportant la tête aussi loin qu'elle peut atteindre vers un point opposé de la surface, elle y fixe l'autre bout de ce fil ; de ce dernier point elle tend un second fil, parallèle au premier, puis un troisième, de sorte que chaque mouvement de la tête produit un fil ce qui fait deux fils par allée et retour. Elle se donne ainsi successivement un grand nombre de mouvements alternatifs, jusqu'à ce qu'elle ait tendu de ces petits câbles à peu près de tous les points de l'extrémité de la feuille, ce qui constitue un

ensemble de liens que l'on peut comparer à la
chaîne de toile d'un tisserand. Ce travail terminé, la Chenille passe au bord opposé de la
feuille pour filer un second plan qui croise un
peu le premier. Remarquez ce qui arrive alors :
la Chenille, pendant qu'elle file ce second plan,
est obligée de passer sur les fils du premier ; le
poids de son corps y produit une pression qui
courbe ces premiers fils, et détermine par conséquent l'extrémité de la feuille à céder et à se relever. Ce premier pli, ou ce commencement du
premier tour de spire, est maintenu par le second
système de cordages ; au troisième plan, la courbure sera plus sensible ; bientôt le premier tour
de spire sera achevé ; la Chenille continuera ainsi
toujours répétant son ingénieux manége, toujours pressant de son corps les derniers fils tracés, et conservant la courbure qui en résulte par
de nouveaux fils tendus un peu plus haut.

Mais si c'est une feuille épaisse et à grosses
nervures que la Chenille a entrepris de rouler,
quels fils assez forts pourront contenir la roideur
de ces nervures, surtout de celle du milieu ? N'en
ayez aucun souci : cet obstacle aura bientôt disparu. Pour assouplir la feuille résistante, la Chenille en ronge les nervures en différents endroits,
et leur ôte ce qu'elles ont de plus en épaisseur
que le reste de la feuille. Par ce moyen, le petit

ermite achève sans peine sa cellule cylindrique , dont les murs lui serviront à la fois de nourriture et d'abri.

Qui est-ce qui a révélé à ce chétif Insecte les secrets des sciences mécaniques? Qui lui a enseigné à faire une application si ingénieuse de leurs lois? En présence de tels phénomènes, la doctrine qui veut faire honneur des chefs-d'œuvre de la nature à un mouvement aveugle, à une rencontre fortuite de molécules, est muette et ne peut donner une explication qu'il est évidemment impossible de trouver ailleurs que dans l'intervention d'une intelligence créatrice et toute-puissante.

Nous ne pouvons résister au désir de faire admirer encore l'industrie d'une autre espèce de Rouleuse qui vit sur l'oseille. Cette Chenille, commune en septembre , coupe dans le bord d'une feuille d'oseille et parallèlement à la nervure longitudinale, une bande dont la largeur est proportionnée à sa taille. Comme ce rouleau doit être très-étroit, chaque fois qu'elle a détaché de la feuille une portion de deux à trois millimètres seulement , elle s'occupe de tendre des fils qui partent du rouleau et vont s'attacher à la surface de la feuille. Elle commence à tendre ces fils près de l'entaille, de sorte qu'à mesure qu'elle avance en filant vers le bord de la feuille, le poids de son corps porte sur les fils déjà tracés, et les force à se courber; le rouleau obéit à cette traction ; aussitôt que la Chenille s'aperçoit qu'il ne peut plus céder, elle rentre dedans et fait une nouvelle entaille de quelques millimètres, puis sort pour tendre un nouveau système de petits câbles, et continue ainsi la même manœuvre jusqu'à ce que le rouleau ait fait cinq ou six tours sur lui-même. Mais ce n'est pas à quoi se borne toute la science de notre petite mécanicienne ; elle sait de plus résoudre un problème qui sans doute, au premier aperçu, pourrait embarrasser plus d'un savant. Il s'agit d'élever perpendiculairement sur la feuille, en manière d'obélisque, le rouleau dont nous venons de décrire la construction. Pour y réussir, notre Chenille a recours à un artifice dont vous ne vous doutez probablement pas : elle découpe la bande végétale suivant une ligne courbe, et la roule en lui faisant subir une traction oblique qui la force à s'écarter du niveau. De cette manière, le rouleau se dresse à mesure qu'il se forme. Pour achever de lui faire prendre une position bien perpendiculaire, elle tend, du côté opposé à la pente, des fils qui s'attachent par un de leurs bouts vers le milieu du rouleau, et par l'autre sur le plan de la feuille. En les chargeant du poids de son corps, elle assoit peu à peu le rouleau sur sa base et l'y fixe

solidement et à demeure par une grande quantié
de nouveaux fils *.

Il est d'autres Chenilles rouleuses qui contournent en cornet la partie d'une feuille comprise
entre deux découpures, et qui appliquent sur la
plus large extrémité une portion de la feuille
pour en fermer l'ouverture.... Mais nous ne pouvons tout décrire, et des merveilles d'un autre
genre réclament notre attention; nous voulons
parler des mœurs si curieuses des Chenilles qui
vivent en société.

De toutes les républiques formées par les Chenilles, la plus nombreuse et la plus célèbre est
celle des Chenilles appelées *Processionnaires.* Les
individus qui la composent sont de taille médiocre, noirs sur le dos et couverts de longs poils
blancs **. Pendant la première période de leur

---

* Une petite Teigne qui vit sur le poirier (*Tinea sersatilla,* Lin.)
se construit, avec de la soie, un fourreau qu'elle maintient
aussi dans une position perpendiculaire, au moyen de deux procédés différents, mais qu'elle emploie de concert. Le premier
consiste à attacher quelques fils au renflement que le tube offre à
sa base, et à les fixer par leur extrémité à la feuille; le second, à
opérer un véritable vide dans ce même renflement. Ce vide est
produit toutes les fois que l'animal, inquiété par quelque danger,
se retire subitement à l'entrée de son tube, dont son corps remplit
alors toute la cavité; l'autre partie demeure aussitôt entièrement
privée d'air.

** Ces poils fins et fragiles, et même leur poussière répandue

accroissement, ces Chenilles vivent réunies par familles qui campent successivement sur diverses parties de l'arbre où elles sont nées, et changent d'habitation à chaque nouvelle mue : car toutes les Chenilles muent ou se dépouillent de leur peau jusqu'à quatre ou cinq fois avant de se changer en Chrysalides. Lorsque celles dont nous parlons, ont acquis leur développement naturel, elles renoncent à cette vie errante, et toutes ces familles se fabriquent de concert une demeure commune qu'elles ne quittent plus. C'est une sorte de tente formée d'un tissu serré, impénétrable à la pluie, divisée à l'intérieur par plusieurs galeries de soie, qui vont toutes aboutir à une seule ouverture. Sur le soir, ces Chenilles sortent de leur retraite pour aller chercher leur nourriture. On en voit d'abord s'avancer une seule qui ouvre la marche en explorant le terrain avec précaution, puis les autres suivent à la file, deux, trois ou quatre de front, et dans un alignement parfait. Le guide vient-il à faire halte, toute la troupe s'arrête ; se remet-il en marche, on continue la route ; s'engage-t-il dans un détour, toute la ligne

dans l'air ambiant, pénètrent aisément dans la peau, et y produisent une démangeaison cuisante, bientôt suivie d'enflure. Il faut donc user de beaucoup de précaution pour observer ces Chenilles ainsi que le nid qu'elles se construisent.

y passe après lui. Tout ce petit corps d'armée est entièrement subordonné aux mouvements de son chef; il exécute à sa suite une infinité d'évolutions, se forme sous une infinité de figures différentes. Est-on arrivé sur une branche couverte de feuilles fraîches, on s'apprête à les fourrager, les rangs se fortifient, se doublent, se triplent, se distribuent sur ces feuilles de manière à ne laisser aucun intervalle entre les convives qui se touchent dans toute la longueur du corps. Le repas terminé, on reprend le chemin du nid; une Chenille se met en mouvement, elle est immédiatement suivie par une seconde, à la queue de laquelle plusieurs autres marchent de front, de nouveaux pelotons s'organisent, on s'ébranle de toutes parts, on s'arrange, on se place, le bataillon défile, et nos Processionnaires regagnent leur tente de soie dans le même ordre de bataille qu'on les en avait vues sortir.

Pour se guider dans leurs excursions, pour retrouver le logis sans jamais s'égarer, la nature a donné à ces petits animaux la faculté de tracer, chemin faisant, une route soyeuse qu'ils suivent au retour. Si l'on interrompt une partie de ces lignes brillantes qui sont, pour chacun d'eux, le fil qui dirigeait Thésée dans le labyrinthe, il en résulte un grand trouble, on se presse, on se heurte, on s'embarrasse, et l'agitation ne cesse que lorsqu'après beaucoup de tâtonnements on est enfin parvenu à réparer la brèche.

Il y a des Chenilles processionnaires ornées de bandes longitudinales de diverses couleurs; rien n'est plus joli que les cordons qu'elles forment par leurs évolutions : tantôt elles défilent sur une ligne droite, semblable à un trait d'or sur un ruban de soie d'un éclat argenté; tantôt elles sont disposées en courbes à plusieurs inflexions qui imitent des festons et des guirlandes, où tout est en mouvement, où tout change d'aspect à chaque minute. Lorsque plusieurs processions partent à la fois de différents nids, qu'on voit se multiplier, se diriger en tous sens ces vivantes guirlandes, se dessiner et se succéder les figures les plus singulières et les plus variées, c'est un tableau qu'aucune parole ne peut décrire, qu'aucun pinceau ne peut retracer [*].

Nous regrettons que les bornes de cet article nous obligent à passer sous silence les habitudes d'un grand nombre d'autres Chenilles, telles que les *Géomètres* ou *Arpenteuses* qui, dans leur marche singulière, saisissent un plan de position avec leurs pattes antérieures, puis, rapprochant

---

[*] Les Chenilles processionnaires appartiennent à plusieurs espèces de *Bombyx,* et vivent les unes sur le chêne, les autres sur le pin, d'autres sur les arbres fruitiers.

de celles-ci les pattes postérieures, elles élèvent,
en forme de boucle, la partie intermédiaire de
leur corps qu'elles portent alors en avant pour
recommencer la même manœuvre (pl. V, 5).
Et les *Arpenteuses en bâton* qui se fixent, dans le
repos, par les pieds de derrière, aux branches
des arbres, où elles se tiennent des journées entières immobiles et roides, assez semblables à un
petit rameau desséché : attitude qui suppose une
force musculaire prodigieuse. Et la Chenille du
Cossus [*], qui se creuse des galeries dans l'intérieur du saule, et tisse derrière elle une toile solide pour lui servir de point d'appui. Et les Chenilles des *Galeries* qui se construisent un tuyau
de cire [**] intérieurement garni de soie, et bra-
vent ainsi le dard empoisonné des Abeilles qu'elles

---

[*] Cette Chenille pèse 72,000 fois moins en naissant qu'après
avoir pris tout son accroissement. Le célèbre Lyonnet a compté
sur cette Chenille 228 muscles dans la tête, 1,647 dans le corps,
2,166 dans le canal intestinal, en tout 4,041 muscles, tandis qu'il
n'y en a que quelques centaines dans l'homme. Les principales divisions de la trachée artère ou bronches, fournissent, sur la même
Chenille, 236 tiges, qui donnent elles-mêmes naissance à 1,336
rameaux, auxquels il faut ajouter 232 bronches détachées. Elle
a aussi 92 troncs de nerfs, dont les ramifications sont innombrables.

[**] Ces Chenilles ne touchent point au miel, et ne mangent que
la cire. Ainsi, cette matière que la chimie ne sait pas dissoudre,
leur estomac l'analyse!...

1.   15

forcent quelquefois à abandonner leurs établis-
sements. Et les Chenilles d'eau (Hydrocampes)
qui se filent des coques de soie sur les feuilles de
certaines plantes aquatiques, et vivent sous l'eau
dans une cavité pleine d'air ; et, chose singulière,
la tête de l'Insecte peut sortir de cette cavité et
y rentrer sans donner passage à l'eau *. D'autres,

* Que n'aurions-nous pas à dire surtout des Chenilles des diverses espèces de Teignes ? « Il est peu d'Insectes qui aient autant
de droit à notre admiration que ceux qui savent, comme nous,
se faire des habits , et qui l'ont su sans doute avant nous. Comme
nous , ils naissent nus, mais à peine sont-ils nés qu'ils travaillent
à se vêtir. Toutes les Teignes ne s'habillent pas d'une manière uniforme et n'emploient pas dans leurs habillements les mêmes matières. Il y a peut-être plus de diversité à cet égard dans les modes des Teignes de différentes espèces que dans celles de différents
peuples de la terre.... La forme de leur habit (des Teignes domestiques) était la plus convenable : elle répond précisément à
celle de leur corps. C'est un petit fourreau cylindrique, ouvert
par les deux bouts. L'étoffe est de la fabrique de la Teigne. Un
mélange de soie et de poils en compose le tissu ; mais il ne serait
pas assez doux pour l'Insecte ; il le double de pure soie. Nos
meubles de laine et nos fourrures fournissent à ces Teignes les
poils qu'elles emploient dans la fabrique de leurs étoffes. Elles
font un choix de ces poils ; elles les coupent avec leurs dents et
les incorporent artistement dans le tissu soyeux. Elles ne changent
jamais d'habit : celui qu'elles portaient dans leur enfance, elles
le portent encore dans l'âge de maturité. Elles savent donc l'allonger et l'élargir à propos. L'allonger n'est pas une affaire ; elles
n'ont pour cela qu'à ajouter de nouveaux fils et de nouveaux poils
à chaque bout. Mais l'élargir n'est pas chose si facile. Elles s'y
prennent précisément comme nous nous y prenons en pareil cas.

qui n'ont point de soie, se pratiquent dans la terre

Elles fendent le fourreau de deux côtés opposés, et y insèrent adroitement deux pièces de largeur requise. Elles ne fendent pas le fourreau d'un bout à l'autre ; les côtés s'écarteraient trop, et elles seraient à nu. Elles ne le fendent de chaque côté que jusque vers le milieu de sa longueur. Ainsi, au lieu de deux pièces ou de deux élargissures, elles en mettent quatre. La raison ne procéderait pas mieux. Leur habit est toujours de la couleur de l'étoffe sur laquelle il a été pris. Si donc la Teigne dont l'habit est bleu passe sur un drap rouge, les élargissures seront rouges ; elle se fera un habit d'Arlequin, si elle passe sur des draps de plusieurs couleurs. Elles vivent des mêmes poils dont elle se vêtent. Il est singulier qu'elles les digèrent, plus singulier encore que les couleurs ne s'altèrent point par la digestion.... Les peintres pourraient s'assortir auprès de nos Teignes, de poudres de toutes couleurs et de toutes les nuances de la même couleur. Elles font de petits voyages : celles qui s'établissent dans les fourrures n'aiment pas à marcher sur de longs poils ; elles coupent tous ceux qui se trouvent sur leur route, et ne marchent jamais que la faux à la main. De temps en temps, elles se reposent : alors elles fixent leur fourreau par de petits cordages, et le mettent pour ainsi dire à l'ancre. Elles l'arrêtent plus solidement encore quand elles veulent se métamorphoser. Elles en ferment exactement les deux bouts, pour y revêtir plus en sûreté la forme de Chrysalide et ensuite celle de Papillon. » Ch. Bonnet, *Contemplation de la Nature*, T. II, part. XII, ch. X.

Parmi les fourreaux composés de substances végétales par des Teignes, il y en a qui sont recouverts extérieurement de portions de feuille appliquées les unes sur les autres, et formant des espèces de falbalas (Adèles). D'autres sont en forme de crosse, et quelquefois dentées le long d'un de leurs côtés. Il y en a dont la matière est transparente, et comme divisée par écailles ayant quelque ressemblance avec celles des Poissons.

15.

une cavité dont elles enduisent les parois avec une sorte de glu. D'autres encore s'enfoncent dans le sable et se construisent un fourreau avec ses grains qu'elles lient ensemble avec de la soie. Nous ne pouvons non plus nous arrêter à décrire les procédés de la Chenille qui s'enveloppe des fragments qu'elle détache de l'écorce du chêne, et se compose ainsi une coque qui ressemble à un ouvrage de marqueterie ; ni ceux de la Chenille aux teintes d'émeraude, qui se fabrique, sur une feuille du même arbre, un berceau de soie en forme de petit bateau ; ni l'industrie de celle qui attache sa coque en grain d'orge à une tige de graminée, ou de celle qui roule une feuille de frêne en cornet, et suspend au milieu sa coque en grain d'avoine. On trouve sur le poirier une grande Chenille à tubercules couleur de turquoise, qui se construit une grosse coque d'un tissu de soie très-fort et très-serré. Le Papillon * y resterait infailliblement prisonnier, si cette Chenille n'avait la prévoyance de la laisser ouverte à l'une de ses extrémités. Mais, pour en interdire l'entrée aux Insectes malfaisants, l'adroite ouvrière construit devant cette ouverture, avec un fil très-fort, deux espèces d'entonnoirs souvent emboîtés l'un dans l'autre

----

* C'est le grand Paon de nuit.

et tout à fait analogues aux nasses dont on se
sert pour prendre le Poisson. Ces entonnoirs
sont exactement, pour les Insectes du dehors, ce
que sont les nasses pour le Poisson qui en veut
sortir, et pour le Papillon, ce que sont ces
mêmes piéges pour les Poissons qui veulent y
entrer. Qui pourrait méconnaître ici une fin déterminée? Mais ce n'est point la Chenille qui
s'est proposé cette fin, c'est l'auteur de la Chenille *.

L'industrie de la Chenille *mineuse* mérite bien
de fixer aussi un moment notre attention. Cette
Chenille façonne une coque avec deux morceaux
de feuille de même grandeur, qu'elle taille et
amincit en les déchargeant de leur parenchyme;

---

* Il y a, au centre de la tête du chardon *bonnetier*, une cavité
oblongue, habitée souvent par une petite Chenille qui s'y transforme en Papillon. Comme l'écorce de cette plante est fort dure,
le Papillon ne pourrait sortir de sa retraite, si la Chenille n'avait
soin de percer de part en part les parois de sa cellule vis-à-vis
l'extrémité de sa coque. Mais, pour prévenir les incursions d'un
ennemi, elle va prendre, sur la tête du chardon, quelques-unes
des graines dont cette partie de la plante est garnie, et elle les
assujettit à l'extérieur du petit trou rond que sa prévoyance a
pratiqué pour la sortie du Papillon. Ces graines, ainsi disposées,
font l'office des nasses dont nous parlions tout à l'heure. De
toutes parts ce sont mille ressources, mille instincts différents,
ayant tous pour but la conservation des espèces; mais, dans tous
ces merveilleux procédés, ce n'est pas l'Insecte, instrument ma-
chinal, c'est l'auteur de l'Insecte qu'il faut seul admirer.

puis elle les double de soie, les assemble, les unit et en forme un étui dans lequel elle se loge. Ce n'est pas tout ; il s'agit à présent d'emporter cette petite maison et d'aller à la recherche d'un lieu convenable pour l'y fixer et s'y établir à demeure. Mais comment notre Chenille y parviendra-t-elle ? Elle n'a ni pattes ni crochets.... Eh bien ! augmentez encore la difficulté : placez-la avec son fardeau sur la surface polie d'un morceau de verre ; bien plus, présentez-lui ce verre perpendiculairement redressé.... Devinez-vous comment va y monter ce petit animal dépourvu de tout organe de locomotion ?... Non, sans doute, vous ne le devinez pas... Celui qui, au commencement, lança les planètes sur la tangente de leur orbite, et qui, depuis cette heure, les fait graviter autour du soleil avec une rapidité qui effraye l'imagination, et pourtant avec une si parfaite et si constante harmonie, celui-là, le Dieu de cet immense univers où tout est mouvement et vie, n'a point oublié cette pauvre petite créature, en apparence si disgraciée. Voici ce qu'il a fait pour elle : Il lui a enseigné à filer de distance en distance de petits monticules de soie auxquels elle se cramponne avec ses dents, entraînant sa coque après elle et la fixant successivement à chaque monticule, ce qui lui fournit un point d'appui pendant qu'elle file un autre monticule plus en avant. C'est ainsi qu'elle se dirige partout où il lui plaît, et qu'elle parvient à trouver une place à son gré, où elle dresse sa coque verticalement; puis, quelque temps après, on en voit sortir un agile et brillant Papillon.

Ceci nous amène à parler de la Chrysalide, dont nous avons déjà dit quelque chose dans les généralités sur la classe des Insectes. Nous venons de voir que, lorsque le temps de la transformation approche, la plupart des Chenilles s'y préparent en filant une coque dans laquelle elles se renferment, ou seulement en liant, avec quelques fils de soie, des feuilles ou des fragments d'autres substances pour s'en former une enveloppe. Un grand nombre d'espèces restent à nu et se suspendent, les unes verticalement, par leur extrémité postérieure (Chenilles épineuses, etc.), les autres horizontalement, tout à la fois par la queue et par un lien transversal, qui forme autour du corps une sorte de ceinture.

Le moyen qu'emploie la Chenille pour se suspendre par la queue, est le plus simple qu'on pût imaginer, et le plus convenable en même temps pour la liberté des petites manœuvres que la Chrysalide devra exécuter. Elle tapisse d'abord d'une toile mince, formée de fils tirés en différents sens, une partie de la surface du corps contre lequel elle veut se fixer; puis, sur cette première couche, elle dispose de nouvelles couches successivement plus petites, en sorte que toutes ensemble forment une espèce de cône de soie. Ces tissus, ainsi superposés les uns aux autres, sont composés de fils flottants et très-lâches, dont chacun est une boucle. Lorsque le petit monticule soyeux est achevé, la Chenille y applique, en le pressant, ses deux dernières pattes postérieures ; les crochets dont celles-ci sont hérissées, s'y engagent aussitôt, et alors, se sentant solidement arrêtée, elle laisse tomber sa tête perpendiculairement en bas et reste ainsi suspendue. Bientôt la peau de la Chenille se fend, la Chrysalide paraît, et, à la suite d'efforts plus ou moins pénibles, elle se dégage peu à peu et abandonne enfin l'étui qui la renfermait. Ici une nouvelle difficulté se présente : comment la Chrysalide parviendra-t-elle à s'accrocher aux boucles de soie qui retenaient la Chenille ?... Elle saisit, avec les anneaux de son corps, comme avec une main, la dépouille qu'elle quitte ; puis, par un mouvement brusque, elle achève de débarrasser sa queue, qui est poussée en même temps, par cette espèce de saut, contre les fils auxquels elle se cramponne par les crochets dont elle est garnie (Chrysalide du Papillon *Io* suspendue par la queue, pl. V, 6).

Les Chrysalides qui se suspendent horizontalement au moyen d'un anneau de fils sont souténues par cet anneau dans les mouvements qu'elles exécutent pour sortir de la peau de la Chenille. (Chrysalide du Papillon Machaon attachée par la queue et par le milieu du corps. Pl. V, 7.)

Quant aux Chenilles qui se renferment dans des coques pour subir leur transformation, nous avons admiré quelques-uns des procédés auxquels elles ont recours pour ménager une sortie facile au Papillon.

Nous avons remarqué ailleurs que c'est à la belle couleur d'or dont certaines Chrysalides ont été ornées, qu'elles doivent ce nom, ainsi que celui d'*Aurélies*. C'est Réaumur qui nous a découvert l'art secret que la nature emploie pour opérer économiquement cette magnifique décoration. Il n'entre, comme on le pense bien, aucune parcelle d'or dans cette splendide dorure, qui est due uniquement à une pratique analogue à celle dont nos ouvriers font usage dans la fabrication des cuirs dorés. Une membrane mince, transparente et légèrement colorée, appliquée immédiatement sur une substance d'un blanc brillant, suffit, dans les mains de la nature, pour produire une dorure si riche, si éclatante, si haute, qu'il n'y a point d'or poli plus beau. Toutefois, cette superbe parure n'a pas été accordée à toutes les Chrysalides : la couleur du plus grand nombre est le brun avec ses diverses nuances ; quelques-unes sont d'un beau vert, d'autres verdâtres, d'autres jaunâtres, avec des séries de taches noires ; d'autres encore sont d'un très-beau noir, luisant et poli comme le vernis noir de la Chine *.

Quelle nouvelle série d'étonnants phénomènes se déroulerait devant nous si nous recherchions maintenant les lois qui président à la transfor-

---

* On pense assez communément qu'un hiver rigoureux fait périr un grand nombre d'Insectes à l'état d'œuf, de larve ou de nymphe ; cette opinion ne paraît pas fondée. Les Chenilles et les Chrysalides, dit M. Lacordaire, ne périssent pas pour être converties en un morceau de glace compacte. Ce fait, mentionné pour la première fois par Lister, est très-réel, tout surprenant qu'il paraisse au premier abord. Nous en avons nous-mêmes été témoin sur des Chenilles de *Leucania*. Dans cet état, on eût pu les prendre pour ces stalactites de glace qui se forment sur les corps exposés à l'air en hiver ; leur cassure était aussi nette, et, en tombant dans un verre, elles rendaient ce son particulier dont a parlé Lister. Presque toutes, néanmoins, se métamorphosèrent au printemps comme de coutume, et donnèrent leurs Papillons à l'époque accoutumée pour leur espèce. Les Insectes parfaits eux-mêmes peuvent résister à un froid semblable. Degéer a vu des *Cousins* revenir à la vie après avoir été renfermés quelque temps dans la glace, et Réaumur rapporte plusieurs faits semblables.

Suivant Lyonnet, l'hiver n'est rigoureux qu'à peu d'espèces d'Insectes ; la plupart résistent au froid le plus violent, et un hiver rude en tue moins qu'un hiver trop doux. *Théol. des Ins.*, T. I, p. 280.

mation intérieure qui s'accomplit dans la Chrysalide pendant son sommeil, pendant cet état de mort apparente, suivie, après un temps plus ou moins long, d'une résurrection glorieuse! Quatre ailes magnifiques se trouvent formées là où auparavant il n'y avait rien; une trompe a remplacé la bouche et les dents, et six longues jambes les quatorze pattes de la Chenille! Il faut sans doute, pour opérer de tels effets, un appareil de moyens bien admirable *. Mais ces considérations nous entraîneraient trop loin, nous y reviendrons ailleurs. Bornons-nous aujourd'hui au petit nombre d'observations que nous venons de présenter sur une tribu d'Insectes qui fournit au contemplateur

* « Il y a de quoi confondre notre raison dans cette pensée qu'une Chenille, d'abord à peine de la grosseur d'un fil, renferme ses propres téguments en nombre triple et même octuple, de plus le fourreau d'une Chrysalide et un Papillon complet, le tout replié l'un dans l'autre, avec un appareil de vaisseaux pour respirer et digérer, des nerfs pour la sensation, des muscles pour se mouvoir, et que ces divers organes exécuteront leurs évolutions successives au moyen de quelques feuilles introduites dans son estomac. Encore moins pouvons-nous comprendre comment ce dernier organe peut digérer, à une certaine époque des feuilles, et à une autre seulement du miel; comment le fluide soyeux sécrété par la Chenille disparaît dans le Papillon; en un mot, comment des organes, essentiels à une certaine période de l'existence d'un Insecte, sont rejetés à une autre, et, avec eux, tout le système auquel ils appartenaient. » —Lacordaire, *Introd. à l'Entom.*, T. I, p. 19.

de la nature un sujet inépuisable de recherches les plus curieuses, et une variété de procédés tous relatifs à une même fin générale, qui excite un sentiment d'admiration profonde. Quelle source intarissable de solide instruction et de plaisirs purs pour l'esprit, que l'étude de toutes ces merveilles de la nature vivante et animée, qui, jusque dans ses productions en apparence les plus infimes et les plus méprisables, publie si hautement la puissance infinie, l'art incompréhensible et la souveraine sagesse du grand Être par qui tout se meut, vit et respire, et qui marqua de son cachet la moindre de ses œuvres ! Cependant nous ne voyons qu'une infiniment petite partie de ce vaste système ; nous n'apercevons, dans cet harmonieux ensemble, qu'un petit nombre de rapports ; nous ne saisissons que les objets les plus voisins, que les relations les plus directes, nous ne découvrons que les anneaux les plus saillants de cette chaîne merveilleuse. Que serait-ce donc s'il nous était donné d'embrasser d'un même regard l'immense série des êtres et leurs corrélations ! « Les ouvrages des Insectes, dit un grand observateur, sont les résultats de leur organisation, et cette organisation répond au rôle qu'ils devaient jouer dans la grande machine du monde. Ils en sont, à la vérité, de bien petites pièces, mais ces pièces concourent à un effet général par leur engrènement avec des pièces plus importantes. Ainsi la ceinture que se file une Chenille a ses rapports à l'univers comme l'anneau de Saturne. Mais combien de pièces différentes interposées entre la ceinture et l'anneau et entre Saturne et les mondes de Syrius ! Si l'univers est un tout, et comment en douter, après tant et de si belles preuves d'un enchaînement universel, la ceinture de la Chenille tiendra donc aussi aux mondes de Syrius ! Quelle intelligence que celle qui saisit d'une seule vue, cette chaîne immense de rapports divers, et qui les voit se résoudre tous dans l'unité, et l'unité dans sa cause ! »

ORDRE DES HYMÉNOPTÈRES.

(ὑμὴν, membrane ; πτερὸν, aile.)

> Expliquez-nous tous ces mystères avec des systèmes donnant tout au hasard, ou bien en admettant des lois sans vouloir en reconnaître le suprême Ordonnateur.
>
> LATREILLE.

Les Hyménoptères sont caractérisés par un appareil buccal composé de mandibules, de mâchoires et d'une languette engaînée longitudinalement par ces mâchoires qui s'allongent et prennent une forme tubulaire. L'espèce de trompe mobile et flexible qui résulte de cette disposition, sert de conduit aux sucs nutritifs que ces Insectes tirent des fleurs sur lesquelles ils vivent presque tous. Il existe aussi, dans la cavité buccale, des valvules qui ferment le pharynx et ne le laissent ouvert qu'au moment de la déglutition. La tête porte encore, outre les yeux composés, trois petits yeux lisses, quatre palpes et des antennes très-variables, mais le plus souvent filiformes. Les ailes, croisées horizontalement sur le corps pendant le repos, sont au nombre de quatre, membraneuses, nues et veinées. Les pattes sont garnies de cinq articles aux tarses, et l'abdomen, chez les femelles, est terminé par un oviducte ou un aiguillon, composés, dans la plupart, de trois pièces longues et grêles.

Les Hyménoptères subissent une métamorphose complète. Les Larves sont tantôt dépourvues de pieds, tantôt elles ont six pattes à crochets et douze à seize pattes membraneuses. Ces Larves, appelées *fausses Chenilles*, ont des mandibules, des mâchoires, une lèvre avec une filière pour le passage de la matière soyeuse. Les unes se nourrissent de substances végétales, les autres, privées de pattes, vivent de matières animales ou sont élevées en commun par des individus stériles réunis en société.

Cet ordre forme deux grandes sections, les Porte-aiguillons et les Térébrans.

SECTION DES HYMÉNOPTÈRES PORTE - AIGUILLONS.

Cette division a pour caractères : un aiguillon de trois pièces, rétractile ; chez les femelles et les neutres seulement, un appareil sécréteur d'un liquide vénéneux, situé intérieurement à l'extrémité de l'abdomen * ; des antennes simples de treize articles chez les mâles, de douze chez les femelles ; quatre ailes veinées ; abdomen pédiculé ; Larves nourries par les femelles ou par les neutres.

Les Porte-aiguillons ont été divisés en quatre familles : les Mellifères, les Diploptères, les Fouisseurs et les Hétérogynes.

* Le venin dont il est ici question, est contenu dans une petite vessie qui communique avec l'aiguillon destiné à ouvrir la plaie au fond de laquelle cette liqueur caustique doit être versée. Cet aiguillon est composé d'une tige cornée, creusée en gouttière, nommée *étui*, renfermant un *dard* formé de deux stylets, dans chacun desquels est creusé un sillon par lequel le venin s'écoule. Quand l'Insecte veut se servir de cet appareil redoutable, il fait sortir l'étui, et l'enfonce avec son dard dans la peau de son ennemi. Il lui arrive quelquefois de ne pouvoir l'en retirer ; alors l'aiguillon, en se séparant du corps, cause une déchirure violente qui entraîne promptement la mort de l'Insecte. Les mâles sont toujours dépourvus de cette arme.

La famille des MELLIFÈRES nous présente, pour caractère distinctif, la conformation remarquable du premier article du tarse des pattes postérieures, qui est très-grand et assez semblable à une palette carrée, propre à ramasser le pollen des étamines; les mâchoires et les lèvres sont ordinairement longues et en trompe, et la languette a le plus souvent la figure d'un fer de lance. Les Larves, comme l'Insecte parfait, se nourrissent exclusivement de miel.

Cette famille forme deux tribus, les Apiaires et les Andrenètes.

Les *Apiaires* ont une languette filiforme dont la division moyenne est au moins aussi longue que sa gaîne. Les Apiaires qui vivent en société offrent trois sortes d'individus, les mâles, les femelles et les neutres. Telles sont les Mélipones d'Amérique, qui construisent, au sommet des arbres, un nid en forme de cornemuse. — L'Abeille *domestique*, connue de tout le monde *. — Les Bourdons, dont le corps est gros et arrondi, chargé de poils colorés par zones, ou presque entièrement noir.

Les Bourdons vivent réunis en société de 5o, 100 et 200 individus. Ils se construisent, avec

---

* Abeille, d'*apis*, de *a*, sans, *pes*, patte; parce que l'Insecte naît d'une Larve sans pattes (étymologie douteuse).

de la terre et de la mousse artistement tressée,
dans des cavités souterraines, parmi les herbes
des prairies, des nids en forme de dôme, dont
les parois extérieures sont revêtues d'une couche
de cire brute. Pour arriver à leur habitation sans
être vus, ils pratiquent une galerie tortueuse,
recouverte de mousse et longue de trois à six décimètres. Une couche de feuilles tapisse le fond
du nid. C'est sur cette couche que repose le cou-
vain, qui est renfermé dans des masses de cire,
irrégulières et mamelonnées, appliquées les unes
contre les autres. Dans ce même gâteau, on voit
trois ou quatre petits vases cylindriques, qui ressemblent à des coupes toujours ouvertes et
pleines d'un miel excellent, recherché par les
faucheurs *.

La manière dont les Bourdons transportent à
leur nid la mousse dont ils ont besoin, mérite
d'être remarquée. Après en avoir coupé une certaine quantité avec leurs mandibules et l'avoir

* Lorsque les Bourdons ne peuvent parvenir, à cause de leur
grande taille, à s'introduire dans les corolles tubuleuses de certaines fleurs, ils font, à la base de la corolle, à l'aide de leurs
mandibules, une ouverture par laquelle ils insinuent leur trompe
pour recueillir le suc miellé des nectaires. Et, chose remarquable,
s'ils n'ont pu pénétrer dans la première corolle à laquelle ils
s'adressent, ils ne recommencent plus cet essai pour les sui-
vantes de la même espèce, et les attaquent de suite à la base, manége que M. P. Huber leur a vu exercer sur des fleurs de haricot.

bien cardée, ils en forment un petit paquet; puis, tournant le dos à leur nid, ils prennent ce paquet de mousse entre leurs mandibules, qui le font passer par-dessous le corps aux pattes antérieures; celles-ci le conduisent aux pattes postérieures, et ces dernières le poussent à quelque distance derrière l'Insecte, qui recommence aussitôt la même manœuvre et la répète autant de fois qu'il est nécessaire pour arriver jusqu'au nid. Quelquefois plusieurs Bourdons se placent à la suite les uns des autres, et se passent successivement la mousse en suivant le singulier procédé que nous venons de décrire.

Les Apiaires solitaires ne se composent que d'un couple, mâle et femelle, sans mulets. Chaque femelle pourvoit isolément à la conservation de sa postérité. Ces Insectes n'ont sur leurs pattes postérieures ni la *corbeille* ni la *brosse* des Apiaires sociales, mais ils ont à la place, sur le premier article du tarse des mêmes jambes, des houppes de poils qui leur servent à recueillir le pollen des fleurs. — Les Cuculines, qui, comme le Coucou, déposent furtivement leurs œufs dans le nid des autres Apiaires. — Les Osmies, qui paraissent au printemps, et dont plusieurs espèces garnissent leurs cellules avec des pétales de fleur. L'Osmie *du pavot* se creuse, dans la terre, un trou étroit et cylindrique à son entrée, ventru vers le fond, ressemblant assez à une bouteille. Pour le consolider et prévenir les éboulements, l'Osmie va couper, avec ses dents en ciseaux, sur les pétales du coquelicot, des pièces demi-ovales qu'elle plie en deux pour les faire entrer dans la cavité; puis elle les étend et les applique le plus uniment possible sur les parois intérieures de sa maisonnette souterraine. La tenture achevée, l'Insecte prévoyant place au fond du nid une petite provision de miel et de pollen, y dépose un œuf, et, refoulant en dedans l'extrémité supérieure de la tapisserie, il ferme le nid et le recouvre de terre. Cette curieuse Abeille n'est pas rare, en été, dans les environs de Paris.

Les Mégachiles (μέγας, grand, χεῖλος, lèvre) sont d'autres Apiaires solitaires qui ne nous offrent pas moins de génie dans leur architecture. La Mégachile du *rosier*, après avoir choisi un terrain ordinairement un peu élevé, y pratique avec ses mandibules une petite cavité cylindrique. Elle va ensuite tailler, sur les feuilles du rosier, de la ronce, etc., de petites pièces qu'elle coupe avec autant de promptitude que de dextérité, et auxquelles elle sait toujours donner les contours et les dimensions nécessaires. Après avoir plié par le milieu le morceau qu'elle a coupé, elle l'emporte avec ses pattes, l'applique sur les parois de son tuyau, lui fait prendre la courbure convenable et retourne en tailler un second. Trois de ces portions de feuille suffisent pour garnir une cellule qui n'a pas plus de six millimètres de large sur douze millimètres de hauteur et ressemble à un dé à coudre. Cet ouvrage terminé, la Mégachile s'occupe d'amasser, dans sa petite loge, une provision de miel et de poussière d'étamines, elle y pond un œuf, puis elle en ferme exactement l'ouverture par plusieurs pièces circulaires simplement superposées, mais bien assujetties. Cette première loge sert de fondement à une seconde, celle-ci à une troisième; de sorte qu'on en trouve jusqu'à sept ou huit dans la longueur de ce petit tuyau cylindrique qu'on peut comparer, pour les dimensions, à l'un de ces étuis dans lesquels nous mettons nos cure-dents [*].

La Mégachile des *murs* choisit, pour bâtir son nid, un trou ou un angle dans un mur exposé au midi. Ce nid est formé de sable et de terre fine, dont elle fait un mortier en les liant ensemble au moyen d'une liqueur visqueuse qu'elle dégorge. Elle a pour outils, dans cette opération, ses mandibules, qui font l'office de truelle. Elle étend sur l'endroit qu'elle a choisi, une première couche circulaire du mortier ainsi préparé; puis sur ce fondement elle dresse, les unes à côté des

* Nid de la Mégachile du rosier, pl. V, fig. 8.

autres, sept ou huit petites cellules de deux ou trois centimètres de hauteur et présentant la forme d'un dé à coudre. Avant de fermer chaque loge, elle y place un œuf ainsi que la pâture nécessaire à la Larve. Quand la dernière cellule est achevée, elle étend, sur toutes ces petites constructions, une couche d'un mortier si solide, qu'on ne peut le briser qu'avec un instrument de fer.

Mentionnons encore les Xylocopes * ou *Abeilles menuisières*. La femelle creuse, dans le vieux bois sec exposé au soleil, une longue galerie verticale de douze à quatorze millimètres de large, divisée en dix ou douze loges par des cloisons horizontales. Chaque cloison est formée de sciure de bois fortement agglutinée, et sert de fondement à la cellule suivante. A mesure que l'Abeille termine une cellule, elle y dépose un œuf et une provision de nourriture pour la Larve **.

---

* Ξύλον, bois; κόπος, coupeur.

** On a observé que les Larves qui occupent les cellules de la partie inférieure de la galerie, étaient plus tôt développées que celles qui sont placées dans les cellules supérieures, sans doute parce qu'elles proviennent des œufs pondus les premiers. Arrivée à l'état d'insecte parfait, comment la jeune Xylocope sortira-t-elle de sa prison? Si elle s'ouvre un passage à travers les loges supérieures, ses ravages feront périr les Larves qui y sont ren-

La tribu des *Andrenètes* se distingue de celle des Apiaires par une languette plus courte que sa gaîne et en forme de fer de lance. Ces Insectes font leur nid dans un trou creusé dans la terre. L'Andrenète des *murs*, commune dans nos environs, est d'un noir bleuâtre avec des poils blancs.

Dans la famille des DIPLOPTÈRES les ailes supérieures sont presque toujours doublées longitudinalement; les antennes sont ordinairement coudées et en massue, les yeux échancrés, le corps glabre, noir et tacheté de jaune. La plupart de ces Insectes forment des sociétés temporaires composées de mâles, de femelles et de neutres. Ce groupe forme deux tribus : les Guêpiaires et les Masarides.

A la tribu des *Guêpiaires* appartiennent les Guêpes *proprement dites*, qui se réunissent en sociétés nombreuses, composées de trois sortes d'individus, comme celle des Apiaires sociales, et

fermées, et toute la famille sera sacrifiée à un seul individu. Pour prévenir ce désordre, une sage précaution a été employée : les Larves des Xylocopes se métamorphosent toujours la tête en bas. Ainsi la Larve de la cellule inférieure, qui parvient la première à l'état parfait, se pratique une issue en perçant tout droit devant elle le fond de sa cellule, et loin de causer quelque préjudice à ses sœurs, elle leur prépare une route que toutes suivront successivement.

non moins remarquables que ces dernières par leur adresse, leur patience et leur industrie. Ces Insectes ont une architecture particulière qui est digne d'admiration et qui varie suivant les espèces. Essayons d'en donner une idée par l'examen du nid de la Guêpe *commune*.

Les Guêpes femelles, échappées en petit nombre aux rigueurs de l'hiver, deviennent chacune, au printemps suivant, les fondatrices d'autant de nouvelles républiques. Une femelle seule commence donc le nid, et à mesure qu'elle achève les cellules auxquelles elle ne cesse de travailler, elle y pond des œufs, d'où naissent bientôt des Guêpes ouvrières, qui aident à agrandir le guêpier et à élever les générations qui éclosent successivement. Ce guêpier est construit sous terre, à la profondeur d'environ seize centimètres, communiquant à la surface du sol par un chemin rarement creusé en ligne droite. La forme du nid est ordinairement celle d'une boule de trois à quatre décimètres de large. Il est entièrement composé de parcelles de vieux bois que les Guêpes détachent à l'aide de leurs mandibules, qu'elles humectent ensuite et pétrissent pour les convertir en une pâte semblable à du carton et imperméable à l'eau. Chaque ouvrière revient des champs chargée d'une petite boulette de cette pâte molle qu'elle tient entre ses mâchoires;

elle va aussitôt l'appliquer à la partie du nid qui est en construction. Dans cette opération, elle marche à reculons, et, à chaque pas qu'elle fait, elle laisse devant elle une portion de la petite boule ligneuse, sans la détacher du reste, qu'elle tient entre ses deux premières pattes. Après l'avoir ainsi étendue en une lame mince, et entièrement appliquée, elle passe et repasse sur son ouvrage en plaçant l'épaisseur de la nouvelle bande entre ses mandibules, pour l'aplanir convenablement.

Le guêpier se compose de deux parties principales : de l'enveloppe et des gâteaux qu'elle renferme. L'enveloppe a souvent plus de deux centimètres d'épaisseur. Elle n'est point massive, mais formée de douze à quinze couches qui laissent des vides entre elles, et dont chacune est aussi mince qu'une feuille de papier. Nous avons observé, en parlant de la coquille du Nautile, qu'une surface bosselée offrait, toutes choses égales d'ailleurs, une bien plus grande résistance qu'une surface simplement unie. Ce principe a été appliqué avec beaucoup d'art par la Guêpe commune dans la construction de l'enveloppe de son nid, qui est raboteuse et semble faite de coquilles bivalves posées les unes sur les autres, de manière à ne laisser paraître au dehors que leur extérieur convexe.

L'intérieur du guêpier contient douze à quinze gâteaux parallèles, disposés horizontalement ou par étages, et garnis chacun inférieurement d'environ mille cellules hexagonales remplies d'œufs ou de Nymphes *. Des chemins sont pratiqués pour la circulation entre ces gâteaux et aboutissent à deux portes rondes, ménagées pour l'entrée et la sortie des Guêpes. Ces planchers de carton, qui supportent tant de berceaux, sont solidement soutenus, d'espace en espace, par des colonnes faites de même matière que le reste du nid, mais massives et toujours d'un plus grand diamètre à leur base et à leur chapiteau que dans leur milieu.

Nous pensons que l'art déployé dans cette merveilleuse architecture, n'a pas besoin de commentaires pour porter le lecteur à bénir, dans ses œuvres, CELUI qui donna à ce petit Insecte le génie des Perrault et des Vauban, avec cette différence que ses coups d'essai sont toujours des coups de maître, et qu'il n'y a jamais tâtonnements ni méprises.

On remarque encore la Guêpe des *arbustes*, qui place sur un rameau son nid en forme de

---

* Comme les ouvrières sont plus petites, il y a pour elles des gâteaux particuliers, séparés des gâteaux destinés aux mâles et aux femelles, qui sont de plus grande taille.

petit bouquet, composé d'une vingtaine de cellules; — la Guêpe *cartonnière,* qui suspend son nid à des branches d'arbre, et lui donne la forme d'un gros cône tronqué; — la Guêpe *frelon,* longue de plus de deux centimètres, qui construit son nid dans les trous des murs ou dans les arbres creux, et en soutient les rayons par des piliers; elle attaque les abeilles et dérobe leur miel *; — les Guêpes *Épipones,* dont le nid est si remarquable **.

---

* Dans l'Exode (XXIII, 28), dans le Deutéronome (VII, 20), dans le livre de Josué (XXIV, 12), il est fait mention d'une espèce de Frelons (*crabro*) que Dieu envoie pour dissiper l'armée des Amorhéens et de quelques autres peuples qui combattaient contre les enfants d'Israël. Le fait suivant, rapporté par un voyageur anglais (*Lieutenant Holman's Travels,* v. II, 1835), vient tout à fait à l'appui du récit sacré.... « A huit milles de Grandie, dit-il, les muletiers s'écrièrent tout à coup : *Marambundas! marambundas!* C'était le signal annonçant l'approche d'un essaim de Guêpes. En un moment, tous les animaux, chargés ou non, se renversèrent sur le dos en se débattant de toutes leurs forces, tandis que les nègres et toutes les personnes qui n'avaient pas encore été attaquées, couraient de tous côtés, cherchant à éviter l'essaim cruel qui s'avançait comme un nuage à notre rencontre. Je n'ai jamais été témoin d'une telle panique, et je crois qu'une trombe, en se crevant, n'eût pas produit un pareil effroi. Cette alarme, au reste, n'était pas sans fondement, car la piqûre de ces Insectes cause une souffrance si cuisante, que les voyageurs les plus intrépides n'hésitent pas à prendre la fuite aussitôt qu'ils voient arriver un de ces redoutables essaims, qu'il n'est pas rare de rencontrer dans ces contrées. »

** Guêpier de l'Épipone ouvert longitudinalement, pl. **V**, fig. 9.

Parmi les Guêpes solitaires, les Odynères nous fournissent un trait d'instinct qui mérite de fixer notre attention. L'Odynère des *murailles* creuse dans le sable un trou cylindrique, qu'elle prolonge au dehors en y adaptant un petit tuyau construit en guillochis avec la terre qu'elle retire de sa galerie souterraine. Ce tuyau est sans doute destiné à garantir son nid de l'invasion des Insectes étrangers. Quand ce nid est préparé, elle y dépose un œuf. Mais avant d'en maçonner l'entrée, il était nécessaire de pourvoir à la nourriture de la Larve qui doit prendre tout son accroissement dans cette retraite, y subir toutes ses transformations, et n'en sortir qu'à l'état d'Insécte parfait. L'Odynère s'en va donc chercher une petite Chenille verte, sans pattes, qui, dans le repos, se tient roulée sur elle-même ; elle la saisit, la force à s'étendre le long de son corps afin qu'elle puisse entrer plus facilement dans son trou, et vient la déposer au fond de sa cellule, où la Chenille se roule d'elle-même en anneau. La Guêpe en entasse ainsi successivement dix à douze, toutes disposées en forme annulaire. Aussitôt que l'approvisionnement est complet, l'Odynère scelle l'ouverture du trou avec du mortier et renverse l'échafaudage qu'elle avait construit à l'entrée. La larve de la Guêpe éclôt, mange une première Chenille, puis

16.

une seconde, et ainsi successivement jusqu'à
la dernière. Alors elle a atteint tout son accroissement et subi toutes ses métamorphoses;
elle perce la fermeture de sa prison et prend
son essor dans les airs.

Voilà donc un petit animal solitaire qui sait
creuser et travailler artistement un terrier pour
y loger un œuf; qui sait distinguer, parmi des
milliers d'Insectes, celui qui convient seul à
sa Larve; qui prévoit le nombre de Chenilles vertes qui sont nécessaires à la nourriture de cette
même Larve jusqu'à son entier développement.
Son instinct va plus loin encore : il sait arranger
au fond de son nid, les Chenilles qu'il y renferme, de manière à ce qu'elles ne puissent se
déplacer, et cela sans leur faire aucun mal; il
sait, de plus, choisir des Chenilles qui ont à peu
près tout leur accroissement; s'il les prenait
plus tôt, elles périraient faute de nourriture, se
corrompraient, et feraient mourir la Larve éclose
de son œuf.

D'où vient à cette Guêpe tant d'intelligence
et de prévoyance? Cet admirable instinct dé-
coule-t-il des lois connues de la matière? Qui
pourrait le supposer sans absurdité? Ne voit-on
pas, au contraire, derrière l'Insecte, une intelligence divine, qui a tout prévu, tout ordonné?
Et si cette intelligence suprême nous montre

tant de sagesse dans la manière dont elle a pourvu au sort d'un si faible animal, peut-on croire qu'elle abandonne à un hasard aveugle l'homme formé à son image?

La tribu des *Masarides* n'offre rien de remarquable.

La FAMILLE DES FOUISSEURS comprend les Porte-aiguillons qui vivent solitaires, et dont les ailes sont toujours étendues. Ils sont très-agiles et vivent la plupart sur les fleurs. Leurs Larves sont carnassières, et la femelle a soin de placer à côté de ses œufs, au fond de son nid, creusé dans la terre, les substances animales, Larves, Araignées, Diptères, etc., dont ses petits devront se nourrir. — Les Crabronites, au chaperon d'argent ou d'or poli; une espèce est remarquable par une sorte de large crible qu'elle porte sur les pattes antérieures. — Les Bembycides; le Bembyx *à bec*, commun aux environs de Paris, est noir, cerclé de jaune citron. — Les Pélopées, qui construisent aux angles des corniches, dans l'intérieur des maisons, un nid globuleux, formé d'un cordon en spirale, inférieurement percé de deux ou trois séries de trous, ce qui donne à ce nid quelque rapport avec un *sifflet de chaudronnier*; ces trous sont les entrées d'autant de cellules dans lesquelles l'Insecte place un œuf avec de la nourriture, et qu'il bouche ensuite. — Les Sphégides ; les Sphex creusent la terre avec leurs dents, grattent le sable avec leurs pattes, comme les poules, pondent un œuf dans le trou creusé, déposent à côté des Mouches, des Araignées, des Chenilles, qu'ils blessent avec leur aiguillon *, et ferment la cellule avec du sable ou avec un petit caillou. Le Sphex de *Pensylvanie* a trois centimètres de long et nourrit sa Larve avec de grosses Sauterelles vertes **.

* Les Sphex se bornent à piquer ces animaux avec leur dard, et à les priver ainsi de tout mouvement, afin de pouvoir plus aisément les emporter ; mais ils ne les tuent pas, parce que leurs Larves ne se nourrissent que de proie vivante (Sphex des sables, V, 10).

** Un naturaliste anglais, Darwin, rapporte un trait d'instinct bien extraordinaire, qu'il avait observé dans un Sphex. Se promenant un jour dans son jardin, il aperçut à terre, dans une allée, un Sphex qui venait de s'emparer d'une Mouche presque aussi grosse que lui-même. Après avoir coupé, avec ses mandibules, la tête et l'abdomen de sa victime, il s'envola, emportant le thorax, auquel les ailes étaient restées attachées ; mais un souffle de vent ayant frappé dans les ailes de la Mouche, fit tourbillonner le Sphex sur lui-même et l'empêchait d'avancer ; là-dessus, il se posa de nouveau dans l'allée, coupa l'une après l'autre les ailes de la Mouche, puis il reprit son vol avec le reste de sa proie.

Un savant observateur, après avoir recherché l'origine de l'instinct dans les animaux, termine ainsi ses considérations sur l'industrie merveilleuse des Insectes, et particulièrement des Hyménoptères : « N'est-ce pas une des preuves les plus frappantes de

La quatrième famille des Porte-aiguillons ou celle des HÉTÉROGYNES (ἕτερος, autre, γυνὴ, femelle) nous offre des sociétés composées de trois sortes d'individus, mais dont les femelles ou les neutres sont dépourvues d'ailes; les antennes sont coudées et la languette est conformée en cuiller. Ils forment deux tribus : celle des *Mutiles*, qui sont solitaires et ne se composent que de mâles et de femelles; l'espèce la plus remarquable est la Mutile *tricolore*, noire, rouge et blanche. La deuxième tribu comprend les *Fourmis* *, composée de mâles, de femelles et d'ouvrières vivant en société.

SECTION DES TÉRÉBRANS.

(*Terebrare*, percer avec une tarière.)

Cette section renferme les Hyménoptères dont la femelle est munie d'une tarière à

---

la Sagesse qui a tout dispensé dans l'univers, que de voir des espèces trop faibles et trop peu raisonnables pour se conserver par elles-mêmes, être préservées d'une destruction inévitable par le don de quelques prérogatives toutes spéciales, toutes restreintes au seul but de leur conservation, et portant néanmoins le cachet d'une méditation profonde, d'une appréciation lumineuse des effets et des causes. » — DUGÈS, *Physiologie comparée*, T. I, p. 512.

* Peut-être de *ferre* et de *mica*, porter des miettes ou parcelles.

l'extrémité de l'abdomen. Elle a été divisée en deux familles : les Pupivores et les Porte-scies.

Les PUPIVORES ont l'abdomen joint au thorax, le plus souvent par un très-petit pédicule, et les Larves sont privées de pieds. Ce groupe se subdivise en six tribus : les Chrysides, les Oxyures, les Chalcidites, les Gallicoles, les Ichneumonides et les Evaniales.

Les *Chrysides*, vulgairement *Guêpes dorées*, manquent de nervures aux ailes inférieures, et la tarière peut s'allonger et se raccourcir comme une lunette d'approche. Ce sont de charmants Insectes, rivalisant par l'éclat et la richesse de leurs couleurs avec le Colibri et l'Oiseau-mouche. On les voit se promener, dans une agitation continuelle, sur les murs, sur les fleurs, etc. Quand on les prend, ils se mettent en boule et renferment leur tête, leurs antennes, leurs pattes, etc., dans la cavité de leur abdomen. Les plus jolies espèces sont le Chrysis *brillant*, le Chrysis *enflammé* (V, 11.), etc., tout éclatants d'or, d'azur, de vert, de pourpre, etc., avec des nuances et des reflets aussi vifs que ceux des pierres précieuses. On cite encore les Hédychres, qui s'approprient par la ruse, pour y placer leurs œufs, les nids que d'autres Insectes plus habiles ont construits [*].

[*] « L'Hédychre *royal*, dit M. Lepelletier de Saint-Fargeau,

Les *Oxyures* manquent aussi de nervures aux ailes inférieures ; la femelle a une tarière tubulaire et conique.

Les *Chalcidites* ont les antennes coudées et en massue allongée ; les ailes inférieures ont peu ou point de nervures ; la tarière est souvent composée de trois filets. Ces Insectes sont très-petits et ont pour la plupart la faculté de sauter. Ils sont ornés des plus brillantes couleurs mé-

place ordinairement ses œufs dans le nid de l'Osmie *maçonne*. J'ai observé une femelle de cet Hédychre, qui, après être entrée la tête la première dans une cellule presque achevée de cette Osmie, en était ressortie, et commençait à y introduire la partie postérieure de son corps, en marchant en arrière, dans l'intention d'y déposer un œuf, lorsque l'Osmie arriva, portant une provision de pollen et de miel ; elle se jeta aussitôt sur l'Hédychre, et il me parut en ce moment que ses ailes produisaient un bruissement qui n'est point ordinaire. Elle saisit son ennemie avec ses mandibules ; celle-ci, selon l'habitude des Chrysides, se contracta aussitôt en boule, et si parfaitement, que ses ailes seules dépassaient. L'Osmie, ne pouvant la blesser, attendu que ses mandibules n'avaient aucune prise sur un corps aussi lisse, lui coupa les quatre ailes au ras du corselet, et la laissa tomber à terre. Elle visita ensuite sa cellule avec une sorte d'inquiétude ; puis, après avoir déposé sa charge, elle retourna aux champs. Alors l'Hédychre, qui était resté quelque temps contracté, remonta le long du mur directement au nid d'où il avait été précipité, et fut tranquillement pondre son œuf dans la cellule de l'Osmie. Il place cet œuf au-dessous du niveau de la pâtée, contre les parois de la cellule, ce qui empêche l'Osmie de l'apercevoir. » —*Encyclopédie méth.*, T. X, p. 8.

16..

talliques. Telle est la petitesse de quelques-uns,
qu'ils peuvent se nourrir de l'intérieur d'œufs
d'Insecte presque imperceptibles ; d'autres vivent dans des *galles,* dans les *Chrysalides* des
Lépidoptères, etc.

Les *Gallicoles,* ou les Insectes dont les Larves vivent dans des *galles,* n'ont qu'une nervure
aux ailes inférieures. C'est à cette tribu qu'appartiennent les Cynips*, Hyménoptères très-remarquables par leurs mœurs et par la tarière qui
termine l'abdomen des individus femelles. Cette
tarière est longue et déliée, creusée en gouttière
à son extrémité et latéralement garnie de dents
semblables à celles d'un fer de flèche ; elle est
de la nature de l'écaille, et se replie par un ou
deux tours de spire dans l'intérieur du ventre.
C'est avec cet instrument que le Cynips attaque
les végétaux et pratique des entailles dans leurs
différentes parties, pour y déposer ses œufs. La
séve s'épanche au dehors par les vaisseaux que
cette blessure a ouverts, et détermine à l'endroit
piqué, une excroissance appelée *galle,* dont la
forme est très-variée. Ces galles sont le plus
communément sphériques, appliquées sur la
plante ou y tenant par un court pédicule. Quelquefois elles ne paraissent être qu'un épaississe-

* Cynips des Chrysalides, V, 12.

ment de la partie du végétal sur laquelle on les trouve, comme celles du saule, de l'osier, etc. D'autres fois, elles sont hérissées de longs filaments, et comme mousseuses; telle est celle de l'églantier, appelée *bédéguar*. On trouve encore, mais plus rarement, à l'extrémité des branches du même arbuste, une douzaine de petites galles réunies en une masse et de figures différentes.

Le chêne surtout présente un nombre considérable de ces singulières tubérosités avec les formes les plus diversifiées. Les unes sont hérissées de piquants, ou branchues, ou semblables à des têtes d'artichaut, à des champignons, à de petits boutons de fleurs, etc.; les autres sont rondes comme de petites pommes, tantôt isolées, tantôt groupées comme des grappes de groseilles; d'autres sont aplaties, unies, frisées ou bien creusées en petites coupes, etc. Leur couleur et leur consistance ne varient pas moins que leur figure; mais il n'est pas facile d'assigner les causes de ces variétés, non plus que d'expliquer la première formation de la galle et son accroissement, qui se fait quelquefois avec une rapidité surprenante.

C'est au centre de ces excroissances végétales qu'habitent, solitairement ou en compagnie de Larves parasites, les Larves des Cynips. Les unes y restent plusieurs mois et y subissent toutes leurs métamorphoses ; les autres les quittent pour s'enfoncer dans la terre, où elles achèvent leurs transformations.

Le Cynips de la *galle à teinture* est fauve et couvert d'un duvet blanchâtre. C'est lui qui détermine, sur une espèce de chêne du Levant, la formation de la *noix de galle*, dont on fait usage pour la teinture en noir et pour la fabrication de l'encre.

La tribu des *Ichneumonides* tire son nom de celui d'une espèce de Marte (la Mangouste), appelée *Ichneumon* (d'ἰχνεύω, chercher à la piste) par les Grecs, et *Nems* par les Égyptiens, qui lui rendaient des honneurs divins, parce qu'elle détruit les œufs des Crocodiles. Les Ichneumonides ont reçu cette dénomination de l'analogie de leurs mœurs avec les habitudes vraies ou supposées de ce quadrupède. Ces Insectes détruisent en effet les œufs d'où sortent les Chenilles et les Chenilles elles-mêmes, et en font périr un grand nombre *.

Les Ichneumons ont les ailes veinées et les antennes composées d'au moins seize articles ; l'abdomen prend naissance entre les deux pattes

---

* On les appelle encore *Mouches vibrantes*, à cause des mouvements vibratiles qui agitent leurs antennes, et *Mouches tripiles*, parce que leur tarière se compose de trois soies. — (*Ichneumon manifestateur*, V, 13.)

postérieures. Leur corps est à peu près linéaire. La tarière qui le termine, tantôt cachée dans l'abdomen, tantôt saillante, est formée par la réunion de trois pièces dont les deux latérales, creusées en gouttière, servent d'étui à celle du milieu. Cet instrument, qui paraît simple à l'œil nu, est garni à sa pointe de plusieurs rangées de dents semblables à celles d'une scie, et, quoique délicat et flexible, il peut cependant pénétrer dans des substances très-dures.

Les femelles à longue tarière déposent leurs œufs dans le corps des Larves des Abeilles, des Guêpes solitaires, et de plusieurs autres Insectes dont elles savent atteindre la postérité jusque sous l'écorce des gros arbres, au centre des galles, et dans l'intérieur même du bois. La manière dont elles font usage de leur tarière, dans ces diverses opérations, est très-curieuse à observer.

Les femelles dont la tarière est courte percent le corps des Chenilles de toute espèce, des Chrysalides, des Araignées, des Pucerons, ou même les œufs des Lépidoptères *, pour y placer le germe de leur progéniture. La belle Chenille du

* Ces œufs, comme on sait, sont fort petits, cependant la Larve d'un Ichneumon y trouve suffisamment de quoi se nourrir ; qu'on juge par là de son peu de volume !

chou est très-souvent attaquée par elles. Les Insectes dans la peau desquels ces œufs étrangers
ont été ainsi violemment introduits, ne laissent
pas de manger d'abord comme à l'ordinaire;
bientôt les Larves de l'Ichneumon éclosent et se
mettent à ronger la substance de la Chenille;
toutefois, comme ces parasites n'entament que le
tissu graisseux, la Chenille continue de vivre
encore. Mais ces Larves, prenant de jour en jour
plus d'accroissement, épuisent par degrés leur
victime; enfin elles lui portent toutes ensemble
une dernière et mortelle atteinte; elles lui percent
le flanc pour en sortir, soit à l'état parfait, soit
au moment de subir leurs métamorphoses.

C'est ainsi que, chaque année, un nombre
considérable de Chenilles deviennent la proie
des Larves d'Ichneumons. Il était digne de la
Sagesse suprême d'opposer une barrière à cette
excessive fécondité des espèces nuisibles. C'est
de cet antagonisme salutaire, de cette lutte per-
pétuelle des races contre les races, que résulte
l'harmonie générale que nous admirons. Qu'une
seule espèce en effet pût se multiplier sans obstacle, et bientôt le globe serait envahi et l'équilibre rompu entre toutes les forces qui s'y contre-
balancent. Pour que l'ordre règne au sein de ce
vaste système de créations, pour que la loi des
rapports soit maintenue, il faut, à côté des

sources de la vie, des causes de mort, des occasions de ruine, qui préviennent une exubérance funeste. Évitons donc, dans l'appréciation de l'économie de la nature et du gouvernement de la Providence, de nous livrer aux illusions d'un esprit étroit, qui cherche hors du point de vue de l'ensemble, l'explication des phénomènes; mais, reportant au contraire nos regards sur les résultats généraux, ne voyons, dans cette guerre incessante, que les conditions de la paix et de l'harmonie universelle, et bénissons la haute sagesse du Créateur et les merveilleuses dispensations de sa puissance*.

La tribu des *Évaniales* diffère peu de la précédente.

La FAMILLE DES PORTE-SCIES se distingue par un abdomen uni au thorax dans toute son épaisseur, et ne paraissant faire avec lui qu'une même pièce. La tarière est ordinairement en forme de scie, et sert tout à la fois à préparer une place pour les œufs et à les y déposer. Cette famille se compose de deux tribus : les Urocères et les Tenthrédines.

---

* «La nature, qui n'est pas moins occupée à détruire qu'à créer, dit M. Lacordaire, et qui est également admirable dans les deux cas, a ainsi placé près d'un grand nombre d'Insectes, autant d'Ichneumonides, qui sont chargés de les maintenir dans les limites qui leur ont été assignées. »—*Introd. à l'Entom.*, T. II, p. 483.

C'est aux *Urocères* qu'appartiennent les Sirex, qui fréquentent les forêts de sapins dans les pays froids et montagneux : ils bourdonnent en volant, comme nos Frelons. Le Sirex *géant* est brun et long de plus de deux centimètres.

Les *Tenthrédines* ou *Mouches à scie* ont la languette divisée en trois branches ou digitations, et les quatre ailes ont toujours de nombreuses cellules. La tarière est composée de deux lames dentelées en scie, logées dans une coulisse à l'extrémité de l'abdomen, qui est cylindrique et arrondi postérieurement. A cette tribu se rapportent les Tenthrèdes *proprement dites*, dont les Larves vivent, suivant les espèces, sur la scrophulaire, le bouleau, le saule, l'aune, etc., ou dans des galles * ; — les Cimbex, de grande taille ; leurs Larves vivent sur le saule ; — les Hylotomes ; quelques détails sur les mœurs de ces derniers Insectes, donneront au lecteur une idée de celles de toute la tribu.

Si, dans un beau jour d'été, vous vous arrêtez, vers les dix heures du matin, devant un rosier,

---

* La fausse Chenille de la Tenthrède *ovale*, qui vit sur l'aune, a le dos couvert de petites touffes cotonneuses et blanches, qui la font ressembler au Puceron du *hêtre*. Si l'on enlève ces petits flocons, qui se détachent facilement, ils repoussent en quelques heures sur le dos de la Larve, et semblent sortir par autant de filières établies dans la peau.

vous verrez un petit Insecte long de huit millimètres, tête et corselet noirs, abdomen jaune
safran, parcourir, examiner tour à tour les
branches de cet arbuste : c'est la femelle de l'Hylotome du *rosier*. Lorsqu'elle a choisi une branche, et c'est ordinairement vers l'extrémité de
la tige principale, elle s'apprête à y pratiquer,
par le jeu alternatif des deux pièces dentelées de
sa scie, un petit trou dans lequel elle dépose un
œuf; puis, après quelques moments de repos,
elle retire sa tarière brusquement de la branche
et verse en même temps dans l'entaille,une liqueur
mousseuse dont l'usage, suivant Valisniéri, est
d'empêcher l'ouverture de se fermer. Elle fait
ainsi successivement de cinq à vingt trous à la
suite les uns des autres. Ces petites plaies ne
tardent pas à se relever par l'effet du grossisse-
ment de l'œuf, et deviennent de jour en jour
plus convexes ; en même temps l'ouverture du
trou s'agrandit, et bientôt elle est assez considérable pour donner passage à la Larve qui, sortant de sa retraite immédiatement après son
éclosion, va chercher sur les feuilles du rosier
l'aliment qui lui a été destiné *.

Les *Pamphilies* sont d'autres Tenthrédines,
dont les Larves ont des habitudes qui méritent

---

* Hylotome sans nœud , V, 14.

d'être remarquées. Ces Larves vivent sur les feuilles de l'abricotier et sont incapables de marcher. Elles se tiennent toujours sur le dos. Si on les met sur une feuille, sur une table, sur la glace d'un miroir, on les voit se placer aussitôt dans une situation renversée, et tendre de côté et d'autre, autour d'elles, des arcs ou ceintures de soie qu'elles fixent contre le plan de position. Elles avancent ou reculent en glissant, par les mouvements des anneaux de leur corps, contre ces boucles placées de distance en distance, et c'est ainsi qu'elles se transportent d'un lieu à un autre. Si cette fausse Chenille est forcée d'abandonner momentanément son domicile, elle se suspend à un fil de soie qu'elle dévide en descendant à terre. La manière dont elle remonte le long de ce fil est très-singulière. Elle commence par en attacher le bout au milieu de son corps, puis elle s'entoure d'une ceinture de soie et glisse dans cette ceinture jusqu'à ce qu'elle y ait placé l'extrémité postérieure de son corps. Alors, avant de s'en dégager entièrement, elle s'en fait un point d'appui, pendant qu'elle fixe plus haut autour d'elle une seconde boucle, dont elle se sert comme de la première pour se porter en avant. Elle continue ainsi de remonter, traçant toujours de nouveaux échelons séparés par des intervalles qui n'excèdent pas la moitié de sa longueur, et toujours glissant dans ces boucles par le mouvement vermiculaire des anneaux de son corps.

L'ordre des Hyménoptères vient d'offrir à notre observation un grand nombre d'Insectes extrêmement remarquables par leur instinct et par les procédés de leur industrie ; cependant nous n'avons pas étudié encore les plus curieux et les plus vantés, les Fourmis et les Abeilles : nous leur avons réservé une place particulière à la fin de cet article, et nous allons rappeler les principaux traits de leur intéressante histoire.

LES FOURMIS.

Paresseux, va vers la Fourmi, considère ses voies, et deviens sage. — Les Proverbes, VI, 6.

Tout le monde connaît les Fourmis, et peu de personnes les jugent dignes d'occuper un moment leur attention. Elles n'ont rien, en effet, qui attire nos regards ; elles sont petites et de couleurs obscures. Quand on les aperçoit, on ne se rappelle guère que les préjudices qu'elles nous causent, on les maudit, on les écrase. C'est votre droit, sans doute, ô roi de la création, mais, en brisant ces frêles Insectes, pour défendre ce que vous regardez comme votre propriété exclusive, reconnaissez cependant en eux un des chefs-d'œuvre de la Providence.

Les Fourmis vivent en société. La cité qu'elles forment se compose de trois sortes d'individus, les *mâles* et les *femelles*, qui sont pourvus d'ailes longues, peu veinées et caduques, et les *ouvrières* ou *neutres*, qui sont toujours aptères.

Les mâles sont de plus petite taille que les femelles. Ils forment avec celles-ci des essaims nombreux dans l'air, au temps de l'accouplement, puis périssent bientôt après, sans rentrer dans leur ancien domicile.

Les femelles, au contraire, après s'être accouplées et avoir détaché leurs ailes avec leurs pattes, rentrent dans la fourmilière, ou bien y sont ramenées de force par les ouvrières, qui leur arrachent les ailes, les retiennent prisonnières dans des appartements retirés, et placent des sentinelles, qui sont relevées de distance en distance, pour leur fournir une abondante nourriture et les garder à vue. Dès qu'une femelle pond un œuf, une ouvrière s'en empare et le transporte dans une chambre particulière. Des cellules différentes sont assignées aux œufs d'où sortiront des femelles ou des mâles, et à ceux d'où doivent naître des ouvrières.

Ces dernières sont des soldats chargés de défendre l'État et de combattre l'ennemi. Ce sont

aussi des nourrices attentives, qui fournissent
aux Larves les sucs alimentaires qui leur conviennent, et leur donnent les soins les plus as-
sidus. Ce sont elles qui les transportent, dans
les beaux jours, au dehors de la fourmilière pour
les faire jouir d'une douce chaleur, les redes-
cendent ensuite aux étages intérieurs à l'approche de la nuit ou du mauvais temps ; et s'il arrive
qu'une main malveillante démolisse l'édifice qui
les protége et en disperse les débris avec leurs
chers nourrissons, on les voit se saisir de ceux-ci
avec le plus vif empressement, et les rapporter
au fond de leur habitation désolée. Les ouvrières
sont encore des architectes infatigables, qui s'occupent sans cesse de l'agrandissement et de l'en-
tretien des constructions.

Étudions d'abord les Fourmis sous ces trois
principaux points de vue, c'est-à-dire, comme
architectes, comme nourricières et comme
guerrières.

La nature et la forme des constructions des
Fourmis varient selon l'instinct particulier de
l'espèce : les unes, comme les Fourmis *fauves,*
élèvent au-dessus du sol des monticules composés de fragments de matières végétales ; les
autres, comme les Fourmis *brunes* et les Fourmis *noires cendrées,* construisent leur habitation
en terre ; d'autres sont sculpteuses, et se logent

dans des labyrinthes qu'elles creusent dans l'intérieur des arbres ; d'autres enfin suspendent leur nid aux branches des arbres, comme la *Myrmice de Kirby*.

L'habitation de la Fourmi *fauve* est un assemblage de petits brins de bois et de fétus, formant, par leur entassement, une masse qui se présente sous l'aspect d'un dôme, et dont la destination est de préserver la fourmilière des intempéries de l'atmosphère et des insultes de ses ennemis. De nombreuses galeries sont pratiquées au dedans pour la circulation, et s'étendent depuis le sommet de l'édifice jusqu'à une profondeur plus ou moins considérable. Quand le temps est favorable, les Fourmis montent, descendent, vont et viennent, se promènent au dehors, et semblent se livrer à de joyeux ébats sur la superficie de leur monticule ; mais à mesure que le soleil baisse à l'horizon ou que le ciel se couvre de nuages, on les voit occupées à rétrécir l'ouverture de leurs avenues, à les garnir de petites poutres ou de feuilles sèches, en sorte que, la nuit venue, tous les passages se trouvent barricadés, et tout le monde est retiré dans l'intérieur, à l'exception de quelques sentinelles chargées de veiller au dehors. Le lendemain, dès le lever du jour, plusieurs Fourmis s'en vont explorer la place : si le ciel est pur et

la température douce, on se réveille, on s'agite
aussitôt de toutes parts, les barricades sont en-
levées, on s'évertue, on se prépare au travail, et,
du haut du toit de la demeure commune, où
tout ce petit peuple accourt et se presse, chaque
Fourmi bénit, par sa diligence matinale, CELUI
qui lui rend la douce lumière du soleil, et que
l'Éléphant aussi, du reste, comme toute créature,
salue au retour de l'aurore.

C'est à ce moment qu'on voit des troupes de
travailleurs actifs se répandre dans les environs :
toutes les grandes routes qui partent de la cité
se couvrent de Fourmis en quête d'un petit fragment de bois, d'un débris de feuille, etc. A mesure qu'elles trouvent quelque chose à leur convenance, elles s'en emparent et reprennent aussitôt le chemin de l'habitation, emportant, plus
souvent traînant, avec de grands efforts, des
masses beaucoup plus grosses qu'elles. Cet amas
d'innombrables petits matériaux rassemblés de
tous côtés avec tant de persévérance, recouvre
plusieurs salles basses, chaudes et propres, où
les Larves et les Nymphes sont transportées, à
plusieurs reprises, pendant le jour. Une salle
plus spacieuse, une sorte de forum, dont le plafond est soutenu par des poutres, occupe le
centre de l'édifice : c'est là que les Fourmis se
tiennent habituellement en grand nombre.

Les Fourmis *brunes* sont de plus savants architectes encore. C'est en terre qu'elles construisent leur fourmilière. Elles l'établissent parmi les gazons, au bord des sentiers, sous la forme d'un petit monticule arrondi. Ces bâtisses sont extrêmement délicates et pourtant bien solides. Les Fourmis attendent, pour y travailler, que la rosée, et surtout une petite pluie, aient humecté le sol. C'est alors que toutes se mettent en mouvement. Chaque ouvrière façonne, avec ses mandibules, de petites pelottes de terre, qu'elle applique ensuite sur les inégalités du mur en construction; elle la divise en parcelles fines, s'il est nécessaire, la dispose convenablement et l'affermit en la pressant avec ses pattes antérieures. Dans cette opération, ses dents lui servent de ciseaux, ses pattes de truelle, ses antennes de compas et d'équerre; la pluie a composé les ciments qu'elle emploie, le soleil les durcira et donnera à la maçonnerie toute la cohésion convenable.

Tous les travaux sont réglés entre les Fourmis ouvrières: les unes dressent des piliers, les autres construisent des voûtes au-dessus des salles; d'autres jettent un pont entre deux bâtiments. Les étages s'élèvent au-dessus des étages quelquefois au nombre de plus de vingt; c'est un merveilleux labyrinthe, composé de longues galeries tortueuses, d'arcades bien cintrées, de colonnades, de chambres et de salles nombreuses, communiquant entre elles par des corridors, et savamment distribuées. Les murailles qui forment toutes ces cloisons, toutes ces voûtes, n'ont pas plus d'un millimètre d'épaisseur, et toutes les parois intérieures en sont parfaitement unies et lisses.

Des cases particulières sont réservées pour les Nymphes dans les étages supérieurs, afin de leur ménager une plus chaude température. Si cependant le soleil devient trop ardent ou le froid trop intense, les Fourmis descendent avec leurs petits dans les salles inférieures. Si celles-ci sont submergées, comme il arrive quelquefois, toute la colonie se retire dans les parties élevées de l'édifice. En général, ces Fourmis se tiennent renfermées dans leur habitation durant les grandes chaleurs du jour, et n'en sortent qu'après le coucher du soleil.

Quel que soit le talent déployé dans leurs travaux par les espèces précédentes, les Fourmis *fuligineuses* l'emportent sur elles par les ressources de leur industrie et les combinaisons de leur art. Celles-ci, en effet, savent sculpter avec une délicatesse admirable, de nombreux compartiments dans le tronc des arbres les plus durs. Sans autre instrument que leurs mandi-

bules, elles creusent dans le bois une multitude
d'étages horizontaux, dont les planchers, aussi
minces que du papier, sont soutenus tantôt par
des cloisons verticales et parallèles, tantôt par
une infinité de petites colonnes rangées sur des
lignes également parallèles. Ces colonnes, épaisses de deux à quatre millimètres, sont plus ou
moins rondes, et toujours plus larges à leurs
extrémités que dans leur milieu. Qui pourrait
décrire tout ce dédale d'appartements, de salles,
de loges, de galeries, toutes les cloisons, toutes
les colonnades, toutes les arcades de cette merveilleuse demeure, chef-d'œuvre de sculpture
par la légèreté et la délicatesse du travail, et
qui ne témoigne pas moins de la patience que
du génie de l'insecte qui l'exécuta?

Le nid de la *Myrmice de Kirby* nous présente
un autre genre d'architecture, où se révèle
également une remarquable habileté. C'est le
colonel anglais Sykes qui nous en a fait connaître tout récemment l'histoire. Cette Fourmi
se trouve aux Indes, dans le Décan; elle est de
couleur ferrugineuse, et de quatre à cinq millimètres de long. La tête des neutres est d'une
grosseur disproportionnée avec le reste du corps;
le thorax est armé postérieurement de deux
épines, entre lesquelles passe le pédicule de
l'abdomen, que l'insecte a l'habitude de relever
au-dessus du thorax.

Ces Fourmis construisent sur les branches d'arbre, des nids appelés *moongeera* par les Marattes, et qui supposent, dans ces petits animaux, bien de l'invention et une admirable prévoyance. Ils ont une forme sphérique allongée, de vingt à vingt-huit centimètres de diamètre, et tout entiers composés avec de la bouse de vache, façonnée en feuillets minces, que ces Insectes appliquent avec beaucoup d'art les uns sur les autres, comme on range des tuiles sur un toit, avec cette différence que tous ces feuillets forment sur leurs bords des ondulations ou espèces de plis arrondis, qui sont autant de petites entrées en arcades, par lesquelles les Fourmis pénètrent dans l'intérieur du nid, sans que les eaux de la pluie toutefois puissent jamais s'y introduire par ces ouvertures. Ce nid est ordinairement fixé vers l'extrémité d'une branche, et traversé par plusieurs rameaux. Il présente, dans sa section verticale, des chambres nombreuses et irrégulières, construites par les mêmes procédés que le dehors de l'édifice, et plus spacieuses à mesure qu'on approche du centre. Les petits sont distribués dans les différents étages, suivant leur degré de développement. Tout au fond sont placés de très-petits œufs avec les plus jeunes membres de la communauté, plus haut sont de gros œufs et des Larves; les étages supérieurs sont occupés par les Nymphes sur le point de passer à l'état parfait. Au centre de cette cité aérienne, une large et royale cellule est réservée à la femelle, qui est blanche et longue de quatorze millimètres : elle y est retenue dans une étroite prison.

Nous pouvons nous former une idée de la persévérance de ces petits architectes, en considérant les matériaux avec lesquels ils bâtissent leur nid, la bouse de vache, qu'ils sont obligés d'aller chercher à terre, et de transporter probablement d'une grande distance jusqu'au sommet des arbres.

Les soins des Fourmis pour leurs petits ne nous offriront pas moins d'intérêt que les monuments si ingénieux qu'elles savent élever pour se mettre à couvert.

Nous avons vu de quelle sollicitude les femelles étaient l'objet au temps de la ponte. Ces nobles matrones sont alors comblées d'honneurs, et suivies partout, dans leurs promenades, par un nombreux cortége d'ouvrières, qui poussent la complaisance jusqu'à les transporter dans leurs mandibules, et qui se relèvent tour à tour dans cette fonction. La femelle ne laisse pas de pondre pendant cette espèce de marche triomphale : les ouvrières se hâtent de ramasser ses œufs, de les porter à leur bouche, de les tourner et retourner, en les humectant d'une sorte de liqueur. Ces œufs sont de trois grosseurs, et presque tous transparents. Quinze jours après la ponte, la Larve sort de l'œuf; c'est un petit Ver blanc et sans pattes, pouvu d'une bouche, formée de deux crochets et d'un mamelon retractile, propre à recevoir la becquée. Une troupe d'ouvrières est préposée à la garde de ces Larves; dressées sur leurs pattes, et l'abdomen en avant, ces vigilantes gardiennes sont prêtes à lancer leur venin contre l'ennemi.

Outre le soin de la défense, ces Larves en exigent journellement plusieurs autres. Dès quelles ont faim, elles redressent leur corps et cherchent la bouche des ouvrières, qui écartent aussitôt leurs mandibules, pour leur dégorger un suc mielleux qui leur sert de nourriture. De plus, il faut les tenir dans une grande propreté : on voit donc les Fourmis incessamment occupées à passer leur langue sur leurs petits pour nettoyer leur peau, pour l'étendre et la ramollir. Enfin, lorsqu'un soleil brillant réjouit la nature, on remarque parmi ce petit peuple un mouvement extraordinaire. Les ouvrières, placées à la surface du nid, descendent dans l'intérieur; elles vont prévenir leurs compagnes de la présence de l'astre bienfaisant, elles les excitent, elles les pressent, et ne leur laissent pas de repos qu'elles ne les aient entraînées au sommet de la fourmilière. C'est l'heure qu'elles choisissent pour transporter au faîte du nid, les Larves et les Nymphes. Après les avoir exposées quelque temps à la chaleur vivifiante du soleil, elles les mettent à l'abri de ses rayons directs, en les déposant sous une légère couche de chaume, où elles continuent d'en éprouver une douce influence qui hâte leur croissance et leur developpement.

Lorsque le moment est venu de se transformer en Nymphe, la Larve se file une coque cylindrique dans laquelle elle se renferme. C'est sous cette pellicule soyeuse que ses membres se développent et s'affermissent, et qu'elle arrive graduellement à la teinte qui caractérise chaque espèce, le roux, le brun, le noir, etc. C'est encore aux ouvrières à prévoir l'époque où la Nymphe sera parvenue à sa complète métamorphose, afin d'ouvrir sa prison; car, sans leur secours, elle périrait infailliblement dans son maillot de satin. Averties par cet instinct sûr que leur a donné la Providence, elles savent saisir l'instant où il convient de déchirer cette enveloppe pour mettre la jeune Fourmi en liberté. Aussitôt qu'elle est sortie de son berceau, on l'entoure, on délie ses membres, on étend ses ailes, si elle en est pourvue, on lui apporte de la nourriture, on dirige ses premiers pas, en un mot l'on ne cesse de lui donner les témoignages du zèle le plus touchant jusqu'à ce qu'elle soit capable de pourvoir elle-même à ses besoins, et de contribuer à son tour aux travaux de la société.

Nous le demandons, ne faudrait-il pas être atteint de folie, pour vouloir expliquer par le hasard, par un mouvement aveugle et une rencontre fortuite de molécules, les soins si tendres, le devouement si admirable de ces Fourmis ouvrières pour une postérité qui n'est pas la leur, et dont elles se font si généreusement les mères d'adoption? Qui ne reconnaîtrait, au contraire, dans ce merveilleux instinct, qui s'écarte ici des lois ordinaires de la nature, l'intervention manifeste de la bonté divine, qui inspire à des étrangères, pour de petits êtres auxquels elles n'ont pas donné le jour, tout l'attachement qu'on admire dans les véritables mères?

Disons maintenant les combats et les victoires de ces héroïques amazones.

Parmi les tribus guerrières les mieux connues, nous devons citer d'abord les Fourmis *rousses*. Aux heures les plus chaudes d'un beau jour d'été, on les voit s'organiser en corps d'armée, et s'avancer au pas de course et en colonnes serrées vers une fourmilière voisine, appartenant à des *noires cendrées* ou à des *mineuses*, les seules auxquelles elles déclarent la guerre. Les obstacles ne rompent point leurs rangs; si elles rencontrent un buisson, quelque épais qu'il soit, elles pénètrent toutes ensemble à travers, sans faire un détour. A peine les sentinelles de la fourmilière menacée ont-elles aperçu l'ennemi, qu'elles s'élancent aussitôt sur les Fourmis qui marchent à la tête de la cohorte; l'alarme se répand en même temps dans l'intérieur du nid, on transporte dans les cavités les plus profondes les Larves et les Nymphes, pendant que des légions entières se hâtent de sortir et de voler au secours. Cependant, le gros de l'armée ennemie arrive au pied de la fourmilière : un combat acharné s'engage sur-le-champ; mais il est court. Quelle que soit l'infériorité de leur nombre, les Fourmis rousses ont bientôt culbuté et forcé à la retraite les Fourmis qu'elles ont attaquées. Celles-ci vont cacher leur honte au fond de leur habitation. Alors, l'armée victorieuse gravit les flancs de la citadelle, et se rend maîtresse de tous les passages; de nombreux sapeurs pratiquent des ouvertures dans les parties latérales de la fourmilière, les vainqueurs pénètrent hardiment dans la cité par ces brèches, et descendent jusque dans les salles les plus retirées. Au bout de quelques minutes, nos Fourmis spoliatrices en sortent en grande hâte, emportant dans leurs mandibules les Larves et les Nymphes de la fourmilière envahie. Chargées de ce précieux butin, elles reprennent le chemin de leur demeure, où elles sont accueillies par leurs compagnes avec de grandes démonstrations de joie.

Toutefois, ces Fourmis belliqueuses ne sont pas toujours aussi heureuses dans leurs expéditions, et ne remportent pas toujours des victoires aussi faciles. Lorsqu'elles engagent le combat avec les Fourmis mineuses, la plus éclatante valeur ne suffit pas toujours pour triompher de l'opiniâtre résistance de ces dernières, et nos conquérantes sont souvent obligées, pour en venir à bout, d'avoir recours à divers procédés stratégiques, et à toutes les ressources de la tactique militaire. Et même, lorsqu'elles sont victorieuses, il est rare qu'elles jouissent en paix du fruit de leurs déprédations. Des troupes de vaillantes mineuses les poursuivent et les harcèlent dans leur retraite, et parviendraient à recouvrer leurs œufs et leurs Nymphes, si cette horde de ravisseurs n'avait soin de marcher en bataillons serrés.

Les Fourmis *sanguines* sont d'autres guerrières animées de l'esprit de conquête comme les Fourmis rousses, mais ayant un art militaire différent. Elles vont par petites troupes se mettre en embuscade près de la fourmilière qu'elles veulent spolier, et se jettent à l'improviste sur les passants. D'autres fois, elles font en règle le blocus de la place dont elles veulent se rendre maîtresses. C'est principalement aussi aux noires cendrées que les Fourmis sanguines déclarent la guerre. Pendant toute la durée du siége, ces dernières ne cessent de demander des renforts par des courriers qu'elles dépêchent à leur caste. De leur côté les noires cendrées se préparent à attaquer vigoureusement l'ennemi, car ce sont toujours elles qui engagent l'action les premières, les sanguines se bornant à les tenir en échec. Enfin, les assiégées livrent la bataille, et la lutte devient générale; mais, par une prudence extrêmement remarquable, les Fourmis noires cendrées, comme si elles avaient le pressentiment de leur défaite, ont eu soin, longtemps avant le combat, de mettre en sûreté leur progéniture, en amoncelant leurs Nymphes au bord du nid, du côté où l'ennemi paraît le moins sur ses gardes, afin de pouvoir les emporter plus aisément si elles sont vaincues. C'est, en effet, le plus souvent par leur déroute que finit la bataille. Les assiégeants montent triomphants sur le dôme de la cité; les noires cendrées décampent, emportant dans leurs mandibules leur jeune postérité. Leurs implacables ennemis s'en vont alors, les uns, à la poursuite des fuyards, les autres, à la recherche des Larves et des Nymphes qui ont été laissées dans la fourmilière, théâtre de tant de hauts faits et d'exploits glorieux, dont un nouvel Huber pourrait seul vous retracer l'histoire.

Mais pourquoi tous ces grands mouvements et ces combats à outrance entre des sociétés que l'on croirait organisées pour vivre dans une indépendance et une paix parfaites? La raison, la voici: les Fourmis conquérantes ont une bouche et des mâchoires dont la structure ne leur laisse presque aucune facilité pour se nourrir elles-mêmes, ni pour se construire une demeure. Elles ont donc besoin d'auxiliaires pour subsister; les Fourmis noires cendrées sont, par disposition originelle, animées d'une grande ardeur au travail, et pourvues, à cette fin, d'excellents instruments: une partie de leurs Larves est donc providentiellement destinée à passer à l'état de domesticité chez les Fourmis rousses et chez les Fourmis sanguines, qui se les incorporent, les aiment, les défendent, et les font participer à tous les droits de citoyens, en retour des services importants qu'elles en reçoivent.

Nous n'avons pas tout dit sur ces étonnantes petites bêtes : il nous reste encore à parler de leurs moyens de subsistance et de leurs migrations.

Les Fourmis de nos contrées, quoi qu'en ait dit la Fontaine dans ses vers charmants, restent engourdies, et ne mangent pas pendant les grands froids de l'hiver. Aussi, n'amassent-elles pour cette époque aucune sorte de provision *. Par une admirable loi de la Providence, aussitôt

* Toutefois, c'est ici un point d'histoire naturelle qui aurait besoin d'être éclairci par de nouvelles recherches. Huber et Latreille ont constaté, par leurs observations, que quatre ou cinq espèces au moins rassemblent au fond de leur nid, *surtout dans la mauvaise saison*, des Pucerons et leurs œufs mêmes. Quant aux Fourmis des pays chauds, il est bien prouvé qu'elles font des provisions. Le colonel Sykes, pendant son séjour aux Indes, y a observé une espèce de Fourmi que M. Hope a nommée Fourmi *prévoyante*, appartenant au même genre que la fameuse Fourmi *de visite*, qui délivre périodiquement d'une foule d'Insectes nuisibles, l'intérieur des maisons à Surinam. Après les longues pluies qui tombent aux Indes durant la mousson, on voit la Fourmi *prévoyante* occupée, par une belle journée, à transporter du fond de ses magasins, où l'eau a pénétré, des semences de graminées, des grains de maïs, etc., qu'elle place par petits tas à la surface de la terre pour les faire sécher. L'observation de Salomon, au livre des Proverbes (ch. V, 6), peut donc très-bien être prise à la lettre, et il est très-probable que sous le climat de la Palestine, comme aux Indes, les Fourmis amassent des provisions.

« Beaucoup d'actes assurément raisonnés se remarquent dans la conduite habituelle ou accidentelle des Fourmis; on connaît leurs provisions de graines disposées dans de larges galeries superposées par étages; là le grain se trouve nu, la balle a été laissée à la porte, comme inutile et gênante à voiturer dans d'étroits boyaux. » — Dugès, *Physiologie comparée*, T. I, p. 507.

que les ressources manquent, le besoin cesse, et
dès que la faim se fait sentir, les ressources se
multiplient. Ainsi, les Fourmis ne sont pas plutôt sorties de leur léthargie hivernale qu'on voit
paraître les Pucerons chargés de leur fournir
une partie de la nourriture qui leur est nécessaire. Les Fourmis s'en vont alors rôder sur les
plantes, en quête des Pucerons. Aussitôt qu'elles
en ont trouvé, elles ne les quittent point qu'elles
ne se soient rassasiées de la liqueur mielleuse
que ces petits Hémiptères expriment de deux
espèces de mamelles qu'ils ont à l'extrémité de
l'abdomen. Pour l'obtenir, les Fourmis les cares-
sent, les flattent délicatement avec leurs antennes, et quand un Puceron a cédé à leur sollicitation et livré le liquide nourricier, les Fourmis
s'adressent à un second, puis à un troisième, et
toujours, pour récompense de leurs caresses,
elles recueillent une gouttelette sucrée, dont elles
s'emparent avidement.

Il existe entre certaines espèces de Fourmis et
les Pucerons, des rapports bien plus singuliers
encore. Les Fourmis *jaunes*, par exemple, sortent
rarement de leur demeure, et ne visitent guère
ni les arbres ni les fruits; cependant, elles ne
manquent jamais de nourriture, et ce sont les
Pucerons qui la leur fournissent. Ceux-ci se laissent doucement transporter par les Fourmis jau-

nes, qui les parquent, comme des troupeaux, sur les plantes voisines de leur fourmilière, et poussent quelquefois la précaution jusqu'à élever autour d'eux une enceinte pour les empêcher de fuir ou de s'égarer. Ces bergères d'un nouveau genre ne perdent jamais de vue leurs petites brebis; elles en prennent, au contraire, le plus grand soin, et vont aux différentes heures du jour leur demander le lait miellé dont elles sont si friandes.

D'autres Fourmis, non moins prévoyantes, emprisonnent les Pucerons par des bâtisses en terre sur les tiges mêmes où ils sont réunis, ou bien construisent une galerie qui les conduit de leur retraite à la branche habitée par ces petits animaux, qui leur fournissent chaque jour une manne si délicieuse. On en voit d'autres encore s'attacher aux Pucerons du plantain, les suivre sous les feuilles où ils se retirent lorsque la tige de cette plante est desséchée, puis s'enfermer avec eux sous ces mêmes feuilles, en comblant avec du mortier tous les vides qui se trouvent entre le sol et le bord des feuilles. On ne peut douter, d'après ces faits, de toute l'importance que les Fourmis attachent à la possession des Pucerons. En effet, « une fourmilière, dit Huber, est plus ou moins riche, selon qu'elle a plus ou moins de Pucerons; c'est leur bétail, ce sont leurs vaches, leurs chèvres : on n'eût pas deviné que les Fourmis fussent des peuples pasteurs *. »

* Le colonel Sykes nous a raconté les traits d'instinct fort remarquables d'une Fourmi indienne, qu'il appelle *grosse Fourmi noire*. Pendant qu'il résidait dans la province du Decan, le dessert, qui se composait ordinairement de fruits, de gâteaux et de confitures, restait toujours rangé sur une petite table dans la salle à manger, et simplement recouvert d'une serviette pour le préserver de la poussière. Afin de prévenir les incursions des Insectes, on avait soin de placer la table à une distance d'environ trois centimètres de la muraille, et de plonger ses quatre pieds dans quatre bassins pleins d'eau. Les Fourmis *noires* n'essayèrent pas d'abord de traverser l'eau, mais comme le trajet était très-court et les friandises fort de leur goût, elles se décidèrent à la fin à braver le danger ; elles franchirent le canal, et parvinrent à atteindre l'objet de leur convoitise. On en trouvait chaque matin des centaines qui avaient passé la nuit livrées aux plaisirs de la bonne chère. Malgré la vengeance qu'on exerçait journellement contre ces maraudeuses, leur nombre ne diminuait point. On s'avisa donc d'un nouvel expédient : on entoura de térébenthine les pieds de la table immédiatement au-dessus de l'eau. Ce moyen parut d'abord très-bien réussir, et pendant quelques jours le dessert ne fut pas attaqué ; mais bientôt il fut envahi une seconde fois, et l'on ne pouvait se rendre compte de cette nouvelle incursion, lorsque le colonel Sykes remarqua un jour une Fourmi qui sautait de la muraille, et d'une hauteur de plus de trois décimètres au-dessus de la table, sur la serviette qui recouvrait le dessert ; une seconde Fourmi sauta de la même manière, puis une troisième. Ainsi, quoique la térébenthine et la distance qui séparait la table de la muraille, présentassent à ces Fourmis un obstacle insurmontable, elles n'avaient pas pour cela renoncé à leur projet d'envahissement ; elles avaient su trouver

Il est de ces peuples que la mauvaise fortune vient quelquefois éprouver, et qui sont obligés de quitter le domaine de leurs pères pour se soustraire aux incessantes agressions de quelque horde belliqueuse, devenue la terreur de la contrée. Impuissantes à résister à des ennemis qui les menacent d'une complète ruine, ces fourmis se décident, pour prévenir ce malheur, à changer de patrie, et à transporter leurs pénates sur des bords plus tranquilles. Aussitôt que le départ est résolu, quelques citoyens intelligents et expérimentés sont envoyés à la découverte. Quand ils ont trouvé un emplacement convenable, ils reviennent en informer la fourmilière. Alors, un certain nombre d'ouvrières se chargent de Fourmis, qu'elles suspendent à leurs mandibules, et les emportent dans la nouvelle demeure. Peu à peu le nombre des porteuses augmente. Les émigrantes, qui ont été les premières transportées, reviennent à leur tour à l'ancienne habitation pour entraîner leurs compagnes. On les voit s'approcher d'elles, les flatter doucement de leurs antennes, les tirer par leurs mandibules, user de

dans leur instinct de nouvelles ressources pour venir à bout de leur résolution. Elles montaient le long de la muraille jusqu'à une certaine hauteur, puis elles se laissaient tomber en imprimant à leur corps une légère secousse qui les portait en avant et les faisait tomber juste sur les friandises qu'elles convoitaient.

tous les moyens de séduction pour les décider. Enfin, lorsqu'une Fourmi s'est rendue à la sollicitation d'une recruteuse, elles se saisissent toutes deux par leurs mandibules, et la porteuse regagne la nouvelle demeure pour y déposer son fardeau. Les Fourmis qui semblent présider à l'émigration, n'ont pas toujours recours à ces moyens persuasifs pour inviter leurs sœurs à la désertion, elles s'en emparent quelquefois par surprise, et les entraînent, bon gré mal gré, au nouvel établissement.

En peu de temps, le chemin qui conduit de l'ancienne fourmilière à la nouvelle, est rempli d'ouvrières, emportant celles qui ne connaissent point encore la route. On s'occupe en même temps du transport des mâles et des femelles, des Larves et des Nymphes. Ces courses et ces enlèvements durent plusieurs jours. Cependant, d'autres ouvrières pratiquent des avenues, préparent des cellules, creusent des salles, garnissent les toits; bientôt les anciens foyers restent entièrement déserts, et la cité nouvelle s'élève sous les plus favorables auspices, présentant dans sa constitution, dans l'actif dévouement et l'admirable confraternité des membres qui la composent, toutes les conditions de prospérité et de durée.

LES ABEILLES.

L'Abeille est petite entre tout ce qui vole, et son
fruit l'emporte sur les fruits les plus doux.
                              L'Ecclésiastique, XI, 3.

Les Abeilles! il nous semble qu'à ce nom si
doux, il se répande autour de nous, dans l'atmosphère, comme un parfum d'ambroisie. Elles
réveillent dans notre esprit, ces filles du ciel,
les plus gracieuses images, les plus aimables
scènes de la nature; elles nous rappellent les
plus merveilleux phénomènes de l'instinct et les
produits de la plus savante industrie dont aucun
être animé, si vous exceptez l'homme, ait été
doué par le Créateur *.

---

* Un des plus délicieux souvenirs de notre première jeunesse,
et que nous demandons au lecteur la permission de rappeler ici,
est celui qui se rattache aux jours où, faisant nos classes au col-
lége de Dinan (Côtes-du-Nord), nous nous en allions, durant les
beaux jours de l'été, nous promener dans les campagnes si
riantes et si pittoresques qui environnent cette ville, en étudiant
le long des haies verdoyantes, au bord des champs de sarrazin,
où bourdonnait l'Abeille, le quatrième livre des *Géorgiques* de
Virgile. Après avoir médité, admiré les beaux vers du chantre
des Abeilles, nous nous mettions à lire l'ouvrage d'Huber, leur
immortel historien. Le sentiment qui subjuguait notre âme durant ces lectures faites au milieu des plus charmants tableaux de
la nature printanière, ne saurait s'exprimer. Depuis, nous avons
vu le palais féerique de Versailles, les coupoles dorées de la capi-
tale, ses musées, ses jardins, toutes les merveilles des arts, toutes

Voyez ! De toutes parts, dans nos jardins, dans nos prairies, dans nos champs, dans nos bois, mille fleurs ont épanoui leurs corolles odorantes. Au fond de chaque calice, un germe a reçu le principe de la vie, un fruit est né et se développe, sans cesse abreuvé de sucs nourriciers, sécrétés par des glandes. Mais l'embryon naissant ne peut absorber toute cette nourriture ; une partie s'épanche au dehors sous la forme d'une liqueur douce et sucrée ; cet extrait aromatique est un nouveau bienfait de la Providence, c'est la part de l'Abeille, c'est pour recueillir ces gouttelettes précieuses, à peine visibles, que Dieu la créa. Elle s'en va donc dès le matin, durant les beaux jours, récolter ce doux présent des fleurs. Elle a reçu, pour l'exploitation de ce suc parfumé, une organisation spéciale : ce sont des mâchoires, formant par leur allongement une languette creuse qu'elle introduit dans les corolles épanouies, la pliant, repliant, contournant en tout sens, pour lécher, pomper, la li-

les splendeurs de la civilisation concentrées dans cette cité fameuse.... Ils ne nous ont point fait oublier ces champs de notre vieille Armorique où nous allions lire, il y a déjà si longtemps, le poëte de Mantoue et le naturaliste de Genève ; ces champs tout blancs de sarrazin en fleurs, tout parfumés des douces senteurs du miel, tout pleins du vague murmure des Abeilles qui venaient y butiner tout le jour.

queur mielleuse, qu'elle fait passer ensuite du gosier dans son estomac, d'où elle la déversera dans les cellules, lors de son retour à la ruche. Mais elle ne se nourrit pas seulement de miel, elle recherche aussi le pollen des fleurs; eh bien! pour recueillir cette poussière des étamines, elle a aux pattes des brosses du plus fin velours, et sur chaque jambe postérieure, une corbeille où elle réunit cette poussière en petites pelottes pour l'emporter plus facilement à la demeure commune.

Une ruche ordinaire se compose d'une femelle appelée *Reine* ou *Mère-Abeille*; de mille à quinze cents mâles ou *faux Bourdons*, et de vingt à trente mille ouvrières, appelées aussi *Neutres* ou *Mulets*. Les mâles n'ont ni brosse, ni palette, ni aiguillon, et ne travaillent point; la Reine est seulement pourvue d'un aiguillon et n'est chargée que de la propagation de l'espèce; les ouvrières sont munies de brosses, de palettes et d'un aiguillon. Ce sont elles qui exécutent tous les travaux nécessaires à l'existence et à la prospérité de la société. Les unes, nommées *Cirières*, sont chargées de la récolte des vivres et des matériaux de construction; les autres, appelées *Nourricières*, s'occupent plus particulièrement de l'éducation des petits et des soins du ménage*.

---

* On voit quel admirable et constant rapport existe entre l'or-

Pour mieux comprendre la série des opérations des Abeilles et la merveilleuse économie
de leur société, supposons qu'un essaim, conduit
par son unique Reine, vienne de quitter la ruche
et se soit suspendu en forme de grappe à la
branche d'un arbre voisin. Bientôt quelques
Abeilles se détachent du groupe et s'en vont à
la recherche d'un lieu propre à fonder un nouvel
établissement, comme le creux d'un arbre, la
cavité d'un rocher. Elles n'ont pas plutôt an-
noncé leur découverte qu'aussitôt toutes les
Abeilles prennent leur vol et suivent leurs guides
vers la localité choisie, à moins que l'homme ne
prévienne cette fuite en les recueillant dans une
ruche.

Réunies dans leur nouvelle demeure, les
Abeilles s'occupent d'abord de la nettoyer avec
soin ; puis, si le temps est calme, si le soleil
n'est pas encore à son déclin, un grand nombre
d'ouvrières sortent pour aller recueillir, sur les
bourgeons des arbres, particulièrement sur le
peuplier, le marronnier d'Inde, etc., une matière résineuse, ductile, odorante, d'un brun
rougeâtre, nommée *propolis*. Elles emploient
cette substance à boucher les crevasses de leur
habitation. A mesure qu'une Abeille rentre, les

ganisation de chacune de ces trois espèces d'Abeilles et les fonctions diverses qu'elles sont destinées à remplir.

pattes chargées de propolis, ses compagnes viennent successivement lui en enlever des parcelles
qu'elles ramollissent entre leurs mandibules, et
avec lesquelles elles calfeutrent bien exactement
toutes les parois intérieures de la ruche *.

Lorsque cette première opération est terminée,
on s'occupe de la construction de l'édifice intérieur ou des gâteaux destinés à recevoir dans
leurs alvéoles les œufs que la femelle pondra, et à
loger les provisions communes. Ces gâteaux sont
faits, comme tout le monde le sait, avec de la
cire. Mais quelle est l'origine de cette substance ?
Jusqu'aux découvertes de la société de Lusace et
de John Hunter, confirmées par les expériences
ingénieuses d'Huber, on avait cru que cette
matière était formée de la poussière des étamines, à laquelle les Abeilles faisaient subir, par
la digestion, une préparation qui lui donnait
cette souplesse, cette ductilité, cette flexibilité,
qui caractérisent la cire. On sait aujourd'hui que
la cire est élaborée dans le corps de l'Abeille et
sécrétée par un appareil particulier, d'où elle

---

* Les Abeilles savent faire plus d'un usage de cet enduit résineux. On a trouvé dans des ruches de gros Limaçons, et même
une Musaraigne, qui avaient eu l'imprudence de s'y introduire.
Les Abeilles les avaient tués, mais, ne pouvant jeter leur cadavre
hors de leur habitation, elles les avaient enveloppés d'une couche
de propolis et embaumés comme des momies, pour prévenir les
inconvénients de la putréfaction.

transsude au dehors sous forme de lamelles, qui se logent dans huit petites poches situées entre les arceaux de l'abdomen*. Les Abeilles nourries uniquement de pollen, ne sécrètent jamais de cire, tandis que celles auxquelles on donne une liqueur sucrée en fournissent abondamment. De là on a conclu que si le sucre ou quelques-unes de ses parties constituantes, ne se convertissent pas en cire, le principe sucré ou miellat paraît être au moins le stimulant de l'appareil qui la sécrète.

A mesure donc qu'une ouvrière arrive à la ruche avec son petit butin, elle prend place à la suite des autres Abeilles, et attend que le miel qu'elle a récolté soit changé en cire dans son estomac. Lorsque cette élaboration est achevée, la construction des rayons commence, les ouvrières se divisent en plusieurs corps, et toutes se mettent à travailler en commun.

C'est au sommet de la ruche que ces admirables petits architectes posent les fondements

---

* « L'art que supposent les sécrétions animales et végétales échappera peut-être toujours à notre analyse, car les métamorphoses que subissent les liqueurs des êtres organisés, au sortir des glandes et des viscères où elles sont préparées, semblent être ce que la nature se plaît à nous dérober avec le plus de soin. » — HUBER.

de leur merveilleux édifice *. Chaque Abeille y va appliquer les petites plaques de cire dont elle dispose. Quatre ou cinq gâteaux sont ainsi suspendus perpendiculairement à la voûte, mais rangés de manière à laisser entre eux des espaces vides pour la circulation. Chaque gâteau est composé de deux plans adossés l'un à l'autre, chargés chacun de cellules disposées horizontalement et ouvertes seulement par un bout. Ces cellules ne sont d'abord qu'ébauchées ; c'est avec

---

* Le premier rang de cellules qui fixe un gâteau au sommet de la ruche, ne présente d'abord que des alvéoles de forme pentagonale, et non hexagonale, comme de coutume. De plus, ces alvéoles ont le côté appliqué contre les parois de la ruche, plus large que les autres, ce qui augmente la base de l'édifice et en assure par conséquent la solidité. Les Abeilles continuent d'agrandir le rayon sans rien changer, pendant assez longtemps, à sa construction. Mais il arrive un jour où elles se jettent avec une sorte de fureur sur cette première rangée de cellules et en rongent les parois, toutefois avec la précaution de ne pas toucher au fond. Elles ont également soin de ne pas attaquer en même temps les cellules des deux côtés du gâteau, mais après avoir remplacé ce qu'elles ont enlevé d'un côté, par un mélange de cire et de propolis, elles passent au côté opposé, où elles répètent la même opération. Quel est le but qu'elles se proposent d'atteindre par ce nouveau travail ? C'est évidemment de consolider les rayons dont la chute n'est pas à craindre tant qu'ils sont peu étendus et en partie vides, mais qui se détacheraient infailliblement quand ils sont remplis de miel. De semblables actes prennent une telle apparence de raison, qu'on serait presque tenté de les attribuer à une véritable combinaison d'idées.

leurs mandibules que les ouvrières les façonnent ;
elles en taillent les pans pièce à pièce, et portent
dans cette construction une précision si étonnante que chaque cellule semble avoir été jetée
dans un moule. Pour achever de leur donner le
poli et la solidité convenables, elles les enduisent d'une petite quantité de propolis. Le fini
de ces alvéoles, leur légèreté, leur régularité
parfaite, ont de tout temps excité l'admiration
des observateurs de la nature, et passé pour le
chef-d'œuvre de l'industrie des Insectes.

Il n'est pas que vous n'ayez remarqué la forme
parfaitement hexagonale ou à six côtés de ces
petites cases. Pourquoi cette forme plutôt qu'une
autre ? Pourquoi ne sont-elles pas carrées, triangulaires, circulaires ? Ne pensez pas que l'hexagone ait été choisi arbitrairement. Si les cellules
étaient cylindriques, il faudrait, ou laisser des
vides entre elles, ce qui nuirait à la solidité, ou
combler ces interstices, ce qui entraînerait une
perte de terrain, une augmentation considérable
de travail et une nouvelle dépense de cire. Parmi
les formes polygonales, ni le carré ni le triangle
ne pouvaient convenir, parce que, dans l'un et
l'autre système, la capacité aurait été moins considérable, et il y aurait eu des vides dans les
angles que le corps arrondi de l'Insecte n'aurait
pu remplir. Le pentagone ne satisfaisait pas non

plus aux conditions du problème, lequel peut être ainsi formulé : « Renfermer dans un espace donné le plus grand nombre possible d'alvéoles réguliers et les plus grands possibles, avec la plus grande économie possible de matière et de travail. » D'après les calculs des plus habiles géomètres [*], il est démontré que, de toutes les figures, il n'en est aucune qui, dans le même espace limité, ménage autant la place et les matériaux que l'hexagone, et c'est précisément l'hexagone que l'Abeille a adopté dans la construction de ses alvéoles.

Ce n'est pas tout. Le fond d'un alvéole ne correspond pas au fond de l'alvéole situé de l'autre côté du gâteau ; mais ces alvéoles sont disposés de telle sorte, que l'axe de chacun coïncide avec le point de jonction de trois alvéoles contigus sur la surface opposée. De plus, le fond de chaque cellule est composé de trois cloisons inclinées sous de tels angles que l'espace perdu dans cette partie, est encore le moindre possible. Une pareille disposition est le résultat des calculs les plus élevés, et il a fallu tout le génie de l'homme, toute la profondeur de ses méditations, pour parvenir à comprendre ces prodiges d'intelligence et d'industrie [**].

[*] Voyez Pappus, Vitruve, Kœnig, Maclaurin, etc.

[**] « Prenez le compas, ô vous qui croyez à l'Intelligence su-

Nous avons remarqué à la fin de la note pré-

prême, s'écrie M. Desdouits dans un livre qui n'est d'un bout à l'autre qu'un hymne magnifique à la gloire du Créateur ; prenez-le, philosophes qui avez le malheur de ne pas la comprendre ; mesurez les bases de ces alvéoles, mesurez les côtés, mesurez les angles, mesurez les cent mille éléments géométriques d'une seule ruche, et dites-nous si quelque inégalité vient trahir une faute de l'Abeille ou une distraction de la Providence. » —*L'Homme et la Création, etc.*, p. 271.

Il s'est pourtant rencontré des savants, et Buffon est du nombre, qui n'ont vu dans la forme de ces cellules qu'un phéno-mène analogue à celui des pois verts, qui prennent çà et là une figure grossièrement approchante de l'hexagone lorsqu'on les soumet à l'action de l'eau bouillante. Ils attribuent donc la forme hexagonale des alvéoles aux pressions mutuelles que les Abeilles exerceraient, suivant eux, les unes contre les autres pendant leur travail. Quoique une pareille théorie ne mérite guère d'être ré-futée sérieusement, nous signalerons ici deux ou trois petites dif-ficultés qui auraient sans doute prévenu, chez ces savants, le ridi-cule de leur vision, si un savant pouvait prendre garde à tout. Nous demanderons d'abord comment il se fait que les cellules qui sont au bord des gâteaux en construction, soient tout aussi parfaitement hexagonales que celles du centre, quoique évidem-ment elles n'aient pu éprouver l'effet d'aucune pression exté-rieure : or, chaque série de cellules s'est trouvée primitivement former le bord du rayon, puisqu'il n'a été construit que peu à peu et par parties successives. Ensuite, toutes les cellules ne sont pas de même grandeur dans une ruche ; les cellules desti-nées aux faux Bourdons sont beaucoup plus grandes que celles des Abeilles ouvrières ; ces diverses sortes de cellules peuvent-elles être le résultat mécanique d'une même cause, d'une préten-due pression, qui ne devrait produire que des cellules d'ouvrières, puisque celles-ci seules en sont les architectes ?... Que devient l'analogie des pois verts ?...

18.

cédente, que l'on distinguait dans une ruche plusieurs sortes d'alvéoles; il y en a autant que d'ordres de citoyens dans l'État, c'est-à-dire, de trois espèces. Les plus petits et les plus nombreux sont destinés à loger les Larves d'ouvrières ou deviennent des magasins : ce sont comme les maisons communes des laboureurs et des artisans; les alvéoles de moyenne grandeur, de deux tiers de ligne environ plus forts en diamètre que les précédents, sont réservés aux Larves des mâles : ce sont des hôtels élégants et spacieux; enfin, les alvéoles que doivent habiter les jeunes Reines sont des palais remarquables par leur dimension et leur somptuosité, de forme à peu près cylindrique, à parois épaisses et ornés de sculptures; chacune de ces cellules royales coûte aux ouvrières le travail et la quantité de cire de cent cinquante alvéoles ordinaires. (Cellule de Reine ouverte artificiellement, pl. V, fig. 15.)

Dès que les alvéoles ont été préparés, et les Abeilles en peuvent construire plus de quatre mille dans un jour, la Mère-Abeille commence sa ponte. C'est à ce moment surtout que les ouvrières lui prodiguent le miel et les respects, et font autour d'elle ces cercles réguliers qu'on serait tenté de prendre pour l'expression de leurs hommages. Elle dépose ses œufs un à

un, et les fixe avec une liqueur visqueuse au
fond de chaque cellule, après l'avoir d'abord
visitée en tous sens. Si, pressée de pondre, il
lui arrive d'en laisser tomber plusieurs dans le
même alvéole, les ouvrières ont soin d'enlever
ces œufs surnuméraires et de les détruire. Pendant le premier été, cette ponte n'est pas très-
nombreuse, et ne se compose que d'œufs d'ouvrières, mais au printemps suivant, la fécondité
de la Reine devient prodigieuse, et elle peut
pondre alors jusqu'à douze mille œufs dans
l'espace de trois semaines. Ce n'est que vers l'âge
de onze mois qu'elle commence à donner des
œufs de faux Bourdons; dix jours après cette
dernière ponte, elle dépose un œuf dans chaque
alvéole royal, mais avec la précaution de laisser
un intervalle de deux jours entre chaque ponte,
afin que les jeunes Reines n'éclosent pas en
même temps. Ces œufs, d'où doivent sortir des
Reines, ne diffèrent en rien de ceux d'où naissent les simples ouvrières.

Trois ou quatre jours après la ponte, les œufs
éclosent : il en sort une petite Larve blanche,
privée de pattes ; les ouvrières nourricières sont
chargées de pourvoir à tous ses besoins. Avec le
miel, l'eau et le pollen des fleurs, auxquels elles
font subir une élaboration particulière dans leur
estomac, elles préparent une sorte de bouillie

qu'elles distribuent par portions égales aux Larves de mâles et d'ouvrières. La bouillie destinée aux Larves royales est une sorte de gelée épaisse, plus nutritive, plus succulente et plus sucrée que la bouillie précédente, et qui leur est servie en bien plus grande quantité. C'est à cette bouillie particulière, à l'abondance avec laquelle elle lui est fournie, et à la dimension de sa cellule, que la Larve royale doit sa fécondité. Toutes les neutres deviendraient fécondes comme elle, de stériles qu'elles sont, si elles étaient soumises au même régime. Aussi, lorsque les Abeilles perdent leur Reine, elles peuvent la remplacer par une Larve d'ouvrière, pourvu que cette Larve ait moins de trois jours. Telle est la vertu de cette espèce d'ambroisie prodiguée aux Reines, que lorsqu'il en arrive un peu aux Larves des ouvrières voisines de la demeure royale, elles deviennent elles-mêmes fécondes; mais comme elles n'ont eu, si je puis parler ainsi, que les miettes de la table, elles ne sont aptes qu'à pondre des œufs de mâles.

Au bout de cinq à six jours, la Larve d'ouvrière est renfermée dans sa loge par les nourricières, au moyen d'un couvercle en cire. Elle file alors autour de son corps une coque de soie: au bout de trois jours, elle est changée en Nymphe; après être restée sept jours et demi sous cette forme, elle ronge le couvercle de son alvéole, déchire l'enveloppe qui la retient, et sort sous la forme d'Insecte parfait. Les ouvrières l'entourent, absorbent l'humidité de son corps, lui donnent de la nourriture. Vingt-quatre heures après, elle s'en va recueillir à son tour, dans le sein des fleurs, et le pollen, et le suc odoriférant des glandes.

Les mâles ne subissent leur dernière métamorphose que le vingt et unième jour à dater de la naissance de la Larve; les femelles, treize jours après leur éclosion.

Lorsqu'une jeune Reine, arrivée à l'état parfait, se met à ronger le couvercle de sa cellule, une grande agitation se manifeste dans toute la ruche. A mesure qu'elle essaye de se pratiquer une ouverture pour sortir, les ouvrières travaillent à la boucher avec de la cire, afin de la retenir prisonnière : elles ne laissent dans le couvercle qu'un petit trou, par lequel elles dégorgent du miel sur la trompe de la captive. C'est à ces précautions qu'elle doit son salut; car la vieille Reine, animée d'une ardente jalousie, cherche à s'en approcher, pour la percer de son aiguillon et se défaire d'une dangereuse rivale; mais de nombreuses troupes d'ouvrières sont rangées devant la cellule de la nouvelle Reine, et en interdisent l'accès. Le tumulte dure quelquefois plusieurs jours, et ne cesse que par la sortie de l'ancienne Reine, qui entraîne avec elle tous ses partisans, et va jeter ailleurs les fondements d'une nouvelle cité *.

Le moment du départ de la vieille Mère-Abeille est celui de la délivrance de la jeune

---

* « Je ne doute point, dit Huber, que la nécessité de rencontrer un beau jour pour le jet d'un essaim, ne soit une des raisons qui ont décidé la nature à donner aux Abeilles le droit de prolonger la captivité de leurs jeunes Reines dans les cellules royales. La prison des Reines est toujours plus longue lorsque le mauvais temps dure sans interruption plusieurs jours de suite. Ici la cause finale ne peut être méconnue. Si les jeunes femelles avaient eu la liberté de sortir de leurs berceaux dès qu'elles y auraient reçu leur dernier développement, il y aurait eu, pendant les mauvais jours, pluralité de Reines dans les ruches, et, par conséquent, des combats et des victimes : le mauvais temps aurait pu se prolonger assez pour que toutes les Reines arrivassent à l'époque de leur transformation et de leur liberté. Après tous les combats qu'elles se seraient livrés, une seule, victorieuse de toutes les autres, serait restée en possession du trône, et la ruche, qui naturellement devait donner plusieurs essaims, n'en aurait pas donné un seul. La multiplication de l'espèce aurait donc été laissée au hasard de la pluie et du beau temps, au lieu qu'elle en est tout à fait indépendante par les sages dispositions de la nature. En ne laissant sortir de captivité qu'une seule femelle à la fois, la formation des essaims est assurée.... Une autre circonstance importante résulte de la captivité des Reines, c'est qu'elles sont en état de voler et de partir dès que les Abeilles leur laissent la liberté, et, par ce moyen, elles deviennent capables de profiter du premier moment où le soleil se montre pour emmener une colonie.... »

Reine qui est arrivée la première à l'état parfait. Mais jusqu'à ce qu'elle soit en état de pondre, les autres Reines, à mesure qu'elles subissent leur dernière transformation, sont gardées à vue, et retenues prisonnières. Ce n'est que quand la fécondité de cette jeune femelle a été bien reconnue que les Abeilles lui livrent les autres alvéoles royaux. Alors la Reine fond sur ses rivales, et les extermine toutes les unes après les autres *.

* Quelquefois la lutte s'engage entre deux Reines qui sont en liberté et du même âge. Huber a remarqué dans toutes les expériences qu'il a faites à ce sujet, que la nature, qui ne veut qu'une seule victime, a sagement réglé d'avance qu'au moment où, par leur position, les deux combattantes pourraient se donner mutuellement la mort, elles ressentissent une crainte si vive, qu'elles ne pensassent plus qu'à fuir sans se darder leurs aiguillons. Ce n'est que par surprise que la plus acharnée, ou la plus heureuse, vient à bout de percer sa rivale.

Au moment de se changer en Nymphes, les Larves d'ouvrières et de mâles se filent des coques de soie complètes, c'est-à-dire, fermées à leurs deux bouts et enveloppant tout leur corps. Les Larves royales, au contraire, ne filent que des coques incomplètes, ouvertes à leur partie postérieure et n'enveloppant que la tête, le thorax et le premier anneau de l'abdomen. Admirez ici l'art avec lequel la nature fait correspondre ensemble les différents traits de l'industrie des Abeilles! Si les Larves royales se filent des coques incomplètes, c'est qu'elles y sont obligées par la forme de leurs cellules; car, placées dans des cellules ordinaires, elles s'y filent des coques complètes aussi bien que les Larves d'ouvrières, et si elles sont obligées de laisser ainsi à nu l'extrémité de leur abdomen, c'est que la Nymphe royale, transformée la

18..

Lorsque la nouvelle Reine a été fécondée, et a commencé la première ponte d'ouvrières, celles-ci chassent ou tuent tous les mâles, devenus alors inutiles, et qui affameraient la ruche, en consommant les provisions communes. Elles les saisissent par les antennes, les jambes ou les ailes, et, après les avoir ainsi tiraillés, elles les percent de leur dard. Nous avons déjà observé que les mâles étaient privés de cette arme : dévoués à la mort, il ne fallait pas qu'ils pussent lutter contre leurs exécuteurs. Elles arrachent en même temps de leurs cellules les Nymphes des faux Bourdons qui peuvent s'y trouver encore, sucent tout le fluide qu'il y a dans leur abdomen, et les emportent ensuite au dehors. Cette destruction n'a jamais lieu que dans les ruches dont les Reines sont complétement fécondes, et seulement après la saison des essaims. Un seul accouplement suffit pour fécon-

première en Reine, devait percer de son aiguillon toutes les autres Nymphes royales qui resteraient encore dans la ruche au moment où elle deviendrait souveraine. Or, pour y réussir, il ne fallait pas que ces Nymphes fussent enveloppées d'une coque complète, car l'aiguillon ne peut pénétrer dans ces coques, et, s'il y pénétrait, la Reine ne pourrait l'en retirer, et elle périrait. Il ne peut percer non plus la tête ni le thorax, qui sont revêtus de lames écailleuses : c'est l'abdomen seul que cette arme peut attaquer, et c'est aussi la seule partie qui reste à découvert dans les Nymphes royales. La cause finale est ici d'une évidence frappante.

der tous les œufs qu'une femelle doit pondre
pendant l'espace de deux années au moins.

Quelques personnes, qui ont peu médité sur
les voies de la Providence et sur les vues qui
ont dirigé le Créateur dans le choix des conditions dont il fait dépendre l'existence et la conservation des êtres, pourront éprouver un sentiment pénible au récit des ces exécutions pé-
riodiques, de ce carnage des faux Bourdons et
des combats à mort que se livrent les Reines. Il
ne faut pas oublier, dans l'appréciation. de ces
faits, que les Abeilles étant destinées à vivre en
société, sont liées les unes aux autres par des
besoins et des services réciproques, en sorte que
toute la société peut être considérée comme un
seul corps, et chaque Abeille en particulier
comme un membre qui n'a reçu l'existence que
pour contribuer à la conservation et au bien-
être de tout ce corps. Du moment donc qu'un
membre devient inutile, il manque le but de sa
destination; il n'obéit plus à la loi de la nature,
qui est la conservation de l'espèce; il est une
charge pour la société qui n'en peut retirer aucun service; ce membre doit être retranché.
Qu'on le remarque bien, ce qui constitue l'A-
beille, c'est l'ensemble des Mulets, des faux
Bourdons et de la Reine, et non l'individu ouvrière, mâle ou femelle, considéré isolément,

lequel n'a de valeur que dans ses rapports avec
la communauté. Ainsi, la destruction des mâles,
au temps où commencent les travaux d'approvisionnement de la ruche, loin d'accuser la bonté
du Créateur, est un argument en faveur de sa
sagesse infinie*.

Les approvisionnements continuent tant qu'il
y a des plantes en fleur. Une partie du miel
ainsi récolté chaque jour est déposé dans des
cellules ouvertes, et sert à la consommation jour-
nalière de la communauté; l'autre partie est
emmagasinée dans des alvéoles d'ouvrières ou
de mâles, vers le haut de la ruche, et, pour empêcher ce précieux nectar de couler et de s'al-
térer s'il restait à découvert, les Abeilles ferment
l'alvéole, aussitôt qu'il est rempli, avec un couvercle de cire.

Terminons cette histoire, que nous regrettons de n'avoir pu présenter avec plus de détails,
en rappelant un dernier trait de cet instinct qui

---

* « Les lois qui régissent les sociétés des Insectes, celles même
qui nous paraissent les plus anomales, forment un système com-
biné avec la sagesse la plus profonde, établi primordialement, et
ma pensée s'élève avec un respect religieux vers cette raison éternelle qui, en donnant l'existence à tant d'êtres divers, a voulu en
perpétuer les générations par des moyens sûrs et invariables dans
leur exécution, cachés à notre faible intelligence, mais toujours
admirables. »— LATREILLE, *Cours d'entom.*, p. 266.

éclate par tant de merveilles chez ces petites créatures qui, sous le rapport de l'industrie, dit Latreille, sont le chef-d'œuvre de la toute-puissance du Créateur.

Les Abeilles entretiennent dans leur ruche, par l'effet de leur respiration et de leur réunion en grand nombre, une température élevée, essentielle à ces mouches et à leurs élèves, et indépendante de la température de l'atmosphère. Mais l'auteur de la nature, en assignant à ces Insectes un logement dans lequel l'air ne devait pénétrer qu'avec difficulté, leur a donné le moyen de parer aux funestes effets qui pouvaient résulter de l'altération de leur atmosphère; et, de tous les animaux, l'Abeille est peut-être le seul auquel le soin d'une fonction aussi importante ait été confié : ce moyen c'est la ventilation. Un certain nombre d'ouvrières sont donc occupées alternativement à renouveler l'air dans l'intérieur de la ruche, par le battement rapide de leurs ailes, dont les vibrations produisent ce bourdonnement continuel qu'on entend au fond de leur habitation. Ces mouvements vibratoires déterminent des attractions et des répulsions dans le fluide ambiant, et l'air corrompu par la respiration des Abeilles, se trouve ainsi à chaque instant remplacé par celui de l'atmosphère.

Ainsi donc, sous quelque point de vue que l'on étudie l'Abeille, on découvre toujours en elle de nouveaux sujets d'admirer et de bénir la sublime sagesse de l'Ouvrier qui organisa cette frêle machine, et qui en dirige à tous les instants les merveilleux ressorts. Pas un organe, pas un poil, pas un pli dans ses membres qui n'ait son usage. Ses yeux sont doués d'une puissance de vision étonnante : elle aperçoit du plus loin le champ fleuri où elle doit aller moissonner ses doux trésors, et, au retour, elle distingue d'une grande distance son habitation parmi toutes les castes semblables à la sienne ; elle part avec la rapidité de l'éclair, et arrive en ligne droite, comme une balle qui s'échappe du canon d'un fusil. Elle a le sens de l'odorat si subtil que, sans sortir de la ruche, elle sait juger de l'état plus ou moins abondant en miel des fleurs de la campagne. Ses antennes, organes du toucher le plus délicat, sont la règle et l'équerre qui la guident dans ses travaux de construction : elle verse le miel dans les magasins, nourrit les petits, juge de leur âge et de leurs besoins, reconnaît sa Reine, par le seul secours de ses antennes, et au milieu d'une obscurité complète. Sa langue est un instrument susceptible de prendre différentes formes suivant les circonstances ; elle s'en sert pour pomper le miel au fond de la corolle des fleurs, pour amollir la cire et lui donner cette ductilité nécessaire pour qu'elle puisse être employée par les mandibules. Ces derniers organes sont les ciseaux qui sculptent et les truelles qui polissent. Les poils qui couvrent son corps sont destinés à retenir la poussière des étamines. Ses jambes, particulièrement la paire postérieure, sont d'un grand usage pour récolter la matière qui lui sert de nourriture, et avec laquelle elle bâtit ses élégants édifices. La jambe et le premier article du tarse, dans les pattes postérieures, forment, à leur point de jonction, un angle déterminé par l'extrémité de l'une et la naissance de l'autre; c'est une sorte de pince qui sert à l'Abeille à détacher et à saisir les minces plaques de cire qui sont sécrétées dans de petites poches sous son abdomen, et à les transmettre ensuite aux jambes antérieures, qui les livrent à l'action des mandibules. Nous avons déjà parlé de ces palettes ou petites cavités entourées de poils, placées sur les jambes postérieures, et qui forment une espèce de corbeille, où cette diligente ouvrière loge une petite pelotte de pollen à l'aide des brosses dont ses pieds sont garnis.

Avant qu'il y eût des géomètres, l'Abeille savait calculer sous quelle forme le berceau qu'elle dressait pour le petit de sa race, occuperait le moins de place, sans diminuer sa capacité; avant qu'il y eût des chimistes pour découvrir comment la cire était élaborée avec le suc extrait du nectaire de la fleur, la Source de toute sagesse lui avait appris à construire ses alvéoles hexagones avec cette pure substance, et à en fermer le fond avec trois pièces rhomboïdales, tellement disposées que le fond d'une cellule, d'un des côtés du rayon, repose sur des portions de base de trois cellules du côté opposé, donnant ainsi à son édifice une force et une solidité qu'elle n'aurait pu obtenir au même degré par aucun autre système de construction *.

Que dirons-nous de l'activité de l'Abeille pendant toute la durée de son existence, de son dévouement aux intérêts de la communauté, de sa fidélité et de son zèle à remplir chacune des fonctions qui lui sont confiées, de sa tendresse pour les petits auxquels elle prodigue tous les soins de la maternité, quoique pourtant elle ne leur ait pas donné le jour, de son inviolable attachement à sa Reine et de cette vénération profonde qu'elle lui porte?.. Qui ne connaît le patriotisme dont elle est animée, l'union et l'harmonie qui règnent entre tous les membres de cette société, si digne de l'attention du sage et des soins de l'économiste, la seule peut-être de

* Voir la note II à la fin du volume.

l'ordre des Hyménoptères dont le butin ne soit le fruit d'aucune rapine, et ne cause aucun préjudice, mais devient, au contraire, et pour elle et pour l'homme, une précieuse richesse, qui est le légitime produit du talent et du travail, seules sources de toute honorable industrie? « Esprits insoucieux des choses du monde immatériel, ah! tenez vos yeux ouverts devant ce brillant miroir, où se réfléchit l'Intelligence créatrice. Et vous aussi, croyants de la Providence, accordez quelque chose à la contemplation de son aimable chef-d'œuvre. Si une Abeille s'abat sous vos yeux dans la corolle d'une fleur, ou si, plus indiscrète, elle dérobe sur un de vos fruits quelques atomes de leur nectar, gardez-vous d'écraser ce maraudeur charmant; si vous dédaignez le tribut par lequel elle vous dédommage de ses faibles dégâts, respectez dans cette admirable créature le merveilleux instrument par lequel Dieu se manifeste d'une manière si touchante. Respectez l'Abeille, emblème de la Providence par son inimitable industrie, et plus encore peut-être par les bienfaits dont son travail est la source et dont l'homme est l'objet, hélas! souvent trop ingrat. * »

---

* M. L. Desdouits, *l'Homme et la Création, etc.*, p. 273.

ORDRE DES NÉVROPTÈRES.

(νεῦρον, nerf; πτερὸν, aile.)

Nature a embrassé universellement toutes ses créatures,
et n'en est aucune qu'elle n'ait bien pleinement fournie de
tous moyens nécessaires à la conservation de son être.

MONTAIGNE.

Les Névroptères ont une bouche propre à la mastication, c'est-à-dire, pourvue de mandibules et de mâchoires; quatre ailes membraneuses, transparentes, dont les nervures forment un réseau à mailles très-fines; un corps allongé et mou, sans aiguillon; des yeux composés et deux ou trois yeux lisses très-petits.

On les divise en trois familles : les Plicipennes, les Planipennes et les Subulicornes.

Les PLICIPENNES ont les ailes inférieures plissées dans leur longueur, et n'ont point de mandibules. C'est à cette famille qu'appartiennent les Phryganes *, Névroptères qui, à l'état parfait, ressemblent à de petites Phalènes, et qui volent la nuit quelquefois jusque dans les maisons où l'éclat de la lumière les attire. La femelle enveloppe ses œufs d'une matière glaireuse, et les fixe sur les plantes aquatiques. Il en sort une Larve

* Φρυγάνιον, un fagot de petit bois. (Phrygane jaune, pl. V; fig. 16.)

qui vit dans l'eau des marais, des étangs, etc.,
logée dans un tuyau de soie qu'elle se file, et
qu'elle recouvre ensuite de différentes matières
pour le fortifier *. Ce sont tantôt des feuilles
ou des fragments de feuille, sous lesquels elle
le cache entièrement; tantôt de petites tiges de
roseau ou de petits bâtons, disposés régulièrement, qui le font ressembler à un cylindre can-
nelé. D'autres fois la Phrygane exécute de jolies
figures géométriques : elle coupe de petites bû-
chettes ou brindilles d'égale longueur, et les fixe
transversalement sur son fourreau, de manière
qu'elles se croisent de part en part, et ne se
touchent qu'en un seul point : on dirait une
suite de cercles inscrits dans des polygones.

Il y a des Phryganes qui chargent leur vêtement de petits cailloux ou de débris de coquilles symétriquement arrangés. Quelques espèces même savent y fixer, avec des fils de soie,
de petites moules ou de petites coquilles turbi-
nées, encore occupées par leurs habitants, que
la Phrygane emporte ainsi avec elle, sans que
ces animaux puissent parvenir à dégager leur
demeure.

Les Larves des Phryganes, en revêtant leur
fourreau de ces matériaux divers, dont l'assem-

---

* Larve de la Phrygane dans son fourreau, V, 17.

blage constitue un accoutrement si étrange, n'ont pas seulement pour but de lui donner plus de solidité, mais aussi de le lester convenablement, afin de pouvoir se diriger dans l'eau. Ce leste donne au fourreau une pesanteur à peu près égale à celle du fluide où il flotte, et l'y maintient en équilibre. Privée de ces contrepoids, la Phrygane s'enfoncerait à l'instant même, et roulerait au fond de l'eau. Elle traîne donc toujours avec elle, quand elle marche, sa maison d'où elle ne fait sortir que l'extrémité antérieure de son corps.

Lorsque le moment est venu de se transformer en Nymphe, la Phrygane déploie une nouvelle industrie non moins remarquable. C'est dans l'eau et dans le même tuyau qu'elle habitait à l'état de Larve que s'accomplit la seconde phase de son existence : mais comme, durant cette période de léthargie, elle ne pourrait se défendre des Insectes aquatiques, et deviendrait infailliblement leur proie, elle forme, aux deux extrémités ouvertes de son tube, une sorte de grillage avec de petits cordons de soie croisés : les mailles en sont assez rapprochées pour qu'aucun Insecte n'y puisse avoir accès, et assez écartées pour donner passage à l'eau qui lui est nécessaire pour renouveler sa provision d'air. Avant cette opération, elle a toujours la précaution d'assujettir son fourreau contre un corps solide, de manière que l'ouverture, située au point d'appui, ne soit pas bouchée.

Quinze ou vingt jours après, la Nymphe, au moyen de deux crochets qu'elle a reçus tout exprès, enlève l'une des cloisons grillées qui la retiennent captive, et s'échappe de son fourreau, marchant ou nageant avec agilité, à l'aide de deux paires de pattes garnies de poils serrés. Elle se retire alors sur quelque corps hors de l'eau, pour y achever sa mue. Là, sa peau se boursoufle, se dessèche, se fend sur le dos, l'Insecte parfait sort par cette déchirure, les ailes se dégagent, s'étendent, les antennes se déroulent, les pattes quittent leur étui, en moins de deux minutes la métamorphose est opérée, la Phrygane s'envole, et devient léger habitant de l'air ; mais un secret penchant continue de l'entraîner vers l'élément où s'écoula son enfance, et c'est le bord des étangs et des ruisseaux qu'elle fréquente toujours le plus volontiers.

L'histoire de la Phrygane nous fournit une preuve frappante de la protection dont la Providence entoure les créatures les plus faibles ; elle se plaît à leur révéler les secrets de la plus merveilleuse industrie, et leur fait connaître en même temps le jour et l'heure où il convient précisément d'en mettre les procédés en usage.

Les PLANIPENNES ont les antennes plus longues que la tête, des mandibules distinctes et
les ailes inférieures presque égales aux supérieures. On les partage en cinq tribus, savoir :

Les *Perlides*, qui ont à peu près les mêmes
habitudes que les Phryganes : la Larve de la
Perle *jaune* coupe en petits carrés les feuilles de
la lentille d'eau, et les dispose sur son fourreau
de manière que l'on dirait un ruban vert roulé
sur un petit cylindre.

Les *Termitines*, Insectes terrestres, actifs et
carnassiers dans tous leurs états. Cette tribu
comprend les Psoques, dont une espèce (le **Ps.**
pulsateur) se trouve dans les vieux papiers, les
vieux meubles, les herbiers, etc.—Les Termites
ou *Fourmis* blanches.

Les *Hémérobins*, auxquels appartiennent les
Hémérobes ou *Demoiselles terrestres*, dont les
yeux d'un rouge bronzé brillent de l'éclat du
métal le mieux poli; leurs ailes ont la transparence de la gaze; leur corps est d'un vert tendre,
avec une teinte d'or. Chacun des œufs pondus
par la femelle est suspendu par un fil d'environ
trois centimètres sur les feuilles des arbrisseaux (V, 19). Leurs Larves, que Réaumur appelle *Lions des Pucerons*, se répandent sur les
plantes pour y chercher ces petits Hémiptères

ont elles se nourrissent. A mesure qu'une de
es Larves achève de sucer un Puceron, elle en
ette la peau sur son dos : elle amoncelle ainsi
n grand nombre de ces dépouilles, dont elle
e fait un vêtement bizarre, qui n'est assujetti
ur elle que par les rugosités de sa peau. A l'état
arfait, les Hémérobes sont de charmants In-
ectes, mais bornez-vous à les regarder, ne les
ouchez pas : ils imprégneraient vos doigts d'une
deur insupportable ; ils sont l'emblème des
aux plaisirs qui séduisent d'abord, et ne lais-
ent après eux qu'amertume. (Hémérobe Chry-
ops, V, 18.)

Les *Fourmilions* composent la quatrième tribu ; ils ont les pieds courts, les antennes terminées en bouton, l'abdomen cylindrique, avec
deux appendices saillants à son extrémité chez
les mâles.

Les *Panorpates*, formant la cinquième tribu,
ont l'extrémité antérieure de la tête allongée en
bec. Les Panorpes ont quatre grandes ailes
égales, horizontales, tachetées de noir, et l'abdomen terminé par une queue, avec une épine
au bout chez les mâles.

Le Fourmilion et les Termites, qui appartiennent à cette famille, méritent surtout que nous
en fassions une mention particulière.

C'est à l'état de Larve que le Fourmilion ou

Myrméléon déploie cette industrie qui l'a rendu si célèbre. Son organisation extérieure consiste en un abdomen très - volumineux, un thorax étroit, une tête fortement aplatie et armée de deux longs crochets pointus, dentelés au côté intérieur, et qui lui servent tout à la fois de pinces et de suçoirs. Il a six pattes, mais, telle est la conformation tout exceptionnelle de son corps, qu'il ne peut marcher qu'à reculons. Au lieu de saisir sa proie à la course, il a recours à l'adresse et à la ruse pour s'en emparer : il lui tend un piége, il lui creuse une fosse où elle doit tomber, et au fond de laquelle il se place en embuscade *.

Le Fourmilion se fixe dans les endroits sablonneux, exposés au soleil, et abrités par un vieux tronc d'arbre ou par quelques murs dégradés. Quand il a choisi l'emplacement qui lui convient, il commence par tracer dans le sable un sillon circulaire, dont l'enceinte déterminera l'ouverture de la fosse qu'il veut creuser, et à laquelle il donne la forme d'un entonnoir. Après avoir tracé ce premier sillon, il en trace un second concentrique au premier, puis un troisième, et continue ainsi d'enlever, en décrivant une spirale dont le diamètre diminue progres-

* Larve du Fourmilion, pl. V, fig. 20.

sivement de haut en bas, tout le sable renfermé dans l'enceinte du premier sillon. Voici comment il procède dans l'exécution de ce travail. Notre petit mineur, marchant à reculons dans le sable qui le cache, et où il s'ouvre un passage avec son abdomen, s'arrête à chaque pas pour charger, à l'aide d'une de ses pattes antérieures, sa tête platte qui, dans ce cas, fait l'office d'une pelle; lorsqu'il a son fardeau, le Fourmilion fait un mouvement brusque et lance le sable hors de l'enceinte, puis il fait un second pas, prend une nouvelle charge, la jette au loin, et recommence aussitôt la même manœuvre, qu'il exécute avec autant de promptitude que d'adresse *.

Cette opération est accompagnée de circonstances qui décèlent, dans ce petit animal, une prévoyance et des calculs bien dignes d'être remarqués. D'abord le diamètre de la première enceinte tracée par le Fourmilion, est toujours en rapport avec la profondeur du cône qu'il

---

* Dans des matériaux menus, lisses et non cimentés, creuser sans compas, sans instruments, sans modèle et sans apprentissage, un cône renversé, assez solide pour qu'il puisse, par la perfection de ses contours et la justesse de l'angle que forme son évasement, se soutenir sur ses parois incohérentes, assez mobile pour s'ébouler au moindre mouvement qui aura lieu sur ses bords, tel est l'étonnant problème que la Larve du Fourmilion résout avec la plus exacte précision depuis l'origine des choses.

veut ouvrir dans le sable, et la grandeur de la fosse elle-même est aussi toujours relative à l'âge ou à la force de l'Insecte. Ensuite, on pense bien que cette succession de mouvements non interrompus finit par fatiguer la patte qui charge la tête; le Fourmilion est donc obligé de la laisser reposer. Suspendra-t-il pour cela son travail? point du tout; il se servira de la patte correspondante. Ne vous hâtez pas de trouver ce moyen aussi simple qu'il le paraît d'abord: en effet, ce changement de patte nécessite un changement de position dans l'Insecte. Il sait que pour parvenir à creuser sa trémie, il ne doit enlever que le sable contenu dans l'aire circonscrite par le premier sillon tracé; ainsi, il n'y a jamais en action que la patte qui est du côté de l'enceinte; lors donc qu'elle a besoin de repos, le Fourmilion traverse l'aire en ligne droite, et va reprendre au point opposé ses circonvolutions en sens inverse. Par ce changement de situation, la patte qui était d'abord du côté extérieur de l'entonnoir se trouve placée vers l'intérieur, et prête à manœuvrer à son tour. Peut-il y avoir une concordance plus parfaite entre le but et les moyens?

Le génie du Fourmilion brille par des traits plus étonnants encore, lorsqu'il lui survient, au milieu de son labeur, un obstacle que l'on croi-

-rait d'abord insurmontable. S'il rencontre de petits morceaux de terre sèche ou quelque gros grain de sable, il les charge adroitement sur sa tête, et, par un mouvement subit et bien calculé, il parvient à les lancer au dehors ; mais si c'est un gravier d'une masse telle qu'il ne puisse espérer de s'en débarrasser par le moyen ordinaire, il a recours à un expédient que vous admirerez : il sort de dessous le sable, s'approche à reculons du petit caillou, le pousse, le soulève avec l'extrémité de son abdomen, redouble ses efforts, et réussit enfin à le placer en équilibre sur son dos. Il s'agit à présent de gravir la pente escarpée de l'entonnoir ; c'est un grand embarras ; car le fardeau doit être maintenu constamment en équilibre ; si, malgré son adresse, il arrive parfois que la pierre trébuche et roule au fond de l'excavation, le Fourmilion ne se rebute pas, il recommence son pénible manége. Telle est son infatigable persévérance, qu'on l'a vu répéter jusqu'à sept fois de suite cette même manœuvre, offrant ainsi aux yeux du spectateur étonné et presque attendri une image bien naturelle de l'infortuné Sysiphe.

Lorsque enfin la fosse est bien déblayée, le Fourmilion, pour jouir du fruit de ses travaux, se blottit au fond, le corps caché sous le sable, de manière que ses pinces occupent seules l'extrémité de l'entonnoir. Qu'une Fourmi ou quelque autre Insecte aventureux vienne à poser les pattes sur les bords de ce talus de sable fin, aussitôt les parois s'éboulent, la Fourmi glisse, et souvent ses efforts pour remonter ne servent qu'à l'entraîner plus vite au fond du précipice. Si pourtant il arrive qu'elle tarde à tomber entre les pinces meurtrières du rusé chasseur, celui-ci lui lance une grêle de sable qui l'accable, elle roule au fond du trou; le Fourmilion saisit sa proie, la suce, puis il jette au loin son cadavre desséché, et répare sa fosse si elle se trouve endommagée*.

* Le célèbre Ch. Bonnet n'avait pas encore dix-sept ans lorsque, trouvant incroyable ce qu'on lui racontait des procédés si ingénieux du Fourmilion, il entreprit de les vérifier par ses propres observations; il les vérifia, en découvrit de nouveaux, et devint bientôt le disciple et l'ami du grand Réaumur.

Nous avons parlé d'une Araignée si attachée à ses œufs qu'elle les porte partout avec elle, renfermés dans un petit sac de soie. Cette Araignée est fort agile et ne se désaisit jamais de son précieux cocon. Un jour, Ch. Bonnet jeta une Araignée de cette espèce dans la fosse d'un Fourmilion; celui-ci saisit d'abord le sac aux œufs, mais le fil qui l'attachait à l'abdomen de l'Araignée s'étant rompu, cette mère courageuse se retourna aussitôt, saisit le cocon avec ses pinces, et fit les plus grands efforts pour l'arracher à son ennemi. Ce fut en vain. Le Fourmilion entraîna le sac toujours plus avant sous le sable, et l'Araignée, plutôt que de lâcher prise, se laissa enterrer toute vivante. Ch. Bonnet s'empressa de la retirer de dessous le sable; le Fourmilion ne l'avait point attaquée; cependant, quoique pleine de vie, elle ne

Les Termites ou *Fourmis blanches*, sont propres aux régions intertropicales. Ils vivent réunis en sociétés extrêmement nombreuses, composées de trois ordres, les *ouvriers* ou *travailleurs*, qui sont des Larves privées d'ailes et d'yeux; les *neutres*, appelés *soldats* (V, 21), qui ont une grosse tête et de longues mandibules, et sont aussi sans ailes; enfin, les chefs ou princes de l'État, qui sont des *mâles* et des femelles arrivés à leur entier développement, c'est-à-dire, pourvus d'yeux et d'ailes.

Les Termites ouvriers construisent l'habitation commune. Ce sont ordinairement des monticules formés avec un gravier fin, qu'ils convertissent dans leur bouche en une argile solide et pierreuse. Leur hauteur est de trois ou quatre mètres et davantage au-dessus de la surface du sol, édifice d'un travail immense pour un petit animal de quatre à six millimètres; c'est trois ou quatre cents fois la hauteur de son corps; c'est pour ces Insectes ce que seraient pour nous des monuments cinq fois plus grands que la pyramide de Chéops, qui a plus de cent soixante mètres d'élévation perpendiculaire. Ces monti-

chercha point à fuir. Cette Araignée, naturellement si vive, si agile, si farouche, semblait alors accablée de regrets et de douleur, et ne voulait point abandonner le lieu où elle avait perdu ce qu'elle avait de plus cher.

cules ont tantôt la forme d'un pain de sucre, tantôt celle d'un dôme; d'autres fois ces nids sont sphériques, et bâtis dans les arbres à une hauteur de plus de dix-neuf mètres. Ces derniers, qui sont de la grosseur d'un baril, sont composés de parcelles de bois, de gomme et de sucs d'arbre, dont ces Insectes savent former une sorte de pâte qui se durcit au soleil. Ceux qui sont construits sur la terre ressemblent, de loin, par leur réunion, à un village. L'extérieur est couvert de gazon, et leur solidité est assez grande, non-seulement pour résister aux intempéries des saisons et aux attaques de l'ennemi, mais même pour supporter un poids considérable sans se briser. Les Taureaux sauvages ont coutume de monter dessus, pour faire sentinelle, pendant que le reste du troupeau paît à l'entour.

L'intérieur de ces habitations est un vrai labyrinthe, recélant mille compartiments, mille détours ténébreux. Au centre est une pièce circulaire, dans laquelle on introduit le Roi et la Reine. Aussitôt qu'ils y sont entrés, on en mure la porte, de peur qu'ils n'abdiquent, et l'on pratique seulement à l'entour de petites ouvertures, par où les travailleurs peuvent seuls passer pour le service de leur majesté. Le ventre de la femelle devient alors en peu de temps si énorme

qu'il surpasse de près de deux mille fois le reste
de son corps ; elle pond jusqu'à soixante œufs
dans une minute., et quelquefois plus de quatre-
vingt mille en vingt-quatre heures*. D'innombrables petites chambres ou cellules irrégulières
environnent ce palais royal, et s'étendent de
tous côtés à trois ou quatre décimètres. Les unes,
toutes composées de parcelles de bois unies par
des gommes, sont occupées par les œufs et les
petits ; les autres servent de magasins, et contiennent des provisions de gommes ou jus épais-
sis des plantes. Au milieu de ces galeries si-
nueuses, de ce dédale compliqué, des millions
de Termites, toujours placés à la file, se retrouvent, se communiquent , s'entendent parfaitement et promptement pour tous les travaux ; le
défaut d'yeux n'est point un obstacle ; ces organes leur seraient inutiles, puisqu'ils se tiennent toujours dans l'obscurité. Pour se guider,
lorsqu'ils s'écartent de leurs demeures, ils pratiquent des chemins couverts, ils construisent de
longs boyaux en terre, ou s'avancent à la sape
dans les poteaux, dans les poutres, qu'ils mi-

---

* C'est sans doute en faisant allusion à cette prodigieuse multiplication des Insectes que Linnée a dit, avec justesse, que trois
Mouches consumaient aussi vite qu'un Lion le cadavre d'un
Cheval. Leuwenhoeck a calculé qu'une seule Mouche pouvait
produire, en trois mois, 746,496 individus.

nent et vident entièrement, renversant ainsi une maison de fond en comble en peu de temps, avant même qu'on puisse se douter de leurs dégâts.

Les soldats sont moins nombreux que les ouvriers, et ne prennent aucune part aux travaux. Leur charge est de veiller à la défense de la communauté. Si l'on fait une brèche à un nid de Termites, on voit aussitôt les soldats accourir en foule, et manifester une violente agitation; et, s'ils parviennent alors à saisir avec leurs mâchoires quelque partie du corps de l'homme, ils se laissent plutôt arracher par morceaux que de lâcher prise. Les guerriers ont encore une autre fonction : c'est celle de gourmander les ouvriers paresseux et de diriger les travaux. Le rôle qu'ils remplissent dans la société formée par l'espèce appelée *Termès voyageurs* est surtout remarquable. Les Termès voyageurs décrivent dans leur marche une ligne droite, dont la largeur est de douze à quinze individus rangés de front. Pendant qu'ils poursuivent leur route, un grand nombre de soldats sont répandus à quelque distance sur les flancs de la ligne, les uns postés en sentinelle, les autres rôdant comme des patrouilles, tout prêts à se mesurer avec le premier ennemi qui se présenterait pour attaquer les ouvriers. Mais la circonstance la plus extraordinaire de cette marche, c'est la conduite de quelques soldats qui montent sur les plantes à trois ou quatre décimètres du sol. Là, suspendus à la pointe des feuilles, au-dessus de l'armée en marche, ils battent des pieds de temps en temps sur la feuille, et produisent une sorte de cliquetis fort bien compris par l'armée, qui répond à ce signal par un sifflement, et obéit à l'ordre en doublant le pas avec une nouvelle ardeur.

Latreille a découvert aux environs de Bordeaux le Termès *lucifuge;* il vit en très-grande société dans le tronc des pins et des chênes, dont il ronge le bois sans en attaquer l'écorce.

La FAMILLE DES SUBULICORNES comprend les Névroptères qui ont les antennes en forme d'alène, les yeux gros ou saillants, les ailes écartées, tantôt horizontales, tantôt perpendiculairement élevées. Leurs Larves vivent dans l'eau, et se nourrissent de proie vivante. Ils forment deux tribus, les Éphémères, qui ont quatre articles au tarse, et les Libelluliens, qui n'en ont que trois.

Les *Éphémères,* ainsi nommés à cause de la brièveté de leur vie, qui n'est guère que d'un jour à l'état parfait, souvent même que de quelques heures, ont le corps mou, effilé, terminé par deux ou trois soies longues et articulées.

Les pieds sont grêles, la paire antérieure est beaucoup plus longue que les deux autres et dirigée en avant; les ailes sont perpendiculairement élevées.

La femelle pond dans l'eau ou sur quelque plante aquatique sept ou huit cents œufs, réunis en une sorte de grappe. Il en sort des Larves, qui restent deux ou trois ans dans cet état avant de subir leur dernière métamorphose. Ces Larves vivent dans l'eau. Les unes se tiennent ordinairement cachées dans des cavités pratiquées dans la terre glaise; les autres nagent ou marchent au fond de l'eau. Leur abdomen est garni de plusieurs rangées de lames ou de feuillets, réunies par paires, et dans une agitation vive et continuelle. Ces organes, qui sont des branchies de la plus admirable structure, ne leur servent pas seulement pour la respiration; ce sont aussi des rames pour la natation[*]. Elles ne paraissent se nourrir que d'une sorte de terre argileuse, qu'elles fouillent à l'aide de deux crochets écailleux placés au-devant de la tête, à l'extrémité d'une double tige robuste et garnie de fortes épines. Lorsque les ailes sont sur le point de se développer, l'Insecte sort de l'eau; mais, après avoir subi cette métamorphose, il change en-

[*] Larve d'Éphémère, pl. V, fig. 22.

core une fois de peau avant d'arriver à l'âge
adulte. Dans ce dernier état, les Éphémères ne
prennent pas même de nourriture. Elles paraissent ordinairement au coucher du soleil, dans
les beaux jours de l'été ou de l'automne, le long
des eaux. Elles se réunissent en troupes nombreuses, voltigeant et se balançant dans les airs
à la manière des Tipules. Bientôt après, elles
s'accouplent, puis tombent et meurent quelquefois en quantité si considérable, que l'on dirait
une chute de neige. Les pêcheurs les appellent
la manne des poissons.

La tribu des *Libelluliens* ou *Demoiselles*
comprend les Agrions, qui ont les ailes perpendiculairement élevées dans le repos, et l'abdomen très-menu ou filiforme; — les OEshnes, qui
ont les ailes horizontalement étendues dans le
repos, et l'abdomen allongé en baguette; — les
Libellules, qui portent leurs ailes comme les
OEshnes, mais dont l'abdomen est aplati en
lame d'épée. Tous ces Insectes ont deux gros
yeux à facettes, les ailes grandes, semblables à
une fine gaze d'or ou d'argent. Leur formes sont
élégantes et sveltes; on voit se réfléter sur leur
corps les plus riches couleurs métalliques. C'est
un tableau plein de grâces et d'harmonies ravissantes pour l'homme sensible aux beautés de la
nature, que de voir, par un beau jour d'été,

voltiger au bord des eaux, parmi les arbustes en fleur, ces légers Insectes tout brillants de l'éclat de l'émeraude et du saphir.

Les Libelluliens font la guerre aux Mouches et aux autres Insectes dont ils se nourrissent.

Leurs Larves vivent dans l'eau, et sont remarquables par un appareil merveilleusement construit, placé intérieurement vers l'extrémité de l'abdomen, et qui fait l'office d'un piston pour aspirer et expulser l'eau qu'elles introduisent ainsi dans leur corps et qu'elles en chassent ensuite avec force par leur rectum. Cet appareil est un lacis de vaisseaux qui servent à la respiration de la Larve; c'est en même temps une sorte de machine hydraulique, au moyen de laquelle l'Insecte se meut dans l'eau. La Nymphe grimpe sur la tige des plantes aquatiques, pour se dépouiller de sa peau, et se transformer en Insecte parfait. (Larve de Libellule, pl. V, fig. 23.)

ORDRE DES ORTHOPTÈRES.

(ὀρθὸς, droit; πτερὸν, aile.)

> Rien dans la contemplation de la nature
> ne peut être regardé comme indifférent.
> PLINE LE JEUNE.

La plupart des Orthoptères ont la bouche armée de deux fortes mandibules et de deux mâchoîres propres à la mastication. Ils ont deux yeux à facettes très-grands et deux ou trois ocelles; des antennes généralement composées d'un nombre considérable d'articles; quatre ailes, dont les deux supérieures constituent des élytres demi-membraneuses, chargées de nervures, et presque toujours disposées en toit; les deux inférieures sont larges et plissées en éventail. Le corps est en général mou et de forme allongée; souvent l'abdomen de la femelle présente à son extrémité une tarière ou un oviducte. La Larve et la Nymphe ne diffèrent de l'Insecte parfait que par l'absence des ailes, qui ne commencent à paraître que sur la Nymphe. Tous les Orthoptères, dans tous leurs états, sont terrestres. Plusieurs sont carnivores, le plus grand nombre se nourrit de plantes vivantes.

Ces Insectes composent deux familles bien distinctes, les Sauteurs et les Coureurs.

Les ORTHOPTÈRES SAUTEURS ont les pieds postérieurs remarquables par la grandeur de leurs cuisses et par les épines dont les jambes sont hérissées; les femelles sont souvent pourvues d'une tarière. Les mâles font entendre un son bruyant. Cette famille comprend les Criquets, les Sauterelles, les Grillons et les Courtillières.

Les *Criquets* ont les étuis et les ailes en toit,

les antennes filiformes ou renflées vers le milieu ou à l'extremité; les femelles n'ont pas de tarière*.

Les mâles ont une côte saillante le long de la face interne de la cuisse, garnie d'une série de dents, laquelle, en raclant contre les nervures des élytres, produit un son presque métallique, quand les élytres s'élèvent par secousses, et une sorte de croassement, lorsque les cuisses se redressent avec plus de lenteur: Chez les femelles comme chez les mâles, il existe de chaque côté de la base de l'abdomen un grand enfoncement, dans lequel est tendue une membrane circulaire et nacrée; suivant plusieurs observateurs habiles, c'est un tambour destiné au renforcement du son; d'autres naturalistes le regardent comme un organe d'audition. Quoi qu'il en soit, cette cavité est du moins assurément respiratoire, et concourt à diminuer de beaucoup, durant le vol, la pesanteur spécifique de l'Insecte.

Tout le monde connaît les petits Criquets de nos pays, que l'on voit déployer dans nos champs leurs ailes semblables à des écharpes de pourpre ou d'azur. Les espèces exotiques sont plus grandes, parées de couleurs plus vives encore, et leur corselet présente souvent des crêtes, de grosses verrues et autres formes bizarres.

* Criquet *deux points*, pl. V., fig. 24.

Tout ce que les historiens et les voyageurs ont raconté des ravages des Sauterelles en Asie, en Afrique et même en Europe, doit être entendu des Criquets proprement dits. Les fameuses *Sauterelles de passage* ne sont que des Criquets qui se réunissent par essaims innombrables pour émigrer. Dans leurs excursions, ils obscurcissent les airs comme un nuage épais, et produisent par le bruissement de leur vol un mugissement semblable à celui des flots et de la tempête.*. Ces animaux voraces convertissent bientôt en un triste désert les contrées où ils s'arrêtent: les feuilles, les fleurs, les herbes, les moissons, tout vestige de végétation disparaît; les arbres même se brisent sous leurs poids, et souvent à ce désastre succède un nouveau fléau, la peste, engendrée par la corruption de leurs

---

* Le fait suivant montre que les Criquets, pendant leurs émigrations, déploient plus de force qu'on ne le pense communément, et voyagent autant par leurs propres efforts qu'à l'aide du vent qu'on suppose les porter. Un navire américain, allant de Lisbonne à la Havane, se trouvait, le 21 novembre, dans les parages des Canaries, à soixante-six lieues de la terre; un calme survint, qui fut suivi d'une légère brise du nord-est. Peu après, et pendant l'espace d'une heure, une nuée de Criquets tomba sur le pont du navire, et la mer aux environs en fut couverte. — Kirby, *Introd. to Entomol.*, t. I, p. 224.— Lacordaire, *Introd. à l'Entomol.*, t. II, p. 300.

cadavres, qui jonchent le sol par myriades, lorsqu'ils viennent à périr subitement.

Charles XII, dans sa retraite en Bessarabie,
après la défaite de Pultawa, fut assailli par une
quantité si effroyable de ces Criquets, poussés
par le kaamseen ou vent d'Arabie, que le soleil
en fut obscurci et l'armée entière arrêtée dans
sa marche. Au dix-septième siècle, ils firent une
irruption dans le midi de la France, et moisson-
nèrent plus de quinze mille arpents de blé dans
les environs d'Arles. Le gouvernement ayant
donné l'ordre de ramasser leurs œufs, on en
recueillit plus de trois mille quintaux, qui,
suivant les calculs faits à cette époque, auraient
produit plus de cinq milliards de ces Insectes
(Mézerai). Pendant la dernière guerre des Rus-
ses, on détruisit d'un seul essaim qui resta trois
jours sur le territoire d'Hermanstadt, à peu près
trois mille mesures de Presbourg, sans que
l'essaim parût diminué lorsqu'il partit *. Mais
c'est principalement en Asie et en Afrique qu'ils
exercent leurs ravages **.

---

* *Constitutionnel* du 13 septembre 1828.

** Tout le monde a lu, dans l'Exode (ch. X) le récit de
la huitième plaie d'Égypte. Le Seigneur, pendant tout un
jour et toute une nuit, fit souffler un vent brûlant, qui ap-
porta sur toute la terre d'Égypte des essaims de Criquets dévo-
rants, et leur multitude était si nombreuse qu'on n'en avait

Heureusement, la Providence oppose à ces Insectes redoutables un grand nombre d'ennemis. Outre ceux qui sont dévorés par les Oiseaux * et beaucoup d'autres animaux, un vent du nord, une pluie froide, une tempête, en détruisent des millions en peu d'instants.

Les principales espèces sont le Criquet *émigrant* ou Sauterelle de *passage*, originaire de Tartarie, long de cinq à six centimètres, et ordinairement vert; il est commun dans les plaines de la Sologne; — le Criquet *stridule*, qui a les ailes rouges; — le Criquet *bleuâtre*, etc.

Les *Sauterelles* (locustæ) ont les ailes disposées comme celles des Criquets, les antennes sétacées et très-longues; les femelles portent une tarière en forme de coutelas. Elles sont herbivores, et aiment à se percher sur les haies et les genêts. Elles peuvent s'élancer à une distance surprenante, en débandant leur pattes de derrière, longues et bien musclées, ainsi que le prouve le renflement de leurs cuisses. Elles sont de plus pourvues des organes du vol; on les voit

point vu encore, dit l'historien sacré, et qu'on n'en verra jamais une pareille. Ces mêmes animaux ont été plusieurs fois, entre les mains de Dieu, des instruments dont il s'est servi pour punir l'ingratitude des Israélites. Voy. la note III à la fin du volume:

* Une espèce de Grive, commune en Orient (*Turdus gryllivora*), en détruit, dit-on, jusqu'à dix mille par jour.

au moindre danger, au plus léger caprice, déployer leurs ailes hyalines, semblables à un éventail diaphane, et franchir les airs comme ces dragons brillants créés par l'imagination des poëtes.

L'organe producteur du son chez les mâles est une espèce d'archet transversal, formé par une côte saillante et cornée, fortement dentelée, et située à la face inférieure d'un élytre. Quand les élytres s'élèvent simultanément, le bord interne de l'inférieur, tranchant et dur, souvent saillant, en forme d'onglet, frotte contre l'archet, et il en résulte ce grincement qui fait le principal élément de la strideur. A côté de l'onglet se trouve un instrument de renforcement, qui consiste en une membrane sèche, élastique, transparente, encadrée dans un rebord de corne.

Les espèces les plus communes dans nos contrées sont la grande Sauterelle *verte* sans tache; —la Sauterelle *tachetée*, verte, avec des taches brunes ou noirâtres; — la Sauterelle *porte-selle*, dont le thorax est très-élevé par derrière, et recouvre deux élytres épais et très-courts, qui, par leur frottement l'un contre l'autre, produisent un son assez intense.*

* On a trouvé, dans les ruines d'Herculanum, un char d'ivoire

Mais j'entends sous ma croisée, parmi les gazons du parterre, l'innocent *Grillon*, petit ermite noir qui passe les jours entiers à l'entrée de sa cellule, répétant au Créateur ses notes joyeuses, expression de son bonheur et de sa reconnaissance pour Celui qui lui a rendu ce beau soleil et ce doux printemps. Ce chant net et pur, dont il fait résonner nos campagnes, et qui charmait le célèbre Scaliger, est produit par un instrument musical à peu près semblable à celui de la Sauterelle, mais avec un appareil de renforcement encore plus énergique *. Humble habitant des vallons, le Grillon des champs hante surtout les pâturages et les prairies, et mêle sa chanson aux airs rustiques des pâtres du village. Revêtu d'une livrée de couleur moins sombre, le Grillon domestique se fixe dans nos

traîné par un aigle qu'une Sauterelle placée dans le char guide avec des rênes. Ce morceau de sculpture symbolique était sans doute une satire dirigée contre Néron, qui, chargé de conduire l'empire, se laissait gouverner lui-même par la célèbre empoisonneuse Locusta. — Suéton., *In Ner.*, 35. — Tacit. *Ann.*, 12, cap. 66.

 * La stridulation du Grillon *mégacéphale* (Sicile) se fait entendre à près d'un tiers de lieue. Il y a en Italie des Grillons qui vivent sur les fleurs. — Les Larves des Grillons se distinguent de l'Insecte parfait par le défaut d'ailes et d'élytres. Les Grillons se nourrissent particulièrement d'Insectes. — (De γρύλλη, grognement.)

foyers, et devient le compagnon des dieux lares et l'ami de la maison ; en retour de notre accueil hospitalier, il nous redit le soir, à la veillée, des refrains pleins de mélancolie, au bruit desquels le poëte rêve et la ménagère s'endort.

Quant aux *Courtillières* ou *Taupes - Grillons* *, ces Insectes passent pour être tellement destructeurs, que les Allemands ont coutume, de dire qu'un voiturier, fût-il à la rampe d'une montagne, doit arrêter sa voiture pour tuer un Taupe-Grillon qu'il rencontre. On les reconnaît facilement à leurs pieds antérieurs, terminés par des espèces de pelles dentées qui les font ressembler à des mains. Telle est la force de ces instruments et leur aptitude pour fouir, même dans un terrain assez compacte, qu'ils peuvent vaincre un obstacle du poids de trois livres sur un plan uni. C'est en se creusant des terriers, comme la Taupe, que la Courtillière coupe avec les dents de ses pattes, comme avec une scie, les racines des plantes qui se trouvent sur son passage, et occasionne ainsi souvent de grands dégâts ; mais elle ne mange pas de végétaux, et ne se nourrit que d'Insectes **.

---

* Pl. V, fig. 25.

** Nous entrerons ici dans quelques détails sur l'appareil fouisseur de ce singulier Orthoptère ; car les œuvres de la Providence

La femelle construit un nid de quinze à vingt centimètres de profondeur, dont la forme imite

ne paraissent jamais plus admirables que lorsqu'on les observe de plus près.

De tous les Insectes organisés pour creuser le sol, il n'en est point de plus remarquable que la Courtillière. Il suffit de jeter les yeux sur cet animal, et de remarquer surtout la structure de ses pattes antérieures pour reconnaître sur-le-champ sa destination. Quand on compare la Courtillière aux autres Insectes de la même famille, on découvre d'abord une différence frappante : ce ne sont plus, comme chez ces derniers, les pattes postérieures qui sont les plus grosses et les plus fortes, ce sont, au contraire, les pattes antérieures, lesquelles, eu égard à la taille du Grillon-Taupe, constituent pour creuser la terre un instrument tel qu'aucun animal aujourd'hui vivant n'en présente un plus puissant. Les pièces qui composent ces pattes sont très-dilatées, particulièrement la hanche et la cuisse, qui contiennent les muscles vigoureux destinés à mouvoir l'appareil du fouissement. Cet appareil se compose d'une pièce triangulaire qui correspond à la jambe des autres pattes; mais qui en diffère considérablement par la forme; car elle ressemble à une main dont la paume serait tournée en dehors, comme dans la Taupe, et terminée par quatre dents ou digitations robustes. La cuisse présente à son extrémité un enfoncement pour recevoir cette jambe, à la naissance de laquelle on voit une forte dent triangulaire, qui sert probablement à nettoyer la main. C'est contre la face extérieure de celle-ci que se trouve le tarse, composé de trois articles, les deux premiers larges et angulaires, ayant le bord supérieur courbé, l'inférieur étroit et velu à la base; le troisième article a la forme ordinaire et est armé de deux petits crochets. Ces dents du tarse, ainsi que celles de la jambe, sont tranchantes, et toutes ensemble font l'office d'une scie ou de plusieurs lames de ciseaux, pour couper les racines qui se présentent sur le passage

celle d'une bouteille qui aurait le cou recourbé ; les parois intérieures en sont lisses. Après y avoir renfermé près de 400 œufs, elle en bouche exactement l'entrée et se condamne à veiller autour de ce dépôt précieux avec une tendresse et une sollicitude dont Gœdaert nous a fait admirer les traits touchants.

La Sagesse suprême, qui sait tout compenser

de l'Insecte. Toutefois, Rœsel pense que les dents du tarse sont destinées à nettoyer la main dans l'opération du fouissement, rôle qu'elles peuvent également bien remplir.

Observez que, dans les dents de la jambe et du tarse, les côtés tranchants sont opposés, comme dans une paire de ciseaux, ce qui autorise à penser que l'animal en fait quelquefois usage pour couper. La position de la jambe est dans un plan vertical, et les dents sont situées à la face interne du côté de la terre, en sorte que tout le travail de la Courtillière, lorsqu'elle creuse ou trace un sillon, se borne à enfoncer ces espèces de coins tranchants dans le sol, et à les écarter ensuite, en les tenant toujours dans un sens perpendiculaire.

On peut assurer, sans crainte d'être contredit, que, dans la série entière des êtres animés aujourd'hui connus, on ne trouverait pas un exemple plus frappant d'une structure annonçant un but final, que celui qui nous est fourni par l'organisation de cette partie que nous venons de décrire dans la Courtillière. Ici le plus stupide sceptique serait ébranlé lui-même, tant il est évident que ce bras, avec toutes les parties qui en assurent le jeu et en déterminent l'action, est l'œuvre d'une intelligence qui en a calculé tout le mécanisme avec un art merveilleux, et en a disposé tous les ressorts et toutes les pièces de la manière la plus manifestement propre à atteindre la fin qu'elle se proposait.

et qui établit entre toutes les forces un équilibre nécessaire, a fait sans doute entrer ces animaux dans ses plans, pour détruire un grand nombre de végétaux nuisibles qu'ils attaquent, et pour tirer l'homme de son insouciance, en réveillant son activité. Les Oiseaux, les Fourmis et plusieurs autres Insectes font périr beaucoup de jeunes Taupes-Grillons ; le génie de l'homme n'a plus qu'à seconder ces premiers efforts d'une Providence conservatrice.

La famille des ORTHOPTÈRES COUREURS comprend ceux dont les pieds postérieurs sont uniquement propres à la course, qui ont les élytres et les ailes couchés horizontalement sur le corps, et dont les mâles sont muets et les femelles sans tarière cornée. On les divise en Spectres, Mantes, Blattes et Forficules.

Les *Spectres* sont remarquables par leur forme bizarre, qui les fait ressembler, tantôt à un petit bâton ou à un petit rameau de bois (les Phasmes), tantôt à des feuilles dont leurs élytres imitent parfaitement la figure, la couleur et jusqu'aux nervures (les Phyllies). Ils sont presque tous exotiques et se nourrissent de végétaux.

Les *Mantes* * ont les ailes pliées dans leur

---

* De *mantis*, devin. Les anciens croyaient voir dans leur tournure hâve et allongée la figure des antiques sibylles : aussi

longueur, le corps étroit et allongé, la tête triangulaire, le corselet très-long. Les pattes antérieures constituent un puissant organe de préhension ; elles sont terminées par un fort crochet, garni de dents aiguës, et qui se replie contre la jambe elle-même, armée en dessous d'une double série d'épines robustes, entre lesquelles s'engagent les dents du crochet ; c'est avec ces griffes redoutables que la Mante saisit et perce les Insectes dont elle se nourrit.

Les Mantes portent, dans le midi de la France, le nom vulgaire de *Prega-Diou* ou *Prie-Dieu*, parce qu'elles tiennent leurs larges pattes antérieures élevées et jointes ensemble dans l'attitude d'une personne prosternée pour prier.

Les espèces les plus remarquables sont la Mante *heureuse*, que les Hottentots regardent comme une divinité tutélaire ; — la Mante *païenne*, petite et de couleur ferrugineuse ; elle se trouve aux environs d'Orléans ; — la Mante *religieuse*, grande et verte ; elle n'est pas rare dans le centre et le midi de la France. (Mante striée, V, 26.)

Les *Blattes** ont le corps ovale et plat, terminé

---

disait-on que ces Insectes enseignaient le chemin à l'enfant éloigné de la maison paternelle, et au voyageur égaré qui avait le bonheur de les rencontrer.

* De l'allemand *blatt*, feuille, à cause de leur forme aplatie.

1
2
3
4
5
6
7
8
9
10
11
12
13
14
15
16
17
18
19
20
21
22
23
24
25
26

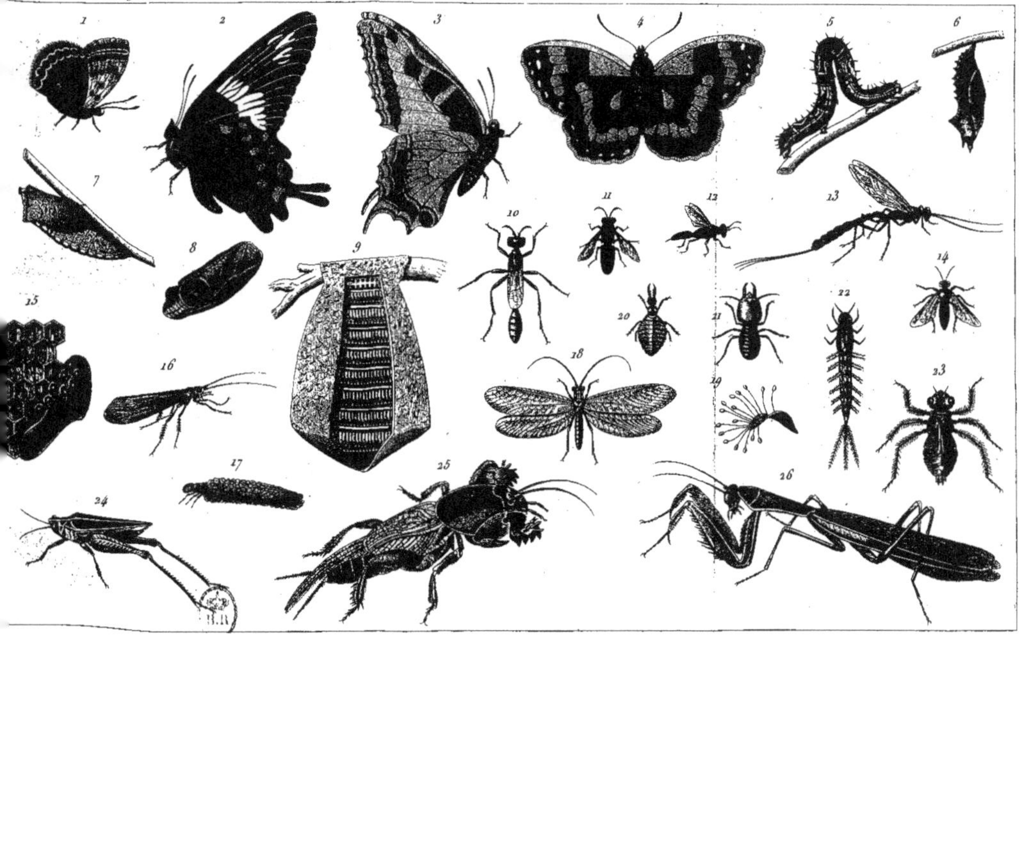

postérieurement par deux appendices mobiles, la tête cachée sous le corselet et les ailes pliées seulement dans leur longueur. Les unes habitent les bois, les autres vivent dans les cuisines, les boulangeries, les moulins, etc., et attaquent les étoffes aussi bien que les comestibles. Elles sont nocturnes, fort agiles et extrêmement voraces[*]. Les espèces des pays chauds portent le nom de *Ravets* ou *Kakerlacs*, et se trouvent souvent à bord des vaisseaux venant des Antilles. Nous avons parlé des Sphex, qui leur font la guerre.

Enfin, le dernier genre d'Insectes appartenant aux Orthoptères coureurs est celui des *Forficules*[**] ou *Perce-oreilles*, dont les élytres sont très-courtes et se joignent par une suture droite. Quelquefois les ailes manquent. Ces Insectes sont faciles à reconnaître aux deux appendices cornés et mobiles qui terminent leur long abdomen, et qui représentent une sorte de tenaille dont ils se servent pour se défendre. Ils se tiennent dans les lieux frais, quelquefois en troupes nombreuses.

---

[*] La femelle, après un travail qui dure près d'une semaine, se délivre d'un ou deux corps suboviformes, ou espèces d'étuis, contenant de seize à dix-huit œufs : les jeunes Blattes en sortent par une fente qui existe du côté droit, et qui se referme si exactement, lorsqu'elles sont dehors, que l'étui paraît aussi entier qu'auparavant.

[**] De *Forficula*, petite pince.

La femelle est animée, pour la conservation de sa race, d'une sollicitude toute particulière. Elle dépose ses œufs sous quelque abri, sous une pierre, sous une écorce d'arbre, etc., et se tient constamment dessus, les couvant nuit et jour et ne les quittant que pour chercher sa nourriture. S'ils viennent à être dérangés, dispersés par quelque accident, elle n'a point de repos qu'elle ne les ait recueillis ; elle court de tous côtés pour les chercher, et à mesure qu'elle les retrouve, elle les rapporte au nid entre ses mandibules.

Aussitôt que les petits sont éclos, cette tendre mère, redoublant de soins, s'occupe de les pourvoir de toutes les choses nécessaires. Elle leur cherche de la nourriture, les guide sur les plantes voisines, les protége contre les trop vives ardeurs du soleil. On voit ces jeunes Forficules courir autour de leur mère, qui les rassemble entre ses pattes comme une Poule réunit ses Poussins sous ses ailes. Au moindre danger, elle donne le signal du ralliement ; tous accourent et se pressent autour d'elle, pendant que, placée devant eux, elle agite ses pinces et ne cesse de menacer l'ennemi que lorsque sa couvée est en sûreté.

La dénomination de *Perce-oreilles* a été donnée à ces Insectes parce qu'on a cru qu'ils s'insinuaient dans les oreilles. Quoi qu'on en ait dit, cette opinion n'a rien d'inexact ; elle est confirmée par plusieurs faits authentiques. Nous pourrions en citer un dont nous avons été nous-même témoin ; nous nous bornerons à rapporter celui qui a été consigné dans la *Gazette de santé*, cinquantième année, n° XXX.

Le général V*** se rendant en France, après la bataille d'Austerlitz, sentit tout à coup, en reposant dans sa voiture, des douleurs d'oreille intolérables. Un chirurgien bavarois, appelé d'abord, crut reconnaître un corps étranger dans le conduit auditif, mais les tentatives qu'il fit pour l'extraire ne firent qu'augmenter la souffrance. Un second homme de l'art, mieux inspiré, fit couler de l'huile dans l'oreille et en fit sortir un Forficule. La voiture, qui était restée longtemps sans être aérée, renfermait un grand nombre de ces animaux derrière les coussins.

ORDRE DES COLÉOPTÈRES.

(χολεὸς, étui; πτερὸν, aile.)

> Chaque espèce a ses beautés naturelles.
> Plus l'homme les considère, plus elles exci-
> tent son admiration, et plus elles l'engagent
> à louer l'Auteur de la nature. Il s'aperçoit
> qu'il a tout fait avec sagesse, que tout est
> soumis à son pouvoir, et qu'il gouverne tout
> avec bonté.　　Saint Augustin.
>
> Apprenez à respecter le Créateur jusque
> dans les ouvrages qui vous paraissent les
> plus vils.　　Tertullien.

C'est déjà, sans doute, un spectacle d'un grand intérêt pour qui sait le considérer, que celui de la prodigieuse diversité de formes que présentent les Insectes des différents ordres. Quelle variété, en effet, dans le moule de leur corps, dans le nombre et l'arrangement de leurs pattes, dans la configuration et la structure de leurs ailes, de leurs antennes, en un mot, dans chaque partie de leur organisation extérieure! Ce spectacle seul n'est-il pas propre à attacher agréablement nos yeux, à élever utilement notre âme vers la contemplation de la nature, aussi inépuisable dans la diversité que dans l'abondance de ces mêmes êtres, dont la petitesse même doit être un motif de plus pour nous engager à les ob-server? Mais combien de merveilles nous sont cachées au dedans de ces frêles machines! Que nous en découvririons si nous pouvions voir distinctement tout l'artifice de leur structure intérieure! Un sauvage, a dit Réaumur, né et élevé dans les plus épaisses forêts du Nord, qui se trouverait tout d'un coup transporté devant un de nos plus superbes palais, concevrait de grandes idées des hommes qui ont construit de tels édifices. Mais il aurait bien d'autres idées de l'industrie humaine, s'il parvenait à voir tout ce que renferme l'intérieur de ces palais, et à prendre connaissance des commodités et des ornements qui y sont rassemblés. Ainsi les merveilles prodiguées dans la construction intérieure du corps des Insectes nous échappent. On n'a pas laissé pourtant que d'y voir bien des mécanismes surprenants*, et qui doivent vivement exciter ceux qui étudient cette classe d'animaux à pousser encore plus loin leurs recherches. Une petite montre enchatonnée dans une bague, toute l'*Iliade* d'Homère écrite sur une peau de vélin renfermée dans une coquille de noix, ce sont là des merveilles de l'industrie humaine, qui supposent une dextérité extraordinaire, et qui nous frappent de surprise et d'ad-

* Voyez les admirables ouvrages de Lyonnet, de Strauss, de Léon Dufour, etc., etc.

miration. Que sont cependant ces ouvrages, quand on les compare aux organes intérieurs d'une Mite, d'un Ciron, au mécanisme de l'œil, par exemple, dans l'un de ces Insectes presque imperceptibles?

De tous les ordres d'Insectes destinés par le Créateur à nettoyer la terre, à la débarrasser de tous les débris impurs qui en souilleraient la surface et infecteraient bientôt l'atmosphère, il n'en est aucun qui, dans la forme du corps, dans les instruments propres à l'attaque ou à la défense, et dans chacun des autres organes et leurs différents usages, présente une aussi étonnante variété que l'ordre des Coléoptères : aucun autre aussi n'exerce une action plus universelle sur toutes les substances, végétales et animales, vivantes et mortes; mais il est difficile de classer ces Insectes suivant leur régime, sans rompre la série dans laquelle ils se rangent naturellement d'après leur organisation extérieure.

Tous les Coléoptères sont pourvus d'élytres, et subissent des métamorphoses complètes. Leur bouche est armée de deux mandibules et de deux mâchoires garnies de palpes. La tête porte deux antennes, le plus souvent de onze articles, et deux yeux à facettes. Le thorax est composé de trois anneaux, portant chacun une paire de pattes. Le premier segment du thorax est à découvert, et prend le nom de corselet ou prothorax; au second anneau thoracique (mésothorax) sont insérés les élytres, qui sont crustacés, horizontaux et joints au bord interne par une ligne droite; les ailes inférieures, quand elles existent, s'insèrent au troisième segment thoracique (métathorax). Elles sont fines, transparentes et repliées en travers sous les élytres. L'abdomen est uni au thorax par sa plus grande largeur, et se compose de six ou sept anneaux plus ou moins membraneux.

La Larve des Coléoptères ressemble à un ver dont la tête est écailleuse et le reste du corps mou ; la bouche est conformée comme celle de l'Insecte parfait, et les trois anneaux qui suivent la tête sont ordinairement pourvus chacun d'une paire de pattes courtes. La Nymphe est inactive et ne prend pas de nourriture.

La plupart des Coléoptères se font remarquer par la somptuosité de leur parure. Il en est dont le corps est si magnifiquement orné, revêtu d'un éclat si étincelant, qu'il rivalise avec les plus riches métaux et les pierres les plus précieuses; on y voit resplendir les rubis, les saphirs, l'émeraude, au milieu de la pourpre et des flammes d'or ou des reflets de l'acier bruni, ou des ondes de nacre et d'argent. Aux Indes, dans ces beaux climats où le soleil semble peindre de ses couleurs les Insectes sur lesquels il lance ses feux, il y a de superbes individus appartenant à cet ordre, que l'on monte, comme des joyaux, en bagues ou en colliers.

Le nombre des Coléoptères est immense. Le tableau suivant donnera une idée des principales divisions établies pour leur classification.

TABLEAU SYNOPTIQUE

DE L'ORDRE DES COLÉOPTÈRES.

Trois articles aux tarses ou un moindre nombre :

TRIMÈRES.

(τρεῖς, trois ; μέρος, division.)

Familles :

Élytres	réduits à des moignons ; antennes en massue........................		PSÉLAPHIENS, Clavigère, etc.
	recouvrant l'abdomen ; antennes	plus courtes que le corselet ; corps hémisphérique....	APHIDIPHAGES, Coccinelle, etc.
		plus longues que la tête et le corselet ; corps ovale....	FUNGICOLES, Endomyque, etc.

Quatre articles aux tarses de tous les pieds :

TÉTRAMÈRES.

(τέτρα, quatre ; μέρος, division.)

Se nourrissent de substances végétales.

Antennes	en massue perfoliée ; corps arrondi.....		CLAVIPALPES, Érotyle, etc.
	plus ou moins filiformes ;	corps arrondi ; petits, timides et lents.....................	CYCLIQUES, Casside, Chrysomèle, etc.
		corps oblong ; tête et corselet plus étroits que l'abdomen ; cuisses souvent renflées.............	EUPODES, Criocère, etc.
		corps allongé, plus ou moins cylindrique ; les trois premiers articles des tarses garnis de brosses ; les 2e, 3e et 4e bilobés..........	LONGICORNES, Capricorne, Callichrome, Lamie, etc.

Familles :

corps déprimé et allongé ; tarses à articles entiers ; tête forte ; corselet presque carré. . . . . — PLATYSOMES, Cucuje, etc.

en massue, courtes, perfoliées dès leur base, et moins de onze articles ; corps cylindrique. . . . . . — XYLOPHAGES, Bostriche, etc.

en massue et coudées ou filiformes ; museau ou bec ; abdomen gros. — RHINCHOPHORES, Bruche, Charançon, etc.

Antennes plus ou moins filiformes ;

Cinq articles aux quatre pieds antérieurs et quatre aux postérieurs :

HÉTÉROMÈRES.

(ἕτερος, diversifié ; μέρος, division.)

Se nourrissant de substances végétales.

triangulaire, séparée du corselet par une espèce de cou ; corps mou. . . . . . — TRACHÉLIDES, Cantharide, etc.

plus ou moins filiformes . . . . — STÉNÉLYTRES, OEdémère, etc.

de la longueur du corselet ; en masse souvent perfoliée. . . . . . . — TAXICORNES, Diapère, etc.

grenues, avec le troisième article allongé ; élytres souvent soudées. . — MÉLASOMES, Blaps, Ténébrion, etc.

Tête sans cou ; antennes

Cinq articles à tous les tarses :

PENTAMÈRES.

(πέντα, cinq ; μέρος, division.)

courtes, en massue formée de lames disposées soit en peigne, soit en éventail, ou s'emboîtant concentriquement ; démarche lourde. . . . . — LAMELLICORNES, Cerf-volant, Hanneton, Bousier, etc.

de neuf articles, en massue perfoliée, à peine plus longue que les palpes maxillaires ; corps hémisphérique ou ovoïde. — PALPICORNES, Hydrophile, etc.

Antennes

Familles:

Antennes		
ordinairement en massue cylindrique ou perfoliée, mais plus longues que les palpes maxillaires....................		CLAVICORNES, Escarbots, Nécrophore, etc.
à peu près de même grosseur partout, mais dentées en scie, en peigne ou en éventail........................		SERRICORNES, Clairon., Lampyre, etc.
grenues, filiformes ou grossissant un peu vers le bout ; corps allongé ; élytres plus courts que l'abdomen..........		BRACHÉLYTRES. Staphylin, etc.
plus ou moins filiformes ; deux palpes labiaux et quatre palpes maxillaires ; mâchoire terminée par une griffe ou crochet........................		CARNASSIERS, Cicindèle, Carabe, Dytisque, etc.

Les PSÉLAPHIENS et les FUNGICOLES offrent peu d'intérêt.

C'est à la famille des APHIDIPHAGES (*aphis*, puceron ; φάγος, mangeur) qu'appartiennent les Coccinelles, vulgairement *Bêtes à Dieu*, etc., jolis petits Insectes hémisphériques, qui intéressent les personnes les plus indifférentes aux merveilles de la nature et sont recherchés des enfants même, qui en font les instruments de leurs jeux ou les sujets de leurs distractions. Le rouge, le jaune ou le noir sont les couleurs modestes qui composent leur parure ; mais ces teintes, variées avec goût, forment des nuances charmantes sur leur robe presque toujours lustrée. Ici, quelques points d'encre symétriquement rangés rehaussent le fauve ou le citron du fond de leurs élytres ; là, des taches semblables à des notes de plain-chant imitent, par leurs dispositions, les compartiments d'un damier ou la variété d'une mosaïque; chez d'autres, des gouttes d'orpin ou couleur de feu, parsemées sur leur manteau d'ébène, y figurent des broderies d'or et de pourpre. Les Cocci- nelles sont très-répandues dans nos jardins et s'y montrent dès le commencement du printemps. Lorsqu'on les inquiète, elles font sortir de leur corps une humeur mucilagineuse d'une odeur désagréable. Elles se nourrissent de Pucerons ainsi que leurs Larves, et c'est à elles que plusieurs cantons de la Normandie doivent la conservation de leurs plantations de pommiers, menacées d'une destruction complète par un petit Insecte dévastateur, le Puceron *lanigère*.

Dans un jour mélancolique d'automne, alors que le vent fait entendre de sublimes murmures dans la cime ondoyante des pins, tandis que l'humble bruyère entr'ouvre à leurs pieds ses pe- tites coupes d'améthyste, si, en vous promenant sur la lisière d'un bois, vous ouvrez un de ces champignons qui croissent alors sur le tronc des arbres, vous y rencontrerez probablement quel- ques Insectes de la famille obscure des CLAVI- PALPES, quelque Triplax ou quelque Phalacre, destinés à dévorer ces substances cryptogami- ques qui nuisent aux végétaux.

La famille des CYCLIQUES (κύκλος, cercle, corps arrondi) comprend la tribu des *Galeruques*, très-petits Insectes qui vivent les uns sur les feuilles de l'orme, de la tanaisie, etc. *, les autres sur les plantes potagères **; la tribu des *Chrysomelines*, dans laquelle on range les Chrysomèles, charmants petits Insectes qui se tiennent accrochés aux hampes des graminées, sur le genêt, le peuplier, etc., et les Gribouris qui rongent la fleur de la vigne ou brillent sur le disque d'or de la marguerite des prés; enfin la tribu des *Cassidaires* (*cassis*, casque), dont le corselet cache et recouvre entièrement la tête; ils se trouvent sur la menthe, les chardons, etc. CELUI qui donna la vitesse de l'éclair au Chamois, l'inquiétude soupçonneuse au Lièvre, et qui apprit au Lapin à se creuser un terrier, étend sa providence jusqu'aux moindres de ses créatures et proportionne leurs moyens de défense à leur faiblesse. C'est ainsi qu'en donnant aux Cassides un corps aplati en dessous, des étuis qui débordent le ventre et le cachent comme sous un têt, un corselet dans lequel la tête se retire, et des couleurs identiques à celles des plantes sur lesquelles elles habitent, le Créateur les a dérobées aux recherches

---

* D'autres espèces vivent sur le nénuphar et autres plantes aquatiques.

** Ces dernières espèces, désignées sous le nom vulgaire de *Puces des jardins*, sont d'agiles sauteuses.

de leurs ennemis. A l'état de Larves elles ont été encore plus favorisées, et les moyens qu'elles emploient alors pour leur sécurité sont assez étranges. Ces Larves ont l'extrémité inférieure de l'abdomen terminée par une fourchette garnie de petites épines, au milieu de laquelle s'arrête le résidu de leur nourriture à sa sortie du corps. Tant qu'aucun danger ne les menace, elles traînent ce paquet après elles, mais au moindre péril elles le redressent avec une promptitude admirable, à l'aide de leur fourchette, et se recouvrent de ce bouclier d'une nouvelle sorte qui touche le corps sans le charger. On conçoit la répugnance de la Fauvette, même la moins délicate, pour un mets qui se présente sous des dehors aussi peu séduisants.

Les Cassides ne sont pas les seuls Insectes qui aient recours à ce singulier moyen de défense. Dans la famille des EUPODES (εὖ, bien; ποῦς, pied; leurs membres sont forts), on connaît des Criocères * dont les Larves s'enveloppent aussi de la même matière; et comme leur peau est très-fine, elles se garantissent ainsi de l'action du soleil et des intempéries de l'atmosphère **. Et savez-vous

---

* Corps noir, élytres et corselet d'un beau rouge; communes au printemps sur les feuilles du lis blanc.

** Une disposition organique bien remarquable dans ces Larves, c'est que l'orifice postérieur par où sort le marc des feuilles

sur quelle plante vivent ces Criocères aux habitudes si peu distinguées? sur une de nos plus belles fleurs, sur le lis blanc de nos jardins. Il serait difficile sans doute de trouver un contraste plus frappant. Quelques autres espèces dévorent les asperges, le lilas, etc.

La famille des LONGICORNES comprend quatre tribus : la tribu des *Leptures,* dont une espèce à étuis jaunes avec quatre lignes noires transversales, est commune en été sur les fleurs de ronce; — la tribu des *Lamiaires ;* les espèces appelées Saperdes, à corps linéaire, sont nuisibles, à l'état de Larves, aux plantations de peupliers, etc. ; — la tribu des *Cérambycins,* auxquels appartiennent le Callidie *sanguin,* long de dix millimètres, et *l'arqué,* d'un jaune doré, avec trois raies arquées sur les étuis; le Capricorne *héros,* de 45 millimètres, noir, avec le bout des élytres brun, commun dans les pays tempérés; sa Larve fait des trous profonds dans le bois de chêne; le Callichrome *musqué,* long d'environ douze millimètres, d'un beau vert ou bleu foncé : il vit sur

dont elles se sont nourries, n'est point situé, comme dans les autres Insectes, à l'extrémité de l'abdomen et en dessous, mais il s'ouvre du côté du dos et à la jonction du pénultième anneau avec le dernier. Voyez dans les auteurs la description de l'admirable mécanisme à l'aide duquel cette matière est disposée sur tout le corps, à mesure qu'elle est rejetée au dehors.

le saule et répand une forte odeur de rose; —
la tribu des *Prioniens*; le Prione *corroyeur*, de
trois centimètres, d'un brun olivâtre, vit à l'état
de Larve dans les troncs pourris du chêne et du
bouleau*.

* Presque tous les Insectes de cette famille, au moins à l'état
de Larves, vivent dans l'intérieur des arbres ou sous les écorces;
ils nuisent beaucoup aux végétaux, en les criblant de trous, en y
pratiquant des galeries dont la largeur augmente à mesure que
l'Insecte grossit. Ces Larves lignivores, dont la bouche est armée
de mâchoires puissantes, coupent, comme avec des tenailles, les
fibres du bois, et se creusent ainsi, dans le tronc des chênes, des
trous cylindriques qui hâtent la décrépitude de ces géants de nos
forêts. Admirez avec quelle prévoyance le Créateur a organisé la
Larve à laquelle il a assigné une pareille habitation : il a rac-
courci les pattes, pour qu'elles ne soient pas un obstacle au passage de la Larve dans les dédales qu'elle parcourt; il a pourvu
de mamelons les derniers anneaux du corps, pour qu'elle puisse
opérer plus facilement les mouvements vermiculaires qui la poussent en avant. Ce n'est qu'après avoir été renfermées pendant
deux ou trois ans dans ces obscures retraites, et qu'après avoir
acquis au fond de leurs corridors étroits leur complet accroisse-
sement, que ces Larves se préparent à sortir de leur prison.

A l'état parfait, ces Insectes font entendre un petit son aigu,
produit par le frottement de la base de leur abdomen contre la
paroi intérieure de leur corselet. Ils fréquentent alors les lieux
ombragés ; les uns s'accrochent aux branches des saules, et font
briller sur leurs feuilles argentées leur corps d'un vert de bronze;
les autres se retirent dans l'épaisseur des bois, ou se cachent
pendant le jour dans les mêmes trous qui servirent de berceau
à leur enfance : sur le soir, ils quittent leurs retraites, et à l'heure
silencieuse où le Rossignol se plaît à moduler ses doux refrains,
on peut les voir, aux rayons de la lune, traverser d'un vol sonore les clairières des forêts.

C'est à la famille des PLATYSOMES que se rapportent les Cucujes au corps déprimé, qui vivent sous les écorces et se joignent aux autres légions d'Insectes destinés à hâter la ruine des arbres qui penchent vers leur déclin, afin de rendre promptement à la terre leurs débris féconds que la nature cachera bientôt sous des fleurs et sous des rejetons nouveaux.

Les XYLOPHAGES (ξύλον, bois ; φάγος, mangeur) ont les habitudes des familles précédentes. On distingue le Trogosite *mauritanique*, noirâtre ; il se trouve dans les noix, le pain, etc. * — Le Bostriche *capucin*, dont les élytres sont rouges, habite les vieux bois, dans les chantiers, etc. Les Larves des Xylophages, comme celles que nous avons décrites plus haut, perforent le bois et y creusent des sillons en divers sens, et lorsqu'elles sont très-abondantes dans les forêts, particulièrement dans celles de conifères, elles font périr

---

* Sa Larve, connue en Provence sous le nom de *Cadelle*, est célèbre par les dégâts qu'elle cause en attaquant les grains ; mais, chose singulière, à l'état parfait, l'Insecte fait la guerre aux Teignes du blé. Dans l'appréciation du rôle de ces animaux, il faut considérer que le dépérissement des dons de la terre, lorsque nous en dédaignons l'usage, deviendrait, pour nous, une source d'insalubrité, surtout dans les pays méridionaux, où tout se décompose plus rapidement, si la Providence n'avait pris soin de multiplier, dans ces climats, les êtres propres à absorber toutes les substances qui se corrompent.

en peu d'années une grande quantité d'arbres et les mettent hors d'état d'être employés dans les arts *.

Enfin, la sixième et dernière famille des Tétramères est celle des Rhinchophores ou *Portebecs*, auxquels se rapportent les Calandres, vulgairement *Charançons* (χαράσσω, creuser), fameux par leurs ravages dans les magasins de blé ; — la Balanine dont la trompe excède souvent la longueur du corps, et dont la Larve se nourrit de l'amande de la noisette ; — le Rhinchite *Bacchus*, d'un rouge cuivreux ; sa Larve, connue sous le nom de *Lisette*, *Bêche*, etc., vit dans les feuilles roulées de la vigne, et l'en dépouille quelquefois presque entièrement ; — les Bruches (βρύκω, ronger) qui déposent leurs œufs un à un dans les germes encore tendres de plusieurs plantes légumineuses, céréales, etc. Aussitôt que la Larve est éclose, elle se fraye un chemin jusqu'au milieu du fruit qui doit la nourrir. Arrivé à l'état parfait, l'Insecte sort en détachant une portion circulaire d'épiderme, ce qui

* A la fin du siècle dernier, on citait en Allemagne des contrées où les Bostriches s'étaient multipliés d'une manière si effrayante qu'ils y avaient fait périr plus d'un million de troncs d'arbres, et que les habitants du Hartz se virent, par là, menacés d'une ruine entière, et l'exploitation de leurs mines d'une suspension totale.

produit ces petits trous arrondis que l'on remarque aux graines des lentilles, des pois, etc. *

La plupart des Larves de cette famille rongent les matières végétales. Les unes vivent réunies sur l'oseille, la patience, etc. ; les autres se tiennent cramponnées, à l'aide de mamelons et d'une matière visqueuse, sur le revers des feuilles de la scrophulaire, du frêne, etc. ; d'autres s'insinuent dans les feuilles de l'osier, de l'orme, etc. On voit quelquefois sur ce dernier arbre, au printemps, des boutons tardifs dont le gonflement annonce le travail de la sève; si l'on ouvre un de ces boutons, on y trouve cachée la Larve d'un Charançon sous la forme d'un Ver blanc et ridé.

Mais le Charançon le plus répandu et le plus

* La graine ainsi attaquée au dedans continue de croître, et même elle efface, en augmentant de volume, jusqu'aux traces du trou fait primitivement par la Larve pour s'y introduire. La Providence, toujours admirable dans les moyens qu'elle emploie pour conserver les ouvrages de ses mains, a donné à ces vers l'adresse de détruire l'intérieur de leur maison, sans jamais faire une brèche à la paroi extérieure. Quand le moment où ils doivent quitter leur retraite approche, ils préparent une issue, en rongeant, dans un espace circulaire, la graine qui les loge; mais ils ont soin d'épargner l'épiderme. Sans cet acte de prévoyance, leur berceau deviendrait leur sépulcre après leur dernière métamorphose; car alors leurs mâchoires, destinées à broyer des aliments moins solides, ne seraient plus assez dures pour briser la prison qui les tient captifs.

nuisible est celui qui attaque nos céréales. Au
printemps la femelle s'enfonce dans un tas de
blé, dépose ses œufs dans autant de grains, et
bouche ensuite le trou oblique qu'elle a pratiqué à cet effet. Il naît bientôt de ces œufs une
petite Larve vermiforme qui, au moyen de sa
tête cornée et armée de fortes mandibules, pénètre dans l'intérieur du grain de blé qui lui sert
tout à la fois de nourriture et de demeure. Quand
elle en a consommé toute la partie amilacée, elle
s'y change en Nymphe, puis, devenue Insecte
parfait, elle perce cette cellule dans laquelle elle
a vécu environ six semaines depuis la ponte de
l'œuf. On a calculé que dans l'espace d'une année,
un seul couple de Charançons pouvait être la
souche d'une famille composée de 23,600 individus *.

Les gros *Vers palmistes* que l'on mange en
Amérique et qui atteignent jusqu'à cinq centi-

---

* On a conseillé divers procédés pour détruire la Calandre du
blé; ils sont tous plus ou moins inutiles ou insuffisants. Celui qui
paraît le plus efficace consiste à former un petit tas de cinq à
six mesures de blé, qu'on place à une distance convenable du
monceau principal; on remue alors ce dernier avec la pelle:
comme les Charançons aiment l'obscurité et le repos, troublés
dans leur asile, ils cherchent à fuir, et vont se réfugier dans le
petit tas de blé; on verse alors sur celui-ci de l'eau bouillante,
qui étouffe en un moment ces Insectes pernicieux.

mètres de long, sont aussi des Larves d'une espèce de Charançon; elles rongent la moelle des
palmiers et leur font un tort considérable. Enfin,
c'est encore un de ces êtres destructeurs qui per-
fore les troncs du sagouier, de cet arbre précieux
dont les fruits offrent un mets savoureux, dont
les tiges laissent découler un vin pétillant, dont
les feuilles servent de couverture et de parois aux
habitations des Indiens, et dont les folioles leur
fournissent pour la pêche des sagaies redoutables *.

La famille des TRACHÉLIDES ($\tau\rho\acute{\alpha}\chi\eta\lambda\circ\varsigma$, cou) renferme un groupe qui mérite surtout de fixer
notre attention à raison des propriétés médici-
nales de la plupart des Insectes dont il se compose: nous voulons parler du Mylabre *de la chicorée* et des Cantharides. Le corps du Mylabre
est long de douze à quatorze millimètres, velu,
noir, avec une tache jaunâtre, presque ronde à
la base de chaque élytre, et deux bandes transverses de la même couleur, l'une au milieu,
l'autre vers l'extrémité des élytres. On le trouve
sur les fleurs de la chicorée dans les contrées
chaudes de l'Europe. — La Cantharide est longue de douze à vingt millimètres, d'une belle
couleur verte dorée; sa tête en cœur est plus

---

* C'est une espèce de dard ou de javelot.

large que le corselet qui est court et quadrilatère. Les Cantharides apparaissent dans nos climats vers le solstice d'été et se fixent presque exclusivement sur le frêne et le lilas dont elles dévorent les feuilles. La nature a limité à un temps
très-court le terme de leur existence : les mâles
meurent au bout de dix jours, et les femelles ne
leur survivent que pour déposer dans la terre
un paquet d'œufs d'où sortent des Larves qui
rongent les racines des plantes.

La plupart des espèces appartenant à la famille
des STÉNÉLYTRES, (στενὸς, étroit, ἔλυτρον, élytre) se
rencontrent sur les feuilles ou sur les fleurs, quelquefois aussi sous les vieilles écorces des arbres
ou dans les champignons. On cite les OEdémères
dont les cuisses postérieures sont très-renflées et
la tête prolongée en forme de petit museau; —
les Cistèles, de couleur jaune : elles vivent sur
les corymbes de la mille-feuille et sur les om-
belles du sureau, ou se gorgent de la liqueur
sucrée que leur offre le tilleul en fleur.

Dans la famille des TAXICORNES (*taxus*, if;
cornu, antenne) nous mentionnerons les Dia-
pères, petites, d'un noir luisant, avec trois bandes
jaunes sur les élytres; on les trouve dans les
champignons des arbres, agarics, bolets, etc.,
dont la solution vicierait la pureté de l'air si la
Providence ne les avait donnés pour aliment à
ces petites créatures.

La famille des MÉLASOMES (μέλας, noir, σωμα, corps) renferme plusieurs espèces remarquables : les Ténébrions, dont le corps est étroit et allongé, et le corselet presque carré. Le Ténébrion *de la farine* se voit fréquemment le soir, dans les moulins, les boulangeries, etc. ; il est brun noirâtre en dessus ; sa Larve est jaune et vit dans le son et la farine ; c'est la meilleure pâtée que l'on puisse donner aux jeunes Rossignols que l'on élève ; — les Blaps ; le Blaps *porte-malheur* est long d'environ deux centimètres, d'un noir luisant, pointillé ; il exhale une odeur fétide et habite les lieux sombres et malpropres.

La famille des LAMELLICORNES (*lamella*, lame ; *cornu*, antenne) se partage en deux tribus : les *Lucanides*, dont la massue des antennes est conformée en peigne, et les *Scarabéides*, dont les antennes sont terminées en massue, soit feuilletée, soit globuleuse, ou composée d'articles emboîtés. Parmi les *Lucanides* on distingue le Lucane *Cerf-volant*, un des plus grands Coléoptères de notre pays ; il se montre le soir vers le mois de septembre, et se tient accroché durant le jour aux troncs des arbres ; il reste environ six ans à l'état de Larve dans l'intérieur des chênes. Les femelles sont désignées sous le nom de *Biches*[*].

---

[*] Selon Linné, la force du Lucane *cerf-volant* est telle, pour sa petite taille, que si l'Éléphant était avantagé en pro-

La tribu des *Scarabées* nous offre des genres nombreux. Nous citerons la Cétoine *dorée*, d'un vert doré brillant en dessus, d'un rouge cuivreux en dessous, avec des taches blanches sur les élytres. Elle est commune sur les fleurs du rosier et du sureau *. Les Larves vivent pendant trois ou quatre ans dans le terreau ; — la Trichie *noble*, très-analogue aux Cétoines ; sur les fleurs ombellifères ; — l'Hoplie *violette*, se trouve près des ruisseaux, dans le midi de la France ; son corps est recouvert d'écailles brillantes, argentées, dont les supérieures ont un reflet azuré et dont les inférieures sont verdâtres ou dorées ; — les Hannetons ; la Larve de l'espèce commune, nommée *Ver blanc*, vit trois ou quatre ans enfoncée plus ou moins profondément sous la terre ; en hiver, elle tombe dans une espèce de léthargie et ne prend aucune nourriture, mais en été elle est très-vorace et ronge les racines des plantes. Elle achève ses métamorphoses vers

portion, il serait capable d'ébranler les montagnes. Le célèbre naturaliste Swammerdam en avait apprivoisé un qui le suivait comme un chien lorsqu'il mettait du miel à sa portée. Ces Insectes introduisent dans les crevasses des arbres leurs mâchoires en forme de houppe, pour se nourrir de la liqueur sucrée qui suinte des végétaux.

*. On peut nourrir les Cétoines pendant plusieurs années, avec des croûtes de pain trempées dans de l'eau.

le mois de février; mais comme l'Insecte est alors très-mou, il ne gagne la surface de la terre que vers le mois de mars ou d'avril, pour en sortir tout à fait vers le commencement de mai. Dans la dernière phase de leur existence, les Hannetons ne vivent guère plus d'une semaine; ils se nourrissent de feuilles sous lesquelles ils se tiennent immobiles pendant le jour; mais à l'approche de la nuit, on les voit parcourir nos bosquets d'un vol lourd et bruyant, en se heurtant contre tout ce qu'ils rencontrent, d'où est venue l'expression : *étourdi comme un hanneton* *.

Parmi les autres *Scarabées* les plus remarquables, on compte les Scarabées *proprement dits*, dont une espèce, nommée l'*Hercule*, est longue de plus de treize centimètres, avec une longue corne recourbée et dentée sur la tête (Amérique méridionale); — l'Oryctès *nasicorne*, de trois centimètres, d'un brun marron luisant, avec une corne conique sur la tête; il vit dans les couches

---

* La Providence a suscité à ces Insectes destructeurs une foule d'ennemis, qui leur font une guerre active. Nos Oiseaux de basse-cour les mettent en pièce pour s'en engraisser; les Rats, les Belettes, les Fouines, vont les surprendre sur les branches où ils reposent; les Oiseaux de nuit les saisissent dans leur vol; une espèce de Carabe épie la femelle au moment où elle s'enterre pour pondre ses œufs, et détruit en la déchirant une génération tout entière.

de tan; — les Géotrupes avec ou sans cornes au corselet; le Géotrupe *stercoraire*, d'un noir luisant ou vert foncé en dessus, violet ou vert doré en dessous, avec un tubercule sur le haut de la tête *; — les Bousiers, qui habitent les fumiers et les bouses de vache; le Bousier *lunaire*, long de seize millimètres et d'un noir luisant avec une corne sur la tête (commun dans les lieux sablonneux); — les Ateuchus, corps arrondi et sans cornes; ces Insectes forment avec la fiente des animaux de petites boules semblables à des pilules et les font rouler avec leurs pates pour les arrondir et leur donner plus de consistance, puis ils les conduisent, en allant à reculons, jusqu'au trou qu'ils ont creusé à l'avance pour les cacher **. Quelquefois il arrive, pendant qu'un Ateuchus est ainsi occupé à diriger sa boule stercoraire, que l'inégalité du terrain le fait glisser d'un côté tandis que son fardeau s'en va rouler

---

* Ces Insectes, ainsi que les Hoplies, étalent et roidissent leurs pattes quand on les inquiète, et ressemblent, dans cet état, à de véritables cadavres. Quand le Géotrupe *stercoraire* vole en bourdonnant le soir, c'est un signe infaillible de beau temps pour le lendemain.

** Il faut donc que ces Insectes acquièrent pendant ce travail des notions relatives à la forme, au volume et à la densité de cette boule. Plus on y réfléchit, et plus cette opération paraît admirable.

d'un autre ; si alors un autre Ateuchus s'aperçoit de cette culbute, il se hâte de profiter de l'embarras de son voisin et s'empare de la précieuse pilule *. Lorsque celle-ci est enfin con duite dans le trou qui lui est destiné, le mâle la prend entre ses jambes et la tient solidement pour qu'elle ne vacille pas, pendant que la femelle y dépose ses œufs. Dans chacun de ces globules éclora une Larve qui trouvera en naissant une nourriture appropriée à ses besoins et à ses goûts **.

Tous ces Scarabées coprophages dont nous

---

* Illiger rapporte qu'un de ces Insectes, en construisant la boule de fiente destinée à renfermer ses œufs, la fit rouler dans un trou, d'où il s'efforça pendant longtemps de la tirer tout seul. Voyant qu'il perdait son temps en vains efforts, il courut à un tas de fumier voisin chercher trois individus de son espèce, qui, unissant leurs forces aux siennes, parvinrent à retirer la boule de la cavité où elle était tombée, puis retournèrent à leur fumier continuer leurs travaux. — *Magazin d'Entomol.*, T. I, p. 488.

** Deux espèces, l'Ateuchus *sacré* et l'Ateuchus *des Égyptiens*, dont la première se trouve dans le midi de l'Europe, étaient l'objet d'une espèce de culte religieux chez les anciens Égyptiens, faisaient partie de leur écriture hiéroglyphique, et étaient le symbole du soleil. On en formait des cachets, des amulettes, que l'on suspendait au cou, et que l'on renfermait quelquefois dans les cercueils. Tous leurs monuments nous les représentent sous diverses positions, et souvent avec des dimensions gigantesques. Voy. Plutarque, *de Iside*, 6, 74 ; — Porphyr., *de Abstin.* l. 4 ; — Eusèbe, *Prép. évangél.*, l. 3, c. 4.

avons mentionné quelques espèces, sont admirablement organisés pour remplir les fonctions
auxquelles ils ont été destinés par le Créateur.
Ces petits vidangeurs, chargés de purger le globe
des immondices qui souillent sa surface et qui in-
fectent l'air de leurs miasmes dangereux, ont un
appareil buccal conformé de telle sorte qu'ils ne
peuvent se nourrir que de matières molles, et la
disposition de leur tube alimentaire indique aussi
que leur régime doit être peu substantiel, car sa
longueur, toujours très-considérable, égale quelquefois dix à douze fois celle du corps. Enfin ils
sont en général munis de pattes fortes et dentées en
avant, dont ils se servent comme de pelles pour
fouir la terre et rompre les obstacles qui s'opposent à leurs efforts, et leur tête et leur corselet
sont armés de cornes ou de dentelures qui leur
aident à se frayer un passage dans les matières
où ils font leur séjour.

L'espèce la plus intéressante que nous présente
la famille des PALPICORNES est l'Hydrophile, Coléoptère aquatique, long de plus de cinq centimètres, ovale, d'un brun noir, avec un sternum
(poitrine) relevé en carène et prolongé postérieurement en une pointe aiguë qu'il cherche à enfoncer dans la main qui le tient prisonnier. Cet
Insecte, que la nature a avantagé avec une rare
préférence, peut marcher sur la terre, voler dans

les airs, nager avec agilité dans les eaux. Quand il habite ce dernier élément, il quitte de temps en temps ses grottes profondes et vient à la surface de l'eau présenter à l'air une de ses antennes dont la massue est couverte de poils très-fins ; il ramène ensuite cette antenne de manière à ce que sa base reste en contact avec l'air, tandisque son extrémité touche la poitrine garnie aussi de poils soyeux et couverte d'une légère couche d'air qui se trouve ainsi mis en rapport avec celui de l'atmosphère. La portion de ce fluide déjà respirée s'échappe ainsi en même temps qu'une autre partie fraîche arrive aux stigmates de l'animal [*]. Ce besoin satisfait, l'Hydrophile redescend au fond de son humide retraite ou erre parmi les plantes aquatiques dont il fait sa principale nourriture [**].

[*] Nitzch *in Reil's archiv für die physiologie*, T. X, p. 440.

[**] La femelle porte à l'extrémité de son abdomen une filière dont elle se sert pour fabriquer une coque dans laquelle elle dépose ses œufs. C'est le seul Insecte connu qui file de la soie à l'état parfait. Les Larves ressemblent à des vers mous, noirâtres, et sont très-carnassières. Elles ont la faculté de se renverser en arrière, ce qui leur donne le moyen de saisir les petits Mollusques qui flottent à la surface de l'eau, et d'en casser la coquille sur leur dos comme sur une table, pour les dévorer ensuite. Elles sont très-agiles, mais, lorsqu'on les saisit, elles se laissent tirailler dans tous les sens, et ne donnent aucun signe de vie. Elles sortent de l'eau, et se creusent un trou dans la terre lorsqu'elles sont sur le point de se métamorphoser en Nymphes.

Nous trouvons dans la famille des CLAVI-
CORNES (*clavis*, clou; *cornu*, antenne) plusieurs
genres dont les mœurs méritent de fixer notre
attention. Les Dermestes (δερμα, peau; εστω, dévorer), reconnaissables à leur tête enfoncée dans
le corselet jusqu'aux yeux et à leur corps orbicu-
laire, sont, à l'état de Larve, le fléau des pelleteries et des cabinets d'histoire naturelle *. Les
Larves des Dermestes sont velues et se nourrissent de graisse, de fromage et de toutes sortes
de matières animales; elles recherchent les lieux
tranquilles et obscurs. Les Larves des Anthrènes,
qui appartiennent au même genre, rongent surtout les matières animales sèches, telles que les
collections entomologiques, etc. — La Nitidule
bronzée, petite, ovoïde, d'un vert bronzé brillant, très-ponctuée, commune sur les fleurs; —
les Boucliers; leur corps est déprimé et les élytres creusés en gouttière extérieurement. La
plupart vivent dans les charognes et diminuent
ainsi la quantité de miasmes qui corrompraient
l'atmosphère. Les uns grimpent aux tiges de blé

---

* C'est ce qui les a fait désigner par Degéer sous le nom
de *disséqueurs*. En effet, le meilleur moyen d'avoir un squelette
bien préparé de petit animal, c'est de l'abandonner à ces Insectes; jamais prévôt d'anatomie n'en décharna aussi habilement, et avec autant de propreté, jusqu'aux moindres articulations.

pour y chercher de petits Limaçons qu'ils mangent; les autres se tiennent sur les arbres élevés et dévorent les Chenilles. Les Larves ont les mêmes habitudes. — Les Nécrophores ont des mœurs analogues à celles des Boucliers; on les a surnommés *Enterreurs*, à cause de l'instinct qu'ils ont d'enfouir les cadavres des Taupes, des Souris, des petits Quadrupèdes. Ils se glissent dessous, creusent la terre jusqu'à ce que la fosse soit assez profonde pour contenir le cadavre et l'y font descendre peu à peu en le tirant à eux. Ils emploient à cet ouvrage une telle activité qu'en moins de deux heures le corps est enterré. C'est dans ces matières cadavéreuses qu'ils déposent leurs œufs et que les Larves trouveront les aliments qui leur conviennent. C'est ainsi que ces faibles créatures travaillent à accomplir les desseins de la Providence, en purgeant l'air des exhalaisons dangereuses qui pourraient l'infecter [*].

* Les Nécrophores exhalent une forte odeur de musc, et paraissent doués d'un odorat très-fin, puisque peu de temps après qu'une Taupe a été tuée, on ne tarde pas à voir arriver à l'entour des Nécrophores qu'on eût vainement cherchés dans ce lieu auparavant.

Clairville rapporte avoir vu un Nécrophore qui, voulant enterrer une Souris morte, et trouvant trop dure la terre sur laquelle gisait le cadavre, fut creuser à quelque distance un trou dans un terrain plus meuble; cette opération terminée, il es-

Les Escarbots appartiennent encore à cette famille; l'Escarbot *unicolor*, entièrement d'un noir luisant, habite les substances cadavéreuses et stercoraires; il contrefait le mort aussitôt qu'on le touche.

On a divisé la grande famille des SERRICORNES (*serra*, scie; *cornu*, antenne) en trois sections : les Limebois, les Malacodermes et les Sternoxes.

Les Limebois doivent leur nom à la manière dont leurs Larves perforent en tous sens le bois dans lequel elles vivent. L'espèce la plus commune est le Lymexylon *naval* qui cause de grands dégâts dans les chantiers de la marine et dans les forêts de chênes du Nord de l'Europe; il est de couleur fauve et presque cylindrique.

Les Malacodermes sont nombreux. Nous citerons les Vrillettes qui fréquentent l'intérieur des maisons et qui, à l'état de Larves, rongent les planches, les meubles, les livres, etc., qu'elles percent de petits trous ronds. Ce sont les Vrillettes à l'état parfait qui en frappant vivement avec leurs mandibules sur les boiseries dans lesquelles elles sont cachées, produisent, pour s'ap-

saya d'enterrer la Souris dans cette cavité; mais n'y réussissant pas, il s'envola, et revint quelques instants après accompagné de quatre autres de ses pareils, qui l'aidèrent à transporter la souris, et à l'enfouir.

peler, ce petit bruit que l'on a comparé aux bat-tements accélérés d'une montre. La Vrillette *opiniâtre* préfère se laisser brûler à petit feu, plutôt que de donner le moindre signe de vie lorsqu'on la tient; — le Ptine *voleur*, qui se nourrit de mouches et d'Insectes morts; sa Larve ravage les herbiers, etc.; — les Clairons, bleus avec les étuis rouges; leurs Larves dévorent celles de l'Abeille domestique; — le Téléphore * *ardoisé*, commun au printemps sur les plantes. Ce qu'on a nommé *pluie d'Insectes*, dans certaines contrées, n'était qu'une quantité infinie de Larves de Téléphores, transportées par des coups de vent, à la suite de violentes tempêtes; — les Drilles, dont la Larve se loge en hiver dans la coquille du Limaçon némoral après en avoir dévoré l'habitant.

C'est aussi à la section des Malacodermes qu'ont été rapportés les Lampyres, vulgairement *Vers luisants*, *Mouches lumineuses*, etc. Le Lampyre *splendidule*, commun en Europe, a le corps très-mou et la tête recouverte par le corselet; la femelle est privée d'ailes et répand, pendant les nuits chaudes de l'été, une lumière vive. Le mâle est pourvu d'élytres noirâtres mais n'est pas phosphorique. Dans le Lampyre d'*Italie* (Luciole), le corselet ne recouvre pas toute la tête

---

* Ce nom signifie *apporté de loin*.

et les deux sexes sont ailés *. — Les Cébrions,
chez qui les angles postérieurs du corselet se

* La lumière que répandent les Lampyres est d'un blanc verdâtre. Elle est produite par une matière qui occupe le dessus des
deux ou trois derniers anneaux de l'abdomen, et que l'on croit
n'être autre chose que de la graisse mêlée à du phosphore.
Cette matière consiste en une foule de corpuscules ovoïdes, d'un
beau violet ou d'un jaune rosé, différant beaucoup entre eux
pour leur grandeur, et ayant chacun leur enveloppe membraneuse
propre. Une multitude prodigieuse de rameaux trachéens d'une
ténuité extrême parcourent leur amas. La face extérieure de
leur enveloppe commune présente un réseau à mailles hexagonales, semblable à celui de l'épiderme des plantes. Chaque
hexagone est convexe, et porte à son centre un poil conique.
Chacun des points lumineux est ainsi composé d'une foule de
facettes, et constitue un appareil absolument semblable à celui
que Fresnel a inventé pour augmenter la diffusion de la lumière. Tout est ménagé avec un art admirable, de manière à
porter l'éclat de la lumière au plus haut point. Les facettes
les plus grandes et les plus régulières occupent le centre de
la place, et les plus petites sont placées sur les bords, en décrois-
sant régulièrement en grandeur. Les poils dont elles sont toutes
munies servent à empêcher la poussière de s'y attacher, et la
Larve possède des organes qui lui permettent de les nettoyer
au besoin. Ce sont des appendices musculaires, tubuleux, transparents et retractiles, qui sont fixés au dernier segment abdo-
minal. Ils remplissent aussi l'office de ventouses, et l'animal s'en
sert pour s'accrocher aux herbes au milieu desquelles il vit,
ou pour se suspendre à la face inférieur des feuilles.

Ce serait faire injure au lecteur que de nous arrêter à lui
faire remarquer tout ce qui se révèle d'intelligence et de sagesse profonde dans la construction d'un si merveilleux appareil.

Dans les régions équatoriales, où les femelles sont ailées ainsi

21..

prologent en pointe; ils fréquentent les lieux aquatiques et se montrent en grand nombre après les pluies d'orage.

La troisième section des Serricornes, celle des Sternoxes, nous offre les Taupins, caractérisés par une conformation singulière de leur arrière-poitrine qui donne à ces Insectes la faculté de sauter lorsqu'ils sont placés sur le dos et de reprendre ainsi leur position. Leurs pieds sont si courts et la forme de leur corps leur prête si peu la faculté de se retourner, qu'ils ne pourraient parvenir à se replacer sur le ventre, si la nature, qui a d'innombrables moyens pour atteindre un même but, ne les avait pourvus d'un admirable mécanisme que la plupart de nos lecteurs auront eu sans doute l'occasion d'examiner. Leur poitrine présente en arrière une espèce de

que les mâles, et où le soleil semble communiquer son feu à tout ce qui respire, c'est un spectacle magnifique que les illumination naturelles produites pendant la nuit par une multitude de Lampyres qui traversent les airs en tous sens, pareils à de petites étoiles scintillantes qui tomberaient du firmament. On ne peut s'empêcher d'admirer, dans ce phénomène, l'inépuisable fécondité de la Providence, qui a attaché au corps de ces faibles animaux des espèces de phares dont la lueur les guide à l'heure où ils se cherchent pendant les ténèbres. On connaît actuellement près de deux cents espèces de Lampyrides, dont la majeure partie sont propres à l'Amérique, où elles multiplient considérablement.

stylet terminé en une pointe comprimée latéralement, qui s'enfonce, au gré de l'animal, dans
un trou pratiqué pour le recevoir. Lors donc
que les Taupins veulent exécuter le soubresaut
qui doit les remettre sur leurs pieds, ils serrent
ceux-ci contre le dessous du corps, puis, rapprochant vivement de leur arrière-poitrine leur corselet qui est très-mobile, ils poussent avec force
la pointe du corselet et la font retomber brusquement et comme un ressort dans la cavité qui
est au-dessous. L'Insecte, frappant tout à coup
le plan de position avec la tête et le dessus de ses
élytres, s'élance perpendiculairement en l'air par
un mouvement élastique *.

Nous devons mentionner encore les Buprestes,

* Les Taupins font entendre, en sautant, un petit coup sec.
Ces Insectes vivent sur les plantes ou même à terre ; on les appelle vulgairement *Scarabées à ressort*, *Toque-maillets*, etc. On
cite parmi les espèces d'Europe le Taupin *bronzé*, le *germanique*,
vert, le *porte-croix*, le *marron*, etc. Une espèce de l'Amérique
méridionale, le Taupin *cucujo*, est longue de plus de vingt-sept
millimètres. Cet Insecte singulier a de chaque côté du corselet
une tache ronde par où s'échappe, pendant la nuit, une lumière
assez vive pour permettre de lire l'écriture la plus fine, surtout
si l'on en réunit plusieurs. Les Indiens les attachent à leur
chaussure, pour s'éclairer dans leurs voyages nocturnes ; les
femmes les fixent à leur coiffure, comme des couronnes d'é-
toiles, et s'en servent comme de lampes économiques, dans
l'intérieur des maisons.

nommés *Richards* par Geoffroy, à cause de la richesse des couleurs métalliques dont ils brillent. La
nature en effet a réuni, pour former leur parure,
toute la splendeur des pierreries, toutes les teintes
les plus magnifiques. Mais ce n'est que dans les
contrées intertropicales que ces charmants Coléoptères étalent leur robe étincelante. Au cap
de Bonne-Espérance, ils scintillent comme des
fleurs d'or, d'azur et de pourpre sur les plantes,
mais aussitôt qu'on veut les saisir, ils se laissent
tomber à terre. Le Buspreste *géant* de Cayenne
est long de plus de cinq centimètres. On en trouve
quelques petites espèces en France.

La famille des BRACHÉLYTRES (βραχυς, court;
ελυτρον, élytre) nous présente des Insectes voraces
qui marchent avec vitesse en relevant et remuant
le bout de leur abdomen; ils sont très-reconnaissables à leurs élytres tronquées et à la forme conique
ou linéaire de leur corps. Ils vivent la plupart
dans la terre, le fumier, les champignons, etc.
Les plus remarquables sont les Staphylins dont
le corps est noir. Quelques espèces ont à l'extrémité de l'abdomen des vésicules qui sécrètent
une liqueur très-volatile dont l'odeur ressemble
à celle de l'éther.

Enfin, nous arrivons à la grande famille des
CARNASSIERS, la dernière et l'une des plus considérables de l'ordre des Coléoptères. On les a di-

visés en deux sections : les Carnassiers aquatiques et les Carnassiers terrestres.

Les Carnassiers *aquatiques* se reconnaissent facilement à leurs pieds conformés pour la natation, frangés de poils, et comprimés en une sorte de rame. Ils habitent les eaux douces et tranquilles, et remontent à la surface pour présenter à l'air l'extrémité postérieure de leur abdomen, qu'ils écartent alors des étuis qui les recouvrent, afin d'établir une communication entre les stigmates et le fluide atmosphérique. Vers le soir, ils viennent à terre, et la lumière les attire quelquefois dans l'intérieur des maisons. Ils forment deux genres; les Gyrins, dont le corps est ovalaire et luisant; la tête est enfoncée dans le corselet jusqu'aux yeux, qui sont au nombre de quatre; les deux pieds antérieurs sont grêles, repliés à angle droit avec le corps, et les Gyrins n'en font usage que pour saisir leur proie; les quatre derniers font l'office d'avirons. On voit ces Insectes, pendant toute la belle saison, réunis en troupes nombreuses, courir avec une extrême agilité à la surface des eaux dormantes, et même sur celle de la mer, et y décrire mille détours circulaires ou obliques; de là les noms de *Puces aquatiques* et de *Tourniquets* qu'on leur a donnés. Aussitôt qu'on veut les saisir, ils s'enfoncent dans l'eau, emportant à l'extrémité de leur abdomen une petite bulle d'air, semblable à un globe argentin *.

Les Dytisques, dont quelques-uns atteignent cinq centimètres de long, ont les pieds conformés en palettes circulaires ou garnis de longs poils qui en font d'excellentes rames. Ces Insectes sont très-carnassiers. Ils attaquent quelquefois l'Hydrophile *brun*, qui est une fois plus grand qu'eux, et parviennent à le tuer, en le perçant entre la tête et le corselet, la seule partie qui, comme le talon d'Achille, donne prise aux blessures **.

Les Carnassiers *terrestres* sont extrêmement nombreux. Ils ont les pieds uniquement propres à la course, et les quatre postérieurs insérés à égale distance. Le corps est en général allongé, les yeux sont saillants et les mandibules à dé-

---

* Ces Insectes font suinter sur les doigts qui les touchent, une liqueur blanche d'une odeur pénétrante et désagréable. La Larve, sur le point de se métamorphoser en Nymphe, sort de l'eau, et forme avec une matière qu'elle tire de son corps, et semblable à du papier gris, une petite coque ovale, qu'elle suspend aux feuilles de roseau, et dans laquelle elle s'enfonce.

** Esper a nourri pendant trois ans et demi, dans un bocal de verre, le Dytisque *bordé*, en lui donnant par semaine à peu près gros comme une noisette de bœuf cru, dont il suçait le sang avec avidité. Esper prétend qu'il indique les changements de l'atmosphère, par la hauteur à laquelle il se tient dans le bocal. Le Dytisque *de Rœsel* est commun en France.

couvert. Ils forment deux tribus, les Carabiques, qui ont les mâchoires terminées en pointe ou en crochet, sans articulation à leur extrémité, et les Cicindelètes, qui ont au bout des mâchoires un onglet qui s'articule avec elles.

On a établi dans le groupe des Carabiques sept divisions, dont chacune comprend plusieurs genres.

1º Les *Subulipalpes*, dont les palpes sont terminés en alène; le Bembidion *à pieds jaunes*, commun en France.

2º Les *Grandipalpes*, yeux saillants, mandibules robustes, abdomen volumineux, le dernier article des palpes extérieurs élargi. La plupart sont ornés de couleurs métalliques très-brillantes : l'Élaphre *des rivages*, d'un cuivreux mat et pointillé; — le Calosome *sycophante*, d'un beau vert doré; sa Larve est d'une voracité extrême, et mange les Chenilles *procession-naires*; — le Carabe *doré*, vulgairement le *jar-dinier*, qui débarrasse nos potagers de beaucoup d'Insectes nuisibles.

3º Les *Patellimanes*; les trois ou quatre premiers articles des tarses antérieurs, chez les mâles, sont carrés, en cœur ou en triangle, mais arrondis aux angles et garnis de brosses; le Carabe *savonnier*, dont se servent les Nègres du Sénégal en guise de savon.

4° Les *Simplicimanes*, presque tous exotiques ou rares dans nos contrées.

5° Les *Quadrimanes*, élytres terminés en pointe, les trois ou quatre premiers articles des quatre tarses antérieurs dilatés en cœur ou triangulaires; ils vivent dans les terrains sablonneux; l'Harpale *bronzé*, nommé aussi *Protée*, à cause des changements nombreux de ses couleurs, est commun dans toute l'Europe.

6° Les *Bipartis*, abdomen pédiculé, d'un noir uniforme, fouisseurs et nocturnes; les Scarites, dans le midi de la France.

7° Les *Troncatipennes*, dont les élytres sont tronquées à leur extrémité postérieure, et les jambes antérieures échancrées : l'Aptine *tirailleur*, noir, et les élytres sillonnés; les Brachines *pétard*, *pistolet*, *bombarde*, etc., fauves et bleus. Ces Insectes doivent leurs noms à une particularité physiologique fort remarquable. Leur abdomen ovale et épais renferme des organes qui sécrètent une liqueur corrosive. Lorsqu'on tient ces animaux entre les doigts, ou qu'ils sont inquiétés par quelque ennemi, ils lancent cette liqueur avec assez de force pour produire une petite explosion accompagnée d'une fumée bleuâtre. Ils peuvent réitérer un assez grand nombre de fois cette décharge fulminante, qui brûle comme l'acide nitrique.

Les Coléoptères de la tribu des Cicindélètes ont la tête forte, les yeux gros, les mandibules très-avancées et dentées; la Cicindèle *champêtre*, d'un vert pré, labre blanc, cinq points blancs sur chaque élytre; commune au printemps dans les lieux secs et calcaires; — la Cicindèle *hybride*, deux taches en croissant sur chaque élytre; dans les sablonnières. Les Larves des Cicindèles indigènes se creusent dans la terre un trou cylindrique assez profond. Pour le déblayer, elles chargent le dessus de leur tête aplatie des molécules de terre qu'elles ont détachées avec leurs mandibules et leurs pieds, puis, se cramponnant aux parois intérieures de leur habitation, elles vont déposer leur fardeau au dehors. Lorsque leur cellule est achevée, elles se mettent en embuscade à l'entrée, en la fermant exactement avec la plaque de leur tête placée au niveau du sol. Si quelque Insecte vient à passer sur cette trappe vivante, soudain la Cicindèle incline la tête par un mouvement de bascule, et précipite sa proie au fond de son antre, où elle la dévore avec la férocité du Tigre. Lorsqu'elle se métamorphose en Nymphe, elle bouche l'ouverture de sa demeure, et n'en sort plus qu'à l'état parfait, pour aller attaquer en plein jour, sur les grands chemins, ceux qui ne peuvent lui résister. Elle est alors revêtue d'un superbe manteau de velours vert, chamarré de points brillants et de broderies d'or, et son corps exhale une odeur de rose fort agréable.

CONCLUSION.

Nous venons de tracer rapidement le tableau des différents ordres dans lesquels la classe des Insectes a été distribuée; nous avons indiqué quelques genres, caractérisé quelques espèces, décrit quelques-unes de leurs habitudes; mais qu'est-ce que cette faible esquisse pour donner une idée de la scène vivante que présentent les innombrables légions de ces petites créatures, répandues sur toute la surface du globe, dans le triple empire des eaux, de la terre et des airs? Au lieu de ces animaux mollasses, indolents, apathiques, que nous ont offerts la plupart des classes des Zoophytes et des Mollusques, nous ne rencontrons ici que des races actives et fortes, malgré leur petitesse, puissantes par leur nombre, par leur industrie, leur audace, leurs ruses, leur infatigable ardeur dans l'accomplissement de tous leurs desseins, et les plus complétement organisées, les plus habilement constituées de toutes celles qui peuplent le globe, pour les

fonctions qu'elles doivent remplir dans l'écono
mie de l'univers *. Aussi est-ce à ces petits artisans zélés, munis d'instruments si parfaits, que
la Providence a confié cette multitude infinie de
détails et de soins particuliers qu'entraîne l'existence de chaque animal, de chaque plante, selon
les lieux, les saisons, les climats, et partout elle
a soin de les multiplier proportionnellement à la
fécondité, à l'opulence du règne organique sur
lequel ils sont appelés à exercer une action d'une
si haute importance. Elle a, dans ce but, fa-
çonné leurs instincts, varié leurs goûts, distribué
à chacun son emploi, avec une sagesse qu'on ne
se lasse point d'admirer.

Les uns ont été chargés de purger la terre et
les eaux des cadavres, des débris, des superflui-
tés, de mille résidus putréfiés, qui déshonore-
raient le spectacle de la nature, qui terniraient
l'éclat et la dignité de ses productions. Partout
où gît un cadavre dont la putréfaction repousse
jusqu'aux Vautours, jusqu'aux Loups et autres

---

* Le corps des Insectes, en effet, est composé d'un nombre
prodigieux de muscles, de ressorts, de leviers, disposés de la
manière la plus favorable pour le jeu des organes, pour la solidité, la légèreté, l'aisance, la vigueur de tous les mouvements;
ce sont des chefs-d'œuvre de mécanique qui résolvent, dans
l'arrangement de leurs membres, les plus grands problèmes de
dynamique.

grands animaux de carnage, des milliers d'Insectes faméliques accourent, rongent, dévorent jour et nuit ces substances pestilentielles, et ne laissent plus bientôt qu'un squelette aride. Que d'eaux fétides et croupissantes, que d'égouts infects sont épurés, rendus limpides par ces vidangeurs laborieux! Que de matières putréfiées, prêtes à porter en tous lieux la contagion et la mort, sont ainsi anéanties ou restituées à la circulation générale!...

D'autres tribus d'Insectes sont chargées de régler, de restreindre, de modifier le développement de la végétation, et d'empêcher l'empiètement des espèces de plantes l'une sur l'autre. Celui-ci mine les racines, celui-là rogne les feuilles, l'un saigne un arbre d'une sève trop abondante, l'autre ébourgeonne des branches trop chargées. D'autres, armés de gouges, de vrilles, de tarières, de rapes, creusent, sillonnent, excavent les arbres décrépits des forêts, tous ces bois pourris de vétusté, et hâtent leur décomposition, pour rendre à la nutrition de nouvelles plantes leur matériaux inertes.

Voyez ce beau chêne, dont la cime majestueuse se balance au-dessus des forêts : une foule d'Insectes divers y ont choisi leur demeure et se nourrissent à ses dépens. Le Capricorne et la Larve du Hanneton fouissent à ses racines; les

Leptures et les Saperdes percent son écorce et son tronc séculaire; les Tenthrèdes perforent ses rameaux; les Cynips piquent ses feuilles pour y déposer leurs œufs, et ces mêmes feuilles sont l'aliment d'une multitude incroyable de Chenilles de Phalènes et de Papillons; les Bruches et les Charençons rongent le gland et sa cupule; de sorte qu'il n'est aucune partie de ce grand arbre qui ne serve d'asile et de pâture à quelque Insecte destructeur, qui doit travailler à en modérer le développement.

A peine la tiède haleine des vents printaniers a-t-elle réchauffé la terre, développé les germes des plantes et les premières pousses des arbres, que l'on voit s'éveiller, aux rayons vivifiants du soleil, des légions d'Insectes et de Larves qui brisent leurs entraves natales, et se présentent au nouveau banquet, dévorant et la fleur naissante, et la feuille délicate, et les tendres rejetons des herbes. Envahis par ces colonies spoliatrices, par ces mineurs, ces charpentiers, ces bûcherons, armés de leurs mâchoires, de leurs tenailles robustes, que deviendront nos bois, nos guérets, nos vergers? Ne semble-t-il pas qu'une secrète plainte s'élève du fond des forêts, des entrailles de chaque plante menacée d'une destruction complète par ces insatiables déprédateurs?... C'est alors aussi que la Provi-

dence appelle sur la scène des races modéra-
trices, et qu'elle suscite des vengeurs pour ramener l'harmonie dans les productions de la
nature, pour équilibrer, par une pondération
merveilleuse, tous les pouvoirs, tous les agents
qu'elle emploie. Des extrémités de l'horizon
méridional, montés sur l'aile des vents, accourent de légers escadrons d'Oiseaux, parés de toutes les livrées, instruits à redire de mélodieux refrains. Cédant au secret penchant qui les pousse
à promener leur destin de contrées en contrées,
ils s'élancent des rives africaines au-dessus des
ondes de la Méditerranée, ils franchissent les
îles, les chaînes de montagnes, les royaumes, et
abordent comme des navigateurs aériens sur une
terre étrangère, en la saluant de leurs chansons.
Ils arrivent joyeux comme à une fête, chacun
reprend son domaine, sa cime, son champ, son
buisson... Quel intérêt appelle ainsi annuellement ces charmants aéronautes des contrées
prospères de l'Orient et du Midi dans nos régions septentrionales? C'est qu'ici la nature a
préparé pour eux de délicieux festins; non seulement elle mûrit, pour ces tribus privilégiées, de
nouveaux fruits, des semences savoureuses, mais
elle apprête, pour leur table, les mets les plus
variés, les nourritures les plus sapides, en faisant
éclore de toutes parts d'innombrables Insectes.

L'Hirondelle les poursuit d'un vol incessant dans les airs, le Rossignol et la Fauvette leur font une guerre active dans les bocages, l'Épeiche et le Pic-vert à tête écarlate, grimpant en spirale sur le tronc des grands arbres, en font résonner sous leurs coups de bec les flancs caverneux, et annoncent au loin, par un cri perçant de joie, la rencontre inattendue de quelque Larve succulente. Une multitude d'autres Oiseaux nous débarrassent de ces petits ennemis ardents au pillage, et leur font payer avec usure leurs marauderies sur nos fruits, nos moissons ou nos plantes potagères. C'est ainsi que les races diverses se refrènent l'une l'autre en de justes limites, et que les relations de tous les êtres vivants établissent entre eux d'heureuses harmonies qui vivifient et renouvellent incessamment la scène du monde.

« Lorsque l'on considère tout cela, que peut-on penser, que peut-on dire, sinon que Dieu est admirable dans toutes ses œuvres, et que les plus petits animaux qui rampent sur la surface de la terre nous fournissent une aussi abondante matière à louer sa Puissance, sa Sagesse et sa Bonté, que les astres qui parcourent la vaste étendue des cieux * ? »

* Lesser, *Théol. des Insectes*, T. 1, p. 96, édit. de 1745.

Usage des Articulés dans l'économie domestique, l'industrie, la médecine, etc.

C'est à la classe des Annélides, comme nous l'avons vu, qu'appartiennent les Sangsues, dont on fait un si fréquent usage en médecine. Pendant longtemps nos provinces centrales, telles que le Berry et le Nivernais, en ont fourni une quantité considérable, qui suffisait à la consommation de la plus grande partie de la France. Mais bientôt les marais et les étangs de ces contrées se sont épuisés, et l'on est aujourd'hui obligé de faire venir des Sangsues d'Italie, de l'Espagne, de la Bohême, etc. Paris seul en consomme annuellement plus de trois millions d'individus. Qu'on juge de l'importance et de l'extension qu'a dû prendre le commerce dont cet animal est l'objet, en ajoutant à ce nombre celui des Sangsues que l'on emploie dans les autres parties de la France, et en observant que c'est nous qui en fournissons l'Angleterre, qui manque de ces précieux Annélides. Pour les faire voyager, on les place dans des tonneaux remplis de terre glaise liquide. Les sangsues possèdent une vitalité extrêmement durable : on en a vu continuer à vivre après être restées un mois emprisonnées dans un glaçon.

Nous ne nous arrêterons pas à parler de l'usage des Crustacés dont plusieurs sont recherchés pour la table, tels que les Écrevisses, les Homards, les Crabes, les Langoustes, etc., etc.

On a essayé, mais en vain, de tirer parti du fil des Araignées. Cependant M. Lebon, président du parlement de Montpellier, parvint, en 1709, à faire fabriquer avec ces fils des bas et des gants d'une jolie couleur grise pour Louis XIV.

L'ordre des Hémiptères renferme un petit Insecte d'une grande importance industrielle, c'est la Cochenille du nopal, qui nous fournit nos plus belles teintures rouges. On a longtemps employé la Cochenille sans en connaître la nature; on la prenait pour un petit fruit pulpeux. Plumier, auteur d'une histoire des plantes d'Amérique, fut le premier naturaliste qui reconnut que c'était un véritable Insecte. C'est dans les provinces du Mexique, sur plusieurs espèces de *Cactus,* qu'on recueille la Cochenille. Aussitôt le retour de la belle saison, lorsque les femelles ont été fécondées, ce qu'il est facile de reconnaître à l'augmentation du volume de leur corps, on suspend aux bouquets d'épines des nopals, de petits cocons faits en coton ou en filasse, dans chacun desquels on dépose huit à dix de ces femelles remplies d'œufs. Il naît bientôt des myriades de Larves de Cochenilles qui se répandent de toutes parts sur le cactier pour y chercher leur nourriture. C'est alors que commence la récolte : on se sert dans cette opération d'un couteau à lame émoussée, que l'on passe sur les expansions charnues des cactiers. Pour empêcher les Cochenilles qu'on recueille ainsi, de perdre de leur poids, on les fait périr soit en les plongeant dans l'eau bouillante, soit en les exposant à la chaleur d'une forte étuve ; puis on les sèche. Le nombre des récoltes est jusque de trois par an.

On distingue dans le commerce trois variétés de Cochenille. La Cochenille *jaspée* ou *mestèque*, mélangée de grains rougeâtres ; c'est la plus estimée, et celle qu'on a fait sécher à l'étuve. La seconde variété est la Cochenille *noire*, qui a été passée à l'eau bouillante ; la troisième est la Cochenille *sylvestre*, que l'on a recueillie sans aucune culture préalable.

L'emploi principal de la Cochenille est dans la peinture et dans la teinture des étoffes. C'est en combinant l'alumine avec son principe colorant qu'on prépare le plus beau carmin *.

---

* La Cochenille du *Kermès*, qui vit sur une espèce de chêne vert dans nos provinces méridionales, est aussi fort estimée ; son principe colorant est plus fixe que celui de la Cochenille du

Nous avons vu que c'est à la famille des Lépidoptères *nocturnes* qu'appartient le VER A SOIE, dont les produits alimentent tant de riches industries. Ce ver est la Chenille du Bombyx *du mûrier*, originaire des provinces septentrionales de la Chine, ainsi que l'arbre dont le feuillage lui sert de nourriture[*]. Les œufs de cet Insecte,

Mexique, mais moins brillant. Enfin, la *laque* ou *gomme laque*, qui sert pour la cire à cacheter et pour de beaux vernis, est une matière résineuse qui exsude de quelques végétaux exotiques, à la suite de la piqûre d'une espèce d'insecte appartenant au genre Cochenille.

[*] Cet arbre, comme chacun le sait, est le mûrier, surtout le mûrier blanc, qui s'élève à une hauteur de douze à seize mètres, et peut fournir de cinq à dix, et jusque douze quintaux de feuilles. Ce furent deux missionnaires grecs qui, vers le milieu du sixième siècle, apportèrent des Indes ou de la Perse à Constantinople de la graine ou du plant de ce mûrier, en même temps que des œufs de Vers à soie, que l'impératrice, femme de Justinien, et les dames du palais soignèrent de leurs propres mains. La culture du mûrier se répandit bientôt dans le Péloponèse, qui en reçut, suivant quelques savants, le nom de Morée, que cette partie de la Grèce porte encore aujourd'hui. De la Grèce, les mûriers et les Vers à soie passèrent en Sicile, par les soins du roi Roger, puis en Italie, d'où ils furent apportés en France par quelques gentilshommes, après la conquête de Naples, sous le règne de Charles VIII, en 1494. Ce fut une magnificence royale à Henri II de porter les premiers bas de soie qui aient été faits en France, aux noces de son fils. Cette branche d'industrie, qui forme aujourd'hui l'une des principales richesses de nos provinces méridionales, n'acquit quelque importance que du temps de Henri IV.

désignés communément sous le nom de *graine* de Ver à soie, sont placés d'ordinaire, lorsque l'on veut hâter la naissance des Larves, dans une étuve, dont on élève successivement la température de quinze à vingt-huit degrés centigrades. Les Larves, au moment de leur éclosion, n'ont qu'un peu plus de deux millimètres de longueur.

Aussitôt après la naissance des *Magnans* *, on les aide à se séparer de leurs coques, en recouvrant les œufs d'une feuille de papier criblée de trous, à travers lesquels les Larves montent pour arriver jusqu'aux feuilles de mûrier placées au-dessus. Les Vers à soie restent environ trente-quatre jours à l'état de Larves, et pendant ce temps, ils changent quatre fois de peau. A l'approche de chaque mue, ils s'engourdissent, et cessent de manger; mais en sortant de cette crise, qui dure environ trente-six heures, leur faim redouble. A mesure qu'ils grandissent, ils ont besoin d'une nourriture plus abondante ; ils manifestent surtout un grand appétit au moment qui précède chacune de leurs quatre mues, c'est ce qu'on nomme petite *frèze;* on appelle grande *frèze,* la faim dévorante qu'ils éprouvent après la quatrième mue, lorsqu'ils se préparent à faire

---

* C'est le nom des Vers à soie dans le midi de la France; le local où on les élève s'appelle *magnanerie.*

leurs cocons. Les quarante mille Larves provenant de trois décagrammes de graine, consomment environ sept livres de feuilles pendant le
premier âge, qui est de cinq jours ; vingt et une
livres pendant le second âge, qui dure quatre
jours ; soixante-dix livres pendant le troisième
âge, qui dure sept jours ; deux cent dix livres
pendant le quatrième âge, dont la durée est
aussi de sept jours ; et enfin douze à treize cents
livres pendant le cinquième et dernier âge. C'est
le sixième jour de cette dernière phase de leur
existence qu'a lieu la grande frèze. Les Vers dévorent alors deux à trois cents livres de feuilles,
en faisant un bruit que l'on a comparé à celui
d'une forte averse. Le dixième jour, ils cessent
de manger, leur corps devient mou, bientôt ils
se fixent, et se mettent à filer leur cocon, qu'ils
construisent en tournant continuellement sur
eux-mêmes en divers sens, et en enroulant ainsi
autour d'eux le fil qu'ils font sortir de la filière
placée au-dessous de la bouche *. Ces fils agglu-

* La matière soyeuse, sécrétée par deux petits vaisseaux
jaunâtres, situés aux côtés de la tête, est une sorte de vernis
encore liquide dans l'animal, et qui sèche à l'air à mesure qu'il
est tiré en un fil au dehors. Les fils de soie de cocon sont deux
tubes jumeaux, disposés parallèlement par le filage du Ver, et
collés ensemble, avec plus ou moins d'uniformité, par le vernis
qui en recouvre toute la surface : la largeur moyenne de ces

tinés forment autour du corps une enveloppe de forme ovoïde, dont la couleur est jaune ou blanche, suivant la variété du Ver qui l'a produite. Trente grammes de graine donnent ordinairement de soixante à quatre-vingts livres de cocons.

Au bout de quatre à cinq jours, le Ver à soie a filé entièrement son cocon. C'est à ce moment qu'on réserve autant de livres de cocons choisis parmi les plus beaux, que l'on veut avoir de fois trente grammes d'œufs pour l'année suivante; puis l'on tue le reste des Chrysalides, pour tirer parti de leur soie. Si l'on n'avait recours à cette dernière mesure, les Chrysalides, parvenues à l'état parfait, perceraient leur enveloppe, et rompraient le fil dont le cocon se compose, et il deviendrait impossible de le dévider. On les fait donc périr, soit par la chaleur d'un four médiocrement chauffé, soit en les plaçant dans un appareil nommé *étouffoir*, où on les renferme dans des caisses de cuivre chauffées à une température de 50° à 75°. Pour opérer ensuite le dévidage, on fait tremper les cocons dans de

---

deux fils pris ensemble n'égale pas les $\frac{32}{1000}$ d'un millimètre. Ce fil, d'une finesse extrême, a d'ordinaire de trois cents à trois cent trente mètres de longueur. Une livre de soie donnerait environ neuf cent soixante-quinze mille mètres, ou à peu près la distance de Bayonne à Dunkerque.

l'eau chaude, afin de dissoudre la matière gluante qui colle les fils entre eux ; puis, à l'aide de machines appropriées, on enroule autour d'une bobine trois ou quatre de ces fils réunis en un seul faisceau ; c'est ce brin de soie, appelé *organsin*, qui constitue la soie la plus belle, la plus légère, la plus fine. Le brin de la grosse soie ou *trame* est composé de huit à vingt fils. Communément on ne retire qu'une livre d'organsin de treize livres de cocons, et il faut de dix à douze livres de ces derniers pour donner une livre de trame.

La bourre, les cocons percés, ceux qui contiennent deux vers, enfin, tout ce qui ne peut pas être dévidé, est battu sur le billot, bouilli dans l'eau de savon, puis on carde cette matière ou *fleuret*, on la file, et l'on en fait de grosses étoffes, de la soie à coudre, etc. Ces matières sont connues dans l'industrie sous les noms de *filoselle*, de *coconnille*, etc. *.

* La valeur de la soie travaillée en France fut estimée en 1832 à cent quarante millions de francs, dont cent dix millions sont exportés et trente millions réservés pour la consommation du pays. On est étonné de l'impulsion immense donnée à tout le pays par l'éducation d'un Insecte. Du midi au nord, des frontières de l'Italie aux montagnes volcaniques du Vivarais, une chenille excite partout l'activité. A Avignon, à l'Isle, à Vaucluse, on en dévide les cocons. En Normandie, les doigts exercés des femmes attachent ces fils à de légers fuseaux, et jettent mille gracieux dessins sur les mailles aériennes de nos blondes. A Saint-Étienne,

Il y a à la Nouvelle-Hollande une espèce de Papillon, appelé *Bugong* (*Euplœa hamata*), qui sert de nourriture, durant l'été, aux naturels qui habitent dans les montagnes, au sud de cette contrée. A certaines époques, ces Papillons se rassemblent en quantité innombrable sur les rochers ; les habitants, pour s'en emparer, les étouffent par la fumée, puis, après les avoir ramassés par boisseaux, ils les grillent légèrement, pour en séparer le duvet et les ailes, les broient ensuite, et en forment des espèces de gâteaux qui sont très-nourrissants.

C'est un Hyménoptère, le Cynips *de la galle*

ces mêmes fils se tissent en rubans qui se déroulent sur toute la surface de l'Europe. A Nîmes, on en fabrique des étoffes qui bruissent et chatoient comme des métaux. A Lyon, ils se déploient en velours épais, en gazes transparentes comme l'air, et brillantes comme la nacre, en satin, en damas, en lampas. A Paris, la soie rivalise le pinceau, et va jusqu'à reproduire, sur de somptueuses tentures, les tableaux des plus grands maîtres.

La soie des Cévennes est peut-être la meilleure du monde. La supériorité des soieries françaises ouvragées est due au goût que nos artistes déploient dans le contour des figures, dans la manière de les grouper, ainsi que dans l'assortiment et la distribution des couleurs. A l'École de Lyon, on peut étudier des collections d'étoffes de soie, qui remontent à une époque de quatre mille ans, avec des explications sur la manière dont chaque échantillon a été produit, depuis les soies grossières des momies égyptiennes jusqu'aux étoffes ouvragées de l'année dernière.

à teinture, qui détermine sur les feuilles d'une espèce de chêne du Levant, qui n'est qu'un arbrisseau tortueux, cette excroissance précieuse, improprement appelée *noix de galle*, dont on se sert dans la fabrication de l'encre. Combien le commerce, les sciences, les arts, l'homme séparé d'un parent ou d'un ami, ne sont-ils pas redevables à ce petit insecte? Les *noix de galle* les plus estimées viennent d'Alep.

C'est un autre Hyménoptère, l'Abeille, qui nous fournit le miel et la cire. L'origine de la culture des Abeilles se perd dans la nuit des temps. Elles étaient chez les anciens Égyptiens l'emblème hiéroglyphique de la royauté *.

Le *miel vierge*, le plus estimé de tous, est liquide et très-pur : c'est celui qu'on obtient de la partie supérieure des gâteaux d'une ruche, et qui s'écoule spontanément de ces gâteaux, lorsqu'on les expose à une douce chaleur sur des claies d'osier. Les gâteaux de cire sont ensuite soumis à la presse, et l'on obtient un miel moins pur, mais plus abondant. Beaucoup de causes peuvent modifier les qualités du miel,

---

* Les abeilles proprement dites ne se trouvent que dans l'ancien continent : celles de l'Europe méridionale et orientale et de l'Égypte diffèrent déjà de notre espèce domestique. On a transplanté celle-ci en Amérique et dans diverses autres colonies, où elle s'est acclimatée.

comme le mode de son extraction, le climat, les plantes sur lesquelles la récolte a été faite, etc. Le miel de bonne qualité est blanchâtre, mou, grenu ; sa saveur est douce, sucrée et légèrement aromatique. Le miel le plus estimé en France est celui qu'on récolte dans nos provinces méridionales, et qu'on connaît sous le nom de miel de Narbonne. Il est très-blanc, grenu et parfumé. Le miel du Gâtinais vient ensuite, et c'est celui dont on fait la plus grande consommation. On récolte aussi abondamment en Bourgogne, en Bretagne, etc., des miels qui sont moins blancs et moins estimés.

On fait un très-fréquent usage du miel dans l'économie domestique, en médecine et en pharmacie, pour édulcorer les tisanes, préparer les oxymels, les sirops, certains onguents, etc.

Souvent les marchands falsifient le miel, en y mélangeant de la fécule pour le blanchir.

La *cire* est la matière qui forme les gâteaux des Abeilles. Pour la purifier on la fait fondre, puis on l'expose sur un pré à l'action de l'air et de la lumière, en ayant soin de l'arroser tous les soirs. Peu à peu, elle perd sa couleur jaune, et devient blanche, opaque, et cassante; elle porte alors le nom de *cire vierge*. On obtient le même résultat par un procédé moins long, qui consiste à traiter à plusieurs reprises la cire jaune

par une solution de chlore, et à la fondre ensuite, après l'avoir soumise à plusieurs lavages.
Les usages de la cire sont très-nombreux et connus de tout le monde.

C'est avec la Fourmi *rouge* des bois que l'on
prépare l'acide *formique*, un des plus puissants
corrosifs que l'on connaisse ; concentré, il surpasse l'acide sulfurique, au point que les plus
petites gouttes de cet acide, appliquées sur la
peau, y produisent la même impression que le
ferait un fer rouge.

Enfin, plusieurs espèces de *Criquets* sont employés comme aliment par les peuples du Levant, qui en font des provisions pour leur propre usage et pour le commerce. Les uns les conservent dans de la saumure, après leur avoir
ôté les pattes, les ailes ; les autres les font sécher,
les réduisent en poudre, et préparent différents
mets avec cette farine. D'autres les font rôtir
tout vivants sur des charbons, les trempent dans
du beurre, et les mangent ensuite avec plaisir.
On sait que Moïse en permettait en aliment
quatre espèces aux Juifs[*], et que saint Jean s'en

---

[*] Levit. XI, 21, 22. Ces quatre espèces sont nommées en
hébreu *hachagab*, *chargol*, *salah* et *arbé*, qui expriment
chacun une des propriétés des Criquets. Ainsi, *hachagab* signifie
voiler, parce qu'ils voilent le soleil par leur nombre, etc.

Des Insectes de tous les ordres, excepté celui des Névrop-

nourrissait dans le désert*. Les peuples, mangeurs de Criquets, étaient appelés par les anciens *Acridophages* (ἀκρὶς, sauterelle; φάγω, manger).

Nous avons parlé à la page 476 des Cantharides et du Mylabre, Coléoptères employés par la médecine.

tères, sont mentionnés dans l'Écriture sainte, ainsi qu'on le voit dans Bochart, *Hierozoïcon*, T. II, liv. 4.

   * Matth., c. III, 4.

NOTES SUPPLÉMENTAIRES.

NOTE I (page 289).

Nous avons vu que le corps même de la Cochenille avait été destiné par la nature à servir d'abri aux œufs qu'elle a pondus; la femelle du Puceron est dans le même cas. Après que la fécondation a eu lieu, elle reste immobile, comme si elle était privée de vie; son corps, gonflé par les œufs, devient de la grosseur d'un pois, et bientôt on n'y peut plus distinguer ni tête ni membres. A mesure que les œufs sortent, elle les pousse entre son abdomen, aplati en dessous, et un lit de duvet cotonneux qui la sépare de l'arbre. Aussitôt que la ponte est terminée, elle meurt; mais son corps reste collé aux œufs, et devient une espèce de toit qui les protége jusqu'au moment de l'éclosion. Quelques espèces, cependant, en pondent une quantité si prodigieuse, que leur abdomen n'en peut recouvrir qu'une partie; le reste est enveloppé d'un épais duvet cotonneux.

NOTE II (page 424).

« La construction des cellules des Abeilles, d'après les principes les plus certains, est telle que les hommes n'ont pu la découvrir qu'à l'aide du calcul analytique le plus profond. L'athée ne peut nier la nature merveilleuse de ces opérations de l'instinct, que par la supposition violente que les Abeilles travaillent comme les corps célestes se meuvent, et que ces ouvrages si mathématiquement exacts ne sont pas plus étonnants que les mouvements des planètes, réglés avec une précision également mathématique ; supposition vraiment violente de la part de ceux qui nient avec chaleur que les hommes aient une âme qui diffère, quant à l'espèce, du principe sensitif des animaux inférieurs. » — LORD BROUGHAM, membre de la Société royale de Londres et de l'Institut de France, *Discours sur la Théologie naturelle*, p. 232.

Note III (page 449).

Écoutez le prophète Joël menaçant les Israélites de la vengeance du Seigneur, prêt à envoyer contre ce peuple ingrat des essaims de Sauterelles dévastatrices : « Sonnez dans Sion, trompettes d'Israël ; jetez des cris sur la montagne sainte ; que tous les habitants de la terre soient dans l'épouvante : le jour de Jéhovah vient, voilà qu'il s'approche. Jour de ténèbres et d'obscurité ; jour de nuée et de tempête : un peuple fort, nombreux, a paru, rapide comme l'aurore qui se répand sur les montagnes ; il n'y en a jamais eu de pareil, il n'y en aura jamais de semblable dans la suite des générations. Il est précédé par un feu dévorant, et il est suivi d'une flamme qui ravage ; avant sa venue, cette terre était un jardin de délices ; après son passage, elle n'est plus qu'un désert ; rien n'échappe à sa violence. A leur aspect, on les prendrait pour des chevaux ; ils courent comme des cavaliers. Ils franchissent les sommets des montagnes ; leur bruit est semblable à celui des chars, au bruit de la flamme qui consume le chaume ; ils s'avancent comme une armée prête au combat. A leur approche, les peuples sont saisis d'effroi ; tous les visages ont pâli. Ils s'élancent comme les forts ; ils montent sur les remparts comme les guerriers ; ils marchent serrés dans leur rang, sans s'écarter de leur route. Ils ne se troublent pas l'un l'autre, mais chacun suit le poste qui lui est assigné ; ils se jettent au travers des javelots sans en être blessés. Ils entrent dans les villes ; ils courent sur les murailles ; ils montent au haut des maisons ; ils se glissent par les fenêtres comme des voleurs. La terre tremble devant eux, les cieux sont ébranlés, le soleil et la lune ont pâli ; on ne voit plus la lumière des étoiles. Jéhovah fait retentir sa voix devant son armée : son camp est innombrable, il est fort, il accomplit ses ordres : le jour de Jéhovah est grand ; ce jour est un jour terrible : qui peut en soutenir le poids ? etc. » — JOEL, II, 1-11.

Chaque trait de cet admirable tableau, que l'on serait tenté de prendre pour une exagération orientale, a été confirmé par le récit des plus célèbres voyageurs qui ont visité l'Orient. Voyez Forskal, *Voyage en Orient, observ.* p. 81 ; — Shaw, *Voyage en Orient,* p. 256 ; — Adanson, *Voyage au Sénégal, etc.,* liv. II, ch. 29 ; — De Beauplan ; — Volney, t, I, ch. I, sect. v, p. 188 ; — Harris ; — Paxton, etc. — Pline dit aussi que les essaims de Sauterelles en Orient obscurcissent le soleil, couvrent les campagnes d'une nuit horrible, et dévorent jusqu'aux maisons construites en bois et couvertes de roseaux.

« La collection des traités que, pour leur excellence, nous nommons les *Écritures,* dit un célèbre orientaliste, contient, indépendamment de leur divine origine, plus de vraie sublimité, une beauté plus exquise, une morale plus pure, une histoire plus importante, et de plus beaux traits de poésie et d'éloquence, que l'on n'en pourrait trouver, à étendue égale, dans tous les livres qui ont jamais été composés dans quelque nation, dans quelque idiome que ce soit. » — W. JONES, *Recherc. asiat.,* t. IV, p. 185.

« O que nous sommes malheureux, s'écrie un de nos savants les plus distingués et en même temps l'un de nos écrivains les plus brillants, ô que nous sommes malheureux d'entendre si mal et d'étudier si peu nos livres saints ! S'il en était autrement, peut-être finirions-nous enfin par adorer dans la sincérité de notre cœur, ce Dieu qui, à cause de la malice des habitants d'un pays, a changé les fleuves en déserts, et les courants d'eau en une terre altérée ; un sol fertile en un champ de sel* ; et, à cause de la bonté des autres, a changé le désert en un étang plein d'eau et les sables roulants en fontaines jaillissantes**. » — Daniélo, *Hist. et Tabl. de l'Univers*, t. IV, p. 583.

* Posuit flumina in desertum et exitus aquarum insitius; terram fructiferam in salsuginem à malitià inhabitantium in eâ.

** Posuit desertum in stagna aquarum, et terram sine aquâ in exitus aquarum.

FIN.

TABLE DES MATIÈRES.

FIN DE LA TABLE.